해양수산부 주관
한국산업인력공단 시행

최신판

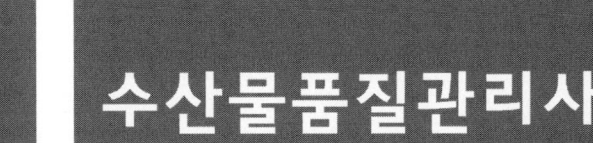
1 수산물품질관리사

자격증series ; 사마만의 證시리즈
證: [증거 증],
밝히다. 깨닫다.
최고의 실력을 證명하다.

수산일반

사마 자격증수험서연구원편

- 2단편집(내용 & 기출문제)

- **최신** 기출문제 적용!

- 밑줄표시;
  중요한 부분 밑줄표시!

사마출판
booksama.com

21세기는 해양주권의 시대이다. 유사 이래 바다로 나아갈 때 세계사에 큰 족적을 남긴 민족들이 많다. 우리나라는 대륙을 등에 업고 바다를 향해 가슴을 펼친 지정학적인 위치로 하여 운명적으로 해양국가일수 밖에 없다. 1990년대 이후 참치를 중심으로 세계 어업의 중심국가로 성장해온 우리나라가 그에 걸맞은 해양수산입국의 정책과 비전을 가지고 있는 지 반문할 때이다.

더욱이 1982년 유엔해양법협약에서 타결된 200해리 배타적경제수역에 대한 연안국의 배타적 주권이 인정됨으로써 타국 어선이 배타적 경제수역(EEZ) 안에서 조업을 하기 위해서는 연안국의 허가를 받아야 하게 되었고, 자국의 어업자원을 보호하고 국력의 자원으로 삼으려는 국제적 움직임이 활발해지고 있다.

2015년 새롭게 발족하게 된 해양수산부는 그 정체성을 확보했는지도 아직은 의구심이 드는 이때 제1회 수산물품질관리사 시험이 시작되었다.

식량자원은 농업분야 뿐만 아니라 어업분야에서도 그 중요성이 높으며, 자원의 고갈이라는 지구의 문제와 맞서면서도 자국 이익의 보호를 우선시하는 국제적 흐름을 어떻게 하면 슬기롭게 헤쳐 나갈 것인가가 당면의 과제로 떠올랐다.

본 편저자는 새롭게 닻을 올린 수산물품질관리사 제도가 우리나라의 어업발전에 기여하고, 국제간 힘의 싸움에서 슬기롭게 대처할 수 있는 인력의 양성이라는 측면에서 꼭 성공하는 제도가 되어주길 기대해 마지 않는다.

아직 수산물 분야의 학문적 성과나 그 결과가 사회 곳곳에서 나타나고 있지 못한 현실 앞에서, 나름대로 본서를 사용하는 학습자들에게 최선의 지침서가 되도록 심혈을 기울이긴 했지만 나름 아쉬운 부분이 한 두가지가 아니다. 향후 본서에 대한 여러 고언을 받아들여 더 향상된 교재가 될 수 있도록 최선을 다해 나갈 것을 약속드리면서 본서를 사용하는 모든 이에게 행운이 있기를 바랍니다.

편저자 일동

차 례

✔ 제 1편 | 수산업개관
01 수산업의 개요 / 11
02 수산업의 현황 / 13
03 수산업의 정보 / 18

✔ 제 2편 | 수산자원
01 수계의 자원 / 23
02 수산자원의 종류 / 26
03 자원생물의 조사 / 31
04 자원생물의 조성 / 34

✔ 제 3편 | 어업
01 어업과 어장 / 41
02 어구와 어법 / 60
03 주요어업 / 83
04 수산자원의 관리 / 92

✔ 제 4편 | 어선운항
01 어선의 종류와 어선용품 / 97
02 어선의 구조와 설비 / 102
03 어선의 조종과 해상교통 / 114

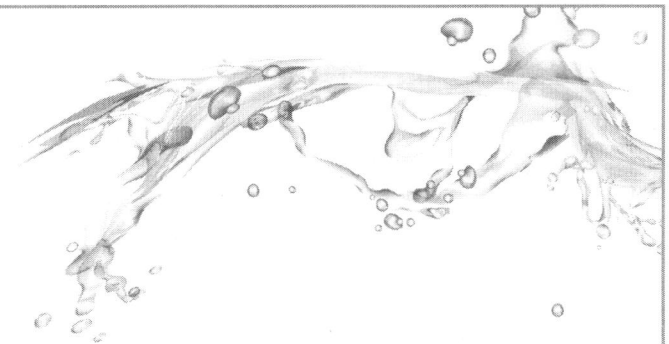

✔ 제 5편 | 수산양식
    01 수산양식의 개념 / 127
    02 양식장환경 / 136
    03 종묘생산 / 145
    04 영양과 사료 / 148
    05 영양어업의 양식종 선택 / 152
    06 양식생물과 질병 / 153
    07 양식어업의 위험 / 155
    08 양식종별 양식방법 / 157

✔ 제 6편 | 수산가공과 위생
    01 수산식품 원료의 특성 / 173
    02 수산가공품의 제조 및 품질 / 181
    03 수산가공기계 / 209
    04 수산식품 위생 / 213
    05 수산물의 품질관리 / 220

✔ 제 7편 | 수산업 관리제도
    01 수산업 관련 법제도 / 229
    02 수산업의 관리 제도 / 242

✔ 부 록 |
    실전유형문제 / 253
    기출분석 / 283
    기출문제 / 331

수산물품질관리사 시험시행 안내

✔ 자격정보

- **자 격 명** : 수산물품질관리사(Fishery Products Quality Manager)
- **자격개요** : 수산물의 적절한 품질관리를 통하여 안정성을 확보하고, 상품성을 향상하며 공정하고 투명한 거래를 유도하기 위한 전문인력을 확보하기 위함
- **수행직무**
    - 수산물의 등급판정
    - 수산물의 생산 및 수확 후 품질관리 기술지도
    - 수산물의 출하 시기 조절 및 품질관리 기술지도
    - 수산물의 선별 저장 및 포장시설 등의 운영관리
- **검정절차**

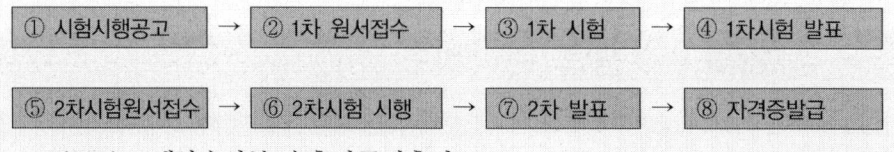

- **소관부처** : 해양수산부 수출가공진흥과
- **시행기관** : 한국산업인력공단
- **관계법령** : 농수산물품질관리법

❶ 시험과목 및 시험시간

구 분	시험과목	문항수	시험시간	시험방법
제1차 시험	① 수산물품질관리 관련법령* ② 수산물유통론 ③ 수확후 품질관리론 ④ 수산일반	100문항	120분	객관식 4지 택일형
제2차 시험	① 수산물품질관리실무 ② 수산물등급판정실무	30문항	100분	단답형, 서술형

※ 주1) 수산물품질관리 관련법령은 농수산물품질관리법령, 농수산물유통 및 가격안정에 관한 법령, 농수산물의 원산지 표시에 관한 법령, 친환경농어업 육성 및 유기식품 등의 관리·지원에 관한 법령이 포함됨

❷ 출제영역

◦ 수산물품질관리사 1차 시험 출제영역

시험과목	주요영역
수산물품질관리 관련법령	1. 농수산물품질관리 법령
	2. 농수산물 유통 및 가격안정에 관한 법령
	3. 농수산물의 원산지 표시에 관한 법령
	4. 친환경농어업 육성 및 유기식품 등의 관리·지원에 관한 법률
수산물유통론	수산물유통 개요
	2. 수산물 유통기구 및 유통경로
	3. 주요 수산물 유통경로
	4. 수산물 거래
	5. 수산물 유통경제
	6. 수산물 마케팅
	7. 수산물 유통정보와 정책
수확 후 품질관리론	원료 품질관리 개요
	2. 저장
	3. 선별 및 포장
	4. 가공
	5. 위생관리
수산일반	수산업 개요
	2. 수산자원 및 어업
	3. 선박운항
	4. 수산 양식관리
	5. 수산업 관리제도

∘ 수산물품질관리사 2차 시험 출제영역

시험과목	주요영역
수산물품질관리실무	1. 농수산물품질관리 법령
	2. 수확 후 품질관리 기술
	3. 수산물 유통관리
수산물등급판정실무	1. 수산물 표준규격
	2. 품질검사

❸ 응시자격

∘ 응시자격 : 제한 없음[농수산물품질관리법시행령 제40조의4]
  - 단, 수산물품질관리사의 자격이 취소된 날부터 2년이 지나지 아니한 자는 응시할 수 없음[농수산물품질관리법 제107조]

❹ 합격자 결정

∘ 제1차 시험[농수산물품질관리법시행령 제40조의4]
  - 각 과목 100점을 만점으로 하여 각 과목 40점 이상의 점수를 획득한 사람 중 평균점수가 60점 이상인 사람을 합격자로 결정
∘ 제2차 시험[농수산물품질관리법시행령 제40조의4]
  - 제1차 시험에 합격한 사람을 대상으로 100점을 만점으로 하여 60점 이상인 사람을 합격자로 결정

❺ 응시수수료 및 접수방법

- 응시수수료[농수산물품질관리법시행규칙 제136조의2]
  ∘ 제1차 시험 : 20,000원
  ∘ 제2차 시험 : 33,000원
- 접수방법
  ∘ 인터넷 온라인접수만 가능하며 전자결재(신용카드, 계좌이체, 가상계좌)이용

❻ 합격자발표 및 자격증발급

- 합격자발표
  - 한국산업인력공단 큐넷 수산물품질관리사 홈페이지와 자동안내전화로 합격자 발표
- 자격증 발급
  - 국립수산물품질관리원에서 자격증 신청 및 발급업무 수행

> ★ 기타 시험세부사항은 추후 공지되는 『수산물품질관리사 자격시험공고문』을 참고하시기 바라며, 궁금하신 사항은 한국산업인력공단 HRD고객만족센터(☎1644-8000)으로 문의하시기 바랍니다.

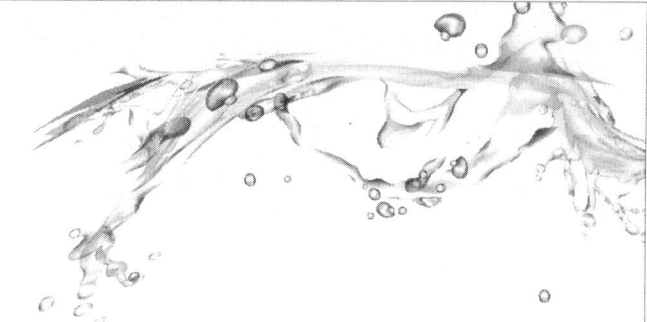

MEMO

○ 수산 일반

제1편 | 수산업 개관

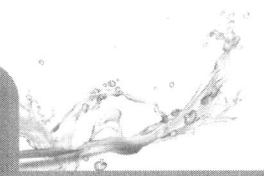

01 수산업의 개요

1 수산업의 의의

(1) 수산업

수산업이란 수산동식물을 생산하거나 생산된 수산물을 가공하는 산업을 말한다.

> 1. 수산물 : 상품으로서의 부가가치가 있는 수산동·식물을 말한다. 대상이 되는 주된 수산자원은 어류, 연체류, 갑각류, 극피류, 해초류 등의 천연 및 양식 자원물이다.
> 2. [수산업법]상 수산업 : 어업, 어획물운반업, 수산물가공업

(2) 수산업의 분류

① 어업 : 수산동식물을 포획·채취하거나 양식하는 사업
② 어획물운반업 : 어업현장에서 양륙지까지 어획물이나 그 제품을 운반하는 사업
③ 수산물가공업 : 수산동식물을 직접 원료 또는 재료로 하여 식료·사료·비료·호료·유지 또는 가죽을 제조하거나 가공하는 사업

(3) 수산업의 산업분류

수산업이란 자연으로부터의 생산이라는 측면에서는 1차 산업, 가공이라는 측면에서는 2차 산업, 유통이라는 측면에서는 3차 산업이라는 종합적 산업이다.
더 나아가 수산토목, 수산전산, 해양환경, 해양레포츠 등의 분야도 수산업에 포함한다.

1회 기출문제

수산업법에서 정의하고 있는 수산업은?

① 어업, 양식어업, 조선업
② 어업, 어획물운반업, 수산물가공업
③ 양식어업, 해운업, 원양어업
④ 수산물가공업, 연안여객선업, 내수면어업

▶ ②

3회 기출문제

다음에서 수산업법상 정의하는 수산업을 모두 고른 것은?

| ㄱ. 수산물유통업 ㄴ. 어촌관광업
| ㄷ. 수산물가공업 ㄹ. 어업
| ㅁ. 수산기자재업
| ㅂ. 어획물운반업

① ㄱ, ㄴ   ② ㄷ, ㄹ, ㅂ
③ ㄱ, ㄷ, ㄹ, ㅁ
④ ㄴ, ㄹ, ㅁ, ㅂ

▶ ②

2회 기출문제

수산업법상 수산업에 포함되는 활동이 아닌 것은?

① 수산동식물을 인공적으로 길러서 생산하는 활동
② 소비자에게 원활한 수산물을 공급하기 위한 유통 활동
③ 자연에 있는 수산동식물을 포획·채취하는 생산 활동
④ 생산된 수산물을 원료로 활용하여 다른 제품을 제조하거나 가공하는 활동

▶ ②

❷ 수산업의 특성

(1) 소유권의 불분명
수산업은 물이라는 특수한 환경에서 이루어지고 나아가 수산자원의 이동성이 있어 그 소유권이 불분명하다.

(2) 생산의 지속성
수산자원은 효율적 관리만 이루어진다면 지속적인 생산이 가능하다.

(3) 환경의 영향
수산자원은 수역의 위치, 수심 및 해저조건, 수역주변의 여건, 생산방법·해양기상 등에 영향을 받는다.

(4) 기타
부패성, 계획적인 생산·관리의 부적합, 상품 표준화의 곤란

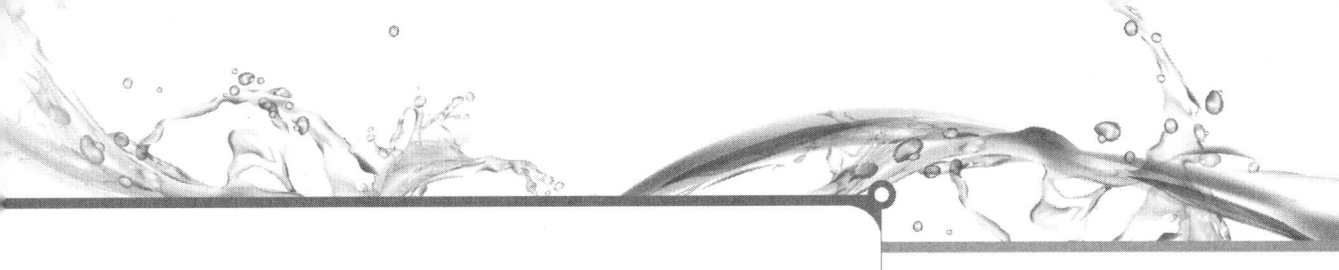

02 수산업의 현황

❶ 수산업의 발달

(1) 어업

① 우리나라 : 삼국시대 '어량(물이 한 군데로만 흐르도록 물살을 막고 그 곳에 통발을 놓아 고기를 잡도록 한 곳)', 고구려 '포경업' 등이 발달

② 해방 후 : 1960년대 어업개척기, 1970년대 발전기를 거쳐 현재에 이르러 인공어초 및 종묘배양장 등을 설치하는 등 자원관리 어업시대로 나아가고 있다.

③ 자원관리형 어업 : 어업 관련분양의 급진적 발전은 상대적으로 어업자원의 고갈이라는 자원량 감소를 가져오게 한다. 따라서 '수산자원이 고갈되어 어업생산성을 감소시키는 경우' 수산자원의 자연생산력을 최대화 시키려는 여러 가지 수단과 방법을 동원하는 '자원관리형 어업'이 필요하게 된다.

(2) 양식업

1) 세계 양식업의 역사

① 이집트 : 기원전 1800년경 마에리스 왕이 연못에 22종 어류를 양식한 기록

② 중국 : 기원전 500년경 '양어경'이라는 고서에 잉어를 기른 기록

③ 유럽 : 로마시대 강에서 어류 양식, 바다에서 굴을 수하식 양식

④ 프랑스 : 15세기 송어의 인공부화 성공

⑤ 오스트리아 : 송어의 인공수정란 부화 성공

⑥ 19세기 이후 : 활발한 수산동식물의 양식 및 종묘생산과 방류

2) 우리나라

① 고구려 : 대무신왕(서기 28년) 잉어를 연못에서 기름

② 20세기 말 : 광양만의 김 양식, 수하식 굴양식
③ 양식대상 종류의 발달 : 김, 미역, 다시마, 톳, 굴, 바지락, 꼬막, 대합, 피조개, 전복, 뱀장어, 틸라피아, 향어, 방어, 돔, 넙치, 조기, 참치 등으로 다양

(3) 수산가공업

① 1804년 통조림의 개발 등 각종 건제품, 염장품, 훈제품, 젓갈류의 생산
② 냉동기의 개발에 의한 장기저장 기술의 발달
③ 식용뿐만 아니라 공업용, 의약용, 사료용 등으로 이용범위의 확장
④ 가내공업 단계에서 기계공장제로 확대 발전 중

❷ 수산업의 현황

(1) 한국의 수산물 생산량

① 어업생산량의 변화 : 1946년(30만톤), 1960년(35만톤), 1994년(337만톤), 1998년 이후(240~330만톤)
② 주요 생산어업 : 연안어업, 근해어업, 원양어업(대서양, 태평양 47만톤, 인도양 등)
③ 양식업 : 1999년(105만톤), 2006년(126만톤), 2010년(135만톤)
 - 2010년 천해양식업 : 어류(8만톤), 패류(35만톤), 해조류(90만톤)
 - 2010년 내수면 어업 : 어로어업(1만톤), 양식업(2만톤)
④ 수산물가공업 : 2010년 약 182만톤의 생산능력

(2) 한국의 수산물 수출입 현황

① 1971년(1억 달러), 1993년(14억), 1999년(15억), 2006년(10억), 2010년(18억)
② 수출대상국 : 2000년대 일본편중, 2010년대 100여개 국가

2회 기출문제

2010년 이후 우리나라 정부 수산통계에서 연간 생산량이 많은 어업을 순서대로 나열한 것은?

① 천해양식어업 > 연근해어업 > 원양어업 > 내수면어업
② 연근해어업 > 천해양식어업 > 원양어업 > 내수면어업
③ 천해양식어업 > 원양어업 > 연근해어업 > 내수면어업
④ 연근해어업 > 원양어업 > 천해양식어업 > 내수면어업

➡ ①

1회 기출문제

우리나라 최근 3년(2012~2014)간 정부 수산통계에서 국내 총 수산물 생산량이 가장 많은 어업으로 옳은 것은?

① 양식어업
② 원양어업
③ 연근해어업
④ 내수면어업

➡ ①

- 주요 수출국 : 일본, 중국, 아세안, 미국, EU, 뉴질랜드
③ 수산물의 수입
- 1999년(74만톤, 11억), 수입물(명란, 조기, 갈치)
  주요 수입국 : 중국, 러시아, 미국, 일본
- 2004년(128만톤, 22억), 2010년(471만톤, 34억), 수입물 (참치, 새우, 조기, 명태)
- 2013년대 주요 수입국 : 중국, 러시아, 아세안, 미국, 일본, 칠레

(3) 세계 수산업의 현황
① 1960년대(4천만톤), 1990년대(9,755만톤), 2010년(1억 6,844만톤)
② 생산량의 비율 : 해산어(60%), 연체류(13%), 갑각류(6%), 담수어(18%)
③ 수역별 생산비율 : 태평양(62%), 대서양(29%)

③ 수산업의 전망

(1) 우리나라

우리나라는 1965년 한·일어업협정의 체결과 1966년 수산청의 발족으로 수산행정이 체계를 잡기 시작하였다.
1960년대 원양어업의 시작, 1970년대 양식업 및 근해어장의 개발과 원양업의 약진, 1980년대 연안어업국 간의 협정 및 수산기구의 설립 등으로 수산업의 국제적 견제와 영향이 제기 되기 시작함

(2) 세계 수산업과 배타적 경제수역
① 해양자유론 사상 : 해양은 누구나 사용할 수 있다는 사상 (1609년)
② 19세기, 영해 3해리 사상이 일반화
③ 1945년 미국의 대륙붕 선언으로 해양 분할의 시대 도래

2회 기출문제

최근 3년(2013~2015)간 금액 기준으로 우리나라 최대의 수산물 수입 · 수출 상대국은? (단, 순서는 수입 - 수출이다.)

① 중국 - 러시아
② 중국 - 일본
③ 일본 - 중국
④ 미국 - 일본

▶ ②

2회 기출문제

1990년대 이후 우리나라 수산업의 대내외 환경과 특징에 관한 설명으로 옳지 않은 것은?

① 수산정책을 전담하는 수산청의 창설로 수산업에 대한 투자 효율이 높아졌다.
② 세계무역기구(WTO) 체제의 출범 이후 수산물 시장 개방이 확대 되었다.
③ 주변국과의 어업협정에 따라 근해어업의 조업지가 줄어들었다.
④ 유엔해양법 발효와 이에 따른 배타적 경제수역(EEZ) 체제의 강화로 원양어장을 확보하는데 어려움이 가중되었다.

▶ ①

1회 기출문제

우리나라 수산업의 지속적인 발전을 위한 내용으로 옳지 않은 것은?

① 수산물의 안정적 공급
② 외국과의 어업 협력 강화
③ 연근해의 어선 세력 확대
④ 수산자원의 조성

▶ ③

④ 20세기 중반 200해리 경제수역을 미국, 러시아 등에서 선언함으로써 우리나라도 1996년 200해리를 선포하게 된다.

배타적 경제수역(EEZ : Exclusive Economic Zone)

배타적 경제수역(EEZ)은 바다를 접해있는 해당국의 연안으로부터 200해리(370.4km)까지의 모든 자원에 대해 독점적 권리를 행사할 수 있는 유엔 국제해양법상의 수역이라고 정의할 수 있다. 간단히 말하면, 한 나라의 해안으로부터 200해리 안의 바다에 대해 경제주권이 인정되는 수역을 의미한다.

'유엔해양법 협약'은 배타적 경제수역(EEZ)의 법적 지위를 영해도 공해도 아닌 제3의 특별수역으로 보고 있다. 즉, 배타적 경제수역 내에서 생물·비생물 자원에 대한 주권적 권리 및 관할권을 갖는데 반하여, 타국이 행하는 여행의 자유, 해저전선 및 파이프라인 설치자유가 허용되는 점에서 영해나 공해와는 다르다.

배타적 경제수역(EEZ)은 1994년 12월 발효한 국제연합(UN) 해양법 협약에서 마침내 국제적으로 받아들여지게 되었다.
이 법에 따르면
① 어업자원 및 해저 광물자원
② 해수 풍수를 이용한 에너지 생산권
③ 에너지 탐사권
④ 해양과학 조사 및 관할권
⑤ 해양환경 보호에 관한 관할권 등에 대해 연안국의 배타적 권리를 인정하고 있다.
또한 연안국은 배타적 경제수역(EEZ) 내의 생물자원을 탐사·이용·보존·관리하는 주권적 권리를 행사함에 있어 자국법령의 준수를 보장하기 위해 승선·검사·나포 및 사법절차를 포함해 필요한 조치를 취할 수 있다.

그리고 이 협약에 따라 영해는 기존의 3해리(5.5km)에서 12해리(22.2km)로 늘어났으며, 배타적 경제수역(EEZ)은 200해리(370.4km)로 결정되었다.

배타적 경제수역(EEZ)의 성립 과정

배타적 경제수역(EEZ)은 1945년 미국 트루먼 대통령의 200해리 대륙붕 선언으로 촉발되었는데, 이를 계기로 1958년 제네바에서 국제해양 회의가 개최되었다.

여기서 '영해 및 접속 수역에 관한 협약', '공해에 관한 협약', '어업 및 공해의 생물자원 보존에 관한 협약', '대륙붕에 관한 협약' 등 해양법에 관한 4개 협약이 채택되며, 바다에 관한 모든 것이 법제화됐다. 그러나 영해와 어업수역의 폭에 대해서는 국가 간 이해관계의 날카로운 대립으로 합의점을 찾지 못했다.

이후에 큰 문제들이 발생했는데, 특히 58년의 '대륙붕에 관한 협약'의 내용에 대륙붕에 대한 정의가 모호하여 각국이 권리 주장의 범위가 너무나 넓어지게 됐다.

또 기존의 영해의 범위가 3해리를 기본으로 하고 있었는데, 이를 12해리 또는 그 이상으로 일방적으로 확대하는 경향이 나타나게 된 것이다. 또 어업수역은 본래 영해의 폭과 일치했으나 이것이 영해와는 별도의 개념으로 형성되기 시작했다. 이러한 상황 변화에 따라 12해리 영해를 채택한 국가들도 어업수역만은 200해리에 걸친 해역에 대한 권리를 주장하게 됐으며, 이의 해결을 위해 세계 각국이 모여 본격적인 논의가 시작됐다.

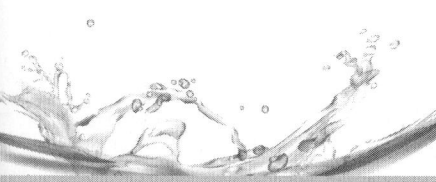

03 수산업 정보

❶ 수산업 정보의 의의

(1) 수산업 정보의 의의

수산분야의 목적에 맞도록 유용한 자료를 가공처리함으로써 수산 관련 분야에 지식과 기술을 제공하고 용이하게 사용할 수 있도록 구조화 된 것
수산관련 정보는 수집, 축적, 처리, 검색, 전송 등의 과정에서 사용되는 정보이다.

(2) 수산업 정보의 특징

① 대용량 자료처리가 필요
② 육상자료에 비하여 해양자료는 생산·관리에 많은 비용과 시간이 필요
③ 해양자료의 수집을 위해 조사·측량·관측에 다양한 기술이 적용
④ 해양자료의 역동성 : 해양의 조석·조류·해류·위치 등은 고정적이지 않고 시간적으로 변하는 동적인 특징을 갖고 있어, 시계열적·입체적 관리가 필요
⑤ 해양자료의 활용 : 영해분쟁, 배타적 경제수역 어장, 해양지명 등 정책에 활용

(3) 수산업 정보의 종류

1) 해양정보 관리의 필요성

① 국제분쟁의 해결자료
영토분쟁, 지명문제, 배타적경제수역결정, 대륙붕 경계확정, 해양자원개발 등 인접국가 또는 관련국가 간 갈등해결을 위한 자료로서 필요

② 항행정보의 제공
해안선 변화, 실시간 항행정보제공, 해양변화의 감시, 해양예보, 해양교통정보 등

③ 유통정보의 제공
수산물 생산과 유통정보의 제공

2) 수산업 정보의 관리
① 수산업 정보관리의 목표
해양정보기반 U-해양국토의 구현, 맞춤형 행양서비스 제공
해양정보를 위한 뉴비지니스 창출
② 수산업 정보관리의 기반구축 방향
해양정보 기반확대 및 내실화, 활용가치의 극대화
수요자 중심의 해양공간 정보구축, 정보화사업과 연계, 행양정보호호라용의 극대화
③ 해양정보의 종류
연안관리정보, 항만지하시설물 GIS DB 구축, 해양환경정보, 해양생태정보
연안관리정보

❷ 수산업 정보관리와 활용

(1) 수산업정보시스템의 기능과 종류

1) 정보의 기능
<u>완전성, 신속성, 정확성, 접근성, 계속성, 객관성 등</u>

2) 수산업 정보시스템
수산업과 연관된 개인이나 단체가 수산활동과 관련된 자료를 수집·검색하여 운영방안과 의사결정에 도움이 되도록 필요한 사람들에게 제공해 주는 공식적인 시스템들을 조직화한 것으로 생산정보시스템, 분배활동 정보시스템, 수산업 관리·운영 정보시스템으로 구분할 수 있다.

3) 수산업 경영활동과 관련된 정보
유통정보(생산에서 분배까지) 및 경영활동 정보

(2) 수산물 생산정보관리
① 수산물생산정보관리 : 생산정보, 생산정보의 수집, 생산정보의 분산과 이용 및 검색
② 수산물의 생산정보 : 생산환경정보, 수산자원관리정보, 수산물생산량정보 등
③ 수산물생산정보의 수집방법 : 수산물생산량 통계조사 등

* **수산물생산량 통계조사의 방법** : 계통조사, 비계통조사(표본조사, 전수조사, 병행조사)

(3) 수산물 가공정보관리
① 수산물가공과 정보시스템
② 수산물가공기술정보의 이용
③ 수산물가공품의 생산정보
④ 수산물가공정보
⑤ 수산물 포장정보의 검색

(4) 수산물 유통정보관리

1) 수산물유통정보
<u>수산물의 생산, 유통, 판매에 관련된 정보를 데이터베이스화 하여 관련 산업에 제공하는 것</u>

* 유통정보의 체계
    ① <u>분산형태에 따른 유통체계</u>
    ② <u>거래시장에 따른 유통체계</u>
    ③ <u>전자상거래에서의 유통체계</u>

2) 수산물 유통정보의 수집과 분산
① 수산물유통정보의 수집체계
② 유통정보의 수집기관과 방법
③ 유통정보의 분산과 이용

(5) 어업정보통신

1) 어업정보통신
어선을 이용하는 어업인이 간단한 절차에 따라 통신국 회원의 등록이 가능하도록 제도화한 것

2) 어업정보통신의 활용
① 통신국 회원제도 운용
  간단한 가입절차만으로 통신국 회원으로 교신가입어선들과 동일한 혜택
② 교신가입 및 통신국 이용
  통신기가 설치된 어선은 선적항 또는 인근지역을 관할하는 어업정보통신국에 가입하여 어업정보통신국의 가입증을 발급받는 제도
③ 연근해 어획실적 보고
  어업정보통신국에서 어업인이 보고한 조업위치 및 어획량을 전산시스템에 영구적으로 보관 후 차후 어업활동에 이용
④ 다양한 조업정보 제공
  근해 업종 채낚기, 연승(주낙), 안강망, 자망어업, 연안업 종복합통발어업에 업종별 어획분포, 해황정보, 안전조업안내 등의 정보 제공

* 기타 정보의 제공
  문자서비스, 기상특보, 조업위치, 입항예정통보, 해양기상예보, EEZ허가어선 어획정보 등

MEMO

수산 일반

제2편 | 수산 자원

01 수계의 자원

❶ 수계의 종류와 생태

(1) 물의 구분

해수, 담수(염분이 거의 없는 물), 기수(반함수)

> **해수, 담수, 기수**
>
> 바닷물과 같은 염분 농도가 높은 물을 함수라 하는데, 해수의 염분 함량은 보통 30~35‰이다.
>
> 내륙의 호수나 하천수는 일반적으로 염분 함량이 대단히 적은데, 이것을 담수라 한다. 대개 0.5‰이하의 염분을 함유하는 것을 담수라고 하지만 일정한 것은 아니며, 사막지대의 오아시스에서 나오는 담수는 1‰를 넘는 일도 있다.
>
> 하구 지역의 함수와 담수가 섞은 물은 기수(또는 반함수)라고 한다.
>
> 물의 염분 함량에 따라 서식하는 생물의 종류가 달라지므로, 양식을 할 때에는 그 곳의 염분 농도에 견딜 수 있는 생물을 선택해야 한다.
>
> 어류에는 함수에서만 사는 해산어류, 담수에서만 사는 담수 어류, 주로 기수에서 사는 기수어류 등이 있고, 또 이들 사이를 오가는 종류들도 있다.
>
> 방어, 가자미, 넙치 등은 해산이고, 잉어, 메기, 송어, 뱀장어, 은어 등은 담수산이며, 숭어와 송어는 일반적으로 담수에서 양식하지만, 물의 염분 농도가 해수와 같이 높은 경우에도 잘 자란다.
>
> 그러므로 이들 어류의 종묘나 어린 시기는 담수에서 기르고, 어느 정도 자라서 다량의 물이 필요해지면 풍부한 해수를 이용하기 위하여

2회 기출문제

염분농도(salinity) 변화에 관하여 가장 민감한 협염성 양식 대상 종은?

① 참돔
② 송어
③ 바지락
④ 굴

▶ ①

양어장을 해안지에 설치하는 것도 가능하다.

잉어, 메기 등의 여러가지 담수 어류는 해수가 어느 정도 섞인 기수에서는 산란, 번식은 잘 안 되나, 성장은 잘된다.

그리고 담수산이지만, 해수보다 높은 염분에서 성장하는 종류도 있다.

(2) 수권의 위치
해수역, 내수면, 기수역

1) 해수역
　① 지구표면의 약 70.8%, 평균깊이 약 4km, 육지면적의 2.43배
　② 염분(해수 1kg 약 32~36g), 약 88종의 원소가 융해되어 있음

2) 내수면(담수)
　① 지구의 육지에 있는 수면(호수, 강, 하천)
　② 지구표면의 약 1%, 염분(0.5~1%)

3) 기수역(해수와 담수 혼합)
　염분(0.5~25%)

(3) 해양생태계

1) 수계생물의 생태
　부영부(플랑크톤, 유영동물), 저서부(저서동물)

> **저서동물**
>
> 수저(水底)에서 살고 있는 생물로 물속에서 떠다니는 플랑크톤(부유생물), 물속을 헤엄치는 넥톤(유영동물)에 대응되는 말인 데 담수와 바다에도 있고, 동식물도 포함된다.
> 플랑크톤과 달라 동물의 거의 모든 종류가 출현한다. 그 생활형을 보면, 암석 표면에는 해면(海綿)류나 말미잘·따개비가, 사니(砂泥:모래

가 섞인 진흙) 위를 기는 새우와 게·불가사리와 같은 표서성(表棲性)인 것과 갯지렁이·바지락 등과 같은 사니에 파고드는 내서성(內棲性)인 것이 있다. 식성도 다양해서 초식성이나 플랑크톤 식성은 표서성인 것에 많고, 내서성인 것은 이식성(泥食性)이나 갯벌바닥에 쌓인 쓰레기를 먹는 찌꺼기(detritus) 식성이 많다. 육식성이나 부육식성인 것은 표서·내서 어느 쪽에도 있다. 일정한 서식 장소에 특유한 한 무리의 생물이 저서생활 군집을 이루어, 그 속에서 먹이연쇄가 이루어지는 것은 육상과 같다.

2) 해양의 기초생산자
엽록소를 가진 녹색식물(녹조류, 갈조류, 홍조류)과 식물성 플랑크톤으로 분류

* **해양의 기초생산 요인**
  에너지원이 되는 태양광, 수온, 영양염, 초식자의 섭이 등

* **먹이연쇄에 의한 농축현상**
  해양생태계는 먹이연쇄가 일어나는데 생태계 내의 이용 가능한 에너지가 방사성 물질, 살충제 등 환경오염요소에 의해 대사작용을 통해 분해가 되지 않아 농축되는 현상

❷ 수계의 자원

(1) 생물자원과 광물자원

1) 생물자원
재생성자원으로 스스로 성장·번식함으로써 자원의 영구적 보존이 가능하다.

2) 광물자원
해수에 녹아 있는 용존자원, 해저에 분포하는 금, 망간단괴, 석탄, 철, 석유 등

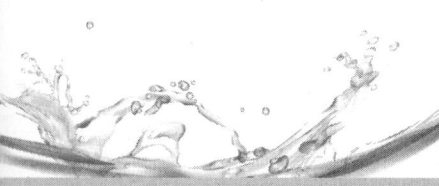

(2) 해양에너지자원

1) 조석에너지

해양의 조석간만의 차를 이용하는 조력발전(우리나라, 가로림만 등)

2) 파력에너지

파도에 의한 수면의 상승운동을 에너지로 전환하는 파력발전

3) 해류와 조류를 이용한 발전, 해수의 온도차에 의한 발전, 해수의 밀도 차에 의한 발전 등

(3) 해양공간자원

육상공간의 희소성으로 인하여 해양을 기반한 공간의 활용에 대한 중요성이 커지고 있다.
임해공업단지, 저장 공간, 발전소, 항만시설, 해상공항, 관광단지, 간척사업, 조사기지 설립 등 해양공간의 활용도가 넓어지고 있으며 향후 거주시설, 교통·정보통신, 해양레포츠, 해중공원, 해중건설 등에 널리 활용될 것이다.

02 수산자원의 종류

❶ 수산자원의 특성

(1) 수산생물의 생활특성

① 해양의 안정된 환경 때문에 유지되는 생물 종류가 많다.
② 수산 식물은 연하고 부유할 수 있는 구조를 지니고 있다.
③ 잎, 줄기, 뿌리 구분 없이 전체 표면에서 빛을 흡수하여 생육하는 종류가 많다.
④ 스스로 발광하는 동물이 많다.
⑤ 알에서 생긴 유생은 변태를 거듭하여 어미가 되는 동물이 많

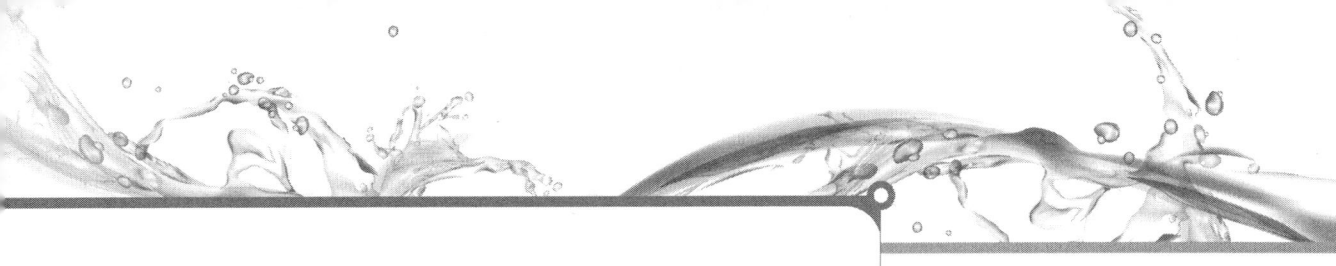

으며, 유생시기를 지나면 해저에 고착 생활하는 동물이 많다.

(2) 생물군집과 환경

1) 수계생물의 구분
① 부영부 : 유영동물과 부유생물
② 저서부 : 해저표면 또는 암초에 고착하여 사는 생물(조개류, 새우, 굴, 해조류 등)

2) 개체군, 생물군집, 생태계
① 개체군
특정시간에 어떤 특정 공간을 공유하는 같은 종(또는 개체가 서로 유전자 정보를 교환할 수 있는 집단)에 속하는 생물 개체들의 모임
② 군집
일정한 지역 내에서 생활하고 있는 모든 생물 개체군의 모임. 생물군집을 이루는 개체군은 먹이관계 등 서로 긴밀한 연관관계를 가진다.
③ 생태계
생물적 환경과 무생물적 환경으로 구성되고 있는 계(系). 여기서 생물적 환경이란 특정한 생물을 둘러싼 타 생물군집을 가리키며, 무생물적 환경이란 생물군집을 제외한 물, 이산화탄소, 칼슘, 인산염, 아미노산 등 기초적 무기물질과 유기화합물 등 모든 환경요인을 일컫는다.
생물적 환경과 무생물적 환경이 한 덩어리가 된 생태계에서는 양자 사이에 물질순환과 더불어 영양단계에 따라 에너지 유동이 이뤄진다.
따라서 생태계는 여러 생물군집들이 물, 공기, 토양 등의 무생물적 요소를 바탕으로 타 태양에너지와 타 생물군집 등에서 영양분을 섭취하면서 기후 등의 물리적 환경에 적응하며 살아가는 생명유지 체계이다.
④ 수산자원의 환경요인
수온, 염분, 영양염류, 광, 바닷물의 유동, 먹이 등

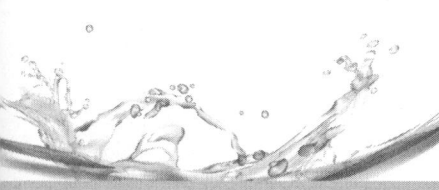

❷ 수산자원의 종류

(1) 수산자원
어업이 성립되는 범위에서 계속적으로 생산이 가능한 생물량인데 좁은 뜻으로서는 인류에 필요한 수산생물의 각 군집의 양을 말함. 자연계는 무생물과 생물 간에 물질순환을 반복하면서 안정 상태를 이룬다.

(2) 자원생물의 분류
① 계(Kingdom) : 동물계와 식물계의 두가지로 나누는 큰 분류
② 문(Phylum, Division) : 동물의 배엽 형성이나 식물의 엽록소 내용, 핵의 독립성 등의 요소로 구별한 것으로 척추동물, 연체동물, 절지동물 식으로 구분된다.
③ 강(Class) : 위의 '문'보다 더 세세한 분류인데, 더 여러가지로 분류가 들어간다. 어류, 파충류, 양서류, 조류, 포유류
④ 목(Order) : ~류라 불리는 식의 분류로, 영장목/고래목/식육목 등으로 나뉜다.
⑤ 과(Family) : 이 분류부터는 아주 닮은 형태로 나누기 시작한다. 개과, 고양이과 등.
⑥ 속(Genus) : 보통 우리가 알고 있는 생물의 이름을 말한다.
⑦ 종(Species) : 이것은 주로 같은 속의 생물을 특정 기준에 따라 분류/발견하여 붙이는 학명이다. 그래서 발견한 사람의 이름을 따는 경우가 많다.

(3) 수산생물의 종류

1) 부유생물
물에 뜬 채로 흘러 다니는 생물로 식물 부유생물, 동물 부유생물로 구분한다.

① 동식물성에 따른 구분
　가. 동물 부유생물 : 운동력이 떨어지는 절지동물이나 수산동

물의 알, 유생, 치어, 해파리 등
나. 식물 부유생물 : 단세포 식물체로서 광합성에 의해 스스로 에너지를 생성한다. 기초생산자라고 불리며 바다의 표층부에 존재한다.

② 크기에 따른 구분
ⓐ 대형 부유생물 : 직경 1~10mm 정도로서 대부분의 동물 부유생물이 이에 해당한다.
ⓑ 미소 부유생물 : 크기 0.5~1mm 정도의 생물체로서 대부분의 동물 부유생물이 이에 해당하며 행양 무척추동물, 치어, 유생들이다.
ⓒ 미세 부유생물 : 크기 0.005~0.5mm 정도로서 대부분의 식물 부유생물
ⓓ 극미세 부유생물 : 크기 5㎛(0.005㎜) 이하

2) 저서생물
바다의 바닥에 사는 생물로, 저서식물(해조류), 저서동물(갯지렁이)등으로 나뉜다.

① 저서식물
가. 녹조류(청각, 파래, 우산말) : 주로 민물에 서식하며, 엽록소로 광합성
나. 갈조류(미역, 모자반, 감태, 톳, 미역) : 몸체가 크고, 포자로 번식하는 엽상식물
다. 홍조류 (새 풀가사리, 우뭇가사리, 김) : 해조류의 대부분이며, 포자로 번식하는 엽상식물

② 저서동물
가. 해면동물 : 조직이나 기관이 없고, 신경, 근육, 감각기능을 가진 세포가 없음.
나. 자포동물(강장동물) : 항문이 따로 없어 소화되지 않은 부분은 입으로 다시 토함. 종류로는 말미잘, 산호, 히드라, 해파리
다. 유형동물 : 식도, 장, 항문에 이르는 소화기관이 있으며, 좌우대칭의 모양 소형 갯지렁이, 갑각류를 먹는 전형적인 포식자인 플라나리아

라. 따개비류 : 해안의 바위 등 딱딱하고 고정된 곳에 집단으로 붙어사는 부착생물(바위 조간대에서 자주 볼 수 있음. 새우, 게 등)

마. 조개류 : 바위 조간대 아래에 서식하며, 2장의 조가비를 가진 무리. 담치류, 바지락, 돌조개, 꼬막, 굴류

바. 고둥류 : 바다 깊은 곳에서 상부조간대 까지 널리 분포, 분포범위 넓음

3) 유영동물

수중생물을 생태학적으로 나눈 경우의 한 군으로 넥톤이라고도 하는데, 발달된 운동기관을 갖추고 흐름이나 파도 등에 저항해서 물 속을 자유로이 유영하는 생물이다.

어류·고래류·낙지류 및 약간의 갑각류 등 대부분의 생물이 여기에 포함된다. 부유생물·저서생물(底棲生物)에 대응되는 말이다.

이들은 체형이 유선형이고 체표면은 점액에 뒤덮여서 저항완충 (抵抗緩衝)의 역할을 한다. 따라서 포식(捕食), 해적으로부터의 도피, 회유(回遊) 등은 유영력에 의존한다. 그리고 다수가 무리를 이루는 경향이 강하며 어업의 대상으로서 중요하다.

① 어류

물고기로 불리며 어류는 물에서 사는 아가미가 있는 척추동물이다. 대부분의 경우 냉혈동물이지만 참치나 상어와 같은 몇 종은 온혈이기도 하다. 지구상에는 2만 9천 종의 어류가 있으며 척추동물 중에는 가장 많은 종을 보유하고 있다.

* <u>어류의 특징</u>
  ⓐ 아가미를 가지고 있다.
  ⓑ 지느러미를 가지고 있다.
  ⓒ 몸체 유지를 위한 뼈가 있다.
  ⓓ 대부분의 몸체는 비늘로 덮여 있다.

* <u>물고기의 구분</u>
  ⓐ 정착성 물고기 : 노래미 등
  ⓑ 회유성 물고기 : 연어, 뱀장어 등
  ⓒ 연골어류 : 몸의 뼈가 부드러운 홍어, 가오리, 상어 등

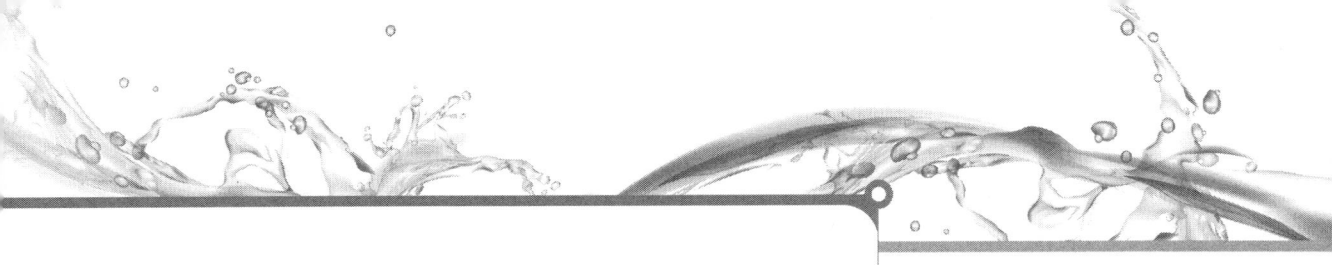

ⓓ 경골어류 : 내부에 딱딱한 뼈를 가진 고등어, 조기, 갈치, 전갱이, 참돔 등

② 두족류

몸속의 뼈는 퇴화되어 없고, 대신 몸의 구조를 변화시켜 물을 이용하여 자신의 몸의 형태를 유지한다.

두족류를 분류하면 아가미가 2쌍 있는 사새아강(Tetrabranchia:앵무조개, 화석종인 암모나이트)과 아가미가 1쌍 있는 이새아강(Dibranchia:오징어·낙지)으로 나누어진다. 그리고 이새아강은 다시 다리가 10개 있는 오징어류인 십완목(Decapod)과 다리가 8개 있는 낙지류인 팔완목(Octopoda)으로 나뉜다.

③ 포유류

고래류와 물개류

④ 갑각류

게와 새우처럼 몸 바깥쪽이 단단한 껍질로 싸여 있는 동물을 갑각류라고 한다. 칠게, 길게, 방게 같은 게 종류는 물론 보리새우와 딱총새우, 갯가재와 바닷가재 등이 갑각류에 포함된다. 갑각류의 단단한 껍질은 척추동물의 뼈대 역할을 하며 그 안쪽에 근육과 기관이 붙어 있다. 대부분 암수 딴 몸이다.

> 3회 기출문제
>
> **경골어류의 종류와 어종이 옳게 연결된 것은?**
>
> ① 갑각류 - 붉은대게
> ② 농어류 - 농어
> ③ 상어류 - 백상아리
> ④ 두족류 - 갑오징어
>
> ▶ ②
>
> 1회 기출문제
>
> **올챙이 모양(尾蟲形)의 유생으로 부화하여 유영생활 후 부착하는 품종으로 옳은 것은?**
>
> ① 전복
> ② 가리비
> ③ 우렁쉥이(멍게)
> ④ 굴
>
> ▶ ③

03 자원생물의 조사

❶ 자원생물 조사의 필요성

(1) 수산생물과 수산자원생물

1) 수산생물

<u>수중에 사는 생물 중에서 인류에게 유용하여 산업의 대상이 되는 것을 말한다.</u>

2) 수산자원생물

수산생물 중 어업에 의해서 지금 이용되고 있거나 또는 장내 이용될 것이 확실한 생물을 수산자원이라 하며, 이를 수산자원생물 또는 자원생물이라고도 한다.

우리나라에서 이용하는 수산 자원은 식용, 공업용, 의약품용, 사료용 및 관상, 공예용 등으로 그 쓰임이 매우 넓다. 수산생물 중에서 산업적으로 수집 또는 포획 대상이 되는 유용생물을 수산자원생물 또는 자원생물이라고 하는데, 좁은 뜻에서의 수산생물과 같다.

(2) 수산자원생물의 조사

1) 조사의 목적

수산자원은 한정되어 있기 때문에 자원량을 유지하면서 한편 증가되는 부분, 즉 잉여생산부문을 어획해야 한다. 그러므로 합리적으로 어획을 하기 위해서는 자원생물량이 얼마나 있으며 이것이 어떠한 변동을 하는가의 동태를 파악해야 한다.

① 수산자원의 변동생태 파악
② 수산자원의 생태적인 분포 및 이동경로의 파악
③ 어업의 합리적 경영을 위한 기초자료
④ 수산자원생물의 효율적 관리

2) 수산자원생물의 조사방법

① 통계조사법
　가. 전수조사 : 대상이 되는 모든 어선에 대하여 어기별, 어장별, 어업종류별, 어획량 등을 조사
　나. 표본조사 : 조사 대상 어선 중 일부에 대하여 조사
② 형태측정법
　어획물의 체장을 측정(전장측정, 표준체장측정, 피린체장측정)
③ 계군분석법
　수산자원은 동일종이라도 형태적·생태적·유전적으로 다른 지역 개체군으로 나누어 존재하는데 이것을 계군(系群)이라고 한다.
　이 계군은 어획과 관리의 단위가 되기 때문에 계군의 성질을 파악하는 것이 어업관리상 중요하다. 계군의 성질로서는 암수·성적(性的) 성숙도·연령·체장·체중·성장·사망 등이 조사된다.

1회 기출문제

수산자원의 계군을 식별하는 방법 중 회유경로를 추적할 수 있는 조사 방법으로 옳은 것은?

① 형태학적 방법
② 생리학적 방법
③ 표지방류 방법
④ 조직학적 방법

➡ ③

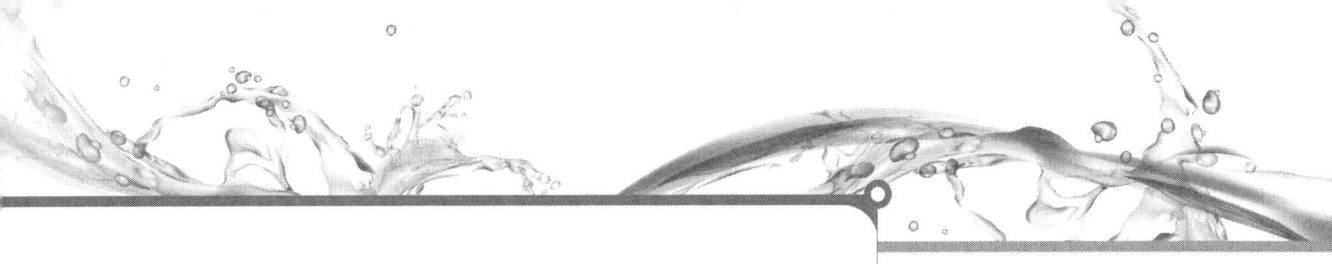

　　가. 형태학적 방법 : 해부학적 방법
　　　　ⓐ 생물측정학적 방법 : 계군의 특정 형질에 대하여 많은 개체의 측정자료를 통계적으로 비교·검정하여 계군의 차이를 판정하는 방법
　　　　ⓑ 해부학적 방법 : 비늘 휴지대의 위치, 가시의 형태 등 해부학적 형질의 차이를 비교하여 계군을 식별하는 방법
　　나. 생태학적 방법
　　　　각 계군의 생활사, 산란기나 산란장의 차이, 체장조성, 비늘의 형태, 포란 수, 분포 및 회유상태, 기생충의 종류와 기생률 등의 차이를 비교·분석하는 방법
　　다. 어황학적 방법
　　　　어획의 통계자료에 의해 어황의 공통성, 주기성, 변동성 등을 비교·분석하여 어군의 이동이나 회유로를 추정하는 방법
　　라. 유전학적 방법
④ 연령사정법
　　가. 연령형질 이용법
　　　　어류의 비늘, 이석, 등뼈, 지느러미 연조, 패각, 고래의 수염 및 이빨 등의 형질을 통하여 연령을 사정한다.
　　나. 체장조성 이용법
　　　　연령형질이 없거나(갑각류), 연령형질이 뚜렷하지 않은 어린 개체들의 연령을 사정하는데 이용한다. 체장빈도법 또는 피터센법이라고도 한다. 연간 1회의 짧은 산란기를 가진 개체에 유용하다.
⑤ 표지방류법
　　어류에 표지를 달아서 방류하여 어류의 이동범위·경로·회유속도·성장속도·재포율(再捕率) 등을 알기 위한 방법

> **3회 기출문제**
> 어류의 계군을 구분하기 위한 조사방법으로 옳지 않은 것은?
> ① 표지방류 법　② 형태학적 방법
> ③ 연령사정 법　④ 생태학적 방법
> ▶ ③

> **2회 기출문제**
> 수산생물 중 고래류의 연령형질로 타당한 것은?
> ① 비늘　　　② 이석
> ③ 지느러미 연조　④ 이빨 및 수염
> ▶ ④

> **1회 기출문제**
> 고등어의 연령을 파악하기 위해 이용되는 것으로 옳은 것은?
> ① 이석(耳石)
> ② 부레
> ③ 측선(側線)
> ④ 아가미
> ▶ ①

> **3회 기출문제**
> 수산생물의 종류와 연령형질의 연결이 옳지 않은 것은?
> ① 명태 – 이석
> ② 키조개 – 패각
> ③ 돌고래 – 이빨
> ④ 꽃새우– 수염길이
> ▶ ④

❷ 자원량의 추정

자원량의 조사에 의하여 현재의 서식량과 그 증가량 및 감소량을 알아내어 적정한 어획량을 추정한다. 그러기 위해서 다음과 같은

방법 중의 하나, 또는 2개 이상을 병용하여 자원량을 추정한다.

(1) 어군의 증가 또는 알의 어미변화 정도

어군이 1년간 얼마나 증가하는가, 알이 부화하여 몇 년 뒤에 어미가 되어 산란을 하게 되는가, 한 마리의 산란수 중 몇 마리가 어미로 되는가를 조사한다.

(2) 연령별 어류의 생존률

1년간 어획된 어류의 연령 조성을 조사하여 매년 비교한다. 각각 연령별 조성을 조사하여 비교함으로써 고기가 나이를 먹음에 따라 얼마나 살아남는지 또 그 비율을 알 수 있다.

(3) 어획통계에 의한 방법

어획통계에 의해 어획노력당 어획량을 산출한다. 곧 어선 1척당, 출어 1회당의 어획량을 해마다 비교함으로써 자원량의 감소를 추정할 수 있다.

(4) 표지 방류의 재포율을 조사

현재 자원량을 A, 방류수를 B, 재포수를 C, 그해의 어획량을 D라 하면, A:D=B:C에 의해서 자원량을 추정할 수 있다

04 자원생물의 조성

❶ 자원생물의 변동

(1) 계군과 자원량

1) 계군

일정한 지리적인 분포구역 내에서 개체 상호 간의 임의 교배를

통해서 동일한 유전자 풀을 공유함으로써 일정한 유전자 조성을 가지며, 동일한 생태학적 특성과 독자적인 수량 변동의 양상을 보이는 집단. 계군을 구성하는 개체로서 어업의 대상이 되는 계층군과 아직 미성숙 상태인 계층군으로 나눌 수 있다.

2) 자원량
계군 내에서 어획의 대상이 되는 계층군의 총무게

(2) 수산자원량의 변동

수산자원생물은 어체의 크기가 성장하여 어업의 대상이 되는 단계를 가입이라고 한다.
수산자원량은 가입과 이미 가입된 개체의 성장이라는 요인에 의하여 증가한다. 또한 개체의 사망이나 어획을 통한 수산자원량의 감소도 일어난다.

(3) 러셀의 가설

연간 수산자원량의 변동

러셀방정식

$$Pt = Pt + 1 - Pt = (Rt + Gt - Dt) - Yt$$

- Pt : 어느 해(t년) 초기의 수산자원량
- $Pt+1$: (t+1)년 초기의 수산자원량
- Rt : 1년 동안의 가입량
- Gt : 1년 동안의 성장량
- Dt : 1년 동안의 자연사망량
- Yt : 1년 동안의 어획사망량
- $(Rt + Gt - Dt)$: 자연증가 요소(잉여생산량)

러셀의 가설은 잉여생산량과 어획량과의 비교에 의해 자원량의 증감 또는 평형을 구할 수 있다고 한다. 최대 잉여생산량을 나타내는 자원량을 어획량으로써 유지하면서 최대 잉여생산량만큼만 어획한다면 지속적으로 최대의 어획량을 확보할 수 있다고

한다.(최대 지속적 생산량)
잉여생산량(Rt + Gt - Dt) >> 어획량(Yt) = 자원량증가
잉여생산량(Rt + Gt - Dt) << 어획량(Yt) = 자원량감소
잉여생산량(Rt + Gt - Dt) = 어획량(Yt) = 자원량평형

❷ 수산자원의 관리

<u>수산자원의 관리란 자원량의 관리이다. 자원량을 관리한다는 것은 가입, 성장, 자연사망 및 어획량이라는 4가지 요소의 변동에 대한 실질적 관리를 말한다.</u> 여기에 환경관리라는 요소를 더하면 수산자원의 관리는 완성된다.

(1) 가입관리

1) 가입
수산생물이 어업의 대상이 되는 크기에 도달하는 단계를 가입이라 한다. 알로부터 치어를 거쳐 가입단계에 이르기까지 생존개체수를 늘리는 관리가 중요하다.

2) 가입관리의 방법
① 이식 : 특정지역에서는 볼 수 없거나 전혀 분포하지 않는 수산생물을 다른 지역에서 가져와 방류 등을 통하여 성장시키는 것이다.
② 어도설치 : 어도란 바다나 하천에 이수 및 치수를 위한 수리구조물(댐, 보, 낙차공 등)을 설치함으로써 단절된 하천 내 어류의 원활한 이동이 가능하게 만든 구조물을 말한다. 우리나라의 경우 낙동강 및 금강 하구둑에 어도를 설치하였다.
③ 산란치어방류 : 성숙치어의 자원이 부족한 경우 산란치어를 방류하여 자원량을 늘린다.
④ 어기제한 : 산란기 동안에 어로행위를 제한하여 산란치어를 보호한다. [수산자원 관리법]에 '휴어기'를 설정하고 있다.
⑤ 어장제한 : 성어의 산란장과 치어의 성육장에서 어로행위를 금지하고 있는데 어초의 설치도 어장제한의 예에 속한다.

[수산자원관리법]에서는 수산자원의 번식·보호를 위하여 필요한 경우 어업의 종류별로 조업금지구역을 정할 수 있도록 하고 있다.
⑥ 체장제한 : 자원보호의 목적으로 어떤 종에 대해 일정한 체장보다 작은 것을 잡지 못하게 하는 것으로서, 어획 제한의 한 가지
⑦ 그물코 제한 : 그물어구를 사용하여 어획하는 수산생물에 적용하여, 치어의 남획이나, 성숙하지 않은 수산생물의 남획을 막고자 일정 크기 이하의 그물코를 사용하지 못하도록 강제한다.
⑧ 인공산란장 설치 : 자연산란시 폐사율을 낮추기 위하여 약간의 인위적 수단을 가하여 산란이 가능하도록 한다. 인공산란장은 수면의 높이 변화가 심한 내수면이나 연안해역에 수초 등이 부족하여 산란하기 어려운 경우 설치하며, 인공알받이를 뗏목에 매달아 띄우는 방법 등이 이용된다.
⑨ 인공수정란 방류 : 자연상태에서 수정률이 낮은 경우 성숙한 치어로부터 알과 정자를 추출하여 인공수정 시킨 후 방류하는 것을 말한다. 우리나라 진해만에서 대구에 사용된다.
⑩ 인공부화방류 : 인공수정된 알을 일정기간 보호하여 새끼가 부화된 후 방류하는 것이다.
⑪ 인공종묘 방류 : 종묘배양장을 설치하여 인공부화된 새끼를 일정기간 보호한 후 적정 크기까지 성장하면 새끼를 방류한다. 넙치, 전복, 보리새우 등에 이용된다.

(2) 성장관리

1) 성장관리
성장관리란 수산생물의 성장에 적합한 환경을 제공하여 성장을 촉진함으로써 자원량을 늘리는 활동을 말한다.

2) 성장관리의 방법
① 성장촉진을 위한 이식 : 수산생물의 성장환경이 열악하여 성장촉진이 어려운 경우 성장장소를 이동시켜 이식한다.(전복, 조개 등을 난해역으로 이동시키는 것)

② 시비 : 어장에 염양염류 등을 인위적으로 보강하여 수산생물의 성장에 기여한다.
③ 수초제거 : 수초를 제거함으로써 영양염류가 수산생물에게 소비되도록 하고, 광선의 투입을 조장하여 먹이생물의 번식을 조장한다.
④ 먹이증강 : 수산생물의 먹이가 되는 것을 보강한다. 전복, 소라, 성게 등의 어장에 해초를 보강하는 것이 그 예이다.

(3) 자연사망관리

1) 자연사망관리
가입한 수산생물이 자연적으로 사망하는 원인을 제거하거나 그 영향을 완화하는 것

2) 자연사망의 원인과 관리방법
① 일반적 사망원인 : 질병, 해적생물, 해황 이변, 수질오염 등
② 해적생물의 구제 : 패류가 분포하는 곳에 불가사리를 제거하는 것 등
③ 외래생물종의 이식 규제
④ 육종을 통한 생명력 강화

(4) 어획관리

1) 어획관리
<u>어획을 관리한다는 것은 어업활동을 관리한다는 것이다. 결국 어획량을 인위적으로 조절함으로써 그 목적이 달성되는데 이에는 어기제한, 어장제한, 체장제한, 그물코 제한 등과 어획량의 직접적 제한이나 조업어선 수 제한, 출어횟수 제한 등을 통하여 관리를 한다.</u> 나아가 어선의 크기를 제한하거나, 어구를 제한하는 것도 관리의 방법이 된다.

2) 어획량 제한
어획량의 제한은 일정기간 동안에 어획량의 상한을 설정하고, 그 기간 내에 어획량이 달성되면 어업을 금지한다. 조업어선의

척수 제한이나 출어횟수 제한은 간접적인 어획량의 제한방법이 된다. [수산자원관리법]에서는 허가 정한수를 규정하여 주요 연근해어업에 대하여 조업어선을 허가할 수 있게 하였다.

(5) 환경관리

1) 환경관리

수산생물에 대한 환경관리란 수산생물에 유익한 환경을 인위적으로 유지 또는 조성하여 가입과 성장을 촉진하고 자연사망을 감소시키는 종합적인 자원증강 활동이다.

2) 환경관리의 방법

① 어류에 안식처 제공 : 인공돌발의 축조, 굴, 해삼, 해조류 등의 부착장소 제공을 위한 투석 등
② 기타 환경 조성 : 인공어초 투하, 폐선침몰, 해저 암초 폭파, 콘크리트 바르기, 갈이, 객토, 고르기, 물길 내기, 돌 뒤집기, 갯바위 닦기, 마을 숲 조성 등
③ 하천이나 바다에 유입되는 수질의 오염 방지

> **1회 기출문제**
>
> **수산자원 관리 방법 중 환경관리에 해당되지 않는 것은?**
> ① 수질개선
> ② 성육장소 개선
> ③ 바다숲 조성
> ④ 어획량 규제
>
> ▶ ④

MEMO

수산 일반

제3편 | 어 업

01 어업과 어장

❶ 어업의 의의 및 기능

(1) 어업의 의의

어업이란 바다, 호수, 하천 등 물 속에 사는 생물을 인류생활에 유용하도록 이용·개발하는 산업이다. 사업을 목적으로 수산 동·식물을 포획·채취하는 어로 활동(漁撈活動). 일반적 의미로는 자연계에서 서식하는 수산 동·식물을 채취하거나 포획하는 일을 어로(漁撈)라 하며 사업(영업)의 목적으로 이루어지는 어로 활동을 어업, 오락의 목적으로 하는 어로행위를 유어(遊漁, sports fishing)라고 한다. 때로는 양식 및 수산 제조업까지 포함하여 수산업과 같은 뜻으로 쓰이는 경우도 있다.

① [수산업법] 제2조 제2호 : 어업이란 수산동식물을 포획·채취하거나 양식하는 사업을 말한다.
② [어장관리법] 제2조 제2호 : 어업이란 어업면허 또는 어업허가를 받아 수산동식물을 포획·채취하거나 양식하는 사업을 말한다.
③ 어업은 수산제조업까지도 포괄하는 개념으로 사용되기도 한다.
④ 어업은 수익성을 목적으로 하는 사업으로서 경제성과 경영관리요소를 포함한다.

(2) 어업의 기능

1) 식량자원의 공급기능
① 어업활동을 통하여 획득된 수산물은 인간에게 식용으로 제공된다.
② 수산물의 동물성 단백질은 식량자원의 의미를 가진다.

③ 수산물에 포함된 특정 기능은 인간의 건강에 중요한 요소를 제공한다.

2) 관련 산업의 발전 기능
① 어업은 수산물을 얻기 위해 동반되는 어선, 어구, 기계, 항해장비, 유류 등의 산업발전에 기여한다.
② 어업은 수산물의 유통과정에서 필요한 저장, 가공, 유통, 금융 등의 활동에 관여한다.

❷ 어업의 분류

(1) 어획대상물에 따른 분류
① 수산생물은 수산동물(척추동물과 무척추동물)과 수산식물(해조류)로 구분한다.
② 어업의 종류
　가. 해수어업 : 포유류 등의 포획 등
　나. 채패업 : 조개류의 채취 등
　다. 채조업 : 해조류의 채취 등

(2) 어장에 따른 분류
어장이란 어떤 종류의 수산동식물이 많이 정착서식(定着棲息)하거나, 무리를 지어 체류(滯留)하거나 또는 통과할 때, 그것을 대상으로 어업이 일정 기간 동안 계속적으로 이루어지는 수역을 말한다.

해양은 기지·육지로부터 거리에 따라 연안(沿岸)어장·근해(近海)어장·원양(遠洋)어장이 있으며, 지역에 따른 지명을 붙인 황해어장·동중국해어장·북양어장·북해어장·아프리카어장·남빙양어장으로 나눌 수 있다.

환경에 따른 어장은 천해(淺海)어장·심해(深海)어장·간석지(干潟地)어장·대륙붕어장·천연초(天然礁)어장·와동(渦動)어장·용승(湧昇)어장 등이 있다.

2회 기출문제

우리나라 수산업의 중요성에 관한 설명으로 옳지 않은 것은?

① 동물성 단백질의 중요한 공급원이다.
② 해외 수산자원 확보에 중요한 역할을 한다.
③ 국가의 기간사업으로 국민에게 식량을 공급한다.
④ 에너지 산업에서 중요한 위치를 차지하고 있다.

➡ ④

법규에 따른 어장은 공동어업권어장·면허장 등이 있다.

어구·어법에 따른 어장은 낚기어장·두릿그물[旋網]어장·흘림걸그물[유자망流刺網]어장·정치망(定置網)어장·기선저인망(機船底引網)어장 등으로 나눌 수 있다.

또 때로는 대상물과 어구·어법을 합쳐서 고등어·전갱이 선망어장, 방어 정치망어장, 방어 축양어장, 원양트롤어장, 남빙양크릴어장 등이라고 말하는 경우도 있다.

1) 연안어업

연안어업이란 해안에서 가까운 곳 또는 한 나라의 영해(領海) 안에서 이루어지는 어업. 원양어업에 대비되는 말로서 연해어업이라고도 하고 근해어업과 함께 연근해어업으로 부르기도 한다. 규모가 작은 어선으로 하루 정도 고기를 잡을 수 있는 어장에서 작업한다.

수산업법에는 무동력어선 또는 총톤수 8t 미만의 동력어선 또는 어선의 안전조업과 어업조정을 위하여 대통령령으로 정하는 총톤수 8톤 이상 10톤 미만의 동력어선을 사용하는 어업으로 규정되어 있고, 이러한 어업을 하기 위해서는 어선 또는 어구(漁具)마다 농림수산식품부장관의 허가를 받아야 한다.

① 연안개량안강망어업 : 1척의 동력어선으로 안강망류 어망을 사용하여 수산물을 포획하는 어업
② 연안선망어업 : 1척의 무동력어선 또는 동력어선으로 선망 또는 양조망을 이용하여 수산동물을 포획하는 어업
③ 연안통발어업
④ 연안조망어업 : 1척의 동력어선으로 망 입구에 막대를 설치한 조망을 설치하여 새우잡이
⑤ 연안선인망어업 : 2척의 동력어선으로 인망을 사용하여 멸치를 포획하는 어업
⑥ 연아자망어업 : 1척의 무동력어선 또는 동력어선으로 유자망 또는 고정자망을 사용하는 어업
⑦ 연안들망어업 : 1척의 무동력어선 또는 동력어선으로 초망 또는 들망을 사용하는 어업
⑧ 연안복합어업 : 낚시, 문어단지어업, 손꽁치어업, 패류껍질어업, 패류미끼망어업 등

제3편 | 어 업

어구·어법의 종류

1. 안강망 : 조류가 빠른 곳에서 어구는 조류에 밀려가지 않게 고정해 놓고 어군을 조류의 힘에 의하여 강제로 함정에 빠뜨려지게 하여 잡는 강제 함정 어법을 실현하기 위한 어구
2. 선망
   ① 자루의 양쪽에 길다란 날개가 있고, 그 끝에 끌줄이 달린 그물을 기점(육지나 배) 가까이에 투망해 놓고, 끌줄을 오므리면서 끌어당겨, 그물을 기점으로 끌어들여서 잡는 데 쓰이는 어구/어법
   ② 기다란 사각형의 그물로 어군을 둘러싼 후 그물의 아랫자락을 죄어서 어군이 도피하지 못하도록 하여 어획 대상 생물(고등어, 다랑어 등)
4. 조망 : 막대를 설치한 조망을 사용하여 새우를 포획하는 어구
5. 저인망 : 저층끌그물을 뜻하는데, 이 경우는 자루만으로 되어 있거나 자루 입구 양쪽에 날개그물을 단 그물에 길다란 끌줄을 달아 아랫자락이 해저에 닿도록 하면서 수평방향으로 끌어, 해저에 붙어 살거나 해저 가까이에 사는 어족을 잡는 어구·어법을 통틀어 말한다.
6. 선인망 : 어구로 일정범위를 둘러싼 후 배를 고정시켜 놓고 어족을 배까지 끌어들여 잡는 어구·어법
7. 자망 : 걸그물. 물 속에 옆으로 쳐놓아 물고기가 지나가다가 그물코에 걸리도록 하는 그물. 가로가 길고, 세로가 짧다.
8. 유자망 : 그물을 수면에 수직으로 펼쳐서 조류를 따라 흘러보내면서 물고기가 그물코에 꽂히게 하여 잡는 어구·어법
   수걸그물(자망)어법에는 어구를 고정시켜 놓고 잡는 고정자망어법(固定刺網漁法)과 어구를 조류에 따라 흘려보내면서 잡는 유자망어법(流刺網漁法)이 있는데, 어군이 어구에 부딪칠 확률이 후자가 전자보다 훨씬 커서 어획성능이 좋기 때문에 실제 어업에서는 후자가 주로 쓰인다.
   한국 연안의 동해에서는 꽁치·명태·오징어 등을 잡는 데, 남해에서는 멸치·삼치·고등어·전갱이·상어 등을 잡는 데, 황해에서는 참조기·전갱이 등을 잡는 데 쓰이고 있고, 그 외 세계 도처에서 널리 쓰인다.
9. 들망 : 자루 모양이나 평평한 그물을 펴서 어류를 그 위에 모이게 하여 잡는 방법이며 비교적 작은 어구는 별다른 기구가 없으나 대형화하면 어구를 올리기 위한 장치가 필요함.

10. 정치망 : 자루 모양의 그물에 테와 깔때기 장치를 한 어구를 어도에 부설하여 대상 생물이 들어가기는 쉬우나 되돌아 나오기 어렵도록 장치한 어구. 어구를 일정한 장소에 일정 기간 부설해 두고 어획하는 어구 어법이며 단번에 대량 어획하는 데 쓰임. 연안의 얕은 곳(대략 수심 50m 이하)에서만 사용.
11. 트롤어업 : 동력선으로 전개판이 달린 자루 모양의 그물을 끌어서 대상물을 잡는 어업이다. 주요 대상어종은 도미, 쥐치, 갈치, 가오리, 새우 등이다. 기선저인망어업(bottom trawl)도 트롤어업의 일종이다.
    * 전개판 : 트롤 어구에서 날개그물의 망목 면적을 넓게 하기 위하여 끌줄과 날개그물 사이에 있는 망구 전개장치
12. 채낚기어업 : 긴 줄에 낚시를 1개 또는 여러 개 달아 대상물을 채어 낚는 어업이다. 주요 대상 어종은 오징어이다.
13. 연승어업 : 한 가닥의 기다란 줄에 일정한 간격으로 가짓줄을 달고 가짓줄 끝에 낚시를 단 어구를 사용해 낚시에 걸린 대상물을 낚는 어업이다.
14. 권현망어업 : 우리 나라 남해 연안의 대표적인 어업으로 멸치를 주로 잡음. 권현망의 구조는 400여 m의 앞날개 부분과 30여 m의 안날개 및 여자망그물로 만든 자루그물로 구성.

2) 근해어업
국내 어로 근거지로부터 출항하여 2~6일 이내에 귀항할 수 있는 범위 내의 해역에서 조업을 행하는 어업으로 연안어업과 원양어업의 중간 위치를 차지하는 특성을 지님.
① 외끌이대형저인망어업
② 쌍끌이대형저인망어업
③ 대형트롤어업
④ 대형선망어업 : 총톤수 50톤 이상인 1척의 동력선으로 선망을 사용하여 어업
⑤ 소형선망어업 : 총톤수 30톤 미만인 1척의 동력선으로 선망을 사용하여 어업
⑥ 근해채낚기어업
⑦ 근해자망어업
⑧ 근해안강망어업
⑨ 근해연승어업

제3편 | 어업

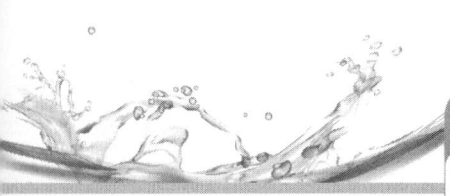

3회 기출문제

우리나라 해역별 대표 어종 및 어업이 옳게 연결된 것은?

① 동해안 – 대게 – 자망어업
② 동해안 – 붉은대게 – 기선권현망어업
③ 서해안 – 멸치 – 채낚기어업
④ 서해안 – 도루묵 – 통발어업

➡ ①

⑩ 근해문어단지어업

우리나라의 어업

1. 동해안 어업

동해안은 해저지형이 가파르고 수심도 깊으며, 계절에 따라 한류와 난류의 교차로 인해 조경(해양 전선)이 형성된다. 이에 따라 영양염류의 수직 순환이 왕성하여 플랑크톤이 풍부하므로 많은 어족자원이 모인다. 한류 세력이 우세할 때에는 명태 어군이 남하 회유하고, 난류 세력이 우세할 때에는 오징어, 꽁치, 방어, 멸치 등의 어군이 북상 회유를 한다. 이와 같은 회유 어군을 대상으로 하는 동해안의 대표적인 어업으로는 오징어 채낚기 어업, 꽁치 자망 어업, 명태 주낙 및 자망 어업, 게통발 어업, 방어 정치망 어업 등을 들 수 있다.

2. 서해안 어업

서해안에는 본질적인 한류가 없고, 해안선의 굴곡이 심하여 산란장으로 알맞은 적지가 많아 서식하는 어종이 다양하다. 그 중에서 중요한 것은 조기, 민어, 고등어, 전갱이, 삼치, 갈치, 넙치, 서대, 가오리, 새우 등이다. 서해안의 대표적인 어업으로는 얕은 수심과 급한 조류를 이용한 안강망 어업이고, 고등어와 전갱이 등을 주된 어획 대상으로 하는 선망과 걸그물 어업이 행해진다. 저서어족을 어획하는 기선 저인망 어업도 성행한다.

3. 남해안 어업

남해안은 동해안과 서해안의 중간에 위치하고 있다. 그래서 해류나 조류, 수심이나 해저지형과 같은 바다의 환경이 양호하여 어업 자원의 종류가 다양하고 그 양도 풍부하여 어업이 다양하게 발달하였다. 남해안에 서식하는 대표적인 어종은 멸치, 갈치, 고등어, 전갱이, 삼치 등이며, 그 밖에 조기, 돔류, 장어류, 방어, 가자미, 말쥐치와 같은 난류성 어족과 메기와 같은 한류성 어족이 있다. 남해안의 대표적인 어업은 정치망, 기선 권현망, 기선 저인망, 자망, 선망, 통발 등으로 마치 각종 어구와 어법의 전시장 같은 해역이다. 뿐만 아니라, 여러 가지 어업이 연중 지속적으로 행해지는 어장이기도 하다.

4. 원양 어업

현재 우리나라 원양 어업이 진출해 있는 주요 어장과 업종을 살펴보면, 북태평양 명태 트롤 어업과 꽁치 봉수망 어업, 남태평양의 다랑어 연승 어업 및 다랑어 선망 어업, 아프리카 근해의 대서양 트롤 어업, 인도네시아와 뉴질랜드 근해의 트롤 어업, 아르헨티나와 페루 근해의 오징어 채낚기 어업 등이 있다.

3) 원양어업

<u>근거지를 멀리 떠나 원양에 출어하여 수 일 또는 수 개월간에 걸쳐 어장에 체류하는 대규모 어업을 말한다. 원양채낚기어업, 원양연승어업, 원양트롤어업 등이 있다.</u>

연안국의 영해 혹은 배타적 경제수역(영해어업) 및 인접 수역 밖의 타 연안국 혹은 공해(公海)에서 이루어지는 어업(공해어업)

(3) 어업근거지에 따른 분류

① 국내기지어업 : 어업활동의 근거지를 국내에 두고 있는 어업
② 해외기지어업 : 외국에 기지를 두고 어업을 경영하는 경우로서 대서양의 다랑어 연승어업, 트롤어업 등이 그 예이다.

* **어업기지** : 어선의 정박, 어획물 처리, 보급, 출어 준비 등 어업의 근거지가 되는 어항

(4) 어획대상물과 어법에 따른 분류

어획대상물과 어법을 연결하여 그 특징을 분류하는 방법이다. 예컨대 오징어 채낚기어업, 명태 트롤어업, 다랑어 선망어업, 장어 통발어업, 멸치 권현망어업 등으로 불린다.

(5) 경영형태에 따른 분류

① 자본가적 어업 : 자본집약적인 대규모 어업(조합어업, 회사어업, 합작어업 등)
② 비자본가적 어업 : 노동집약적으로 운영되는 어업
단독어업(개인 노동력), 동족어업(가족중심), 협동어업(타인과의 협업)

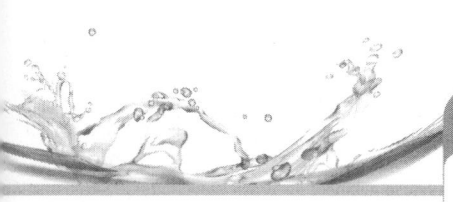

2회 기출문제

수산업법에서 어업을 관리하기 위한 어업의 분류가 아닌 것은?
① 허가어업 ② 면허어업
③ 원양어업 ④ 신고어업

➡ ③

(6) 법적 관리제도에 따른 분류

[수산업법]에 따르면 어업은 면허어업, 허가어업, 신고어업으로 분류된다.

1) 면허어업
　① 정치망어업(定置網漁業)
　　일정한 수면을 구획하여 대통령령으로 정하는 어구(漁具)를 일정한 장소에 설치하여 수산동물을 포획하는 어업
　② 해조류양식어업(海藻類養殖漁業)
　　일정한 수면을 구획하여 그 수면의 바닥을 이용하거나 수중에 필요한 시설을 설치하여 해조류를 양식하는 어업
　　가. 수하양식어업 : 수중에 대·지주·뜸·밧줄 등을 이용한 시설물을 설치하여 양식하는 어업
　　나. 바닥양식어업 : 수면의 바닥을 이용하거나, 수면의 바닥에 특석식 시설 등을 설치하여 해조류를 양식하는 어업
　③ 패류양식어업(貝類養殖漁業)
　　일정한 수면을 구획하여 그 수면의 바닥을 이용하거나 수중에 필요한 시설을 설치하여 패류를 양식하는 어업
　　가두리양식어업, 수하식양식어업, 바닥양식어업 등
　④ 어류등양식어업(魚類等養殖漁業)
　　일정한 수면을 구획하여 그 수면의 바닥을 이용하거나 수중에 필요한 시설을 설치하거나 그 밖의 방법으로 패류 외의 수산동물을 양식하는 어업
　⑤ 복합양식어업(複合養殖漁業)
　　제2호부터 제4호까지 및 제6호에 따른 양식어업 외의 어업으로서 양식어장의 특성 등을 고려하여 제2호부터 제4호까지의 규정에 따른 서로 다른 양식어업 대상품종을 2종 이상 복합적으로 양식하는 어업
　⑥ 마을어업
　　일정한 지역에 거주하는 어업인이 해안에 연접한 일정한 수심(水深) 이내의 수면을 구획하여 패류·해조류 또는 정착성(定着性) 수산동물을 관리·조성하여 포획·채취하는 어업
　⑦ 협동양식어업(協同養殖漁業)

마을어업의 어장 수심의 한계를 초과한 일정한 수심 범위의 수면을 구획하여 제2호부터 제5호까지의 규정에 따른 방법으로 일정한 지역에 거주하는 어업인이 협동하여 양식하는 어업

⑧ 외해양식어업

외해의 일정한 수면을 구획하여 수중 또는 표층에 필요한 시설을 설치하거나 그 밖의 방법으로 수산동식물을 양식하는 어업

2) 허가어업

① <u>해양수산부장관의 허가</u>

총톤수 10톤 이상의 동력어선(動力漁船) 또는 수산자원을 보호하고 어업조정(漁業調整)을 하기 위하여 특히 필요하여 대통령령으로 정하는 총톤수 10톤 미만의 동력어선을 사용하는 어업(이하 "근해어업"이라 한다)을 하려는 자는 어선 또는 어구마다 해양수산부장관의 허가를 받아야 한다.

② <u>도지사의 허가</u>

무동력어선, 총톤수 10톤 미만의 동력어선을 사용하는 어업으로서 근해어업 및 제3항에 따른 어업 외의 어업(이하 "연안어업"이라 한다)에 해당하는 어업을 하려는 자는 어선 또는 어구마다 시·도지사의 허가를 받아야 한다.

③ <u>시장 · 군수 · 구청장의 허가</u>

가. 구획어업

일정한 수역을 정하여 어구를 설치하거나 무동력어선 또는 총톤수 5톤 미만의 동력어선을 사용하여 하는 어업. 다만, 해양수산부령으로 정하는 어업으로 시·도지사가 「수산자원관리법」 제36조 및 제38조에 따라 총허용어획량을 설정·관리하는 경우에는 총톤수 8톤 미만의 동력어선에 대하여 허가할 수 있다.

나. 육상해수양식어업

인공적으로 조성한 육상의 해수면에서 수산동식물을 양식하는 어업

다. 종묘생산어업

일정하게 구획된 바다·바닷가 또는 인공적으로 조성한 육

상의 해수면에 시설물을 설치하여 수산종묘(水産種苗)를 생산하는 어업(생산한 종묘를 일정기간 동안 중간 육성하는 경우를 포함한다)

* **한시어업허가**

  시·도지사는 그동안 출현하지 아니하였거나 현저히 적게 출현하였던 수산동물(「수산자원관리법」 제48조에 따른 수산자원관리수면 지정대상 정착성 수산자원은 제외 한다.)
  이 다량 출현하고 이를 포획할 어업이 허가되지 아니한 경우 또는 제3항 제3호에 따른 연구기관의 장이 허가 건수가 과소하다고 인정하는 경우에 해당 수산동물의 적절한 포획·관리를 위하여 「수산자원관리법」 제11조에 따라 수산자원의 정밀조사·평가를 실시하고 그 결과에 따라 해양수산부장관의 승인을 받아 다음 사항을 정하여 한시적으로 어업을 허가할 수 있다.

3) 신고어업

면허어업, 허가어업, 한시어업허가 또는 시험어업 및 연구어업, 교습어업 외의 어업으로서 다음의 어업을 하려는 자는 어선·어구 또는 시설마다 시장·군수·구청장에게 신고하여야 한다.

① 나잠어업(裸潛漁業)
  산소공급장치 없이 잠수한 후 낫·호미·칼 등을 사용하여 패류, 해조류, 그 밖의 정착성 수산동식물을 포획·채취하는 어업

② 맨손어업
  손으로 낫·호미·해조틀이 및 갈고리류 등을 사용하여 수산동식물을 포획·채취하는 어업

❸ 어장과 어로과정

(1) 어장의 의의

일반적으로 어업 활동의 대상 공간인 해양 공간 및 육수(陸水) 공간을 어장이라고 한다. 어떤 종류의 수산 생물이 많이 정착, 생식

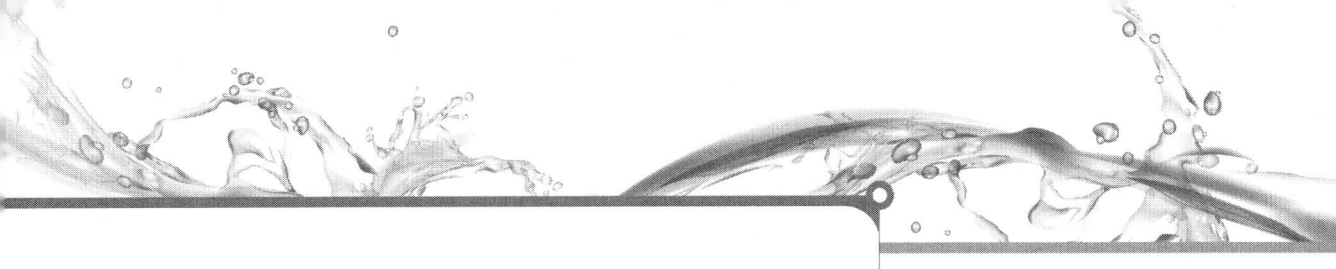

하거나, 무리를 이루어 체류, 통과할 때, 일정기간 동안 계속적으로 이루어지는 어업 대상 수역이 어장이다.

(2) 어장과 자연환경

수산 생물을 경제적으로 쉽게 채취하고 포획하기 위해서는 어장을 개발하고 이용하는 것이 중요하다. 넓은 대륙붕이나 어초(魚礁, bank)가 발달한 해역은 플랑크톤이 풍부하고 좋은 산란지를 제공할 수 있기에 늘 어족이 풍부하여 어장 발달에 유리한 자연 조건이 된다. 북서유럽 어장과 북아메리카 동쪽 해안 어장, 우리나라 주변의 남해와 서해 어장이 그러한 예이다.

난류와 한류가 접촉하는 조경수역(潮境水域)은 생육에 필요한 영양염류가 풍부하고 난류성 어족과 한류성 어족이 많아 어장 발달에 좋은 조건이다.

우리나라의 동해 어장은 쓰시마 해류에서 갈라져 북상하는 동한(東韓) 해류와 오호츠크해 방면에서 남하하는 리만 해류의 한 갈래인 북한(北韓) 해류가 만나서 조경수역을 형성하는 곳이다.

그 외에 아래층 냉수가 해면으로 솟아오르는 용승(湧昇) 해역도 어장 발달에 유리하다. 미국의 서해안과 페루 연안, 남아프리카 서해안 등은 냉수가 솟아오르는 대표적인 해역이다.

우리나라의 연·근해는 해역마다 자연환경의 차이가 크다. 서해는 대부분 대륙붕에 해당하고 주변 육지에서 큰 강이 유입되어 영양염류가 풍부하여 어장 발달에 유리하다. 그러나 수심이 깊지 않아 겨울철에는 수온이 낮아지면서 어장 발달에 불리한 여건이 되기도 한다. 남해는 연중 수온이 높고 수심이 낮은 편이어서 어장 발달에 유리하다. 동해는 한류와 난류가 만나 조경수역을 형성하여 어종이 다양하며, 대화퇴(大和堆)와 같이 수심이 낮은 해역은 어장 발달에 유리한 조건을 갖추고 있다.

(3) 어장의 분류

어종에 따라서 명태 어장, 조기 어장, 멸치 어장 등으로 나눌 수 있고, 어법에 따라서 정치어업 어장, 저인망어업 어장 등으로 나뉜다. 가장 흔한 분류법은 위치에 따른 분류인데, 두 가지로 크게 나누면 내수면(內水面) 어장과 해면(海面) 어장으로 나눌 수 있다. 이 가운데 오늘날 중요한 것은 해면 어장으로, 대체로 연안 어장과 근해 어장, 원양 어장으로 나눌 수 있다.

① 거리에 따른 분류 : 연안어장, 근해어장, 원양어장
② 지명에 따른 분류 : 황해어장, 동중국해어장, 북태평양어장 등
③ 환경에 따른 분류 : 천해어장, 심해어장, 간석지어장, 대륙붕어장, 천연초어장, 와동어장, 용승어장 등
④ 어구·어법에 따른 분류 : 낚기어장, 두릿그물어장, 흘림걸그물어장, 정치망어장, 기선저인망어장 등
⑤ 법적 제도에 다른 분류 : 허가어장, 면허허장, 신고어장 등

(4) 어장의 환경요인

어장의 환경요인에는 태양·달의 영향을 받는 천문(天文)요인, 기온·기압·풍향·풍력·강수량·일사량 등의 기상(氣象)요인, 수심·해저지형·탁도(濁度)·빛 등의 물리적 요인, 수온·염분·영양염 등의 화학적 요인, 플랑크톤·넥톤(nekton)·벤토스(benthos)·수산자원생물 등의 수량 변동에 의한 생물요인 등에 지배된다.

1) 물리적 요인
① 수온
수온은 수산생물의 생활과 가장 밀접한 관계를 가진 요인이다. 수산생물이 서식 가능한지 여부를 판단하는 가장 기초적인 자료이다.
가. 서식수온 : 특정 어종이 살아갈 수 있는 수온의 최대범위
나. 어획 적수온 : 특정 어종을 대상으로 어획이 이루어졌을 때의 수온
다. 어획 최적수온 : 특정 어종을 가장 많이 수확하였을 때의 수온

2회 기출문제

다음에서 양식장의 화학적 환경 요인을 모두 고른 것은?

| ㄱ. 용존 산소 | ㄴ. 투명도 |
| ㄷ. 수온 | ㄹ. 영양 염류 |

① ㄱ, ㄴ ② ㄱ, ㄹ
③ ㄴ, ㄷ ④ ㄴ, ㄹ

▶ ②

② 광선
    가. 수산생물과 먹이생물은 태양광선의 광도와 밀접한 관련이 있다.
    나. 광선은 수산생물의 성적인 성숙에 관여한다.
    다. 어군의 연직운동에 영향을 준다.
    라. 수산생물은 주간에는 깊은 수심에 머무르지만, 야간에는 표층에 머무른다.
        이는 수산생물의 위치가 태양의 고도와 반비례관계에 있음을 보여준다.

③ 투명도
    물의 투명한 정도를 나타내는 값을 말한다. 통상 투명도판(Secci disk)이라 불리는 직경 30cm의 백색 원판을 해수 중에 내리고 위에서 보았을 때 보이지 않을 때의 깊이로 투명도를 나타낸다.
    투명도는 색도나 탁도와 관계가 있는데, 실제로는 다른 것이다. 어떤 학자에 의하면 표면광도가 깊이와 함께 감소해 가다가, 그 16%에 이르는 깊이라고 한다. 대체로 플랑크톤 등 물속의 미부유물질의 양에 반비례하며, 부유물질이 많으면 작아지고 적으면 커진다.
    탁도를 더하는 현탁물질에 의한 투명도는 탁도계로 측정하며, 투명도판은 사용하지 않는다. 해양이나 호수에서는 자주 측정되는데, 이는 플랑크톤의 양이 해양이나 호소에서의 어획량과 관계가 있기 때문이다. 투명도가 큰 호소는 생산량이 적은 빈영양호(貧營養湖)이며, 투명도가 작은 호소는 부영양호(富營養湖)이다. 호소에 비해서 바다의 투명도는 일반적으로 크며, 15~50 m에 이른다.
    가. 수산생물의 이동분포와 관련이 있다.
    나. 투명도가 낮은 경우(정어리, 방어)와 높은 경우(고등어, 다랑어)에 잘 잡히는 어종이 다르다.

④ 바닷물의 유동
    가. 수평운동
        ㉠ 해류 : 바다의 일정한 흐름을 해류라 한다. 해류는 크게 표층수의 움직임과 심층수의 움직임으로 나눌 수 있다. 표층수는 바람과의 마찰력으로 움직이고 심층수

는 온도와 염분의 차이로 인해 움직인다. 이러한 움직임은 바닷물의 염분과 열을 순환시키는 역할을 한다. 표층수는 따뜻한 흐름인 난류와 차가운 흐름인 한류가 이동하면서 열을 순환시킨다. 심층수의 경우 차고 짠 해수는 밀도가 크므로 중력의 힘에 의해 가라앉아 열과 염분을 순환시킨다.

ⓒ 조류 : 조석파(潮汐波)에 의한 물 입자의 수평운동을 말한다. 조석파의 파장은 만이나 대륙붕에서는 작지만, 외양에서는 수천 km나 되고, 그 파고(波高)는 수 m밖에 되지 않으므로 물 입자의 수평운동은 연직운동에 비해서 훨씬 크다. 조류는 해류(海流)와 달리 그 물의 흐름, 유속(流速)이 시간이 지남에 따라 변하고, 어느 일정한 시간이 지나면 원래 상태가 된다.

나. 연직운동
ⓐ 용승류 : 해양에서 비교적 찬 해수가 아래에서 위로 표층해수를 제치고 올라오는 현상을 말한다. 영양이 풍부한 저온의 하층수 때문에 좋은 어장이 된다.
ⓑ 침강류 : 표층수가 아래로 내려가는 현상

⑤ 지형
가. 어장형성은 해저지형이나 저질도와 관련이 깊다.
나. 저질 : 해양이나 호수, 하천 등의 밑바닥을 구성하고 있는 물질을 말하며, 퇴적물, 암반, 용암, 이류(泥流) 등으로 되어 있다. 저질과 수질 사이에는 물질이 항상 순환되고, 밀접한 관계가 있으며, 저생생물도 저질에 따라 종류가 다르다.
다. 대륙붕 해역 : 일반적으로 수심 200m 이내의 얕고 기복이 적은 평탄한 해저지형을 말하며, 그 외연부(外緣部)는 급경사로 하강하는 대륙사면(大陸斜面)으로 되어 있다. 대륙붕에는 연안수 유입, 광합성작용, 해저지형·해류·조류와의 상호교류가 이뤄지면서 영양염류가 풍부하다.

2) 화학적 요인
① 염분
염분이란 해수 중에 함유되어 있는 염류의 농도이다. 표층

의 염분이 심층보다 높다. 그 이유는 밀도에 대한 온도의 영향이 크기 때문에 염분은 낮지만, 차가운 해수가 심층으로 운반되기 때문이다.

염분의 농도는 수산생물의 체내외의 삼투압 조절에 영향을 준다.

② 용존산소

수산생물의 호흡과 대사작용에 필수적 요소이다. 일반적으로 난류역보다 한류역에 많고, 심층수보다 표층수에 많다.

③ 영양염류

<u>바닷물 속의 규소, 인, 질소 등의 염류를 총칭한다. 식물플랑크톤의 생산량을 좌우한다.</u> 바다의 연직혼합이 잘 일어나는 극지방 심층수에 영양염류가 많고, 그렇지 못한 적도역 표층수는 영양염류가 적다. 또한 하천의 유입 등에 의해 연안부에서 영양염류가 풍부하다. 간단히 영양염이라고도 한다.

식물플랑크톤이나 바닷말[海藻]의 몸체를 구성하며, 그 증식의 요인이 된다. 바닷물 속의 영양염류량은 식물플랑크톤의 생산량을 좌우하는데, 이것은 식물플랑크톤을 먹이로 하는 동물플랑크톤의 생산량을 좌우하며, 다시 이것을 먹이로 하는 어류의 생산량을 규제하므로, 바다에서 영양염류는 육상의 논·밭의 비료와 같은 역할을 한다.

3) 생물학적 요인

① <u>먹이생물, 경쟁생물, 해적생물 간의 관계</u>
② <u>어장은 플랑크톤·넥톤(nekton)·벤토스(benthos)·수산자원생물 등의 수량 변동에 의한 생물요인 등에 지배된다.</u>
③ <u>먹이생물인 플랑크톤은 영암염류가 많은 수역에서 대량생산된다.</u>

(5) 어장의 형성요인

1) 조경어장

① 한류와 난류의 경계면에 발생하는 어장
② 조경수역 : 한류와 난류가 만나 섞이는 지역

1회 기출문제

수산생물의 서식에 영향을 미치는 환경요인 중 물리적 요인이 아닌 것은?

① 수온
② 해수유동
③ 광선
④ 먹이생물

▶ ④

③ 조경어장에는 플랑크톤의 양이 많고 용존산소량이 높아 한류성 물고기와 난류성 물고기들이 모두 모여들어 좋은 어장이 된다. 또한 영양염류도 풍부하다.
④ 조경수역의 위치 : 조경을 이루는 곳은 계절에 따라 위치가 바뀌는데 북반구에서는 한류가 강한 계절에는 남쪽으로 이동하고 난류가 강한 계절엔 북쪽으로 이동한다.
⑤ 대표적인 조경수역은 쿠릴해류와 쿠로시오해류가 만나 만들어지는 북서태평양어장과 래브라도해류와 멕시코만류가 만나는 북서대서양어장이다.
⑥ 우리나라의 경우는 쿠릴해류의 지류인 북한한류와 쿠로시오 해류의 지류인 동한난류가 동해에서 만나 조경수역을 형성한다. 이곳에는 고등어, 오징어, 명태 등의 어획이 풍부하다.

2) 용승어장

해수의 순환에 의해 중층이나 하층의 해수가 표층으로 이동하여 올라가는 현상을 말한다. 200~300m 깊이의 하층에서 냉수가 육지를 따라 용승하여 풍부한 영양염류를 가진 물의 상층으로 올라와 플랑크톤이 다량 번식하여 좋은 어장이 된다. 저층의 해수는 먹이사슬의 기초가 되는 인산염이나 초산염 등의 영양염류를 많이 포함하여 용승지역에서는 계속적으로 플랑크톤이 공급되어 생물의 생산성이 높아 어류가 많다. 특히 대륙붕상의 뱅크에서 지형적인 영향으로 잘 나타난다.
① 용승 : 해양 표층의 물이 발산(물이 주변으로 빠져나감)되는데 표층 순환이 이를 채우지 못할 경우 아래쪽에 있는 심층수가 표층으로 올라오는 현상
② 용승어장의 특징 : 수온이 낮고, 밀도가 높으며, 영양염이 풍부하고, 용존 산소량이 많다.
③ 용승이 일어나는 지역 : 전 해양의 1% 정도이나 어장의 50%를 차지한다. 용승류가 있는 지역은 여름에도 서늘하고, 찬공기가 아래쪽에 위치해서 대기가 안정해지기 때문에 안개가 자주 발생한다.
우리나라의 경우 여름에 남풍이 3~4일간 지속되면 동해안에서 용승이 발생한다.

④ 용승해역 : 엘니뇨현상과 관련이 깊은 페루 연안, 칠레 연안, 미국 캘리포니아 연안, 아프리카 남서해안, 아라비아해 등

용승의 원인

1. 북(남)반구에서 바람의 진행방향에 대하여 왼(오른)쪽에 연안을 두고 지속적으로 바람(이안풍)이 불 때
2. 어초가 있을 때
3. 한류와 난류, 연안수와 외양수의 흐름이 부딪칠 때
4. 섬이나 해곡·육붕연변이 있을 때
5. 적도해역에서 바람에 의한 확산이 일어날 때
6. 하구역에서 하천수 유출에 따라 염수쐐기가 일어날 때
7. 북(남)반구에서 반시계(시계) 방향으로 도는 소용돌이가 있을 때
8. 조경·조목이 있을 때

3) 와류어장

조경수역에서 소용돌이 치며 흐르는 물 때문에 형성되는 어장

4) 대륙붕어장

수심이 200m 내외의 얕고 경사가 완만한 해저 지형. 대륙붕은 주요 어장이 되며, 최근에는 지하·동력 자원이 생산되어 각국은 자원 보전, 영해의 확장, 어업 규제 등의 여러 정책을 실시하고 있다.

우리 나라 주변의 대륙붕 면적은 약 68만㎢로 전 국토 면적의 약 3배에 이른다. 동해안은 좁은 폭으로 나타나지만 황해는 전 바다가 대륙붕이다. 한반도는 동해안쪽이 융기한 경동지괴(傾動地塊)로 동해안선과 평행한 육상 및 해저단층(海底斷層)이 나타나며 바다가 급격히 깊어진다.

따라서, 동해안에는 대륙붕의 발달이 미약해서 동한만(東韓灣) 일대에 너비 40㎞, 영일만 부근의 너비 20㎞의 대륙붕을 제외하면 그 밖의 지역은 너비 10㎞ 미만의 좁은 대륙붕이 형성되어 있을 뿐이다. 그러나 우리나라 황·남해안은 발해(渤海)·서해·남해·동지나해를 연하는 대규모의 대륙붕이 형성되어 있다.

① 대륙붕어장에는 영양염류가 풍부하다.
② 세계적으로 북해, 북미동안, 파타고니아 동해안, 베링해 동부, 오호츠크해 북부, 동중국해, 남중국해, 아라푸라해, 시베리아 북부 등지에 발달

(6) 세계 주요 어장

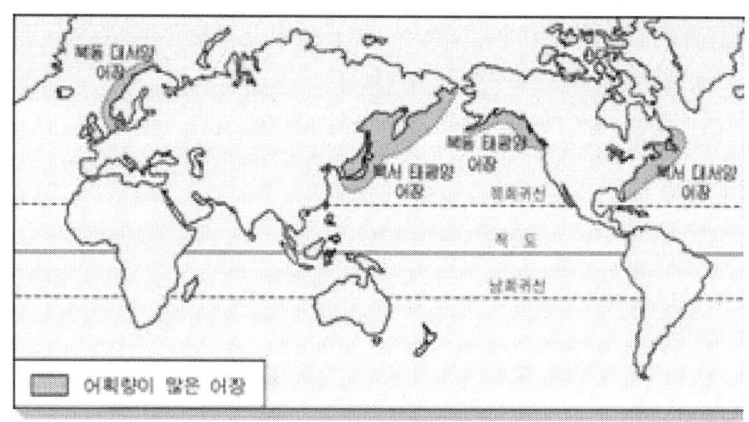

세계의 어장 분포

1) 북서 태평양 어장
우리나라, 일본, 캄차카 반도 근해를 중심으로 하는 어장이다. 이곳은 한류인 쿠릴 해류와 난류인 쿠로시오 해류가 만나 플랑크톤이 풍부하며, 대륙붕이 발달하여 세계 제1의 어장을 형성한다. 청어, 대구, 명태, 연어 등이 많이 잡히고 일본은 이 지역 최대의 수산업 국가이다.

2) 북동 태평양 어장
알래스카에서 캘리포니아에 이르는 해역에 형성된 어장으로, 대륙붕의 발달이 미약하여 가공업이 발달하였다. 연어·숭어·청어가 많이 잡히는데, 특히 콜롬비아 강과 프레이저 강은 연어 양식으로 유명하다.

3) 북서 대서양 어장
뉴펀들랜드 근해에서 뉴잉글랜드 연안에 이르는 해역에 형성된

> **Tip**
> 인증사업자는 인증품의 생산, 제조·가공 또는 취급 실적을 농림축산식품부령 또는 해양수산부령으로 정하는 바에 따라 정기적으로 농림축산식품부장관·해양수산부장관 또는 해당 인증기관의 장에게 알려야 한다.

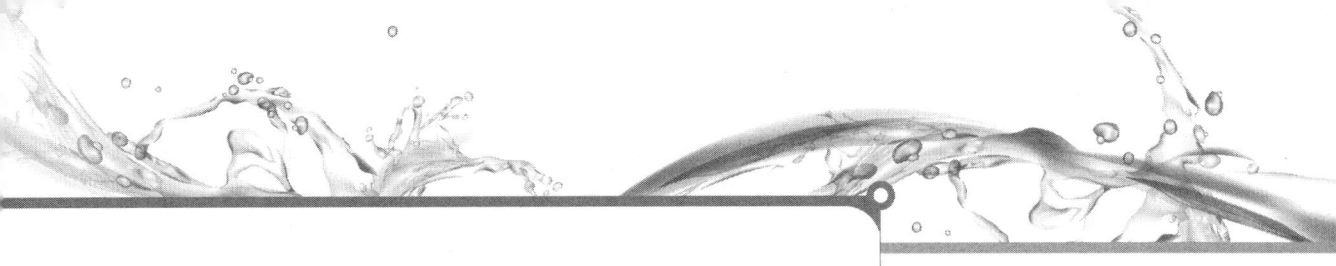

어장으로, 멕시코 난류와 래브라도 한류가 교차하여 조경 수역을 형성하고, 그랜드 뱅크·조지 뱅크 등이 발달하였으며, 현대식 장비와 풍부한 자본에 힘입어 대구·청어·넙치 등 많은 어획고를 올리고 있다.

4) 북동 대서양 어장

스칸디나비아 반도에서 에스파냐에 이르는 북해 중심의 해역에 형성된 어장으로, 멕시코 난류와 동 그린란드 한류가 만나 조경 수역을 형성하고, 도거 뱅크·그레이트 피셔 뱅크 등의 발달로 세계 제2의 어장을 이루고 있다. 청어·대구·고등어·숭어 등이 잡히며, 풍부한 자본과 첨단 기술을 활용한 첨단 어업이 발달한 곳이다.

5) 기타 어장

① 페루근해 어장 : 한류인 훔볼트해류가 흐른다. 멸치, 정어리가 주요 어종이다.
② 남태평양 어장 : 다랑어가 주요 어종
③ 남극해 어장 : 크릴새우가 주요 어종

(7) 어로과정

1) 어군탐색

① 어장 찾기
어장 찾기는 간접적인 어군 탐색방법으로, 먼저 어로가 가능한 바다를 찾는 것이다. 이는 과거의 어업 실적, 다른 어선의 정보, 기타 어황 예보나 어업용 해도, 위성 정보 등을 종합적으로 판단하여 결정한다.

② 어군 찾기
어군 찾기는 직접적인 탐색방법으로 실제로 어군의 존재를 확인하는 것이다. 여기에는 갈매기와 같은 바닷새의 행동, 수면의 색깔 변화, 어군이 일으키는 물거품 또는 물살 등을 보고 알아내는 감각적인 방법이 있다. 그리고 표층 어군에 대해 눈으로 확인하는 방법, 수심이 깊은 해저 어군의 경우에 어군탐지기에 의한 탐색, 참치선망 어업의 경우와 같이 헬리

> **2회 기출문제**
>
> 일반적으로 어로활동을 진행하는 순서로 옳은 것은?
>
> ① 집어 → 어군탐색 → 어획
> ② 어군탐색 → 집어 → 어획
> ③ 어군탐색 → 어획 → 집어
> ④ 어획 → 집어 → 어군탐색
>
> ▶ ②

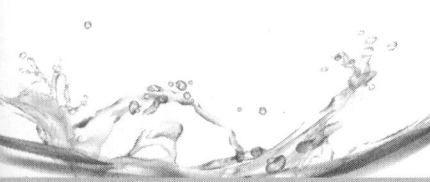

콥터 또는 비행기를 이용하여 어군을 찾는 방법도 있다.

2) 집어
어군을 모이게 하는 방법
① 유집(attracting, 誘集)
먹이, 빛, 소리 등의 여러 가지 자극을 주어서 어군이 자극원 쪽으로 모이게 하는 것. 주광성을 이용하는 방법, 미끼를 사용하는 방법 등
② 구집(herding, 驅集)
어군이 싫어하는 자극을 주어서 자극원 반대에 어군을 모이게 하는 것. 물속에서 큰소리 내기, 줄을 후리는 방법, 물속에 전류를 통하게 하는 방법
③ 차단유도
어군의 자연적인 회유로를 인위적으로 차단하여 가둔 다음 어획이 가능한 곳으로 유도하는 집어방법, 정치망의 길그물 등

3) 어획
대상 수산생물을 잡아 올리는 것을 어획이라 한다. 어획을 위해 적절한 어구가 필요하며, 어획방법의 진보가 꾸준히 이뤄지고 있다.

02 어구와 어법

❶ 어구

(1) 어구

물속에 넣어서 직접 대상물을 포획·채취하는 데 쓰이는 도구. 넓게는 어구를 조작하기 위하여 쓰이거나 어획효과를 높이기 위하여 쓰이는 도구까지 포함하는 경우도 있다. 그런 뜻에서는 어선까지도 어구에 포함시킬 수 있으나 여기서는 좁은 뜻으로만 해석한다. 어

구는 이동성·구성재료·어법 등에 따라 여러 가지로 분류된다.

(2) 분류

1) 기능에 의한 분류
① 주어구 : 직접 어획에 사용하는 어구(그물, 낚시)
② 보조어구 : 어획 능률을 높이는데 사용하는 어구(어군탐지기, 집어등)
③ 부어구 : 어구의 조작효율을 높이는데 사용하는 어구(동력장치)

* 일반적으로 주어구만 어구라고 부르며, 보조어구와 부어구를 합쳐 어로장비 또는 어업기기라고 부른다.

2) 이동성에 따른 분류
① 운용어구(運用漁具) : 설치위치를 쉽게 옮길 수 있는 것
② 고정어구(固定漁具) : 설치위치를 옮기기 힘든 것
③ 정치어구(定置漁具) : 고정어구 중에는 어획과정이 완료될 때마다 고정된 위치를 비교적 쉽게 옮길 수 없는 것

3) 구성재료에 따른 분류
① 그물어구(網漁具)
② 낚시어구(釣漁具)
③ 잡어구(雜漁具) : 그물감이나 낚시 이외의 것, 가령 금속 등으로 된 것

4) 어법(漁法)에 따른 분류
어구를 과학적으로 연구하는 데는 어법, 즉 어획방법에 따른 분류가 주로 쓰인다. 그것은 어법이 비슷하면 필연적으로 어구의 형상·구조와 조작방법이 비슷해지기 때문이다. 그러나 같은 어법을 실현하기 위한 것이라도 세부적으로는 구조가 다른 것이 있고, 또 형상·구조가 같은 어구라도 사용방법에 따라서는 다른 어법을 실현할 수 있는 경우도 있다.
따라서 1차적으로는 어법을 기준으로 하나 세부적으로는 구조도 참작하고 있다. 또 어법은 어구에 실현되는 것이며, 어법과 어

구는 표리의 관계가 있으므로 보통 함께 묶어서 설명한다.

어법은 크게 소극적 어법과 적극적 어법으로 나눌 수 있는데, 소극적 어법은 어구를 크게 이동시키지 않고 대상물이 어구에 들어오도록 하여 잡는 것이며, 적극적 어법은 어구를 적극적으로 움직여서 대상물이 어구에 들어가도록 하여 잡는 것이다.

소극적 어법과 적극적 어법

다음의 ①~⑥은 소극적 어법을 쓰는 어구이고, ⑦~⑭는 적극적 어법을 쓰는 어구이다.

① 낚기어법(釣漁法)과 어구 : 기다란 줄에 낚시를 매달고 낚시에 미끼를 꿰어 대상물이 낚시에 걸리게 하여 잡는다.
② 걸그물어법(刺網漁法)과 어구 : 대상물이 그물코에 꽂히게 하여 잡는다. 고기가 그물코에 꽂히는 부위는 대개 아가미 뚜껑 부근이므로, 그물코의 크기는 아가미 둘레의 크기와 일치해야 하고, 따라서 한 가지 어구로 잡을 수 있는 고기의 크기도 한정된다.
③ 얽애그물어법(纏絡網漁法)과 어구 : 대상물이 그물코에 얽히게 하여 잡는다. 어구의 구조가 걸그물과 비슷하므로 과거에는 구분하지 않았으나 어법이 다르므로 구분하고 있다.
④ 들그물어법(敷網漁法)과 어구 : 물속에 그물을 펼쳐두고 그 위에 대상물이 오도록 기다렸다가 그물을 들어 올려 떠서 잡는다.
⑤ 몰잇그물어법(追込網漁法])과 어구 : 사람이 잠수하거나 또는 도구를 써서 어군을 그물 안으로 몰아넣어서 잡는다. 어구의 구조는 가운데에 자루가 있고 양쪽 날개가 달린 것도 있으며, 쓰레받기 모양으로 된 사각형 그물의 한쪽 변은 열려 있고 다른 변에는 벽이 있는 것도 있다.
⑥ 함정어법(陷穽漁法)과 어구 : 대상물이 함정에 들어갔다가 나오지 못하게 하여 잡는다. 함정의 구조나 규모는 아주 원시적이고 작은 것도 있으나, 한국 연안에서 널리 쓰이는 정치망(定置網) 중에는 규모가 상당히 크며 어업적으로 중요한 것도 많다.
⑦ 채취어법(採取漁法)과 어구 : 식물이나 활동성이 약한 동물이 살고 있는 곳에서 그것을 강제로 떼어내어 잡는다.
⑧ 살상어법(殺傷漁法)과 어구 : 끝이 뾰족한 쇠꼬챙이로 대상물의 몸에 상처를 내어 어구의 일부가 살갗에 꽂히게 하여 잡는다. 작살·포경포(捕鯨砲) 등이 대표적인 것이다.
⑨ 채그물어법(抄網漁法)과 어구 : 그물을 대상물 밑으로 이동시켜서

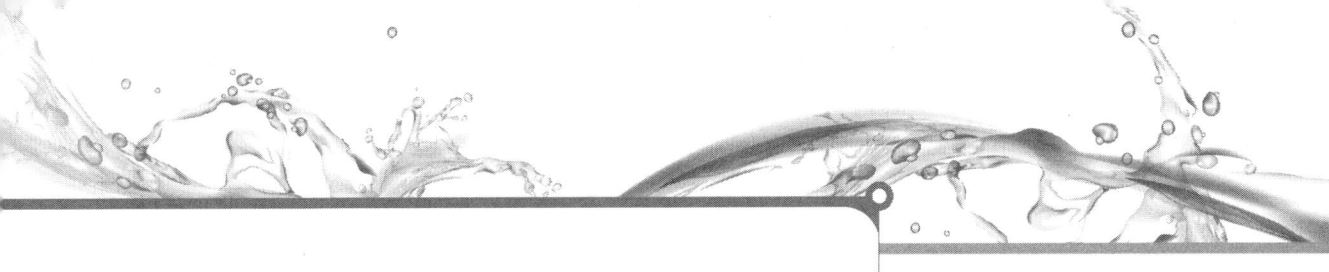

잡으며, 어구에는 채가 달려 있는 것이 보통이다.

⑩ 덮그물어법(掩網漁法)과 어구 : 대상물 위에 그물을 덮어 씌워서 잡는다. 주로 하천이나 바닷가에서 쓴다.

⑪ 두릿그물어법(旋網漁法)과 어구 : 표층이나 중층에 있는 어군을 커다란 수건 모양의 그물로 둘러싸서 우리에 가둔 후에, 차차 그 범위를 좁혀서 떠올린다. 이 어법의 대상이 되는 어군은 군집성(群集性)이 큰 것이 좋으며, 집어등(集魚燈)을 써서 어군을 밀집시켜서 잡는 경우가 많다. 규모가 큰 어구를 쓰며, 어업적으로도 중요하다.

⑫ 후릿그물어법(引寄網漁法)과 어구 : 자루의 양쪽에 기다란 날개가 있고, 그 끝에 끌줄이 달린 그물을 기점(육지나 배)으로부터 멀리 투망해 놓고 끌줄을 오므리면서 그물을 기점으로 끌어당겨서 잡는다.

⑬ 끌그물어법(曳網漁法)과 어구 : 어구를 수평방향으로 임의의 시간 동안 끌어서 잡는 어법이며, 어구는 자루 양쪽에 기다란 날개가 있고 그 끝에 끌줄이 달린 것이 일반적이다. 어구 구조상으로는 후릿그물과 큰 차이가 없는 것도 있으나, 후릿그물은 그물을 끌어들일 수 있는 범위가 투망 위치로부터 기점까지로 한정되는 데 비하여, 끌그물은 임의의 거리만큼 끌고 다닐 수 있다는 점이 다르다. 어구의 규모가 작은 것에서 큰 것까지 매우 다양하며, 어선의 규모도 수십 t급 소형선에서 수천 t급 대형선에 이르기까지 매우 다양하다.

⑭ 기계적 수확어법(收穫漁法)과 어구 : 앞에서 말한 어구들은 한 번의 어획과정이 잡는 과정과 선내에 거두어들이는 과정으로 나누어지기 때문에, 배가 어장에 머물러 있는 동안 실제 어획에 소요되는 시간은 비교적 짧다.

물고기를 잡음과 동시에 연속적으로 선내에 거두어들일 수 있다면 어획성능이 훨씬 높아질 것이다. 이와 같이 잡는 과정과 거두어들이는 과정을 차례로 되풀이하지 않고 동시에 이루어지게 하는 어법을 기계적 수확어법이라 하며, 거기에 쓰이는 어구를 기계적 어구라 한다. 이러한 어구·어법은 아직은 연구 단계에 있지만 앞으로 크게 발달할 것으로 전망된다.

(3) 어구재료

1) 낚시어구

① 의의

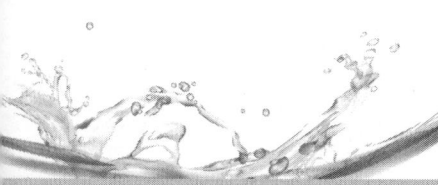

낚시를 사용하여 수산생물의 몸체에 낚시를 걸거나 낚시를 삼키게 하여 물고기를 잡는 어구

② 낚시어구의 구성재료

　가. 낚시 : 미끼를 꿰어 물고기를 낚는 작은 바늘로 된 갈고랑이

　나. 낚시줄

　다. 낚시대 : 낚싯대에는 물고기가 걸렸을 때 휘어지는 기점이 있으며 그 기점에 따라 휘는 감도가 달라진다. 휨새란 고기가 걸렸을 때 낚싯대가 휘어지면서 고기의 저항에 의해 느껴지는 유연하면서도 강인하게 받쳐주는 탄력을 말하는 것으로 낚싯대에서는 휨새가 가장 중요하다.

　라. 봉돌 : 낚싯줄이나 그물의 아래쪽에 매다는 기구. 낚싯줄이나 그물이 물속에 빨리 가라앉게 하거나, 원하는 위치에 머무르게 하며, 물의 흐름에 쓸려가지 않게 하고, 바늘 끝이 여걸림되지 않게끔 위쪽을 향해 서 있도록 한다. 또 대낚시에서는 미끼를 강심(江心)으로 보내고 미끼를 가라앉히는 역할을 하며, 물속에서는 찌의 부력과 무게평형을 맞추어 물고기의 어신(魚信:물고기가 미끼를 물 때 꿈틀 하는 찌나 낚싯대의 반응)을 정확하게 찌에 전달한다. 그러므로 봉돌은 부피가 작으면서 최대한 무거워야 한다. 재료로는 납·시멘트·돌 등이 있는데, 보통 비중이 큰 납을 많이 사용한다.

　마. 뜸 : 수중의 어구를 위쪽으로 지지하기 위한 부속구. 부자(浮子)라고도 한다. 뜸은 보통 단단하고 부력(浮力)이 커야 하므로 과거에는 나무·대나무·유리 등이 쓰였으나 근래에는 합성수지로 만든 뜸이 널리 쓰이고 있다.

　바. 미끼 : 낚시 끝에 끼우는 물고기의 먹이로 고기밥을 말한다. 크게 천연미끼와 인 미끼가 있는데, 살아 있는 작은 물고기가 천연미끼로서 가장 좋다. 그 밖에 죽은 물고기를 잘게 잘라 쓰거나 치즈·물고기알·빵 반죽을 사용하기도 한다. 인조미끼는 루어라고도 하며, 천연미끼와 똑같이 생긴 것, 색깔 또는 디자인이 다양한 것 등 여러 가지이다.

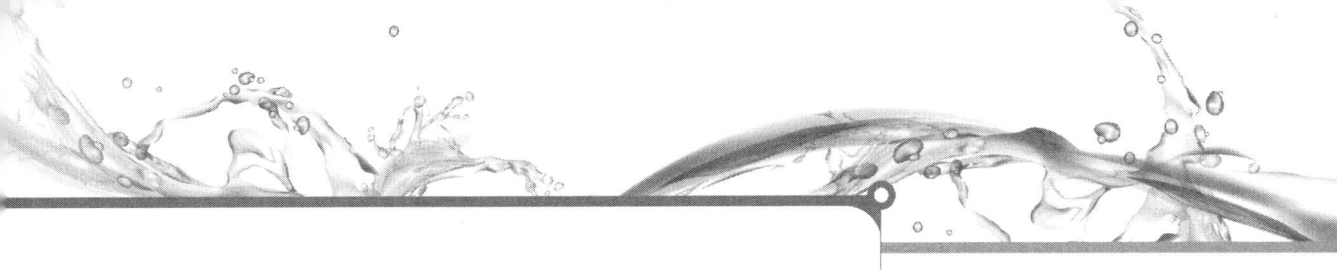

낚시의 종류(두산백과)

장소에 따라 민물낚시와 바다낚시로 나눌 수 있으며, 방법에 따라 대낚시·릴낚시·견지낚시·루어낚시 등으로 구분할 수 있다. 민물낚시는 계곡·강·호수·저수지 등에서 붕어·잉어·쏘가리·은어·향어·송어 등 민물고기를 목표로 하는 낚시이고, 바다낚시는 해안가의 모래밭·갯바위·방파제나 배·보트 등을 타고 바다로 나가서 하는 낚시로서, 가자미·넙치·감성돔·노래미·참돔 등 바닷고기를 목표로 하는 낚시이다.

민물낚시에는 붕어낚시·계류낚시·강낚시·얼음낚시 등으로 나눌 수 있고, 도구의 형태로 나누면 민물루어낚시·민물대낚시·민물릴낚시 등으로 나눌 수 있다. 바다낚시를 세분하면 갯바위낚시·던질낚시·방파제낚시·배낚시·트롤링 등이 있다.

민물낚시의 주종을 이루고 있는 것은 붕어낚시로, 붕어는 힘이 센 데다 낚시에 걸리면 힘을 다해서 좌우로 솟구치는 바람에 당기는 스릴이 강하다. 대형 댐이 많이 생겼지만 강·저수지·수로·웅덩이 등이 모두 민물낚시터가 된다.

강과 바닷물이 합쳐지는 합수머리에서는 많은 어종들이 낚이며, 계곡의 계류에서는 산천어·은어 등이 낚이는데 이것을 계류낚시라고 한다. 붕어의 미끼는 떡밥·지렁이·새우 등이고, 잉어의 미끼는 원자탄·떡밥·짜개, 메기·뱀장어·가물치 등은 지렁이 등 동물성을 좋아한다.

강낚시는 생미끼를 달지 않고 속임수 미끼인 루어로 쏘가리·끄리·꺽지·누치 등을 낚는다. 견지낚시의 미끼는 주로 구더기를 쓰며, 잉어낚시에는 짜개와 원자탄을 주로 사용한다. 겨울이면 호수의 얼음에 구멍을 뚫고 하는 구멍치기 낚시도 일반화되었는데 그 미끼는 지렁이이며, 대상어종은 붕어·잉어 등이다.

해변가나 섬의 바위에서 하는 갯바위낚시의 대상어종은 돌돔·흑돔·참돔·농어·방어·자바리(다금바리) 등이 있다. 동·남해안의 백사장에서 멀리 던져서 낚는 던질낚시의 대상어류는 가자미·황어·장어·보구치·게르치·감성돔 등이 있는데, 던질낚시에는 반드시 던질 낚싯대를 사용하여야 한다.

방파제의 밑돌과 테트라포드는 어선들이 잡아온 고기 등을 처리하고 난 찌꺼기를 버리기 때문에 물고기들이 살기 좋은 집이고 또 먹이도 많은 곳이다. 서해 쪽 방파제낚시의 대상어종은 우럭·농어·노래미·장어·보구치 등이 대종이고, 감성돔·참돔·삼치 등도 계절에 따라 낚인다.

동해 쪽에서는 감성돔·뱅에돔·가자미·보리멸·망상어·학공치·황어·노래미·볼락·열기 등이 낚이고, 남해 쪽에서는 감성돔·농어·볼락·보리멸·삼치 등이 낚인다. 배낚시는 삼면이 바다인 한국 연안에서 많이 하는데, 대상어종은 우럭·민어·농어 등이다. 서해안에서는 2.1m나 2.4m 급의 튜블러 낚싯대, 즉 속이 빈 낚싯대를 애용한다.

트롤링은 달리는 뱃머리에서 릴의 줄을 풀어서 바다 중층·해면에서 대어를 낚아내는 것으로 미국·뉴질랜드에서 성행한다. IGFA(International Game Fish Association)에서는 트롤링을 게임피싱으로 정식 채택하고 있는데, 고기에 따라 급(級)을 정하고, 사용하는 낚싯줄·루어 등을 엄격하게 규제·규격화하고 있다. 생선을 미끼로 쓰기도 하지만 대부분 루어를 사용한다.

2) 그물어구

그물어구에는 그물코에 고기가 꽂히게 하는 걸그물과 얽히게 하는 얽애그물, 위에서 덮어씌우는 투망류, 수평방향으로 그물을 끌어서 어획하는 끌그물류, 어군을 둘러싸서 잡는 두리그물류, 수면 아래방향으로 그물을 펼쳐두고 대상물을 그 위에 유인한 뒤 그물을 들어 올려서 잡는 들그물류, 고기를 유도해서 함정에 빠뜨려 잡는 유도함정그물류 등이 있다.

① 그물어구

　물고기 등을 잡기 위하여 실이나 노끈으로 많은 코의 구멍이 나게 얽은 어구

② 그물어구의 재료

　가. 그물실 : 그물감을 구성하는 데 사용되는 모든 섬유재료.

　나. 그물감 : 그물감으로는 매듭의 종류에 따라 참매듭그물감·막매듭그물감 등이 있고, 매듭이 없는 그물감에는 관통그물감·모기장그물감·라셀(raschel)그물감 밑 접착그물감 등이 있다.

　　㉠ 결정망지 : '망지(網地)'란 망사를 매듭짓든지 또는 편조하여 망목을 연속시킨 것을 말한다. 매듭이 있는 것을 결정망지라고 하고, 매듭의 종류로 참매듭과 막

매듭이 있다.

ⓒ 무결절망지 : 매듭이 없는 것을 무결정망지라고 한다. 직망지, 여자망지, 관통형망지, 라셀식 망지, 레이스망지, 접착망지 등이 있다.

ⓒ 그물코 : 그물실을 서로 조합시킨 네 개의 매듭과 네 가닥의 그물실, 즉 발로 구성된 것.

* **그물코의 크기** : 길이(끝 매듭의 중심사이 길이)
 절(5치 안의 매듭의 수), 경(50cm 폭 안의 씨줄 수)

ⓒ 줄 : 실은 그물감을 짜는데 사용하는 재료인데, 줄은 그물어구의 뼈대를 형성하거나 힘이 많이 미치는 곳에 쓴다.

③ 그물어구의 구성

가. 그물 가장자리(마함)의 구성 : 그물감을 절단할 경우 절단된 가장자리의 코가 풀어지지 않도록 원래의 그물실과 같거나 조금 굵은 실로써 마지막 코에 덮코를 붙인 것

나. 보호망 : 그물감의 가장자리에 원살의 그물실보다 굵은 실로 몇 코를 더 떠서 붙이는데 원살 그물에 줄을 연결할 경우 줄에 감기거나 찢어지는 것을 방지한다.

다. 그물감 붙이기 : 그물감을 이어붙이는 방법
 ㉠ 기워붙이기 : 나중에 그물감을 분리시킬 필요가 없을 때
 ㉡ 합쳐붙이기 : 나중에 그물감을 분리할 필요가 있을 때

라. 그물감의 주름주기 : '주름'이란 그물감의 뻗친 길이에서 줄의 길이를 뺀 값이다. 그물을 구성할 때 그물감을 뻗친 길이보다 짧은 줄에 달아 그물코가 벌어지도록 한다.

2회 기출문제

우리나라에서 사용하는 그물코의 크기를 표시하는 방법이 아닌 것은?
① 일정한 길이 안의 매듭의 수나 발의 수
② 일정한 길이 안의 매듭의 평균 길이
③ 일정한 폭 안의 씨줄의 수
④ 그물코의 뻗친 길이

➡ ②

❷ 어구와 어법

(1) 맨손어법
특별한 어구를 사용하지 않고 직접 손으로 잡거나 간단한 도구를 이용하여 잡는 어법. 바지락 맨손어법, 개맥이, 낙지잡이 등

(2) 채취어법
식물이나 활동성이 약한 동물이 살고 있는 곳에서 그것을 강제로 떼어내어 잡는다.
분리시키는 도구로 틀이류(해조류 채취), 걸이류(해삼, 문어 등), 집게류(조개, 뱀장어), 써래류(조개류를 파냄), 틀방류(자루모양의 그물 입구에 나무 또는 쇠로 만든 틀을 붙여서 입구를 일정하게 벌린 채 끌고 감)

(3) 살상어법(殺傷漁法)
끝이 뾰족한 쇠꼬챙이로 대상물의 몸에 상처를 내어 어구의 일부가 살갗에 꽂히게 하여 잡는다. 자라창, 연어창, 새치작살, 포경포(捕鯨砲)등이 대표적인 것이다.

(4) 마비어법
대상 수산물을 마비시켜 잡는 어법으로 기계적인 충격을 주는 물리적 마비어법, 화학적 유독성물질을 풀어 수산생물을 마비시키는 화학적 마비어법, 전기충격에 의한 마비를 시키는 전기적 마비어법 등이 있다.

(5) 낚기어법
낚시줄에 낚시를 매달아 미끼를 걸고 어획하는 방법. 대상물의 몸에 꽂히게 하는 저격자돌 어법, 채낚이·홀채낚이·겹채낚이·걸낚이·고정 걸낚이·유동 걸낚이 등이 있다.

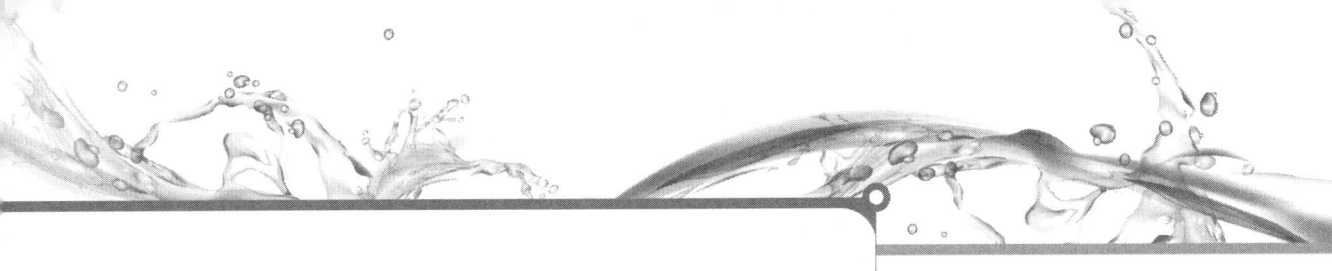

1) 외줄낚기
고기를 한 마리씩 낚아 올리는 것을 목적으로 한 어구
① 대낚기 : 낚싯대를 이용한 낚시로서 미늘이 있는 갈고리를 사용한다. 유어용으로 조피볼락, 볼락, 감성돔 낚시와 가다랑어 채낚기 어업 등이 있다.
② 손줄낚기 : 낚싯대를 사용하지 않고 낚싯줄만으로 고기를 잡는다.
③ 끌낚기 : 낚싯줄에 1개 또는 여러 개의 낚시를 매달아 배가 직접 수평방향으로 끌고 가면서 낚는 방법으로 삼치, 방어, 조피볼락 등의 어획에 사용한다.

2) 주낙어법
낚싯줄에 여러 개의 낚시를 달아 얼레에 감아 물살을 따라서 감았다 풀었다 하는 낚시어구. 연승(延繩)이라고도 한다. 외줄낚기(一本釣)는 1개의 낚시를 드리워서 한 마리씩을 차례로 낚아 올리는 어구·어법인 데 비하여 주낙은 여러 개의 낚시를 거의 동시에 드리워서 낚아 올리는 어구·어법이다. 따라서 1마리의 고기를 낚아 올리는 데 걸리는 평균 시간이 외줄낚기보다 훨씬 짧아 어획성능이 높다. 어구의 기본 구조는 한 가닥의 기다란 줄(모릿줄:幹繩)에 일정한 간격으로 가짓줄(아릿줄:枝繩)을 달고, 가짓줄 끝에 낚시와 미끼를 단 것이다.
① 땅주낙
해저 또는 그 가까이에 있는 고기를 대상으로 하는 것이어서 낚시가 해저에 닿는 것이 원칙이다. 대부분의 경우 뜸은 필요 없고, 모릿줄에 적당한 간격으로 추를 달아서 가라앉히고, 뻗쳐 놓은 어구의 양 끝에는 닻을 놓아서 어구를 고정시키며, 그 곳에서 수심보다는 긴 부표줄을 내고 그 끝에 깃발이 달린 표지를 달아서 띄워 두었다가 차례로 거두어 올리면서 낚인 고기를 떼어낸다.
② 뜬주낙
표층이나 중층에 있는 어족을 대상으로 하는 것인데, 이 경우에는 낚시가 수면 아래 적당한 깊이에 있어야 한다. 어구는 모릿줄에 부표줄을 달고 그 끝에 뜸을 달아 모릿줄은 부표줄의 길이만큼, 낚시는 '뜸연결줄 + 아릿줄 길이 +

모릿줄이 처진 정도'만큼 수면 아래에 있도록 하며, 뜸의 부력은 '어구의 수중무게 + 어획물의 수중무게'보다 커야 한다. 뜬주낙은 물의 흐름에 따라 저절로 이동하도록 하는 경우가 많다.

③ 선주낙(立延繩)

모릿줄에 일정한 간격으로 아릿줄을 달지만, 뜬주낙이나 땅주낙처럼 모릿줄이 수면이나 해저에 나란하도록 뻗치는 것이 아니고, 모릿줄 끝에 추를 달아서 모릿줄이 연직으로 뻗치도록 해 두었다가 들어 올려서 어획물을 따 낸다.

또, 이 선주낙의 변형으로서 모릿줄과 아릿줄의 기능을 서로 겸하도록 모릿줄 끝에 첫번째의 낚시를 달고, 그 낚시에서 일정 길이의 아릿줄을 내어 그 끝에 또 낚시를 다는 식으로 연결하는 것도 있다.

오징어 낚시도 이런 식으로 한다. 연안에서 조업하는 것에는 명태·조기·갈치 등을 대상으로 하는 땅주낙이 있고, 오징어는 선주낙으로 낚으며, 3대양의 열대해역에서 잡는 다랑어 어업에는 규모가 큰 뜬주낙이 쓰인다.

(6) 그물어법

1) 함정어법

① 함정어법

대상물이 함정에 들어갔다가 나오지 못하게 하여 잡는다. 함정의 구조나 규모는 아주 원시적이고 작은 것도 있으나, 한국 연안에서 널리 쓰이는 정치망(定置網) 중에는 규모가 상당히 크며 어업적으로도 중요한 것도 많다.

② 함정어법의 종류

가. 공중함정류 : 대상생물이 어떤 장애물이나 자극을 받았을 때 위로 튀어오르는 습성을 이용하여 물위에 어구를 설치한 후 수산생물을 잡는 방법. 숭어, 연어, 붕어 등을 잡는데 이용된다.

나. 미로함정류 : 대상생물이 여러 단계의 미로를 통과하여 들어가면 다시 돌아 나올 수 없는 구조를 가진 함정

다. 기계함정류 : 대상생물이 함정에 들어가자마자 입구를 닫

아 함정에 가두는 방법
라. 유인함정류 : 유인 방법은 물고기 생태나 습성을 이용, 은신처를 제공하거나 미끼를 사용하는 경우가 많다. 구멍에 숨는 성질을 지닌 문어에 대해선 단지를 사용하며, 서해안에서는 주꾸미를 잡는데 미끼 없이 소라껍질을 이용한다. 장어 게·새우 등을 대상으로 하는 통발류는 은신처와 함께 미끼를 쓴다.
마. 유도함정류 : 유도어구는 주로 정치망류가 해당된다. 해안에서 바다로 길게 길그물을 설치, 어군의 이동 통로를 차단한 뒤 통그물로 어획한다. 정치망류는 통그물의 모양에 따라 대망류와 승망류로 나뉜다. 대망류는 구조에 따라 대부망 대모망 낙망으로 크게 분류할 수 있는데, 대부망과 대모망은 어획 성능이 떨어져 현재는 거의 사용하지 않고 있다. 현재는 대부분 낙망 형태를 사용하고 있다. 이는 통그물을 헛통과 원통으로 구분, 그 사이에 비탈그물을 설치해 헛통에서 원통으로 들어간 물고기가 되돌아 나오기 힘들도록 한 것이다.

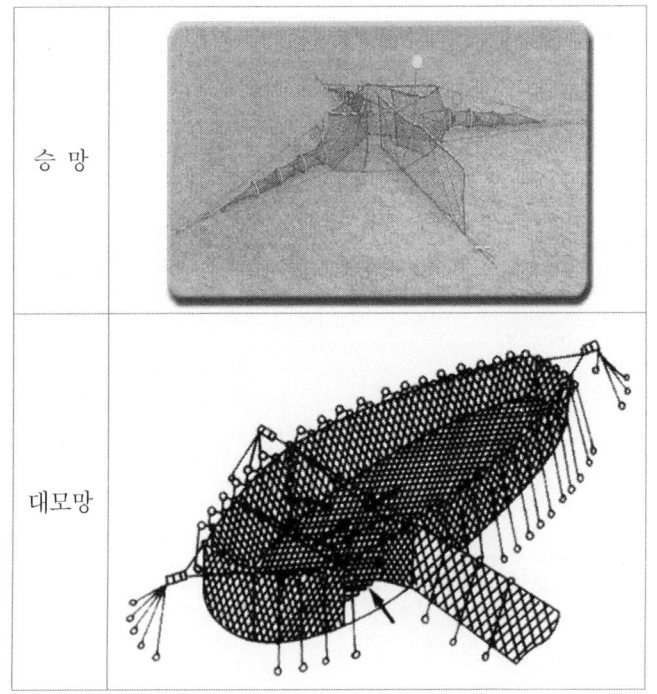

| 승 망 | |
| 대모망 | |

* **낙망류** : 낙망류는 보통 수심 50m 이상, 최대 유속 2노트

이상인 곳에는 잘 설치하지 않지만, 동해안의 경우 방어의 회유로에 해당되고 조류가 약해 대형 정치망이 일찍부터 발달했다. 남해안도 해저 경사가 완만하고 수심과 유속이 알맞은데다, 방어 삼치 갈치 멸치 등의 회유로에 해당돼 대·소형의 정치망이 발달했다. 하지만 서해안은 조류의 흐름이 빨라서 이 어법을 쓰기에 부적당하다.

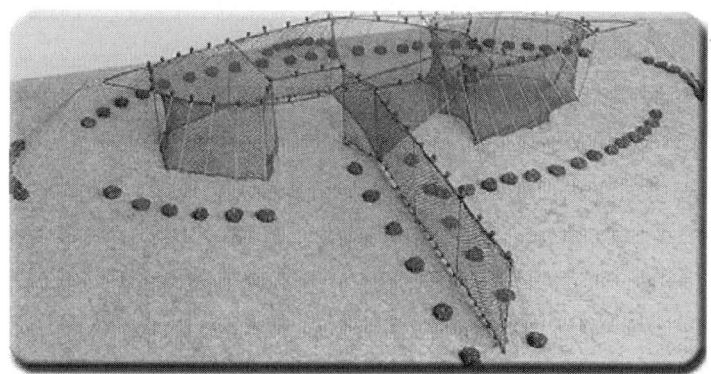

낙망

바. 강제함정류 : 강제어구의 특징은 물살이 빠른 곳에 어구를 고정시켜 놓고 물고기가 흐름에 밀려 어구에 들어가도록 하는 것이다. 오랜 기간 일정 장소에 고정시키는 강제 어구가 죽방렴·낭장망·주목망이고, 어장 상황에 따라 이동이 가능한 어구가 안강망이다.

죽방렴

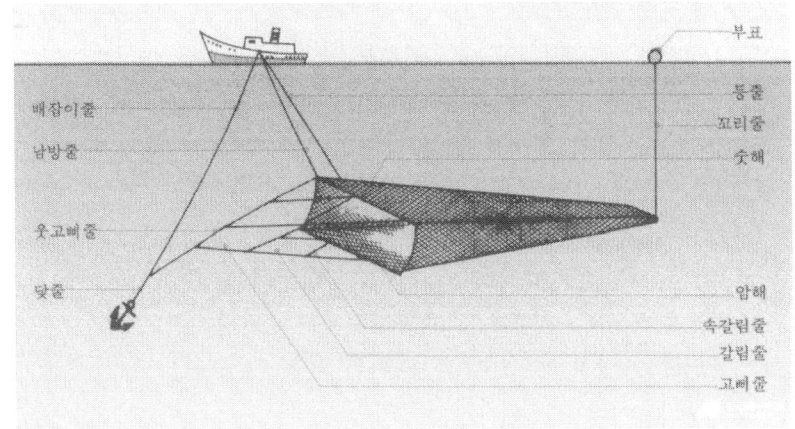

안강망

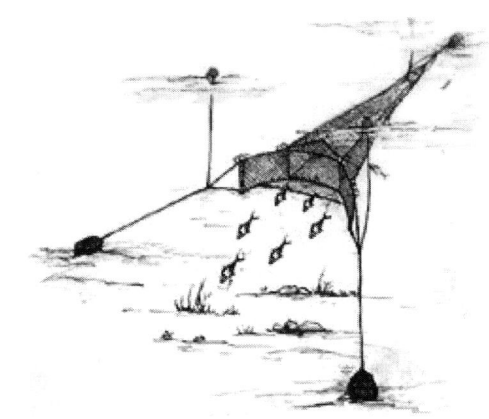

낭장망

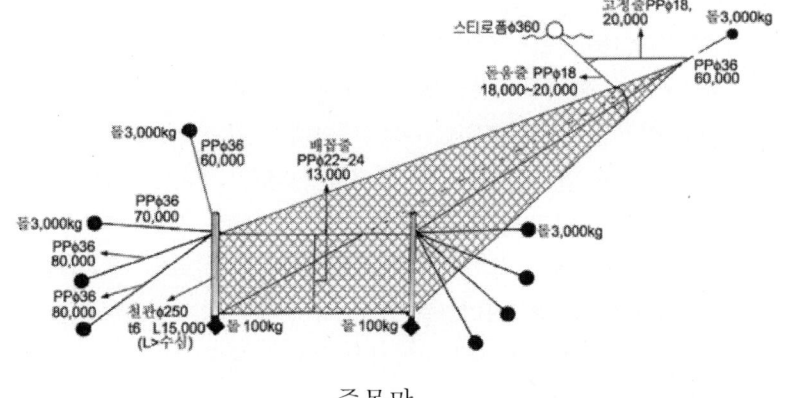

주목망

3회 기출문제

다음에서 설명하는 어업은?

> 바다의 표층이나 중층에 서식하는 고등어, 전갱이 등의 어군을 길다란 수건 모양의 그물로 둘러싸서 포위범위를 좁혀 어획하는 어업

① 통발어업 ② 정치망어업
③ 자망어업 ④ 선망어업

▶ ④

2) 선망(두릿그물)어법

① 선망어법

기다란 사각형의 그물로 어군(fish shoal)을 둘러싼 후 그물의 아랫자락을 죄어서 대상물을 잡는 어업이다. 주요 대상어종은 고등어, 전갱이, 정어리, 삼치, 쥐치 등이다. 그물의 모양이 약간 차이는 있으나 대부분 날개그물, 몸그물, 고기받이로 구성된 긴 네모꼴의 형태이며, 상부에는 뜸을, 하부에는 발돌을 달아 수직으로 전개되도록 하고, 발줄에 조임 고리와 조임줄을 장치하여 어군을 포획한 다음 조임줄을 조여 어군이 그물 아래로 도피하지 못하도록 한다.

② 선망어법

가. 유낭망류 : 어망 자루 주위에 날개가 있고, 날개로써 어군을 둘러싼 다음 점점 조여서 어군을 자루에 후려 넣는 방법으로 '람파라형' 그물이 대표적이다.

나. 무낭망류 : 유낭망의 자루모양을 없앤 기다란 사각형 모양의 낭망으로 양조망, 건착망이 대표적이다.

다. 두릿그물어법 : 사용하는 그물배의 수에 따라 쌍두리와 외두리로 나뉜다. 표층이나 중층에 있는 어군을 커다란 수건 모양의 그물로 둘러싸서 우리에 가둔 후에, 차차 그 범위를 좁혀서 떠올린다. 이 어법의 대상이 되는 어군은 군집성(群集性)이 큰 것이 좋으며, 집어등(集魚燈)을 써서 어군을 밀집시켜서 잡는 경우가 많다. 규모가 큰 어구를 쓰며, 어업적으로도 중요하다.

3) 예망(끌그물)어법

어구를 수평방향으로 임의의 시간 동안 끌어서 잡는 어법이며, 어구는 자루 양쪽에 기다란 날개가 있고 그 끝에 끌줄이 달린 것이 일반적이다. 어구 구조상으로는 후릿그물과 큰 차이가 없는 것도 있으나, 후릿그물은 그물을 끌어들일 수 있는 범위가 투망 위치로부터 기점까지로 한정되는 데 비하여, 끌그물은 임의의 거리만큼 끌고 다닐 수 있다는 점이 다르다. 외끌이기선저인망, 쌍끌이기선저인망, 근해트롤 등

① 저층 끌그물 : 어구의 아랫자락이 해저에 닿도록 끄는 어법

② 중층 끌그물
③ 표층 끌그물 : 어군이 아래쪽으로 도피하는 것을 방지하기 위해 자루입구의 모양은 아래쪽이 위쪽보다 더 나와 있다. 그 예로 멸치기선권현망이 있다.

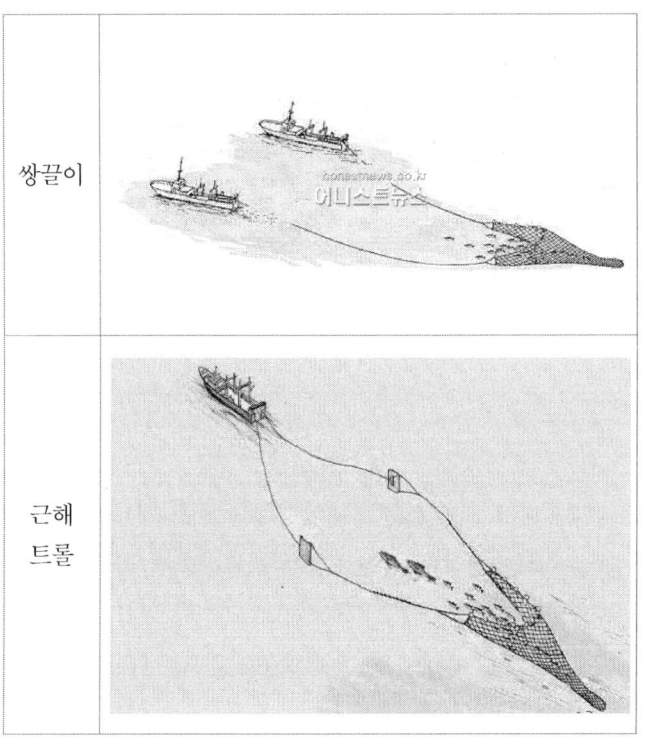

쌍끌이	
근해 트롤	

4) 자망(걸그물)어법

목표로 하는 어종이 통과하는 위치를 차단하도록 그물을 설치하고 그 그물에 고기가 걸리게 하는 방법. 정어리, 고등어, 명태, 꽁치 등을 잡기 위해 그물코의 크기가 조정되어 있다.

① 고정식그물자망
② 흘림자망 : 그물을 고정하지 않고 조류 등에 의해 그물을 흘려두는 어법
③ 투망식 그물자망 : 자망으로 어군을 포위하여 어획
④ 몰이자망 : 자망을 설치한 장소에 어군을 몰아넣어서 어획

자망

5) 얽애그물(전락망, 삼중지망)어법

대상물이 그물코에 얽히게 하여 잡는 어법으로 그물감이 홑인 것은 게, 새우 등을 대상으로 하며 3중 얽애그물은 대하, 중하, 가자미, 넙치 꽃게 등을 잡는데 사용한다.

6) 들그물(부망)어법

① 들그물어법

수면 아래에 그물을 펼쳐두고 미끼나 불빛으로 대상물을 그물 위로 유인한 후 들어 올려서 잡는 어구 또는 어법

② 대상어종

대표적인 것은 일본의 태평양 쪽 근해에서 꽁치잡이에 쓰이는 봉수망(棒受網)이다. 어선의 집어등을 이용, 꽁치 어군을 모은 뒤 봉수망과 같은 들그물로 잡게 된다.

한국 남해안에서 숭어를 잡는 데 쓰이는 숭어들그물, 멸치를 잡는 데 쓰이는 멸치들그물 등이 대표적이다.

7) 후릿그물(인기망)어법

자루의 양쪽에 길다란 날개가 있고, 그 끝에 끌줄이 달린 그물을 기점(육지나 배) 가까이에 투망해 놓고, 끌줄을 오므리

면서 끌어당겨, 그물을 기점으로 끌어들여서 잡는데 쓰이는 어구·어법, 인기망(引寄網)이라고도 한다.

이 어법은 그물이 투망된 위치부터 기점까지의 사이에 있는 대상물밖에 잡을 수가 없다. 후릿그물은 표층과 중층어족을 주대상으로 하는 좁은 의미의 후리(浮引網)와 저층어족을 주대상으로 하는 방(底引網)으로 나눌 수 있다.

후리는 해안 가까이 얕은 곳에 있는 대상물을 잡는 어법이며, 갓후리(地引網)에서 시작하여 배후리(船引網)로 발달했다. 방(손방)은 후리보다는 조금 깊은 곳에 있는 대상물을 잡는 어법이며, 1척의 배로써 어구를 마름모꼴로 투망한 후, 배를 고정시켜 놓고 양쪽 끌줄 끝부터 가지런히 사람의 손으로 끌어당겨 고기를 자루그물에 후려모아서 잡는 방법이다.

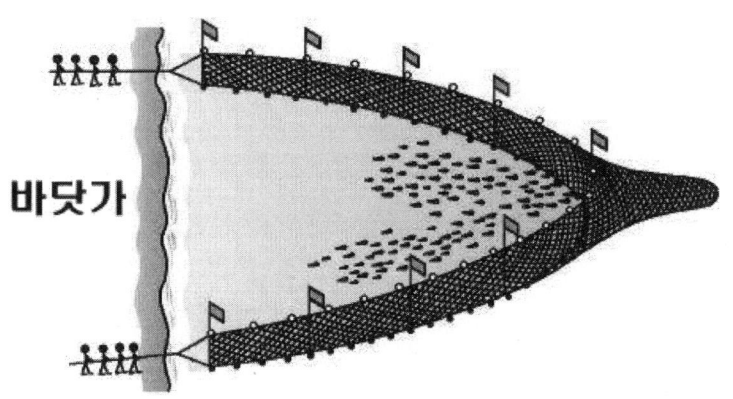

후릿그물

8) 채그물(초망)어법

그물을 대상물 밑으로 이동시켜 떠올려서 잡는 어구·어법. 초망어법(抄網漁法)이라고도 한다. 떠올린다는 점에서는 들그물과 같으나, 들그물은 대상물이 어구 위에 오도록 기다렸다가 뜨는 데 비하여, 채그물은 어구를 대상물 밑으로 이동시켜서 뜨는 점이 다르다. 어구는 보자기 모양의 그물감의 사방 또는 마주보는 양변에 나무·대나무 등으로 테를 두르고, 어구를 조작하기 위한 자루(채)가 달려 있는 경우가 많다. 규모가 큰 것은 별로 없고, 일단 다른 어구로 가둔 어군을 퍼올리는 보조어구로 많이 쓰인다.

남해안과 제주도에서는 멸치를 잡는데 챗배그물을 쓴다. 채그물의 대표적인 것으로 멸치 분기초망이 있다.

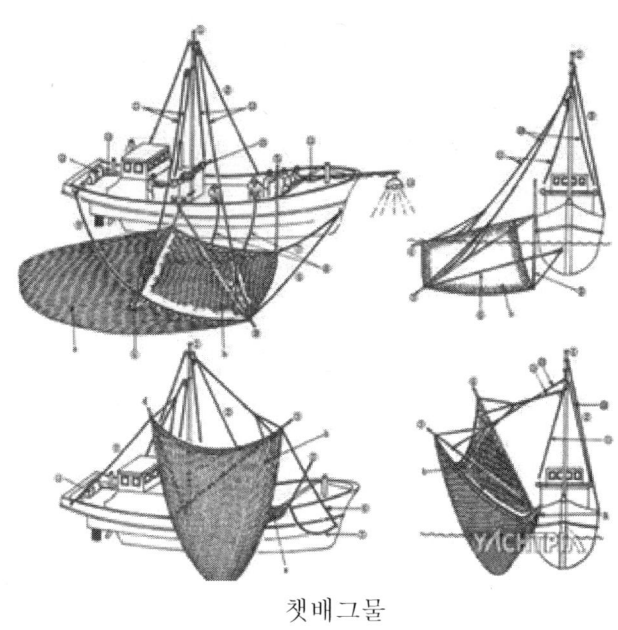

챗배그물

9) 덮그물(엄망)어법

어구로 고기를 덮어서 잡는 방법으로 엄호, 초롱그물류, 투망류 등이 있으며 대표적인 어구는 투망임. 어궁의 기본형식은 원뿔형으로, 그물의 바깥쪽에 뼈대가 있어서 뼈대를 손으로 잡고 덮어씌우는 가래류와 뼈대 없이 그물을 바로 어군 위에 던져서 덮어씌우는 투망류가 있다.

10) 몰그물(추망)어법

어군을 그물 안으로 몰아넣어서 잡는 데 쓰이는 어구·어법. 어구의 구조는 후릿그물 모양으로 가운데에 자루가 있고, 그 양쪽에 날개가 달린 것도 있으며, 또 쓰레받기 모양으로 된 사각형 그물의 한쪽 변은 열려 있고, 다른 변에는 벽이 있는 것도 있다.

어구를 일단 전개시켜 놓고 대상물을 그물 위로 몰아넣은 후,

자루그물의 입구를 먼저 들어올려서 어군의 퇴로를 차단하고, 그물을 거두어 들여서 잡는다. 대상물을 그물 안으로 몰이하는 데는 사람이 직접 잠수하여 하는 경우도 있고, 시각적·음향적인 자극에 놀라 어군이 도피하는 기능을 가진 몰잇줄을 배로써 끄는 경우도 있다.

이 어법은 어업적으로 그다지 널리 쓰여지는 것은 아니지만, 일본에서는 멸치과나 도미과를 잡는 데 더러 쓰고 있다.

③ 어업기기

(1) 어업기기

어구(漁具) 이외에 쓰이는 여러 기계·기구를 어업기기라 한다. 현대의 어업에는 어구 이외에도 여러 기계·기구들이 쓰이는데, 이러한 어업기기는 크게는 어업계측기류(漁業計測器類)·어업기계류(漁業機械類)·집어장치류(集魚裝置類)로 나눌 수 있다.

(2) 어업기기의 종류

1) 어업계측기류

① 개념

가. 어업계측기류 : 어군(魚群)·어구 등의 동태를 파악하기 위하여 쓰이는 기기류를 말한다. 기본적으로는 어장환경을 조사하기 위하여 쓰이는 수온계·염분계 등도 포함되지만 보통은 이런 것들을 제외한다.

나. 어군탐지기 : 어군탐지기는 물속에 초음파(超音波)를 보내어 그것이 해저나 수중에 있는 물체에 부딪혀 되돌아오는 메아리를 받아 해저나 수중 물체의 상태를 탐지하기 위하여 개발된 초음파탐지기를 어군탐색용으로 개량한 것이다.

다. 어망탐지기 : 그물 등 어구의 동작 상태를 파악하기 위하여 쓰이는 것이며, 초음파를 이용하는 것은 어군탐지기와 같지만 해저나 수면으로부터 어구의 특정부위까지의 거리 등을 측정하여 어선에 알려주는 장치이다.

② 어군탐지기

물속에 있는 어군의 존재를 확인하기 위한 기계.

수면 하에서 발사된 초음파가 해저나 어군 등에 부딪혀서 반사해 오는 것을 포착하여 어군의 존재를 확인한다. 어군탐지기는 기본적으로 전기진동을 일으켜 송파기에 보내주는 발진기(發振器), 초음파를 수중에 발사하는 송파기(送波器), 메아리를 수신하는 수파기(受波器), 수파기에서 수신한 미약한 메아리를 증폭시키는 증폭기, 메아리의 상황을 기록이나 영상으로 나타내는 지시기(指示器), 어군탐지기 전체를 작동하는 데 필요한 전원(電源) 등 여섯 부분으로 구성된다.

  가. 수직어군탐지기 : 수면 하에서 발사된 초음파가 해저나 어군 등에 부딪혀서 반사해 오는 것을 포착하여 어군의 존재를 확인한다.

  나. 수평어군탐지기 : 초음파를 수평 방향으로 발사하는 수평소나

  다. 초음파어군탐지기 : 초음파 센서를 이용한 어군탐지기. 초음파 센서는 해수 중의 각 방향으로 초음파 빔을 방사할 수 있게 만들어져 있어서 초음파 진동자의 바로 밑에서 수평까지의 90도 각도 및 수평으로 360도의 회전을 할 수 있다. 이 센서로 어군까지의 직접거리 및 수평거리, 심도, 어군의 크기 등을 측정할 수 있어서 브라운관에 영상이 표시된다.

  라. 음파어군탐지기 : 음향 탐지기를 탑재한 부표. 소노부라고도 한다. 해저의 지각구조를 탐지하거나 잠수함 및 어군을 탐지하는 데 사용한다.

③ 어망탐지기(어구관측장치)

물 등 어구의 동작상태를 파악하기 위하여 사용하는 장치로서, 초음파를 이용하여 해저나 수면으로부터의 어구의 특정부위까지의 거리 등을 측정한 정보를 전달해 주는 장치이다. 어구의 전개상태, 해저와 어구의 상대적 위치, 어

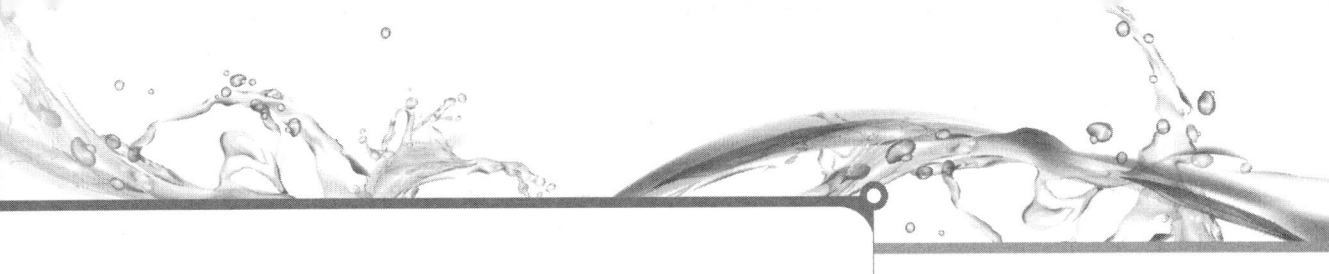

군의 양, 전개판 사이의 간격 등을 알려 준다.

　　가. 네트레코더 : 트롤어구 입구의 전개상태, 해저와 어구와의 상대벽 위치, 입망되는 어구의 양의 정보 전달

　　나. 전개판감시장치 : 트롤어구에 부착된 양쪽 전개판 사이의 간격측정장치

　　다. 네트 존데 : 주로 선망어선에서 그물이 가라앉은 상태를 감시하는 장치

2) 어업기계류

① 어획용 어업기계

　어업기계란 어구를 직접 다루는 기계류 또는 기계로서 구성되는 어구류와 어군을 쫓거나 유인하는 장치를 말한다. 어선에 설비하여 어구를 조작하는 것으로 어획의 증대를 꾀하는 것, 또 그 자체가 어구인 것을 포함한다. 일반적으로 배의 동요, 어획물의 무게 등에 견딜 수 있는 견고도(堅固度)를 가져야 하며, 고장과 파손이 적고, 해수(海水)에 대한 내식성(耐蝕性)이 커야 한다.

　크게 나누면 직접 어획을 하는 것과 어구의 조작에 쓰이는 것이 있다. 전자의 것에는 오징어 자동조획기·가다랑어 자동조획기·조개채취기·해조채취기·피시펌프(fish pump)등이 있고, 후자의 것에는 양승기·양망기·트롤윈치(trawl winch) 등이 있다.

　　가. 오징어 자동조획기 : 오징어 자동조획기는 오징어 롤낚기를 기계적으로 실현할 수 있게 한 것이며, 기어박스 양쪽에 자새(reel)를 장치하여 미리 설정된 수심까지 낚시를 내렸다가 곧 되감아 올리되 다 감아올리고 나면 다시 내려지도록 하는 것을 자동적으로 반복하도록 한 것으로, 오징어는 선내에 들어와서 자새에 감기기 전에 갑판에 떨어지도록 되어 있다.

　　나. 가다랑어 자동조획기 : 사람이 가다랑어를 채 낚는 동작을 기계의 힘으로 하는 것이며, 낚싯대에 달린 낚시를 물속에 내려 가다랑어가 낚이면 낚싯대를

들어올려 고기를 갑판 위에 떨어뜨림과 동시에 낚시는 다시 물속으로 되돌아가도록 하는 것을 자동 반복하도록 한 것이다.
다. 조개채취기·해조채취기 : 조개나 해조를 채취하여 컨베이어 장치를 이용하여 자동적으로 선내에 거두어들이는 것이다.
라. 피시펌프 : 흡입펌프의 흡입구를 물속에 장치하여 물과 함께 고기를 빨아들여서 물은 배설하고 고기만 거두어들이는 것이며, 아직 직접 어업에 쓰이는 것보다 건착망 등에서 그물로 둘러싼 어군을 선내에 거두어들이는 데 주로 이용되며, 어구로서 개발도 촉진되고 있다

② 어구 조작용 동력장치
가. 양승기 : 주로 주낙이나 밧줄 같은 길다란 줄을 감아올리는데 쓰이는 장치로서 다랑어 주낙용 양승기가 가장 발달한 형태이다.
나. 양망기 : 그물을 올리는 장치로 자망용 양망기, 건착망용 양망기, 정치망용양망기 등 업종에 따라 자망용, 선망용, 기선권현망용 등 그 종류가 다양하다.
다. 사이드 드럼 : 그물에 매달린 여러 종류의 줄을 감아올리는 장치
라. 트롤윈치 : 트롤어구의 끌줄을 감아들이기 위하여 설비되는 장치

* **양승기·양망기의 원리**
ⓐ 마찰차식 : 동력에 의하여 회전하는 원통(마찰차)에 줄을 감아서 원통과 줄의 마찰력으로써 감아올리는 것인데, 감겨 올라온 줄은 따로 사리거나 다른 자새에 감아놓는다. 때로는 이런 원통에 줄을 끼울 수 있는 홈이 있는 것이 있는데, 이 방식은 홈이 없는 것보다 마찰력이 커서 슬립(slip)이 적어, 가는 줄을 빠른 속도로 감아올리는 데 편리하다.
ⓑ 권양통식 : 원통의 양쪽 가에 턱을 붙여서 만든 권양통을 돌려 줄을 끌어올리면서 권양통에 감아버리는 방식인데, 트롤윈치 등이 이 방식이며, 권양통이

자새를 겸한다. 소형의 트롤에서는 그물도 이런 권 양통에 바로 감아서 양망하는 방식도 있다.

3) 집어장치류

어군을 한 곳으로 모아서 집결시키는 장치로서 집어등이 대표적인 장치이다. 집어등은 고등어, 전갱이 건착망과 오징어 낚기어선에 주로 쓰인다.

* **집어등**

  물고기의 주행성을 이용하여 인공조명으로 물고기를 모으는 램프. 물고기의 주행성을 나타내는 파장의 범위는 전갱이, 정어리, 고등어 등의 집어군이 460~620㎚로 추정된다. 전구·형광등은 녹백색, 청색 및 핑크 및 핑크 수은 램프가 쓰인다.

03 주요 어업

❶ 동해어업

(1) 동해의 지정학적 의의

동해는 한반도, 일본열도, 시베리아 동부지역에 의해 둘러 싸여 있고, 남으로는 대한해협, 북으로는 Tsugaru, Soya, Tartar해협을 통해 북태평양에 연결되는 연해(marginal sea)이다. 총면적은 1008×10³㎢, 평균수심은 1684m로써, 황해나 남해에 비하면 면적이 넓고 수심이 깊은 것이 특색이다. 동해에서는 동한난류와 북한한류가 가장 큰 영향을 미치는 해류이다. 그리고 동해 남부의 표면수온은 여름에는 26~27℃, 겨울에는 10℃ 내외이다. 동해의 조석은 매우 적어 조차는 0.3m 내외이며, 일조부등(diurnal inequality)은 매우 현저하여 일주조(diurnal tide)가 되는 수가 있다.

동해의 EEZ

동해의 EEZ는 양측 연안으로부터 35해리를 기준, 직선으로 연결된

다각형 모양을 하고 있다. 동쪽 한계선은 동경 135.5°이며, 대화퇴(大和堆) 어장 전체면적의 50%가 동해 중간수역에 포함되었고, 제주도 남부와 일본 규슈[九州] 서부 사이의 수역에도 일정 범위의 중간수역이 설정되었다.

(2) 동해의 어업환경

동해는 한류와 난류가 교차하는 지점이다. 한류가 우세할 때는 대구, 명태 어군이 남하하고, 난류가 우세할 때는 오징어, 꽁치, 방어, 멸치 등의 어군이 북상한다.

(3) 동해의 주요 어업

1) 오징어 채낚기 어업

채낚기 어업이란 긴 줄에 낚시를 1개 또는 여러 개 달아 대상물을 채어 낚는 어업이다. 오징어는 연체동물문 오징어아과에 속하는 주광성(走光性) 어종으로 동중국해, 황해 및 동해 전역에 걸쳐 출현한다. 멸치, 고등어에 이어 우리나라에서 세번째로 많이 잡히는 단일 어족자원이다. 일반적으로 몸속에 석회질의 갑라(甲羅)가 들어 있는 종류는 갑오징어라 부르고 얇고 투명한 연갑(軟甲)이 들어 있는 종류는 오징어라 부르는데, 특히 동해 안에서 많이 잡히는 피둥어 꼴뚜기를 흔히 오징어라 부른다.

동해에서 어획되는 살오징어는 남해안 등에서 산란한 후 북상하면서 회유하다가 가을에서 겨울 사이에 다시 남하한다. 주된 어기는 8~10월이다. 살오징어는 낮에는 수심 깊은 곳에 있다가 밤이 되면 물 위로 올라오는데 집어등을 밝혀 유집한 다음 채낚기로 어획한다.

2) 꽁치 자망어업

동갈치목 꽁치과에 속하는 난류성 어종으로 등쪽은 짙은 푸른색, 배쪽은 은백색을 띠는 등푸른 생선의 한 종류이다. 봉수망, 흘림걸그물 등을 이용하여 포획하며 전통적으로는 손꽁치 어업을 통해 포획하기도 하였다.

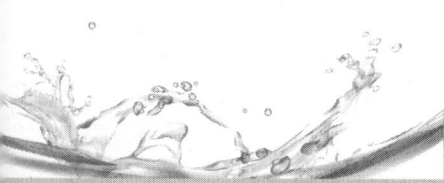

1회 기출문제

어로 과정에서 밝은 불빛(집어등)을 이용하여 어획하는 어종으로 옳은 것은?

① 명태
② 오징어
③ 대게
④ 대구

▶ ②

겨울에는 일본의 남부 해역에서 겨울을 보내고, 봄과 여름 사이에 북쪽으로 이동하여 동해안 부근에서 알을 낳는다. 어기는 봄과 겨울로 나뉜다. 우리나라 동해안에서는 주로 흘림 걸그물(유자망)로 행해지며, 표층 걸그물로 어획한다.

3) 붉은 대게 통발어업

붉은 대게는 수심 800~1,000m 해저에서 산다. 수심이 깊은 경우 통발을 사용하는데 통발은 물고기를 가두어 잡는 데 쓰는 어구로 가는 댓조각이나 싸리로 통처럼 엮어 만든다. 큰 어선으로 근해에서 조업할 때에는 약 1,500개의 통발을 설치하며 미끼로는 정어리·멸치·고등어 대가리를 이용한다.

4) 대게 자망어업

대게는 동해의 수심 120~350m에 분포하며 진흙 또는 모래바닥에 산다. 산란기는 1~3월이며, 조에아유생 2기를 거치고, 수명은 암컷에서 9~12년, 수컷에서 13년 정도로 추정한다. 통발이나 (걸그물)저인망에 의해 어획되는 중요 산업종이다. 조업 수심은 150~400m이고, 서식 수온은 0~5^{0}C 정도이다.

❷ 서해어업

(1) 서해의 지정학적 의의

남쪽은 동중국해와 접하고 서쪽은 중국 대륙의 산둥반도(山東半島), 북쪽은 랴오둥반도(遼東半島), 그리고 동쪽은 우리 나라에 의하여 포위되는 서부 태평양의 북부에 위치한 연해(沿海) 중의 하나이다.

국제수문기구에 의하면 남부 경계는 한국의 제주도에서 중국 상해(上海) 부근 양쯔강(揚子江) 하구까지의 선을 택하여 북쪽은 랴오둥만과 산둥반도를 잇는 선에 의하며, 보하이만(渤海灣)과 구분하기도 하지만 일반적으로 보하이만까지 합쳐서 황해(서해)라 부른다. 크기는 남북 약 1,000km, 동서 약 700km로 전 해역에 걸쳐 100m 이하의 수심을 가지는 동부아시아의 거대한 대륙붕을 형성하

제3편 | 어업

고 있다.
평균수심은 약 44 m, 표면 수온은 겨울에 2~8℃, 여름에 24~28℃ 정도의 분포로 나타난다.

(2) 서해의 어업환경
서해에는 한류가 없다. 어종으로 조기, 민어, 꽃게, 고등어, 전갱이, 삼치, 갈치, 넙치, 서대, 가오리, 새우 등이 주종이다.

(3) 서해의 주요 어업

1) 안강망 어업
안강망 어업이란 조류가 빠른 곳에서 어구는 조류에 밀려가지 않게 고정해 놓고 어군을 조류의 힘에 의하여 강제로 함정에 빠뜨려지게 하여 잡는 강제 함정 어법이다. 서해에서 어획되는 조기와 멸치, 민어, 갈치 등이 이 어법에 의해 생산된다.

2) 갈치 채낚기 어업
갈치 어군은 겨울에 제주도 서남방 해역에서 월동하다가 수온이 상승하는 봄에 북상 회유하기 시작하여, 7~9월에는 남해 연안과 서해 남부 해역에 어장을 형성하고 서해 주변까지 회유한다.

3) 트롤어업
줄이 달린 그물 아랫자락이 해저에 닿도록 한 뒤 수평방향으로 끌어 해저 가까이에 사는 어족을 잡는 방법이다. 주 어획대상은 조기 갈치 명태 새우 등이다.
그물을 끄는 방법으로는 배를 이동시키면서 그물을 끌고 다니는 것과 고정된 배까지 그물을 끌어당기는 것이 있는데 전자가 주로 사용된다.

4) 기선저인망어업
저인망은 인망류(引網類:끌그물류)로서 한국에서는 선망어업(旋網漁業)과 함께 기업어업으로 규모가 큰 근해어업이다. 종류에는 1척으로 하는 외끌이 저인망어업과, 2척으로 하는 쌍끌이 저

1회 기출문제

어구를 고정하고 조류의 힘에 의해 해저 가까이에 있는 어군을 어획하는 어업은?
① 근해안강망어업
② 기선선망어업
③ 근해트롤어업
④ 근해채낚기어업

▶ ①

인망어업이 있다. 또 어선의 크기에 따라 100 t 이상으로 하는 저인망어업을 대형 저인망어업이라 하고, 100 t 미만으로 하는 것을 중형 저인망어업이라 한다. 저인망어업은 주로 저층어(底層魚)인 가자미·조기·강달이·갈치 등을 잡는다.

5) 꽃게 자망어업

꽃게가 연안으로 이동해 오는 봄철과 산란 후에 깊은 수심으로 이동하는 가을철에 주로 고정자망을 사용하여 어획하며, 통발, 안강망 등에 의해서도 어획된다. 꽃게는 낮에는 모래 속에 숨어 있다가 밤에 먹이를 잡아먹는다. 맛은 6월의 암게를 최고로 치며, 7~8월은 금어기이다

* **자망** : 걸그물. 물속에 옆으로 쳐놓아 물고기가 지나가다가 그 물코에 걸리도록 하는 그물

❸ 남해어업

(1) 남해의 지정학적 의의

대체로 동쪽은 쓰시마섬[對馬島], 서쪽은 흑산도, 남쪽은 제주도를 연결하는 해역으로, 면적은 약 7만 5000 km2이다. 남해는 조차(潮差) 및 간석지(干潟地) 발달의 정도 등이 동해와 황해의 점이형(漸移形)을 이루나, 해안지형은 서해안보다 한층 굴곡이 심한 리아스식 해안을 이루어 해안선의 연장은 직선거리의 8.8배에 달한다. 그와 같은 심한 해안선의 굴곡률과 또 다도해(多島海)를 이루는 해역에 산재하는 수많은 도서군(島嶼群)은 세계의 해안지형에서 그 유례를 볼 수 없는 것이어서, 이른바 한국식 해안(Korean coast)이라는 별칭으로 불린다. 서쪽의 전남해안에는 1,840여개, 동쪽의 경남해안에는 400여개에 이르는 크고 작은 섬들이 산재하여 한국 총도서 중 60 % 이상을 차지한다. 섬은 모두 육지의 구릉 및 산맥이 침강한 것이므로, 그 배열은 육지의 구조선에 일치한다.
서쪽의 전남해안 일대에는 넓은 간석지가 전개되어 간척 적지가 되고 있다.

(2) 남해의 어업환경

해상은 난류의 북상으로 수온이 연중 거의 고른데다가 해안지형의 지절(肢節)이 복잡하여 어류의 산란장으로 적합하고, 또 수산양식업에 유리하기 때문에 휴어기(休漁期)가 없는 좋은 어장을 이루는 한편 국내에서 해조류(海藻類)·어패류(魚貝類)의 양식이 가장 성한 해역이 되고 있다.

남해는 쿠로시오 해류의 영향으로 연중 수온이 높으며, 표면 수온은 여름에 최고 28~29℃, 겨울에 최저 13℃ 정도 된다. 바다의 대부분이 평균 100m로 낮고, 조차는 동해와 서해의 중간 정도이다.

(3) 남해의 주요 어업

<u>우리나라 최대의 어장으로 서해보다 깊지만 가장 깊은 곳도 150m 안팎이며, 연중 난류가 흘러 겨울철에도 수온이 높아 어종이 다양하다. 주요 어종으로는 멸치·고등어·전갱이·갈치·삼치·돔·민어·병어·전어·준치·정어리·가자미·쥐치 등이 있다. 대어군을 이루지 않아 일시에 많이 잡히지 않지만 돔·농어·민어 등 비싼 고급 어종이 많고 어로 활동이 연중 고르게 이루어져 어업 경영이 안정성을 띤다.</u> 이 밖에 굴·홍합 등의 패류와 김·미역 등의 해조류 양식도 활발하다.

1) 유자망어업 · 기선권현망어업

남해안에서 주로 어획되는 멸치는 연안성·난류성 어종으로 그 잡는 방식이 크게 세가지가 있다.

첫째 유자망 어업방식은 그물을 수면에서 수직으로 아래로 펼쳐지게 한 다음, 펼쳐진 그물을 물의 흐름과 바람에 따라 이리저리 떠다니게 하면서 물고기가 그물코에 꽂히거나 둘러싸이게 해서 잡는 방식이다.

'기선권현망' 어업방식은 그물을 끄는 2척의 끌배, 1척의 어탐선, 1척의 가공선, 2~3척의 운반선 등 6척 내외의 선박이 선단을 이룬다. 어군탐지기가 장치되어 있는 어탐선이 멸치군을 탐색한 후 작업지시를 내리면 끌배는 어구를 끌어서 멸치를 잡아들인다.

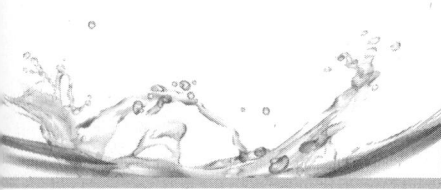

1회 기출문제

우리나라에서 멸치를 가장 많이 어획하는 어업의 명칭은?

① 대형선망어업
② 기선권현망어업
③ 잠수기어업
④ 근해채낚기어업

➡ ②

2) 채낚기어업 · 기선권현망어업

제주도 주변 해역에서 행하여 행하여지고 있는 채낚기(일본조)어업은 갈치, 오징어, 고등어, 방어, 복어, 돔, 삼치, 숭어, 농어 문어 등을 대상으로 예부터 이루어져 왔다. 어선이 소형에서 중형으로 개량되어 발전기 용량이 크게 증가하면서 집어등으로 오징어·갈치를 어획하는 채낚기 어업이 제주도 연안에서 성행하게 되었다.

멸치는 진해 앞 바다를 중심으로 남해안 전역에서 어획되고 있다. 이 밖에 많이 잡히는 어종으로는 전갱이·고등어·적어(赤魚)·상어·도미·방어·가자미·삼치·조기·광어·숭어·복어·문어·오징어 등이다.

이 어류들을 잡는 어법은 연안 수역에서는 정치망으로 잡고 먼 바다에서는 저인망·유자망·건착망 등으로 어획한다. 기타 안강망·권현망·낚시 및 잠수기(潛水器) 등도 이용한다.

* **선망어업** : 기다란 사각형의 그물로 어군(fish shoal)을 둘러싼 후 그물의 아랫자락을 죄어서 대상물을 잡는 어업이다.

3) 장어 통발어업

붕장어는 주로 남해안에서 통발을 사용하여 어획하고 있다. 야행성인 붕장어는 모랫바닥 구멍에 몸통을 반쯤 숨긴 채 낮 시간을 보내다가 밤이 이슥해지면 활동을 시작하는데 이때 작은 물고기 등을 닥치는 대로 포획한다.

* **통발어업** : 통발 즉, 미끼를 먹거나 은신처를 얻기 위해 수산동물이 들어올 수 있도록 설치된 통을 사용하는 어업으로 수산업법에 따라 연안·근해·원양통발어업을 포괄하며, 주 어획대상은 게·장어·새우, 갈치, 삼치 등이 있다.

4) 정치망어업

남해안의 정치망에서는 멸치, 삼치, 갈치 등의 난류성 어종이 어획된다. 이들 어종들은 늦는 봄부터 초가을 사이에 어획이 많다.

* **정치망어업** : 어구를 일정한 장소에 일정기간 부설해 두고 어획하는 어구·어법이며, 단번에 대량 어획하는 데 쓰인다. 연안의 얕은 곳(대략 수심 50 m이하)에서만 쓴다.

제3편 | 어 업

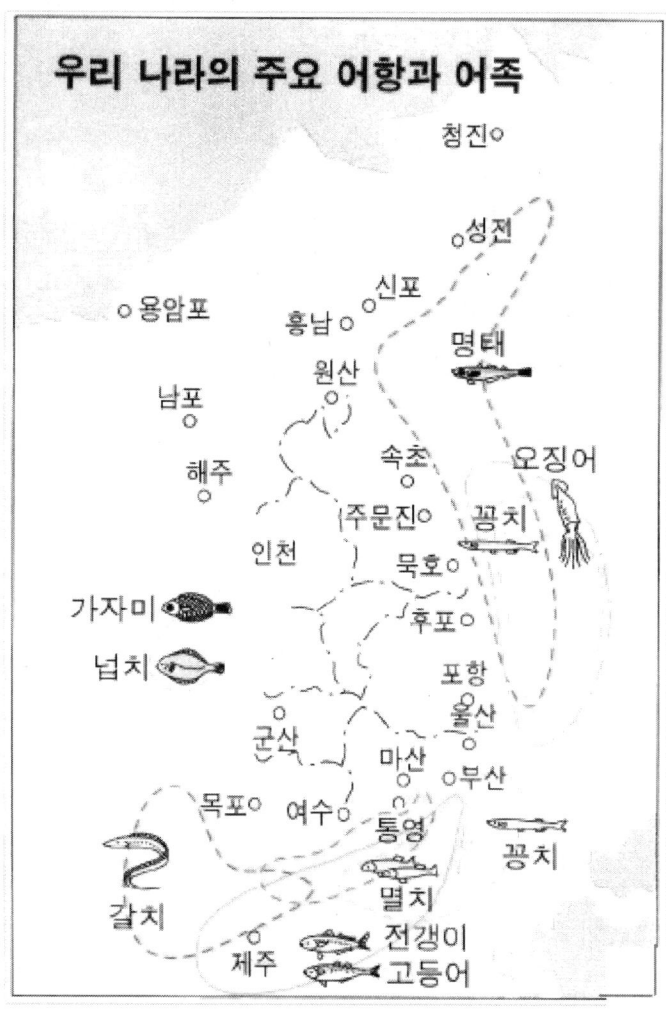

❹ 원양어업

(1) 개요

우리나라의 「수산업법」에서는 해외 수역을 조업 구역으로 하여 행해지는 어업을 원양어업(遠洋漁業, deep sea fishery)이라 정의하고 있다(해외 수역 : 동해, 황해 및 동중국해와 북위 25° 선 이북(以北), 동경 140° 선 이서(以西)의 태평양을 제외한 해역).

1957년에 참치연승 시험 조업이 처음으로 이루어졌고, 1958년에는 원양어업의 기업화를 위한 목적에서 지남 1·2·3호를 남태평양의 사모아에 어업기지를 두고 출어시켜, 1961년까지 조업하였다. 1966년 대서양 트롤어업, 북태평양 명태트롤어업, 북태평양 빨강오징어유자망어업은 1979년에 시작하였다.

1977년에 미국과 소련이 200해리 경제수역을 선포하고 주권적 권한이 미치는 관할 수역을 대폭 확장하는 바람에 북태평양 트롤어업은 큰 타격을 받았다. 이로 말미암아 한때 원양어업이 위축되고 총어획량이 감소되는 경향까지 보였으나 새로운 어장의 개적, 원양어업의 다각화 등을 통하여 원양어업은 다시 활기를 띠게 되었다. 1980년대에 들어서는 신흥 어업인 오징어채낚기어업을 비롯하여 다랑어선망어업·유자망어업 등의 발달로 원양어업 생산량이 다시 크게 증가하였다.

(2) 다랑어(참치)어업

다랑어는 참치, 또는 참다랭이라고도 한다. 몸길이는 3m가량이고, 무게가 200kg에 이르는 것도 있다. 사람의 키보다도 더 큰 다랑어 떼는 오징어 떼나 꽁치 떼와 같은 먹이를 쫓아 해안 가까이 몰려오기도 한다.

다랑어는 긴 밧줄에 달린 낚시로 잡는데, 미끼로는 오징어나 꽁치가 쓰인다. 초여름에는 북상하고 늦가을에는 남하한다. 쿠릴 열도·남양 군도 및 우리나라·중국·일본 근해에 분포한다.

1) 다랑어 연승어업

1957년에 착수된 인도양 다랑어(참치) 연승어업시험 이후, 남태평양 다랑어 연승어업이 개발되었다.

연승류는 수평으로 설치한 한 줄기의 긴 간승(幹繩 : 모릿줄)에 조침이 달린 다수의 지승(枝繩 : 아릿줄)을 같은 간격으로 단 것으로서, 일정시간 동안 수중에 매달아두었다가 끌어올리는 조어구이다. 연승은 주낙이라고도 한다.

미끼로는 꽁치와 고등어가 널리 쓰인다.

2) 다랑어 선망어업

대형 선망어업은 긴 사각형의 그물로 어군을 둘러쳐 포위한 다음 발줄 전체에 있는 조임줄을 조여 어군이 그물 아래로 도피하지 못하도록 하고 포위 범위를 점차 좁혀 대상생물을 어획하는 어업이다.

미국의 태평양 연안에서는 가다랭이와 같은 어종이 수면 가까이 회유할 때 선망어법으로 어획한다. 이것이 점차 남태평양으로 확장되었고, 가장 기술집약적인 어법이라고 할 수 있다.

우리나라는 1971년 괌 근해에서 시험조업 후, 1980년부터 본격적으로 출어하기 시작하였다.

(3) 트롤어업

트롤어업(Trawls)은 동력선으로 전개판이 달린 자루모양의 그물을 끌어서 대상물을 잡는 어업이다.

망어업을 대표하는 것은 인망류 어업에 속하는 기선저인망어업과 선망류 어업에 속하는 기선건착망어업이고, 원양망어업을 대표하는 것은 인망류 어업에 속하는 트롤어업(trawl 漁業)이다.

북태평양 명태트롤어업은 1966년 7월 부산수산대학 실습선 백경호와 삼양수산의 저인망어선 10척이 베링해와 북해도 근해에서 시험조사와 시험 조업을 성공함으로써 시작되었다. 대서양에서는 문어와 오징어를 주로 어획하고 있다.

04 수산자원의 관리

(1) 의의

1) [수산자원관리법]상 정의
① 수산자원 : 수중에 서식하는 수산동식물로서 국민경제 및 국민생활에 유용한 자원
② 수산자원관리 : 수산자원의 보호·회복 및 조성 등의 행위
③ 수산자원조성 : 일정한 수역에 어초(魚礁)·해조장(海藻場) 등 수산생물의 번식에 유리한 시설을 설치하거나

수산종묘를 풀어놓는 행위 등 인공적으로 수산자원을 풍부하게 만드는 행위

2) 수산자원의 보호방법
① 직접적인 보호방법 : 수산자원조성사업의 시행 등
　가. 인공어초의 설치사업
　나. 바다목장의 설치사업
　다. 바다숲의 설치사업
　라. 수산종자의 방류사업
　마. 해양환경의 개선사업
　바. 친환경 수산생물 산란장 조성사업
② 간접적인 보호방법
　가. 어획·채취 등의 제한 또는 금지 및 휴어기의 설정
　나. 어선·어구·어법, 어획량, 어기 등의 제한
　다. 어업자 협약의 체결

> **3회 기출문제**
>
> **수산자원조성의 적극적 활동에 해당하지 않는 것은?**
> ① 인공어초 투하
> ② 바다목장 조성
> ③ 어획량 제한
> ④ 인공종자(종묘)방류
>
> ▶ ③

(2) 자원관리형 어업

<u>자원관리형어업이란 어업의 균형발전과 자원의 보호를 목적으로 국가가 개인의 자유로운 어업활동을 제한하고 통제하는 관리제도를 말한다.</u> 어업자원의 합리적 관리를 위하여 어획자원의 남획 등 약탈적 어업을 지향하고 어획회피, 치어보호, 산란기에 이른 성어의 보호 등이 필요하다. 우리나라 연근해 어장에 대하여 합리적인 보존과 어업방식의 체질개선을 위한 노력도 어업자원의 보존이라는 점에서 중요하다.

(3) 기르는 어업

기르는 어업이란, 산업적으로 중요한 어패류의 종묘를 일정 크기까지 인위적으로 성장시켜 어획하는 것을 말하며, 넓은 의미로는 양식업도 포함된다. 기르는 어업을 위한 종묘 생산에는 자연해역에서 성장한 치어를 포획하여 종묘로 사용하는 천연종묘와 인공적으로 부화하여 종묘로 사용되는 인공종묘로 구분한다.

(4) 어업의 발전방향

1) 조업의 자동화

어업이 인간의 노동력에 의존하던 고거와는 달리 현대에 이르러 어업의 과학화, 기계화, 자동화가 진전되면서 어획량의 획기적 증대가 이루어지고 있다. 어선 및 어구의 대형화와 기관의 출력 증진이 실현되면서 원거리 어장으로의 진출도 일반화 되었다.

어업장비 역시 시스템화 되면서 여러 작업들이 통합운영되면서 어업의 생산성 향상이 극대화 되고 있다. 첨단 IT기술이 어업분야에 직접 도입됨에 따라 조업의 자동화는 일상적인 일이 될 것이다.

2) 연료절감형 어업

'97년 12월 1일부터 11일까지 일본 교토에서 개최된 기후변화협약 제3차 당사국 회의에서는 선진국들은 지구온난화 방지를 위하여 선진국(이산화탄소 등 온실가스 5.2% 감축)의 강제적 온실가스 감축노력을 하고 있다. 석유계통 연료의 소비를 감소시키기 위하여 어업분야에서도 어선형태의 개량, 집어등의 효율향상, 예망어구의 유체저항 감소 등 어업현장에서 적용되는 에너지와 비용절감의 노력들이 중요한 과제가 될 것이다.

3) 어업의 정보화

어업정보란 어업에 이용될 수 있는 자료를 말한다. 어업정보는 환경정보와 자원정보로 구분할 수 있는데 IT정보처리능력의 발달로 예측기능까지 수행할 수 있게 되었다.

또한 인공위성(미국의 NOAA 위성)과 서로 정보를 교환하면서 해류, 조경 등의 변화와 해면 상태에 대한 정보가 어선에 전달됨으로써 보다 효율적인 어업활동을 가능하게 하였다. 더 나아가 어황정보나 해황 등 어획과 관련된 정보가 빅데이터화 되고 어획일지 등의 자료가 축적 및 분석됨으로써 보다 예측 가능한 어업활동이 가능하게 될 것이다.

* 어업정보의 분류
    ⓐ 환경정보
        - 자연환경정보 : 해상정보, 기상정보, 지상정보

- 사회환경정보 : 경제정보, 사회정보, 기술정보
ⓑ 자원정보
- 대상자원정보
- 비대상자원정보

MEMO

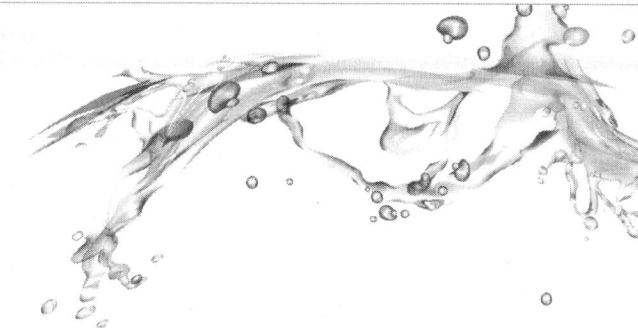

수산 일반

제4편 | 어선운항

01 어선의 종류와 어선용품

❶ 어선의 종류

(1) 어선

어선법(1977. 12. 31 제정)에 따르면 어업에 전용되는 선박, 어업을 통한 어산물의 획득·저장·운송·제조설비를 갖춘 선박, 어업에 관한 시험·조사·지도·단속·교습에 사용되는 선박 등을 어선으로 규정하고 있다.

어선으로서 반드시 갖추어야 할 내부시설로는 선체, 기관, 배수설비, 범장(帆裝), 조타(操舵)·계선(繫船)·양묘(揚錨)의 설비, 전기설비, 통신설비, 어로설비, 구명·주거·소방·위생 시설 및 항해용구, 처리가공설비 등이 있으며, 이외에 선박의 용도에 따라 필요한 설비가 추가된다.

(2) 어선의 종류

1) [어선법]에 따른 어선의 분류
   ① 어업, 어획물운반업 또는 수산물가공업에 종사하는 선박
   ② 수산업에 관한 시험·조사·지도·단속 또는 교습에 종사하는 선박
   ③ 건조허가를 받아 건조 중이거나 건조한 선박
   ④ 어선의 등록을 한 선박

2) 선각재료에 따른 분류 : 목선, 철강선, FRP선

3) 어획대상물과 어법에 따른 분류
   고등어 건착망어선, 오징어 채낚기어선, 조기 유장망어선, 꽁치 봉수망어선

명태 트롤어선, 다랑어 선망어선, 꽃게 통발어선, 문어 단지어선, 멸치 권현망어선 등

* **어구에 따른 분류**
  ⓐ 트롤선(Trawler) : 트롤어업은 거칠고 깊은 바다에서 한번에 대량의 어류를 잡을 수 있는 어업이라서 어선 중에 선체가 크고 급속 냉동 장치가 있는 형태이다.
  자루처럼 생긴 그물을 바다 밑이나 바다 속에 띄워놓고 그물을 끌고 다니면서 어류를 어획하는 어선을 말한다.
  어종은 홍어, 가오리, 갈치, 명태, 가자미, 조기, 새우이다.
  ⓑ 건착망어선(Purse Seiner) : 긴 네모꼴의 그물로 어군을 둘러쳐 포위한 다음 어군이 아래로 도피하지 못하도록 포위범위를 좁혀 잡는 어선을 말한다.
  어종은 고등어, 정어리, 쥐치, 삼치, 부세, 전갱이이다.
  ⓒ 주낙어선(Long Liner) : 낚싯줄에 여러 개의 낚시를 달아 얼레에 감아 물살을 따라서 감았다 풀었다 하여 어류를 잡는 어선을 말한다.
  어종은 우럭, 놀래미, 광어, 명태, 복어, 상어, 갈치, 조기, 홍어, 민어, 장어이다.
  ⓓ 유자망어선(DRIFTER,GILL NETTER) : 수건 모양의 그물을 수면에 수직으로 펼쳐서 조류를 따라 흘려보내면서 그물코에 꽂히게 하여 잡는 어선을 말하며, 어종은 조기, 삼치, 멸치, 꽁치, 명태이다.

4) 용도에 따른 분류
  ① 본선(망선·어로선)과 보조선 : 여러 척의 어선이 공동작업을 수행하는 경우 어획의 주임무를 수행하는 배를 본선이라 하고, 그 밖의 것을 보조선이라 한다.
  ② 모선(공선)과 자선 : 선단조업을 하는 경우의 모선(공선, 어획물의 처리선)과 직접 어로를 수행하는 자선
  ③ 기지선과 독항선 : 해외기지를 근거지로 조업하는 경우의 기지선과 국내기지를 근거지로 조업하는 독항선

5) 특수임무에 따른 분류
  ① 어업조사선 : 어장조사 ·해양관측 ·어업시험 등으로 민간

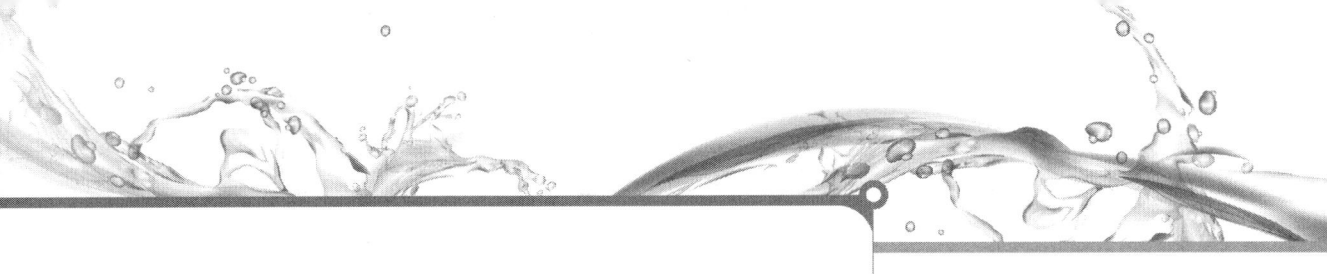

어선을 지도하는 선박
② 어업지도선 : 수산자원 관리, 국내외 어업 질서 유지를 위하여 불법 어구의 사용, 지정된 조역구역 이탈, 어획 대상이 아닌 생물의 포획 등 불법 어업 행위를 지도 단속하고 나포(拿捕) 및 해난사고 방지와 어로 활동 보호를 목적으로 활동하는 선박.
③ 어업연습선 : 항해·해양조사·기관·운용·어로에 관한 실무교육 및 훈련용의 선박으로 실습선이라고도 하며, 학생들을 일정기간 해상생활을 체험하게 함으로써 교육효과를 높이고 적응성을 배양과 실무에서 요구하는 기본적인 해상경험을 갖게 하는데, 활용하는 선박

* 기타 특수선

해양에 관한 연구를 하는 해양연구선, 잠수하여 심해를 조사하는 잠수조사선, 해상에서 기상관측을 하는 해양기상관측선, 해도를 만들기 위한 자료로 바다의 깊이를 측정하거나 해저의 상황을 조사하는 수로측량선

* 어선과 종업제한(從業制限)

어선은 어업의 종류에 따라 선복량·크기·성능 등에서 차이가 난다. 한국은 1986년 5월에 개정된 어선법에 따라 수산청장이 이를 지정·고시하고 있으며, 이에 따라 어선의 건조 및 개조와 관련한 사항은 수산청장·특별시장·광역시장·도지사 등의 허가에 의해서만 가능하다. 어선법 시행령에는 어선의 크기·종류·구조에 따라 종업제한(從業制限)을 명시하고 있다.

ⓐ 제1종 종업제한 : 일본조어업·연승어업·유자망어업·소형선망어업·부망어업·해수어업·잠수기 및 해조채취어업·선인망어업·저인망어업·안강망어업·채낚기어업·근해포경어업·통발어업·형망어업 등의 어업 및 어획물운반업에 사용되는 총t수 30t 미만의 어선에 대한 제한

ⓑ 제2종 종업제한 : 기선저인망어업, 근해 트롤 어업, 대형선망어업 등의 어업 및 어획물운반업에 사용되는 총t수 30t 이상의 어선에 대한 제한

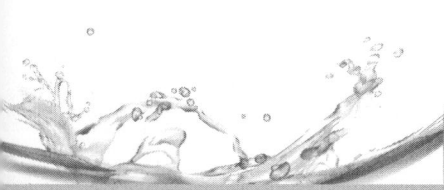

ⓒ 제3종 종업제한 : 원양어업·원양어획물운반업에 이용되는 어선에 대한 제한

❷ 어선용품

(1) 어선용품
로프, 도료, 식료품 · 연료 · 수리용 예비부품 등 비품 및 소모품, 위생·의약품 등으로 선박에서 상용되는 물건의 총칭이다. 선박용 물건(船舶用物件)이라 표현하기도 한다.

(2) 로프
섬유 또는 강선 등을 여러 가닥 꼬아 만든 튼튼한 줄. 동력전달 · 매달아 올리기 · 견인 · 계류 등에 사용된다.

① 섬유로프 : 섬유로프는 면 · 마 · 합성섬유 등 각종 섬유로 만든다. 섬유로프는 일반적으로 단사를 수십 줄 왼쪽으로 꼬아 스트랜드를 만들고, 스트랜드를 3~4줄 오른쪽 꼬임한 로프이다. 섬유로프 중에서 마닐라삼 · 사이잘삼 등으로 만든 것이 광범위하게 사용 된다.

최근에는 부패에 의한 인장강도의 저하가 적고 내마모성이 강한 각종 합성섬유로프가 많이 있다. 합성섬유로프는 나일론 · 폴리에틸렌 등으로 만든다.

나일론로프는 마닐라로프보다 2.9배의 인장강도를 갖고 부드러우므로 가장 많이 사용된다. 폴리에틸렌로프는 나일론로프보다 인장강도는 약하지만 물보다 가벼운 특성을 갖고 있다. 이들 합성섬유로프는 섬유로프보다 늘어나기 쉬운 결점이 있다.

② 와이어로프 : 강(鋼)의 선재(線材)로 만든다.

(3) 선박도료

선박에 사용되는 도료. 방식, 방오, 방조, 미장 등의 목적으로 사용된다. 해양이란 매우 가혹하고 다양한 환경에서 사용되므로 매우 많은 종류의 도료가 있으며 모두 고품질 도료이다. 선저 도료, 수선(水線)도료, 외현(外舷) 도료 등 사용 부위에 따라 호칭이 다르다. 방오(선박 밑바닥 도료), 방조 도료, 에폭시 수지 도료, 염화고무 도료, 딩크리치 도료, 방청도료(선박 바닥을 바닷물이나 고착생물의 부착으로부터 보호하는 도료) 등이 사용된다.

원선저도료(ship-bottom paint, 船底塗料)

수면 아래의 외판 부식과 오손을 방지하기 위하여 사용되는 페인트

① 1호 선저도료(anticorrosive paint:AC) : 선저의 강판은 해수에 젖으므로 잘 부식된다. AC 페인트는 방청용(防用) 선저도료로서 외판에 직접 또는 광명단·워시프라이머(wash primer) 위에 바르며, 그 위에 바르는 2호 선저도료가 다량의 독물을 함유하므로 독물에 의한 강판의 부식을 방지하기 위한 중간 도료로서의 역할도 한다. 따라서 건조가 빠르고 방청력이 커야 한다. 강판과 밀착도 잘되고 진동에 의하여 떨어지지 않아야 하며, 2호 선저도료와도 잘 떨어지지 않아야 한다.

② 2호 선저도료(antifouling paint:AF) : 경하흘수선(輕荷吃水線) 아래쪽 선저부에 발라 해중생물(패류·해조류)의 부착을 방지하는 선저방어용 도료이다. 성분 중에 유독한 수은과 구리의 화합물인 산화수은·이산화구리를 함유하여 직접 강판에 바르면 이를 부식시키므로 AC도장 후 약 2시간 경과 한 다음 바른다. 따라서 AF와 AC는 잘 밀착되고 해수에 강하며, 건조가 빠르고 도막에 균열이 생기지 않아야 한다. 그리고 건조도막은 해수 중에서 독물이 서서히 표면으로부터 조금씩 녹아서 독물화합물·독물이온에 의하여 생물의 부착을 방지하고, 부착된 것은 탈락시킬 수 있어야 한다.

③ 3호 선저도료(boot topping paint:BT) : 수선부, 즉 만재흘수선과 경하흘수선 사이에 AC 위에 바르는 도료. 수선 부근은 해수에 젖었다 말랐다 하며, 파도의 충격을 많이 받고, 통선이나 부선 등이 마찰에 의해 마모되므로 선체 중 가장 부식마모가 심하다. 또 해중생물도 부착하므로 도료는 내구성과 함께 방오성·방수성이 있어야 한다. AC, AF와 함께 에나멜 페인트이지만 특히 방청과 내

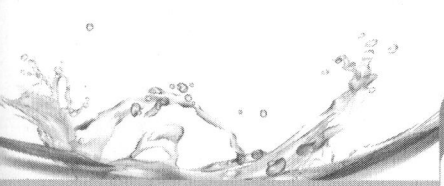

마모성에 중점을 둔 것이다.

④ 목선용(木船用) 선저도료 : 목선도 강선과 같이 해중생물이 부착하는 이외에 해충에 의하여 선저가 침식된다. 이를 방지하기 위하여 이산화구리를 주요 독물로 하는 코퍼(copper) 페인트가 주로 사용된다.

02 어선의 구조와 설비

❶ 어선의 구조

(1) 어선의 구조와 설비

어선은 어로작업을 하면서 운항하므로 파도와 같은 충격에 이겨낼 수 있는 강도와 복원성을 갖추어야 한다. 또한 항해에 필요한 설비와 어로작업을 위한 설비 등도 갖추어야 하고 어법에 적합한 구조에 적합하여야 하므로 어선의 구조와 설비는 다양하고 복잡하다.

(2) 어선의 주요 형상과 명칭

1) 선체

선체(船體, hull)란 선박에서 노, 돛, 엔진 등의 동력 부분이나 군함에서 총포 등의 장비를 제외한 물에 뜰 수 있는 배의 몸통 부분을 가리킨다.

2) 선수(船首-Ahead)

선체의 앞쪽 끝부분을 말하며 '이물'이라고 한다.

3) 선미(船尾-Astern)

선체의 뒤쪽 끝부분을 말하며 '고물'이라고 한다.

4) 우현과 좌현

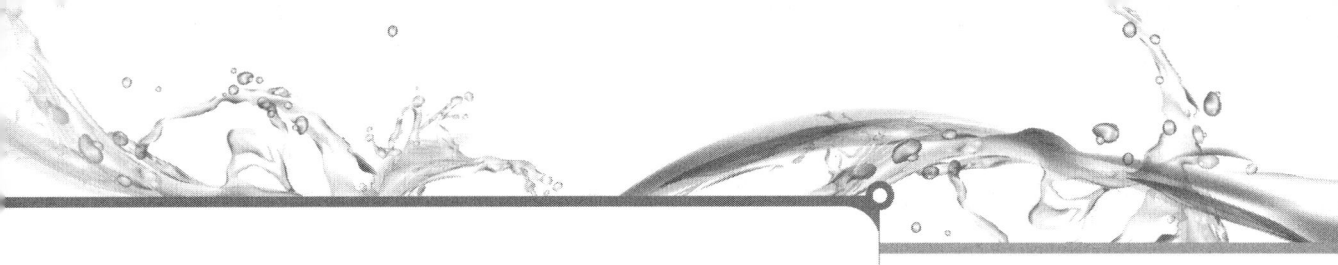

선체의 길이방향으로 오른쪽을 우현, 왼쪽을 좌현이라고 한다.

(3) 선체의 구조와 명칭

1) 용골(Keel)

선저의 선체 중심선을 따라 선수재로부터 선미 골재까지 종통하는 부재이다. 용골은 선박에서 마치 우리 몸의 척추와 같은 역할을 한다. 건조 독(dry dock)에 들어갈 때나 좌초 시에 선체가 받는 국부적인 외력이나 마멸로부터 선체를 보호하는 역할을 한다. 용골은 형상에 따라 방형 용골(bar keel)과 평판 용골(flat keel)로 나누어진다.

2) 늑골(Frame)

선체의 좌우현측을 구성하는 골격으로 용골에 직각으로 배치되어 있다. 선체의 겉모양을 이루는 뼈대 역할을 한다.

3) 선수재와 선미재

선수재는 용골의 앞쪽 끝과 양현의 외판이 모여서 선수를 구성하는 골재이고, 선미재는 용골의 뒤쪽 끝과 양현의 외판이 모여 선미를 구성하는 골재를 말한다.

4) 종통재

배의 선측구조를 이루는 부재로서 외판을 부착시켜 선형을 이루고 종강도를 형성한다. 선측·갑판하부·선저 종통재가 있다. 종강도에 기여하는 부재를 종강도 부재(longitudinal strength member)라고 하며, 또 다른 말로는 종통재라고 한다. 여기에는 갑판, 외판, 내저판, 종격벽 등의 종통하는 판 부재 및 종늑골, 종통보, 종거더 등의 종통하는 골재들이 포함된다.

* **종강도** : 종강도는 선체를 길이방향으로 변형시키려는 종하중에 대항하는 강도를 말한다.

5) 격벽(隔壁, bulkhead)

선박에서 주갑판 아래의 내부 공간을 길이 또는 너비 방향으로 칸막이하는 구조물을 격벽이라고 한다.

선박의 내부는 선저외판, 선측외판, 갑판 등으로 둘러싸이고, 사용 목적에 따라 화물을 적재하기 위한 공간, 여객과 승무원을 위한 공간, 밸러스트(ballast water)나 연료유를 적재하기 위한 공간, 주기관을 배치하기 위한 공간 등으로 적절히 나누어진다.

6) 외판(外板)

배의 외부로 노출되어 있는 측판 및 밑판. 늑골의 바깥쪽을 덮어 씌운 것으로 선체의 외곽을 형성한다.

7) 갑판(甲板)

갑판은 갑판보(deck beam) 위에 설치되는 부재(部材)로서 선박기기, 화물 등을 적재하고, 사람이 활동할 수 있는 공간을 제공하며, 선박 내부를 보호하는 바닥 혹은 판이다.

* 갑판의 기능
  ⓐ 상갑판 등과 같이 선수에서 선미까지를 통과하는 갑판은 외판과 함께 선체의 종강도를 담당한다.
  ⓑ 최상층갑판은 선박 내부로의 침수를 방지하여 외판과 함께 선박의 부력을 확보해 주며, 비와 바람을 막고 햇볕을 가려주는 역할을 한다.
  ⓒ 하층갑판은 여객, 화물, 갑판기계 등의 적재 장소 및 선내 작업 공간을 제공해준다.

8) 선저(船底)

배 밑의 수압과 화물창 내의 화물무게에 의한 굽힘을 견딜 수 있고, 배 전체의 종강도 및 횡강도에 기여하는 구조

* 선저의 구조
  ⓐ 단저구조 : 선저가 외판 한 겹으로만 이루어진 선박 구조를 말한다. 소형선에 사용된다.
  ⓑ 이중저구조 : 이중저 구조는 선저 외판의 내측에 만곡부에서 만곡부까지 수밀 구조의 내저판(inner bottom plating)을 설치하여 선저를 이중으로 하고, 선저 외판과 내저판 사이에 공간을 만든 구조로서, 단저 구조 위

에 내저판을 둔 구조이다.

* **이중저구조의 효율성**
    ⓐ 선박이 좌초 또는 그 밖의 사고로 인하여 선저가 파손되어도 수밀 구조의 내저판에 의하여 선내에 해수의 침입을 막을 수 있다.
    ⓑ 선저가 이중 구조이므로 견고하여 선박의 종강도 뿐만 아니라 횡강도, 국부 강도도 증가한다.
    ⓒ 이중저의 내부를 구획으로 나누어 탱크로 이용하면 공간의 활용도가 높아진다. 즉 내부를 밸러스트 탱크, 연료유 탱크, 급수 탱크, 윤활유 탱크 등으로 사용할 수 있다.
    ⓓ 공선 항해 시에는 밸러스트 탱크에 해수를 넣어 흘수 및 트림을 조절하고 선체 중심을 낮춰 복원성을 증가시킬 수 있다.

❷ 어선의 크기

(1) 선박의 주요 치수

1) 선박의 길이
"선박의 길이"라 함은 최소 형깊이의 85퍼센트의 위치에서 계획만재흘수선에 평행한 흘수선 전장의 96퍼센트와 그 흘수선상의 선수재 전면으로부터 타두재 중심선까지의 거리 중 큰 것을 말한다.

* **형깊이** : 용골의 상면으로부터 선측의 상갑판의 하면(둥근 건넬이 있는 선박에 있어서는 건넬이 각형으로 되도록 상갑판 및 선측외판의 모울드라인을 각각 연장하여 얻어지는 교점을 말한다.)까지의 수직거리

* **흘수** : 흘수란 선박이 물에 잠기는 부분의 깊이

① 전장

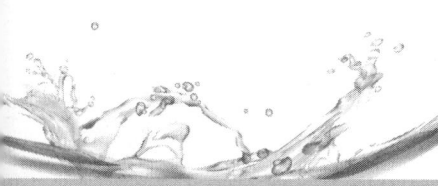

선박에 고정된 돌출물을 포함하여 가장 앞쪽 끝에서부터 뒤쪽 끝까지의 수거리를 말한다. 이것은 선박이 항만에 접안하거나 입거 시에 주로 사용된다.

해상충돌규칙에서의 길이는 전장을 의미한다,

② 수선간장

선수 수선(Fore Perpendicular; FP)과 선미 수선(After Perpendicular; AP) 간의 수평거리를 말한다. 계획만재홀 수선상에서 선수재의 전면으로부터 키가 있는 선박에 있어서는 타두재의 중심선(타주가 있는 선박은 그 후면)까지의 거리를 말하고, 키가 없는 선박은 선미외판 후면까지의 거리를 말한다.

이것은 선박과 관련된 설계와 각종 계산에 많이 사용된다. 일반적으로 배의 길이는 이 수선간장을 의미한다.

> * **수선** : 계획 만재 흘수선 상의 물에 잠긴 선체의 선수재 전면으로부터 선미 후단까지의 수평선. 이 선은 수선장과 수선간장의 기준선이 된다.

③ 등록장

상갑판 beam상의 선수재 전면으로부터 선미재(rudder post) 후면까지의 수평거리. 통상 수선간장보다 약간 길며, 선박원부에 등록되는 길이의 기준이 된다. 선박국적증서에 기입되는 것이 특징이다.

④ 수선장

선체가 물에 잠겨 있는 상태에서 수선(水線)의 수평거리. 통상 전장보다 약간 짧다. 화물을 적재하거나 하역하면 조금씩 변동하는 것이 특징이며, 선체의 운동을 관찰하기 위한 도구로 사용된다. 선체의 운동을 의미할 때 이용되는 길이이다.

2) 선박의 너비

"선박의 너비"라 함은 금속재외판이 있는 선박에서는 선박의 길이의 중앙에서 늑골 외면간의 최대너비를 말하고, 금속재 외판 외의 외판이 있는 선박에 있어서는 선박의 길이의 중앙에서 선체외면간의 최대너비를 말한다.

① 전폭 : 선체의 가장 넓은 부분에서 선체 한쪽 외판의 가

장 바깥쪽 면으로부터 반대쪽 외판의 가장 바깥쪽까지의 수평거리
② 형폭 : 선체의 가장 넓은 부분에서 선체 한쪽 외판의 내면으로부터 반대쪽 외판의 내면까지의 수평거리

3) 형깊이

형깊이란 선체의 중앙에 있어서 용골상면(기선, Base Line)에서부터 상갑판보의 현측 상면까지의 수직 거리를 말한다.

(2) 흘수 · 건현 및 트림

1) 흘수

어떤 선박이 물에 떠있을 때 선박 정중앙부의 수면이 닿은 위치에서 선박의 가장 밑바닥부분까지의 수직거리를 나타내는 것이다. 흘수 측정방법에 따라 용골흘수·형흘수 등으로 구분한다. 흘수란 곧 선박의 부력을 의미한다.

① 용골흘수(龍骨吃水, keel draft)

용골의 하면에서부터 수면까지의 수직거리로 나타내는 흘수. 가장 대표적인 흘수로서, 조선하는 경우나 선적량을 산출하는 경우에 사용된다. 선수(船首)와 선미(船尾)의 양면 외부에 피트(feet) 또는 미터(meter) 단위로 선수흘수(forward) 및 선미흘수(after draft)가 표시되며, 이 두 흘수의 평균을 평균흘수(mean draft)라고 한다.

② 형흘수(型吃水, moulded draft)

선체의 중앙에서 용골(龍骨, keel)의 상면을 통하는 수평선인 기선(基線, base line)부터 만재흘수선까지의 수직거리로 나타내는 흘수. 만재흘수 표시에 사용된다.

가. 계획만재흘수(Td; Design Draft) : 최적의 운항 조건을 갖도록 선정된 흘수로 대부분의 건조선 성능 보증은 계획만재흘수를 기준으로 평가된다.

나. 최대만재흘수(Ts; Scantling Draft) : 선체구조 및 안전상 화물적재가 허용되는 흘수로서, 최대만재흘수(Ts)는 계획만재흘수(Td)와 같은 경우도 있다.

다. 저화흘수(Ballast Draft-Tb) : 화물을 적재하지 않

2회 기출문제

다음 문장에서 ( )에 들어갈 단어를 순서대로 나열한 것은?

| 선체가 물에 떠 있을 때, 물속에 잠긴 선체의 깊이를 ( ), 물에 잠기지 않은 선체 부분의 높이를 ( ) (이)라 한다. |

① 흘수 - 건현 ② 건현 - 트림
③ 트림 - 용골 ④ 흘수 - 용골

▶ ①

고 해수로 Ballasting하여 운항하기 위한 흘수로 회항시 적용됨

* 밸러스트(ballast)
선박에 화물을 적재하지 않은 채 공선(空船)으로 운항하는 경우 안정성이 낮아지고 프로펠러가 수면에 노출되는 등 안전항해에 큰 지장을 초래할 우려가 있다. 밸러스트는 이를 방지하기 위해 선박이 일정한 흘수(吃水)를 유지할 수 있도록 하며, 선내에 화물이 불균형하게 적재된 경우 균형을 맞춰 복원성(復原性)을 잃지 않도록 한다. 일반적으로 바닷물(海水)을 밸러스트 탱크(ballast tank)에 채우는 water ballast를 사용하나 충분하지 않을 경우에는 모래 등을 적재하는 solid ballast가 사용된다. 밸러스트는 선박의 바닥에 싣는 짐의 뜻으로 저화(底貨)라고도 한다.

2) 건현

건현은 선체 중앙부 상갑판의 선측 상면에서 만재흘수선까지의 수직거리를 말한다. 선박이 완성되면 선박 만재 흘수선 규정에 의하여 선형, 구조 등에 따라 건현과 만재 흘수선이 결정된다.
건현이 클수록 선박의 예비부력이 크다는 것이므로, 결국 선박의 안전성이 높다는 것을 의미한다. 건현의 지정은 만재흘수선을 지정하는 것과 같은 의미이므로, 적재에 의해 배가 잠기는 깊이를 법적으로 제한한다는 뜻이 된다.
만재흘수선 규정은 충분한 복원성을 확보토록 고려되어 있다는 가정아래, 그 배에 필요한 최소 건현을 지정하여 거친 바다 위에서의 내항성을 확보하기에 충분한 예비 부력을 보유하도록 하는데 그 목적이 있다.

3) 트림

선박의 길이방향으로 일정 각도로 기울어진 것을 트림이라 한다. 트림은 선미 흘수와 선수 흘수의 차이로 표시한다. 선미 흘수가 선수 흘수보다 클 때를 선미 트림, 선수 흘수가 선미 흘수보다 클 때를 선수 트림이라고 함.

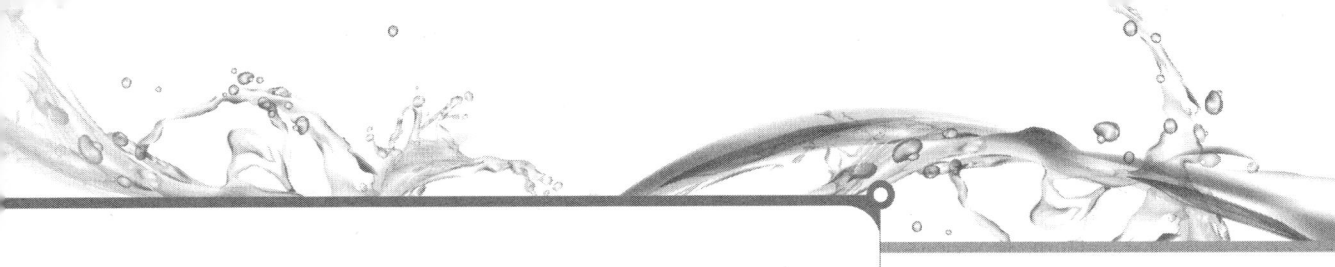

* 등흘수 (even keel, 等吃水) : 선수 흘수와 선미 흘수의 크기가 같은 경우를 등흘수(even keel) 상태라고 한다.

(3) 선박의 톤수(Tonnage Definition)

배의 크기를 나타내는 톤수에는 용적으로 표시되는 총톤수(GT), 순톤수(NT), 운하톤수(Canal Tonnage)와 중량으로 표시되는 배수량(Displacement), 재화중량(DWT) 등의 종류가 있다. 군함에는 배수량만을 쓰고, 화물선에는 총톤수와 재화중량을 유조선에는 재화중량을 주로 쓴다.

화물의 양과 관련하여 선박에 관련된 세금(항만세, 선대 사용료)이나 공과금 산정하는데 사용하며, 선박에 따른 의무사항을 부여할 때 기준으로 사용된다.

> **1회 기출문제**
>
> 우리나라에서 어선의 크기를 표시하는 단위로 옳은 것은?
>
> ① 마력
> ② 해리
> ③ 톤
> ④ 마일
>
> ▶ ③

① 총톤수(GT, Gross Tonnage)

선박의 상갑판 하부 및 상부의 폐위된 모든 공간의 체적을 나타낸 용적 톤수로 상갑판 상부에 있는 추진, 항해, 안전, 위생에 관계되는 공간을 차감한 전체용적이다.(1GT = 100 ft3, or 2.83m3)

   가. 총톤수는 4,000톤 미만의 국적선에 대하여 우리나라의 각종 해사관계법령의 적용기준으로 널리 이용하기 위하여 규정한 톤수로, 우리나라 선박의 크기를 나타내는 지표 및 각종 세금과 수수료의 기준이 된다.

   나. 총톤수는 선박 크기를 나타내는 지표로서 선박의 통계에도 사용되고 있다.

   다. 국내 총톤수(GT)의 산출방법은 국제총톤수(t)에 다음 산식에 의하여 산정한 계수(K2) 곱하여 구한다.

② 순톤수(N.T, Net Tonnage)

총톤수에서 기관실, 선실, ballast tank 등 선박의 운항에 필요한 공간의 용적을 차감한 톤수로서 주로 화물을 적재할 수 있는 공간의 용적을 나타냄.

순톤수는 직접 상행위를 하는 용적이므로 선박국적증서에 기재되어 주로 과세의 기준이 된다. 즉 톤세, 등대세, 위생세,

검역 수수료, 계선안벽 사용료, 운하 통과료(파나마 운하와 수에즈 운하는 각각 운하 통과세를 부과하는 톤수기준을 별도로 가지고 있다)등의 기준이 된다.

 가. 선박의 크기를 부피로 나타내는 용적톤수의 하나로서, 선박 내부의 용적전체에서 기관실·갑판부 등을 제외하고 선박의 직접 상행위에 사용되는 장소의 용적을 환산하여 표시한 톤수를 말한다. 주로 과세의 기준이 된다.

 나. 선박법에서는 화물적재 장소의 합계용적(m3) 수치에서 제외 장소의 합계용적(m3) 수치를 공제하고, 여기에 상갑판 및 기준흘수선을 기준으로 국토해양부령으로 정한 계수를 곱하여 얻은 수치에 여객정원수 및 국제총톤수를 기준으로 국토해양부령이 정한 것에 따라 산정한 수치를 합산하여 산정한다.

 다. 등부톤수라고도 하며 NT로 표기한다. 총 톤수와 같이 100입방피트=1톤으로 계산하며 총 톤수의 약 65% 정도에 해당한다.

 라. 총적량에서 제외되는 부분은 선원 상용실 및 해도실, 발라스트 탱크(청수용의 선수미 탱크를 포함), 코퍼댐(cofferdam), 기관실, 조타기구, 계선기구, 양묘기구, 주펌프에 연결한 부보일러, 부기관을 위한 구역, 갑판장창고 등이다.

③ 배수톤수(DISPLACEMENT)

수선하부의 선박의 체적에 해당하는 물의 무게(부력)와 같은 톤수로서 DWT에 선박 자체의 무게인 LIGHT WEIGHT를 합한 것과 같음.

선박의 크기를 무게로 나타내는 중량톤수의 하나로서, 선체가 밀어내는 배수량(displacement capacity)으로 표시하는 톤수를 말한다. 주로 군함을 크기를 나타낼 때 많이 사용된다. 배수톤수는 화물의 적재상태에 따라 달라지므로 상선의 크기를 나타내는데 이용되지는 않으며 다만 화물의 적재량을 산정하는데 이용되는 것이 특징이다.

 가. 배수량 : 선박이 물 위에 떠있을 때에는 그 선박이 배제한 물의 무게만큼의 부력을 받는다. 즉, 선박이 일정

한 상태를 유지하면서 떠 있다는 것은 중력과 부력의 크기가 같고 그 중심이 동일한 연직선상에 있다는 것을 의미한다. 따라서 선박은 수면하 부분이 배제한 물의 용적과 그 물의 밀도를 곱한 것과 같은 무게를 가진다.

나. 만재배수톤수 : 표준밀도의 해수 중 선박의 만재상태(滿載狀態, full load condition), 즉 하기만재흘수선까지 잠긴 상태에서의 배수톤수를 그 선박의 만재배수톤수라고 한다.

다. 경하배수톤수 : 선박 자체의 중량을 의미하는 것으로, 이를 경하상태(輕荷狀態, light condition)에서의 흘수에 대한 배수톤수, 즉 경하배수톤수라고 말한다. 일반적으로 선박이 건조된 직후에 보일러나 그 부속 파이프 등에만 청수가 들어 있고, 그 밖의 것은 전혀 실리지 않은 상태의 배수량을 말한다. 이는 만재배수량의 30~40%정도이다. 만재배수톤수(full load displacement)에서 경하배수톤수를 빼면 재화중량톤수가 된다.

라. 재화중량톤수 : 선박의 하기만재흘수선까지 적재할 수 있는 화물의 중량으로 나타낸 톤수이다. 적재중량톤수라고도 한다. 비중 1.025의 수면에서 선박이 화물을 기준흘수선에 달할 때까지 적재한 때의 배수량인 만재배수량(滿載排水量)과 화물을 적재하지 아니한 배수량인 경하배수량(輕荷排水量)의 차이를 계산하여 톤수를 산정한다. 선박항행의 안전을 확보할 수 있는 최대 적재량을 표시하는 지표역할을 하는 것이 특징이다.

재화중량톤수는 연료, 식량, 용수, 음료, 창고품, 승선인원 및 그 소지품 등이 포함되어 있으므로, 실제 수송할 수 있는 화물 톤수는 재화중량에서 이들의 중량을 차감하여야 한다. 해운업에서는 이 톤수로 화물선의 크기로 평가하기도 하며 선박의 매매, 용선료 산정의 기준 등 해운경영의 중요한 지표로 삼고 있다.

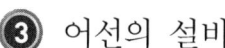

③ 어선의 설비

어선은 해양수산부장관이 정하여 고시하는 기준에 따라 다음 각 호에 따른 설비의 전부 또는 일부를 갖추어야 한다.

1. 선체
2. 기관
3. 배수설비
4. 돛대
5. 조타·계선·양묘설비
6. 전기설비
7. 어로·하역설비
8. 구명·소방설비
9. 거주·위생설비
10. 냉동·냉장 및 수산물처리가공설비
11. 항해설비
12. 그 밖에 해양수산부령으로 정하는 설비

(1) 통신설비

① GMDSS(전세계해상조난안전시스템)

이 시스템은 해상에서의 인명안전을 위하여 최신의 디지털 통신기술, 위성통신 기술을 이용해 전 세계의 어느 해역에서 선박이 조난당해도 그 선박으로부터 육상의 구조기관이나 부근을 항해하는 선박에게 신속, 정확한 원조 요청이 가능하며, 육상으로부터 항해안전에 관한 정보 등을 적절히 수신할 수 있다.

② MF(중파 무지향성 표지)

송신국은 자국이 식별할 수 있는 무지향성의 중파의 전파를 발사하고, 선박은 자선(自船)에 장비한 무선 방향 탐지기로 송신국의 방위를 측정한다.

③ SSAS(Ship Safety Alart System)

선박이 위협에 봉착하였을 때(해적 등으로부터) 육상의 기관에 경보를 발송하는 장치

(2) 항해설비

① 레이더(radio detection and ranging)

배 길이 35m 이상에는 의무적으로 레이더를 설치하여야 한다. 레이더는 물표의 거리와 방위를 구할 수 있어 선박의 위치를 정하거나 충돌예방에도 많은 기여를 하고 있다.

② NAVTEX 국제해양정보서비스 수신기

SAR(수색 및 구조)정보, 항행경보, 기상경보와 긴급정보를 선박에 제공하는 국제적 자동화 직접 인쇄 서비스

③ AIS(선박자동식별장치, Automatic Identification System)

일정 범위의 설비를 장착한 선박의 선명·침로·선속·위치 등의 항행정보를 자동으로 표시해주는 장비.

* 인마셋트 : 위성 시스템을 이용하여 선박의 위치, 속도, 방향 등을 육상에서 감시하는 시스템

④ 전자해도장치

선박에서 사용하는 종이해도 대신 컴퓨터로 해도정보와 주변 정보를 표시하는 장치

⑤ 자이로 콤파스

배의 길이 45m 이상의 어선에는 자이로컴파스를 설치하여야 한다. 배의 길이 75m 이상의 어선에는 전방위를 확인할 수 있는 장소에 자이로 콤파스 리피터를 설치하여야 한다.

⑥ 기타 측심기, 풍속계, 선속계 등

(3) 어로설비

① 피쉬 파인더(Fish Finder, 어군탐지기)

초음파의 지향성을 이용하여 어군의 분포층, 분포 농도, 해저의 상황 등을 탐지하는 장비.

② 어망감시장치

어망의 위치정보와 어망감시정보를 수신받아 데이터베이스화 하는 장치

③ 기타 수온측정장치, 조류계 등

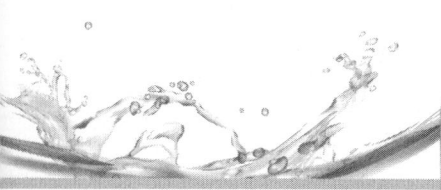

03 어선의 조종과 해상교통

❶ 선박의 키, 타력, 복원력, 스크류 프로펠러

(1) 키의 기능

일반적으로 평평하고 매끄러운 나무나 금속으로 만들며, 그 앞쪽 가장자리에서 선미재(船尾材)에 돌쩌귀로 연결된다. 키는 양쪽 면의 수압 차이에 의해 작동된다. 키를 한쪽으로 틀면, 한쪽 면이 다른쪽 면보다 수압을 많이 받게 되어 키가 틀어진 방향과 반대로 선미에 힘이 작용하여 진행 방향이 바뀌게 된다.

(2) 키의 조종성 확보

① 추종성
조타에 대한 선체회두의 추종이 빠른 지, 늦은 지를 나타내는 것

② 침로안정성
선박이 정해진 침로에 따라 직진하는 성질로서 방향안정성 또는 보침성이라 한다.

③ 선회성
일정한 타각을 주었을 때 선박이 어떤 각속도로 움직이는 지를 나타내는 것

(3) 타력

1) 타력의 의의
항해 중인 함선이 증속 또는 감속할 때 원래의 운동을 계속하려는 힘 또는 성질

2) 타력의 종류
① 발동타력
선박이 정지 상태에서 일정한 기관 조종 명령을 하여 거기에 해당하는 속력에 도달 할 때까지의 타력.
② 반전타력

선박이 전진 항주 중(속력과 무관) 기관을 전속으로 반전(Full Astern)하였을 경우 기관이 발동하여 선체가 수면에 정지할 때까지의 타력

③ 회두타력
전타 선회 중에 키를 중앙으로 한 때부터 선체의 회두운동이 멈출 때까지의 거리

* 전타(轉舵) : 선박의 방향키 각도를 바꿈

④ 최단정지거리
선박이 전진 중에 후진 전속을 걸어서 선체가 정지상태가 될 때까지의 진출한 거리로서 반전타력을 나타내는 척도이다. 국제해사기구의 규정상 최단정지거리는 선체길이의 15배가 넘지 않도록 규정하고 있다.

(4) 선박의 복원력

선박이 외부의 힘에 의하여 어떤 방향으로 기울어지려고 할 때, 그 외부의 힘에 대항하여 기울어지지 않으려고 하거나 기울어지게 한 원인을 제거했을 경우에 원래의 위치 상태로 되돌아가려는 힘(moment : 우력)을 말한다.

복원력이 부족하면 선박이 전복될 위험이 있고, 복원력이 과대하면 선박의 동요가 너무 빠르게 일어나 적재 중량물이 이동할 위험이 있고, 선체나 기관 등에 손상을 입을 수도 있다.
일반적으로 선박의 복원성을 평가하는 지표로 GM이 사용되는데 GM이 클수록 복원성이 좋다고 말할 수 있으나, 횡동요 주기도 커지므로 적당한 GM의 크기가 요구된다.

선박이 수면 위에 직립하고 있을 때 수직 아래쪽으로 작용하는 선박의 중력과 수직의 위쪽으로 작용하는 부력은 크기가 같고, 무게중심(중력의 작용점)과 부심(浮心 : 부력의 작용점)은 통일수직선 위에 위치하여 평형을 유지한다.

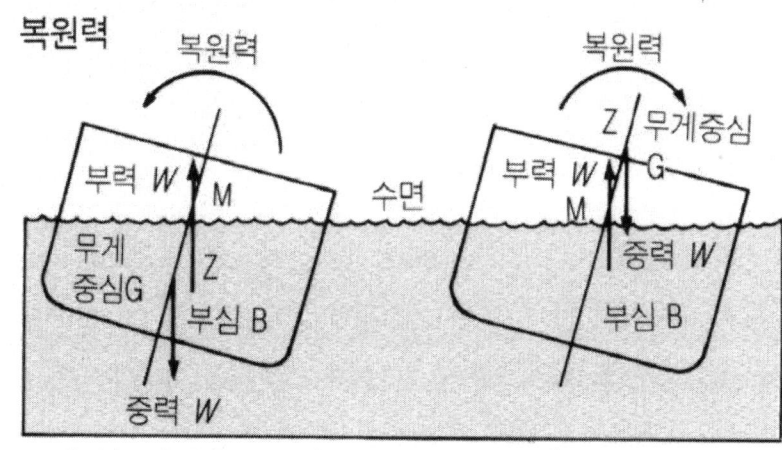

[그림 1] 양의 복원력　　　[그림 2] 음의 복원력

(5) 스크류 프로펠러

① 스크류 프로펠러가 수중에서 회잔하면 앞쪽에서 스크류에 끌려 들어오는 흡입류와 뒤쪽으로 나가는 배출류가 있다.
② 흡입류와 배출류는 선체와 키에 작용하여 선속의 감소, 선체 회두, 회경사, 킥현상 등 각종 선체 운동을 일으킨다.
③ 배출류에 의한 선체의 회두는 강하게 나타나고, 횡압력은 스크류 프로펠러의 시동 시에 강하게 나타나 선체회두에 영향을 끼친다.
④ 스크류 프로펠러의 작용에 의해 선체가 전진하는 빠르기를 '선속'이라 하며, '선속'을 나타내는 단위는 '노트(knot)'이다

* 노트(knot) : 노트의 기호는 kt 또는 kn이다. 1시간에 1해리(1,852 m)의 속력이 1kn이다. 16세기경부터 항해용 단위로 쓰였으며, 그 명칭은 당시 선미(船尾)에 삼각형의 널조각을 끈에 매달아 흘려보내면서 그 끈에 28 ft(약 8.5 m)마다 매듭(knot)을 짓고, 28초 동안 풀려나간 끈의 매듭을 세어 배의 속력을 재었던 데서 유래한다.
1노트란, 선박이 1시간에 1해리 혹은 마일(nautical mile), 즉 1852m를 진행하는 속력이다. 선박의 속력을 km/h단위가 아닌 노트 단위로 나타내는 것은 지구 위도 45°에서의 1'에 해당하는 해면상의 거리가 1해리이므로 해도 사용이

편리하기 때문이다.

❷ 선박의 정박

(1) 묘박법

① 단묘박

선박에 장착되어 있는 양현 앵커 중에서 어느 하나를 선택하여 놓는 묘박법을 말하다. 묘박 후에 선박의 회전 반경이 넓으므로 비교적 넓은 수역에서 행해진다. 투묘 조작과 취급이 간단하고 응급조치를 취하기 쉬운 장점이 있다.

② 쌍묘박

선박에 장착되어 있는 좌·우 양현의 앵커를 모두 놓는 묘박법 중에서 양현 앵커의 사이각이 120°이상이 되게 놓는 방법을 말한다. 좁은 수역에서 선체의 회전반경을 줄일 수 있는 장점이 있는 반면에 투묘 조작이 복잡하고 장기간 묘박 시에 foul cable(엉킴 현상)이 되기 쉽고 황천 등에 대한 응급조치를 취하는데 어려움이 있다.

③ 이묘박

선박에 장착되어 있는 양현의 두 앵커의 사이각이 120°이내가 되도록 한 묘박법이다. 황천이나 조류가 강한 지역에서는 강한 파주력을 얻는데 이용한다. 이묘박에는 두 anchor의 각을 50~60°로 하여 선체 swinging도 줄이고 상하운동의 완충효과를 크게 하는 방법과 한쪽 anchor를 1~2shackle로 짧게 내어 선체 swinging을 bridle 시켜 주는 방법이 있다. 앵커의 엉킴현상(foul cable)이 일어날 수 있기 때문에 장기간 묘박시 주기적으로 양묘하고 다시 투묘해 주어야 한다.

(2) 투묘법

선박이 일정한 수역에 머물기 위하여 선박에 장착된 앵커를 해저 바닥에 놓는 방법을 말한다.

① 전진투묘법

　선박이 전진타력을 가진 상태에서 투묘하는 방법으로, 정해진 위치에 정박하기 수월하고 짧은 시간 안에 작업을 마칠 수 있는 장점이 있으나 묘쇄 및 선체에 무리가 가고 전방에 상당한 여유수역이 필요하다는 단점이 있다.

② 후진투묘법

　단묘박에서 가장 보편적으로 행하는 방법으로 후진기관 사용으로 배수류가 선체길이의 2/3정도에 왔을 때 기관을 정지하고 투묘하면 4~5 shackle 신출되고 정지된다. 이 투묘법은 선체 및 묘쇄에 무리가 가지 않고 투묘 직후에 닻이 해저에 잘 박힌다는 장점이 있으나 강한 풍조를 옆에서 받으면 정확한 투묘가 어렵다는 단점이 있다. 상선이나 어선 등에서 single anchoring시 통상적으로 항해하는 방법이다.

③ 심해투묘법

　선박의 크기에 따라서 차이가 있지만 일반적으로 수심이 30m이상의 수역에서는 가속도에 의한 손상을 막기 위해 반드시 앵커 및 앵커 체인케이블의 적당한 길이를 워크백(walk back)하여 투묘하도록 한다. 심해 투묘법은 정지 투묘법에 해당한다.

(3) 안벽 계류

① 안벽

　선박이 안전하게 접안하여 화물 및 여객을 처리할 수 있도록 벽면을 가진 선박계류시설을 말한다. 특히 전면 수심(水深)이 4.5m 이상인 접안시설로서, 1천 톤 이상의 선박이 접안하는 부두시설을 말하며, 전면의 수심이 4.5m 이내인 물양장과 구별하는 것이 일반적이다. 구조 형식에 따라 인력식·잔교식·선반식·말뚝식 및 부잔교 등이 있다. 이 같은 안벽에는 선박이 접안할 때 충격을 덜어주기 위한 나무나 고무로 된 방현재(fender), 계선줄을 걸 수 있도록 볼라드(bollard) 등을 설치한다.

② 물양장

　선박이 안전하게 접안하여 화물 및 여객을 처리할 수 있도록 부두의 바다 방향에 수직으로 쌓은 전면 수심 4.5m 이내인 벽. 일반적으로, 1천 톤 미만의 소형선박이 접안하는 간이 부두시설로서, 전면의 수심이 4.5m 이상인 안벽(岸壁)과 구별되며, 주로 어선·부선 등의 접안에 사용되는 것이 특징이다.

③ 안벽 계류

어선을 부두나 안벽과 같은 구조물에 계선줄로 붙들어 매어 정박시키는 방법.

이러한 계류설비로는 Mooring rope, Winch, Deck chock, Bollard, Bitt, Mooring hole, Capstan등이 있다.

③ 해상교통

(1) 해상교통

육지의 경우 도로교통법이 있는 것처럼 바다에도 배가 다니는 길이 있고 신호등이 있으며 지켜야 하는 법이 있다. 해상교통안전법(1988. 1. 1), 개항질서법(1995. 1. 5), 국제해상충돌예방규칙들이 그러하다. 이러한 법률에는 배들이 운항하면서 지켜야 하는 각종 통행방법이 자세히 규정되어 있다. 즉 배끼리 충돌을 피하는 방법, 야간에 운항하는 방법, 안개가 낀 바다를 운항하는 방법, 앞의 배를 추월하는 방법 등이다.

(2) 국제해상충돌예방규칙
(COLREG, Convention on the International Regulations for Preventing Collisions at Sea)

해상에서 일어날 수 있는 선박 간, 구조물의 충돌을 예방하기 위한 규정으로서 1972년에 1960년 SOLAS와 함께 채택되었던 Collision Regulations를 갱신하여 대체하기 위해 만들어졌다. 1972년 협약의 가장 중요한 혁신적인 내용은 통항분리수역(Traffic Separation Schemes)이며, Rule 10에서 통항분리수역 내 및 부근에서의 안전속도, 충돌위험과 운항요령 등이 규정 되었다. 통항 분리수역은 1967년 도버해협에서 처음 제정되었고, 처음에는 자발적인 참여형

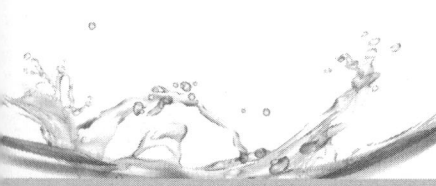

태로 운영되었으나, 1971년 IMO에서 모든 통항분리수역을 필수적으로 준수토록 할 것을 결의하였으며, COLREG에서 이러한 의무를 명확히 하였다.

(3) 해사안전법상 주요 규칙

1) 모든 시계상태에서의 항법
① 충돌 위험
가. 선박은 다른 선박과 충돌할 위험이 있는지를 판단하기 위하여 당시의 상황에 알맞은 모든 수단을 활용하여야 한다.
나. 레이더를 설치한 선박은 다른 선박과 충돌할 위험성 유무를 미리 파악하기 위하여 레이더를 이용하여 장거리 주사(走査), 탐지된 물체에 대한 작도(作圖), 그 밖의 체계적인 관측을 하여야 한다.
다. 선박은 불충분한 레이더 정보나 그 밖의 불충분한 정보에 의존하여 다른 선박과의 충돌 위험 여부를 판단하여서는 아니 된다.
라. 선박은 접근하여 오는 다른 선박의 나침방위에 뚜렷한 변화가 일어나지 아니하면 충돌할 위험성이 있다고 보고 필요한 조치를 하여야 한다. 접근하여 오는 다른 선박의 나침방위에 뚜렷한 변화가 있더라도 거대선 또는 예인작업에 종사하고 있는 선박에 접근하거나, 가까이 있는 다른 선박에 접근하는 경우에는 충돌을 방지하기 위하여 필요한 조치를 하여야 한다.
② 충돌을 피하기 위한 동작
가. 선박은 다른 선박과 충돌을 피하기 위한 동작을 취하되, 이 법에서 정하는 바가 없는 경우에는 될 수 있으면 충분한 시간적 여유를 두고 적극적으로 조치하여 선박을 적절하게 운용하는 관행에 따라야 한다.
나. 선박은 다른 선박과 충돌을 피하기 위하여 침로(針路)나 속력을 변경할 때에는 될 수 있으면 다른 선박이 그 변경을 쉽게 알아볼 수 있도록 충분히 크게 변경하여야 하며, 침로나 속력을 소폭으로 연속적으로 변경

하여서는 아니 된다.
다. 선박은 넓은 수역에서 충돌을 피하기 위하여 침로를 변경하는 경우에는 적절한 시기에 큰 각도로 침로를 변경하여야 하며, 그에 따라 다른 선박에 접근하지 아니하도록 하여야 한다.
라. 선박은 다른 선박과의 충돌을 피하기 위하여 동작을 취할 때에는 다른 선박과의 사이에 안전한 거리를 두고 통과할 수 있도록 그 동작을 취하여야 한다. 이 경우 그 동작의 효과를 다른 선박이 완전히 통과할 때까지 주의 깊게 확인하여야 한다.
마. 선박은 다른 선박과의 충돌을 피하거나 상황을 판단하기 위한 시간적 여유를 얻기 위하여 필요하면 속력을 줄이거나 기관의 작동을 정지하거나 후진하여 선박의 진행을 완전히 멈추어야 한다.

2) 선박이 서로 시계 안에 있는 때의 항법
① 추월
가. 추월선은 제1절과 이 절의 다른 규정에도 불구하고 추월당하고 있는 선박을 완전히 추월하거나 그 선박에서 충분히 멀어질 때까지 그 선박의 진로를 피하여야 한다.
나. 다른 선박의 양쪽 현의 정횡(正橫)으로부터 22.5도를 넘는 뒤쪽(밤에는 다른 선박의 선미등(船尾燈)만을 볼 수 있고 어느 쪽의 현등(舷燈)도 볼 수 없는 위치를 말한다)에서 그 선박을 앞지르는 선박은 추월선으로 보고 필요한 조치를 취하여야 한다.
다. 선박은 스스로 다른 선박을 추월하고 있는지 분명하지 아니한 경우에는 추월선으로 보고 필요한 조치를 취하여야 한다.
라. 추월하는 경우 2척의 선박 사이의 방위가 어떻게 변경되더라도 추월하는 선박은 추월이 완전히 끝날 때까지 추월당하는 선박의 진로를 피하여야 한다.
② 마주치는 상태
가. 2척의 동력선이 마주치거나 거의 마주치게 되어 충돌의 위험이 있을 때에는 각 동력선은 서로 다른 선박의

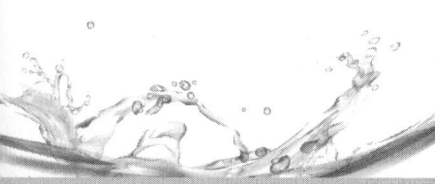

좌현 쪽을 지나갈 수 있도록 침로를 우현(右舷) 쪽으로 변경하여야 한다.
나. 마주치는 상태로 보는 경우
㉠ 밤에는 2개의 마스트 등을 일직선으로 또는 거의 일직선으로 볼 수 있거나 양쪽의 현등을 볼 수 있는 경우
㉡ 낮에는 2척의 선박의 마스트가 선수에서 선미(船尾)까지 일직선이 되거나 거의 일직선이 되는 경우
③ 횡단하는 상태
2척의 동력선이 상대의 진로를 횡단하는 경우로서 충돌의 위험이 있을 때에는 다른 선박을 우현 쪽에 두고 있는 선박이 그 다른 선박의 진로를 피하여야 한다.
이 경우 다른 선박의 진로를 피하여야 하는 선박은 부득이한 경우 외에는 그 다른 선박의 선수 방향을 횡단하여서는 아니 된다.

3) 제한된 시계에서 선박의 항법
① 모든 선박은 시계가 제한된 그 당시의 사정과 조건에 적합한 안전한 속력으로 항행하여야 하며, 동력선은 제한된 시계 안에 있는 경우 기관을 즉시 조작할 수 있도록 준비하고 있어야 한다.
② 선박은 제1절에 따라 조치를 취할 때에는 시계가 제한되어 있는 당시의 상황에 충분히 유의하여 항행하여야 한다.
③ 레이더만으로 다른 선박이 있는 것을 탐지한 선박은 해당 선박과 얼마나 가까이 있는지 또는 충돌할 위험이 있는지를 판단하여야 한다. 이 경우 해당 선박과 매우 가까이 있거나 그 선박과 충돌할 위험이 있다고 판단한 경우에는 충분한 시간적 여유를 두고 피항동작을 취하여야 한다.
④ 피항동작이 침로를 변경하는 것만으로 이루어질 경우에는 될 수 있으면 다음 각 호의 동작은 피하여야 한다.
가. 다른 선박이 자기 선박의 양쪽 현의 정횡 앞쪽에 있는 경우 좌현 쪽으로 침로를 변경하는 행위(추월당하고 있는 선박에 대한 경우는 제외한다)
나. 자기 선박의 양쪽 현의 정횡 또는 그곳으로부터 뒤쪽에 있는 선박의 방향으로 침로를 변경하는 행위

⑤ 충돌할 위험성이 없다고 판단한 경우 외에는 다음 각 호의 어느 하나에 해당하는 경우 모든 선박은 자기 배의 침로를 유지하는 데에 필요한 최소한으로 속력을 줄여야 한다. 이 경우 필요하다고 인정되면 자기 선박의 진행을 완전히 멈추어야 하며, 어떠한 경우에도 충돌할 위험성이 사라질 때까지 주의하여 항행하여야 한다.
　가. 자기 선박의 양쪽 현의 정횡 앞쪽에 있는 다른 선박에서 무중신호(霧中信號)를 듣는 경우
　나. 자기 선박의 양쪽 현의 정횡으로부터 앞쪽에 있는 다른 선박과 매우 근접한 것을 피할 수 없는 경우

4) 등화의 종류
① 마스트등 : 선수와 선미의 중심선상에 설치되어 225도에 걸치는 수평의 호(弧)를 비추되, 그 불빛이 정선수 방향으로부터 양쪽 현의 정횡으로부터 뒤쪽 22.5도까지 비출 수 있는 흰색 등(燈)
② 현등(舷燈) : 정선수 방향에서 양쪽 현으로 각각 112.5도에 걸치는 수평의 호를 비추는 등화로서 그 불빛이 정선수 방향에서 좌현 정횡으로부터 뒤쪽 22.5도까지 비출 수 있도록 좌현에 설치된 붉은색 등과 그 불빛이 정선수 방향에서 우현 정횡으로부터 뒤쪽 22.5도까지 비출 수 있도록 우현에 설치된 녹색 등
③ 선미등 : 135도에 걸치는 수평의 호를 비추는 흰색 등으로서 그 불빛이 정선미 방향으로부터 양쪽 현의 67.5도까지 비출 수 있도록 선미 부분 가까이에 설치된 등
④ 예선등(曳船燈) : 선미등과 같은 특성을 가진 황색 등
⑤ 전주등(全周燈) : 360도에 걸치는 수평의 호를 비추는 등화. 다만, 섬광등(閃光燈)은 제외한다.
⑥ 섬광등 : 360도에 걸치는 수평의 호를 비추는 등화로서 일정한 간격으로 1분에 120회 이상 섬광을 발하는 등
⑦ 양색등(兩色燈) : 선수와 선미의 중심선상에 설치된 붉은색과 녹색의 두 부분으로 된 등화로서 그 붉은색과 녹색 부분이 각각 현등의 붉은색 등 및 녹색 등과 같은 특성을 가진 등

⑧ 삼색등(三色燈) : 선수와 선미의 중심선상에 설치된 붉은색·녹색·흰색으로 구성된 등으로서 그 붉은색·녹색·흰색의 부분이 각각 현등의 붉은색 등과 녹색 등 및 선미등과 같은 특성을 가진 등

어선의 등화

① 항망(桁網)이나 그 밖의 어구를 수중에서 끄는 트롤망어로에 종사하는 선박은 항행에 관계없이 다음 각 호의 등화나 형상물을 표시하여야 한다.
 1. 수직선 위쪽에는 녹색, 그 아래쪽에는 흰색 전주등 각 1개 또는 수직선 위에 2개의 원뿔을 그 꼭대기에서 위아래로 결합한 형상물 1개
 2. 제1호의 녹색 전주등보다 뒤쪽의 높은 위치에 마스트등 1개. 다만, 어로에 종사하는 길이 50미터 미만의 선박은 이를 표시하지 아니할 수 있다.3. 대수속력이 있는 경우에는 제1호와 제2호에 따른 등화에 덧붙여 현등 1쌍과 선미등 1개
② 제1항에 따른 어로에 종사하는 선박 외에 어로에 종사하는 선박은 항행 여부에 관계없이 다음 각 호의 등화나 형상물을 표시하여야 한다.
 1. 수직선 위쪽에는 붉은색, 아래쪽에는 흰색 전주등 각 1개 또는 수직선 위에 두 개의 원뿔을 그 꼭대기에서 위아래로 결합한 형상물 1개
 2. 수평거리로 150미터가 넘는 어구를 선박 밖으로 내고 있는 경우에는 어구를 내고 있는 방향으로 흰색 전주등 1개 또는 꼭대기를 위로 한 원뿔꼴의 형상물 1개
 3. 대수속력이 있는 경우에는 제1호와 제2호에 따른 등화에 덧붙여 현등 1쌍과 선미등 1개
③ 트롤망어로와 선망어로(旋網漁撈)에 종사하고 있는 선박에는 제1항과 제2항에 따른 등화 외에 해양수산부령으로 정하는 추가신호를 표시하여야 한다.
④ 어로에 종사하고 있지 아니하는 선박은 이 조에 따른 등화나 형상물을 표시하여서는 아니 되며, 그 선박과 같은 길이의 선박이 표시하여야 할 등화나 형상물만을 표시하여야 한다.

(4) 개항질서법

<u>대한민국 또는 외국 국적의 선박이 상시 출입 할 수 있는 항만에서 선박 교통의 안전과 질서를 유지하기 위하여 제정한 대한민국의 법 개항질서법은 개항의 항계안에서 선박교통의 안전 및 질서를 유지함을 목적</u>으로 한다.

개항질서법은 개항의 항계안에서의 선박교통의 질서를 유지함을 목적으로 하는 법이므로 해사안전법에 대하여 특별법적인 지위에 있다. 그 입법목적을 구체적으로 분류하면 다음과 같다.

① 해상교통의 안전유지

항계 안에는 출입항선박뿐만 아니라 잡종선 등의 항내교통, 항내하역, 항내관광, 수로의 준설, 보수, 항로시설의 설치 및 정비로 인하여 선박교통이 복잡하여 위험이 발생하기 쉬우므로 이와 같은 위험을 방지하여 선박교통안전을 확보하기 위한 법이다.

② 해상교통의 질서유지

항계 안에서 항로의 지정, 수리와 계선의 제한, 어로의 제한, 하역선적의 지정, 정박지의 지정 등으로 항만수역의 교통질서를 유지하여 해양사고를 예방하기 위한 법이다.

(5) 선내의료

① 의사의 배치 : 총톤수 5천톤 이상의 어선으로서 승선인원이 200인 이상의 모선식 어업에 종사하는 어선
② 의료관리자의 배치 : 총톤수 300톤 이상의 어선(다만, 평수구역·연해구역·근해구역의 항행어선은 제외)

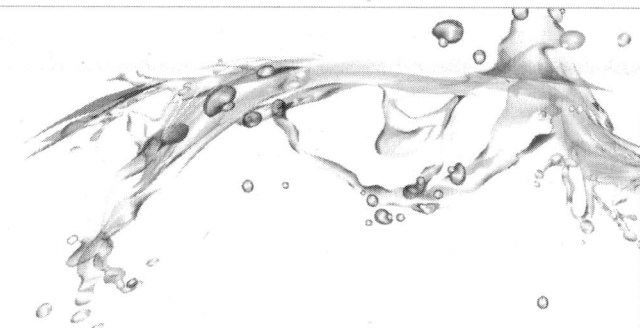

MEMO

수산 일반

제5편 | 수산양식

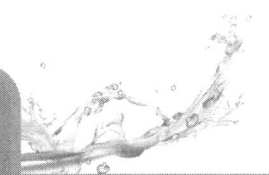

01 수산양식의 개념

인류의 식량과 기타 필요한 물자를 얻기 위하여 수계에서 유용한 수산생물을 인위적으로 길러 생산하는 일을 수산양식이라고 하고, 수산양식을 분석·연구하는 학문을 수산양식학(水産養殖學, aquaculture)이라 한다. 수산양식은 육상의 농업과 같은 뜻을 가지므로 수중 농업이라고도 할 수 있다. 서구에서는 양식이 'water farming, aqua-farming, aquaculture' 등의 용어로 불리고 있다.

양식을 하기 위해서는 양식생물의 생리 조건에 맞는 수질 환경을 마련해주고 어류 또는 기타 동물에게는 먹이를 공급해주어야 한다. 또한 김, 미역 등 식물에게는 필요한 영양염류(비료)를 보충해주어 그들이 필요로 하는 영양을 충족시켜야 한다. 또 뜻하지 않은 질병과 해적생물에 대처할 수 있어야 한다.

❶ 수산양식의 의의, 목적 및 현황과 전망

(1) 수산양식의 의의

일정 수역이나 시설을 독점적으로 소유하면서 그 안에서 자기소유의 수산생물의 번식과 성장을 꾀하고, 대상 수산물을 자원조성용 또는 상품단계까지 육성하는 생산방법이다. 생산물은 식용과 관상용 혹은 양식종묘로서 판매되며, 여기에서 생산자의 이익이 발생한다.

(2) 수산양식의 목적

양식어업 경영의 목적은 양식순이익 최대화에 있고, 양식순이익은 양식생산량과 양식물의 단가, 그리고 어업비용과의 관계에서 결정

> **2회 기출문제**
>
> 양식에 관한 설명으로 옳지 않은 것은?
>
> ① 양식에서는 대상 생물이 요구하는 영양을 갖춘 적정한 먹이 공급이 중요하다.
> ② 수산동물을 양식하는 방법은 지주식, 유수식, 순환여과식 등이 있다.
> ③ 산란기의 어미 보호나 바다에 수정란을 방류하는 것도 양식의 범주에 포함된다.
> ④ 양식은 이용 가치가 높은 수산생물을 일정한 구역이나 시설에서 기르고 번식시킨다는 의미이다.
>
> ▶ ③

되어진다. 양식을 통하여 인간이 원하는 수산자원을 공급함으로써 삶의 질을 높임과 동시에 목적하는 수익을 획득하는데 그 목적이 있다.

　① 인류 식량자원의 공급
　② 자연자원의 증강활동(종묘의 생산 등)
　③ 2·3차산업의 원료제공
　④ 체험어업의 자원공급(조개류, 어패류 등)
　⑤ 미끼용 생물 생산
　⑥ 관상용 생물 생산
　⑦ 유기물의 재활용

(3) 수산양식의 현황

1) 해면양식

해면양식 면허면적은 약 122천ha이며, 육상수조식(陸上水槽式) 및 축제식양식(築堤式養殖) 등 신고어업이 2천ha가 개발되었다. 이 중 어촌계(水協)가 전체 면허어장의 78%인 약 96천ha를 소유경영하고 있다.

우리나라의 해면양식장 개발은 1960년대에 김·미역 등 해조류 중심의 양식에서 1970년대에는 굴·피조개 등 패류양시어업으로 발전되었으며, 1980년대부터는 넙치·방어·돔 등 어류와 진주조개 등 고소득 어패류양식으로 확대되었고, 현재 양식되고 있는 품종은 넙치·돔·조피볼락·굴·피조개·바지락·김·미역·톳·우렁쉥이·새우·가리비·전복 등 약 50여종이며, 매년 새로운 품종의 적극적인 개발로 양식품종도 다양화되어 가고 있다.

2) 내수면양식

우리나라 내수면 수면적은 5,660km²로서 전 국토 99,538km²의 5.7%에 해당되며 수면별로 보면 강·하천이 2,801km²(49%), 댐·호(湖)가 1,103km²(20%), 수로(水路) 1,756km²(31%)로 구성되어 있다. 내수면양식장은 3,124개소(1,370ha)가 개발되었으며 뱀장어·미꾸라지·송어·틸라피아·메기 등 25종을 양식 생산함으로써 국민에게 고급단백질 공급은 물론 어업인 소득 증대에도 크게 기여하는 한편, 유어환경(遊漁環境) 조성으로 국민의 여가생활 및 정서함양에도 도움을 주고 있다.

3) 종묘개발 및 생산

1971년 국립수산과학원 북제주수산종묘시험장 개설을 시작으로 현재까지 19개소의 국립 및 도립 수산종묘시험장이 시설되었다. 1,060백만 마리의 유용수산종묘를 생산하여 그 중 81백만 마리를 연안에 방류하였으며, 이와 별도로 민간에서 생산된 넙치·조피볼락·대하·전복 등 연안정착성 고부가가치 품종 424백만 마리를 매입·방류하였으며, 수산종묘 85백만 마리(2,672백만 원)를 매입·방류하는 등 연안수산자원을 조성하였다.

(4) 수산양식의 전망

우리나라의 수산양식 생산량은 2011년에 총어업생산량의 45.5%대에 이른다. 현재 세계 인구의 56%가 동물성 단백질의 20%를 어류로부터 얻고 있으며, 세계의 연간 1인당 수산물 소비량은 현재의 16kg에서 2030년이면 19~21kg으로 증가할 것으로 예상하고 있다. 약 60억 세계인구가 육상식량만으로는 그 공급을 감당하기 어렵고, 전 세계가 심각한 식량난에 봉착할 수 밖에 없다. 이런 식량환경을 극복하기 위해서라도 무한하다고 할 수 있는 수산자원으로부터 그 해법을 찾고, 나아가 양식업의 지속적인 발전을 통하여 인류 생존문제를 해결해 나가야 하는 것은 당연하다 할 것이다.

❷ 수산양식의 방법

(1) 수중생물에 따른 분류

1) 유영동물의 양식방법

① 못양식(지수식 양식, 止水式 養殖)

못양식(pond culture)에는 고정적 정수식(지수식) 못양식(still water pond culture)이 옛날부터 시행되어 왔으며 잉어, 메기, 가물치 등의 양식에 주로 이용되어 왔다.

물이 풍부한 곳에서는 많은 양의 물을 못 속으로 계속 흐르게 하는 유수식 못양식도 이용되는 일이 있으며, 이 방

3회 기출문제

다음에서 어류의 양식방법을 모두 고른 것은?

```
ㄱ. 지수식 양식  ㄴ. 가두리 양식
ㄷ. 수하식 양식  ㄹ. 바닥식 양식
ㅁ. 유수식 양식
```

① ㄱ, ㄴ, ㄹ ② ㄱ, ㄴ, ㅁ
③ ㄴ, ㄷ, ㄹ ④ ㄷ, ㄹ, ㅁ

➡ ②

법은 송어류의 양식에 주로 이용되어 왔다.

우리나라에서는 일반적인 못양식의 경우 거의 대부분 산소 보충용 수차를 설치하고 있다. 일부 양식업자는 야외 노지를 그대로 쓰는 경우도 있지만 많은 경우 비닐하우스를 시설하여 추울 때도 수온을 높게 유지하면서 연중 어류의 성장을 도모하고 있다. 그 뿐만 아니라 보일러를 설치하여 겨울에도 수온을 보다 높게 올려서 뱀장어 등 온수성 어류는 물론 틸라피아 등 열대성 어류까지 양식하고 있다.

우리나라의 서해안에서 숭어, 농어, 감성돔, 새우류의 양식에 사용되는 축제식양식장은 그 규모가 크다.

가. 바닥이나 못둑이 흙으로 된 상태를 쓰거나 콘크리트 등을 사용하여 못둑을 튼튼하게 하기도 한다.

나. 못의 물이 줄어들지 않는 한 물을 더 보충하지는 않으며 인공적으로 산소를 보충하기도 한다.

다. 먹이를 주는 경우와 주지 않는 경우가 있다.

라. 배설물 등의 정화능력 부족 등으로 수질오염이 문제가 되며 단위당 생산량이 낮다.

② 유수식 양식

유수식 양식은 사육지에 물을 연속적으로 통과하게 하는 방법으로 유입되는 물의 양에 비례하여 사육동물의 밀도를 높여서 수용, 성장시킬 수 있다. 무지개 송어 양식의 예를 들면 1분간 1L의 물을 통과시킬 때 연간 1kg 이상의 식용어를 생산할 수 있고, 많을 때에는 5kg까지 생산해 낼 수 있다.

유수식 양식은 고밀도 사육이 가능하지만 이를 위해서 막대한 양의 물이 사육지를 통과해야 한다. 또한 일정량의 양식생물을 생산하기 위해서 사용되는 물의 양은 다른 방법에 비교하여 대단히 많다.

가. 유수식의 경우 물의 주입량에만 의존하지 않고 수차를 이용하여 인위적 에어레이션에 의한 산소 보충을 하면서 어류의 사육밀도를 높이도록 하는 경우가 많다.

나. 못양식도 물을 간헐적으로 보충하는 경우 유수식이라고 할 수 있다.

다. 단위 면적당 물고기의 양을 최대화할 수 있다.

라. 연어, 송어 등 냉수성 어류에 주로 쓰이지만, 잉어, 은어 등 온수성 어류에 사용되기도 한다.

③ 가두리 양식

가두리 양식은 파도가 심하지 않은 바닷가나 내륙의 인공호 및 자연 호소에 그물 등으로 울타리를 치고 그 안에 물고기를 가두어 기르는 방법을 말한다.

가두리에는 내만이나 내수면의 저수지 또는 호소에서 사용해온 일반 가두리와 최근 전 세계적으로 관심을 두고 있는 외해 가두리가 있다. 내수면과 내만의 환경문제가 제기되자 그 해결책으로 외해 가두리를 개발하는 노력을 기울이고 있으며 현재 여러 나라에서 몇 가지 형태의 가두리를 이용하여 각종 어류를 양식하고 있다.

가두리 양식은 어류를 고밀도로 수용하고 사료를 많이 주게 됨으로써 노폐물을 다량 방출하기 때문에 가두리를 설치한 장소 근처는 부영양화가 심해져서 수질이 오염될 수 있다.

가. 내만 또는 호소 가두리

내만 등을 양식에 이용하기 위해서는 둑이 필요했는데, 옛날에는 둑을 만들지 못해 양어를 할 수면을 마련할 수 없었으며, 둑을 만든다 해도 경비가 너무 많이 들어 실용적이지 못했다. 그러나 그물 구획(net pen)이나 가두리(cage)를 만들어 그 속에 어류를 수용하여 기르면 경비가 적게 든다.

그물코를 통하여 가두리 안팎의 물이 자유로이 통과하므로 가두리 속에 많은 양의 어류를 수용하여 길러도 가두리 속의 수질이 나빠지지 않는다. 따라서 작은 시설에 많은 양의 어류를 기를 수 있어 시설 면에서는 매우 경제적이다.

우리나라에서는 저수지에서의 식용 잉어양식과 바다에서의 방어, 조피볼락, 돔류 등을 기르는 데 많이 이용되어 왔다. 또 연어와 송어도 가두리에서 양성되고 있다.

나. 외해 가두리

가두리양식에 의하여 내만 또는 내수면의 오염이 심각한 사회문제로 부각됨에 따라 외해에 가두리를 설치하여 양식하려는 시도가 대두되고 일부 양식업자는 실행하는 단

제5편 | 수산양식

계에 이르렀다. 외해가두리는 내파성(內波性), 부침식(浮沈式) 및 침하식(沈下式) 가두리로 분류될 수 있다.

④ 순환여과식 양식

수조 속의 같은 물을 계속 순환·여과시켜서 많은 수산동물을 양식하는 방법. 수중의 유해물질을 제거하면서 한편으로는 용존산소(溶存酸素)를 늘려 적은 수량으로 많은 수산동물을 양식하는 것을 목적으로 한다. 원래는 수족관이나 가정에서 관상용 어류를 기르는 데 많이 쓰였으나, 최근에는 이 방법으로 여러 종류의 수산동물을 양식하게 되었다. 물 속의 먼지·배설물·먹이찌꺼기 등을 모래·자갈층으로 여과시키는 소규모의 경우와 이들을 침전·분리시켜서 뽑아내는 방법이 있다. 때때로 여과층이 막히므로 씻어서 여과능력을 개선해야 한다. 물 속에 녹아 있는 암모니아나 다른 유기물은 여과층이나 별도의 시설에 있는 세균의 작용으로 무기물로 분해되어 독성이 강한 암모니아 등도 매우 약한 질산염으로 된다.

소규모의 것은 같은 수조 내에 여과장치를 할 수 있으나 규모가 큰 것은 별도로 여과시설을 만들어야 한다. 최종적으로 무기물의 제거는 수초를 재배하거나 또는 탈질소작용(脫窒素作用)으로 제거할 수 있다. 물의 순환은 펌프를 이용하며 유기물의 분해를 위해서는 산소를 공급해 주어야 하므로 펌프로 포기(曝氣)를 한다.

⑤ 방류재포양식

가. 연어와 같이 강한 회귀성을 가진 어류를 중심으로 사용하는 양식방법이다. 어린 종묘를 생산하여 공유수면에 방류하면 북태평양 같은 대양에서 성장하고 성숙한 후 산란하기 위하여 방류한 지점으로 다시 돌아오는데, 이것을 잡는 것이 방류재포양식이다.

나. 다른 방법에 비하여 종묘 생산시설만 필요하므로 시설비나 사료대, 그 밖의 유지비가 적게 든다.

다. 무척추동물에 속하는 전복 등은 암반지대에서 서식하고 멀리 이동하지 않으므로 일선 어민들이 그 종묘를 방류하여 성장 후 포획하는 일이 있는데 이것도 방류재포양식에 속한다.

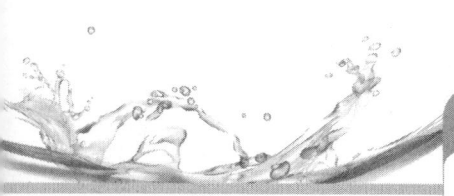

3회 기출문제

다음 중 순환여과식 양식의 어류의 배설물 및 먹이 찌꺼기에서 가장 많이 발생되는 독성 물질 은?
① 이산화탄소 ② 중탄산나트륨
③ 암모니아   ④ 철

➡ ③

2) 저서생물양식(底棲生物,養殖)

저서생물이란 해양저에 사는 모든 생물들을 총칭한다. 저서표생동물(底棲表生動物, benthicepifauna)은 바다의 밑바닥에 서식하고, 내생동물(內生動物, infauna)은 해저의 퇴적물 내에서 산다. 저서생물의 양식에는 4가지가 있는데 다음과 같다.

① 수하식(垂下式) 양식

굴·담치·우렁쉥이 등을 조가비 등의 부착기에 착생(着生)시킨 다음 이 부착기를 다시 줄에 꿰어 뗏목이나 뜸에 매달아 수하하는 양식이다. 여기서 부착기를 꿴 줄을 수하연이라 하는데, 수하연(垂下延-코걸이 줄)을 매다는 방법에 따라 다시 뗏목식·말목식·로프식 등으로 나눈다.

가. 뗏목식 : 뗏목식은 대나무·파이프 등의 뗏목 밑에 합성수지 뜸통을 덧달아 부력을 높인 것으로, 이 뗏목에 수하연을 매달아 늘어뜨린다.

나. 말목식 : 말목식은 물이 얕은 연안에 말목을 박고 그 위에 다시 나무를 걸친 다음 수하연을 매다는 방식이다.

다. 로프식 : 로프식은 연승식(連繩式)이라고도 하는데 바다에 로프를 널어놓고 거기에 뜸통을 달아 부력을 준 다음 로프에 수하연을 매단다.

② 밧줄부착양식

수하연에 종묘가 채취된 줄을 같이 감아서 수면 아래 일정한 깊이에 설치하는 양식이다. 이때 뜸통에 수하연을 매달아 5~6m 간격을 유지하는데 미역·다시마 양식에 널리 이용된다.

③ 발양식

대나무나 합성섬유로 만든 그물발을 바다에 치고 김의 종묘를 붙여 키우는 방법이다.

④ 바닥양식

대합·전복·해삼·바지락 등은 인공적인 시설이 필요 없으며 생장할 수 있는 좋은 환경을 조성해주고 종묘를 양식·방류하면 된다.

가. 대합, 바지락, 피조개, 꼬막, 전복, 해삼 등을 종묘를 투입하여 양식한다.

나. 대합, 바지락, 피조개, 꼬막 등은 파도가 없는 내만 등

에서 잘 자란다.
다. 전복, 해삼 등은 인공어초를 만들어 주면 사육장소가 확대되고 성장을 도울 수 있다.
라. 전복은 수하식양식 또는 가두리양식을 하거나 육상의 수조에서 기르기도 한다.

3) 해조류 양식방법

① 말목식(지주식) 수하양식

연안의 깊이가 얕은 곳(수심 10m 정도)에서 두 줄의 말목을 박고 말목 위에 옆으로 나무를 걸쳐서 이 나무에 수하연을 늘어뜨려 양식하는 방법. 간이수하식이라고도 한다.

나무의 높이는 간조(干潮) 때 물 위에 30 cm 가량 올라오도록 한다. 해수의 유통이 좋지 않아 저층부의 수확량이 많지 않다. 주로 굴의 종묘(種苗) 생산과 양성이나 김발에 이용된다.

② 부류식(뜬발식) 양식

* 김양식의 부류식

가. 섶발 : 간석지 등에 단순히 대나무 등을 꽂아 두면 김포자가 자연히 부착하여 성장한다.

나. 뜬발 : 대쪽으로 발을 엮어 수중에 수평으로 매달아 두는 방법

다. 흘림발 : 김발을 설치할 때 말목 대신에 뜸과 닻줄을 이용하는 방법

③ 밧줄식 양식

밧줄부착 양식은 별도로 채묘(採苗)한 씨줄을 밧줄(어미줄)에 끼우거나 감아서 수면 아래 일정한 깊이에 설치하여 양식하는 방법이다. 밧줄부착 양식법은 밧줄에 5~6m 간격으로 뜸통을 다는데, 뜸과 밧줄 사이는 뜸줄로 연결하고 뜸줄의 길이에 의하여 밧줄의 깊이를 수면 아래 1m 정도 되게 조절한다.

가. 미역, 다시마, 톳, 모자반 양식에 이용

나. 바위에 살던 해조류를 밧줄에 붙어살도록 장소를 이동

다. 밧줄(어미줄-종묘가 붙어 있는 실) : 씨줄을 감아 붙이거나 씨줄을 짧게 끊어 일정한 간격으로 어미줄에 끼

워서 싹이 자라도록 한다.

* **밧줄의 설치방법**
  ⓐ 5~6m 간격으로 뜸통 부착
  ⓑ 뜸과 밧줄 사이에 뜸줄을 끼운다.
  ⓒ 뜸줄의 길이로 어미줄이 잠기는 깊이를 조절한다.
  ⓓ 씨줄에 배양한 종묘를 부착시켜 어미줄에 부착시킨다.
  ⓔ 밧줄은 외줄 설치 후 양끝을 닻으로 고정한다.

(2) 환경조건에 따른 분류

① 개방식 양식(유수식, 가두리식, 바닥식, 수하식, 뗏목식, 말목식, 방류재포식 등)

개방식 양식장은 바다나 큰 호수의 일부에서 굴이나 어류를 양식하는 것과 같이 양식장의 환경이 주위의 자연환경에 크게 지배되는 경우를 말하며 환경의 인공적인 관리가 불가능하다. 이러한 곳에는 이 환경에 알맞은 생물을 선택하여 기르고, 이 양식장의 환경을 오염시키거나 악화시키지 않도록 주의해야 한다.

환경에 알맞은 생물을 택하기 위해서는 조개류와 같이 바닥에서 기르는 생물일 경우는 바닥의 지질에 대해 알아야 하고 수심, 간만(干滿)의 차, 물의 흐름, 수질, 수온 등을 잘 파악하여 거기에 알맞은 생물을 선택해야 한다.

② 폐쇄식 양식

폐쇄식 양식장은 탱크나 비교적 작은 못을 만들어 외부 환경과는 완전히 분리시켜 환경을 인공적으로 조절하면서 양식하는 것인데, 이런 양식장의 수질환경은 주로 그 속에 사는 양식생물의 배설물과 같은 오물의 양에 지배된다.

특히 생물의 밀도가 높고 먹이를 많이 줄 때는 그로 인해 생기는 배설물과 먹이찌꺼기의 양이 많아져서 수질을 빨리 악화시킨다. 순환 여과식 양식장은 폐쇄식 양식장 중 고도로 발달한 양식 방법의 한 예이다.

(3) 관리정도에 따른 분류

① 집약적 양식
일정한 수역에서 인공적인 힘을 들여 관리를 철저히 함으로써 많은 수확을 올리기 위한 고밀도 양식이다. 투입되는 사료에는 어류에 필요한 영양소가 포함된다.

② 조방적 양식
사람의 힘으로 별도의 먹이를 투여하지 않고, 일정수역이 가지는 자연적인 생산력에 의존하는 생태계 이용양식이다. 조개류, 해조류 및 우렁쉥이 등의 양식에 활용된다.

02 양식장 환경

❶ 양식장 환경요인과 조절

1) 물리적 환경요소 및 조절
   ① 환경요인 : 해수의 유동, 간석의 정도, 수온, 물의 색깔, 물의 투명도, 지형, 위치, 지질 등
   ② 수온의 조절 시설 : 비닐하우스, 보일러, 냉각기 등
   ③ 빛의 조절 시설 : 인공조명시설, 차광장치 등
   ④ 수면의 유동 및 물의 순환시설 : 폭기시설, 순환펌프 등

2) 화학적 환경요소 및 조절
   ① 화학적 환경요인 : 염분, 용존산소, 수소이온농도, 영양염류, 이산화탄소, 암모니아, 황화수소, 비타민, 유기염류 등
   ② 양식장 환경의 유해요인 : 암모니아, 아질산염, 질산염, 황화수소 등
   ③ 유해요인의 조절 : 생물의 노폐물이나 먹이로 제공되는 유기물을 조절하기 위한 충분한 용존산소 공급장치나 여과장치가 필요하다.

3) 생물학적 환경요소 및 조절
   ① 생물학적 환경요인 : 플랑크톤, 유영동물, 저서 동식물,

세균 등
② 생물학적 요인의 상관성 : 생물학적 요인들은 수중에서 성장하는 과정에서 수중의 화학적 요인과 물리적 요인에 유기적 영향을 미친다.(이산화탄소의 배출, 광선의 방해 등)
③ 폐쇄양식장의 유해요소 조절 : 미생물이나 영영양염류, 병원성 세균, 기생충 등의 제거가 필요하다.

❷ 양식장의 환경관리

(1) 수질관리

1) 개방적 양식장의 수질관리
개방적 양식장은 인위적으로 수질을 관리하기가 어렵기 때문에 수질환경이 악화되지 않도록 하는 것이 중요하다. 수질환경이 악화된 경우 수산생물의 활동을 감소시키거나 양식장을 휴식 또는 폐쇄시키는 조치가 필요하다. 외부로부터 유입되는 오염원(점오염원, 비점오염원)인 생활하수나 산업폐수가 양식장 안으로 유입되는 것을 통제하고 관리하는 것이 중요하다.

2) 폐쇄적 양식장(순환여과식 양식장)의 수질관리
① 물리적 여과
모래 또는 자갈을 이용하여 고형물질을 제거하는 것으로 침수모래, 자갈여과, 고압모래여과장치, 회전드럼필터가 사용된다.
② 생물학적 여과
물속에 부유하고 있는 세균이나 생물의 배설물 등을 세균 등을 이용하여 분해하여 제거하는 방법으로 다음 3단계로 이루어진다.
가. 무기화 작용단계 : 물속에 들어 있는 유기물 찌꺼기를 분해하는 과정이다. 타가 영양세균은 질산유기화합물질을 에너지원으로 사용하여 생활하면서 이들 화합물을 암모니아와 같은 무기물질로 바꾸어 준다.
나. 질산화 작용단계 : 무기화 단계에서 생성된 무기물질을

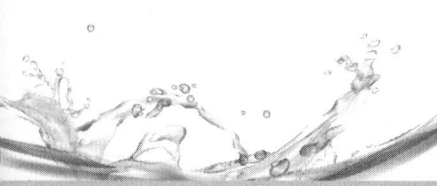

산화, 분해하여 무해한 질산염으로 바꾸어 준다.
다. 탈질화 작용단계 : 축적된 질산염을 환원·분해하여 대기중으로 방출하는 단계이다. 이때 자가 영양세균인 '슈도모나스(Pseudomonas)'는 질산염을 이용하여 생활하는데 질산염을 가스상태인 질소로 환원시켜 대기중으로 방출한다.

③ 소독

양식장의 용수 속의 병원성 미생물을 죽이기 위해 사용된다. 소독방법으로 자외선 조사법이나 오존처리를 한다.

폐쇄형 양식 시스템의 이해

1. 순환여과 시스템
 1) 순환여과시스템의 특징

우리나라의 경우 겨울동안 저수온기가 길기 때문에 양식 어류의 생산력에 크게 제한을 받게 되는데, 온수성 어류일 경우에는 여기에 맞는 온도를 유지하기 위한 온도 장치가 추가로 필요로 할 뿐만 아니라 지리적 여건상 양식에 필요한 내수면적의 확보가 어려운 실정이다.

장점	단점
○ 시설에 대한 지형적 제한이 없다.	○ 순환시설에 대한 시설비
○ 양식 어류의 질적 향상	○ 어류의 스트레스 및 질병
○ 질병 및 오염물질에 대한 조절	○ 산소공급 장치 필요
○ 상위포식자가 없음	○ 전력소비가 많다.
○ 배출수의 감소로 환경적인 양식	○ 초기 투자비가 크다.
○ 양식 환경 조절로 출하시기조절	○ 많은 노력과 실패 가능성

따라서 이와 같은 난관을 극복하여 장래 양식업의 발전을 꾀할 수 있는 방안으로서 순환여과식 사육시스템이 제시되고 있다. 어류를 고밀도로 사육하는 순환여과식 양식은 어류의 소비가 날로 늘어가고 있는 오늘날의 식생활 문화와 잘 부합될 수 있도록 그 생산력을 증대시킬 수 있을 뿐만 아니라 수질오염 문제로 인하여 야기되는 양식장에서의 각종규제를 해결할 수 있는 장점을 지니고 있는 사육 시스템이다.

 2) 순환여과시스템의 종류

고밀도 순환여과식의 경우 사료 찌꺼기 등에 의해 유기물이 증가하게 된다. 유기물은 미생물 등에 의해서 분해됨에 따라 용존 산소를 소비하여 어류에 악영향을 미치게 되므로 양어장 순환수 내의 배설물을 신속하게 제거하기 위한 처리 시설이 요구된다.

시설에 많은 비용이 소요되므로 고밀도로 길어야 한다. 순환수의 수질관리를 위한 수 처리공법으로 사용되는 것으로 포말분리법을 이용한 양어장 순환수처리, 회전판식 순환여과를 이용한 생물학적 순환수 처리. 미세구슬 여과조, 드럼 필터 여과장치 등이 많이 이용되고 있으며, 최근에는 처리공법의 효율증대를 위하여 유동층공법에 의한 양어장 순환수 처리에 대한 연구와 함께 실제양식장에서 활용이 되고 있다.

(2) 저질관리

조개류와 같은 저서생물은 저질의 상태와 밀접한 관계를 가진다. 또한 프랑크톤과 같은 유영생물의 환경에도 지대한 영향을 미치므로 저질조사는 양식장의 환경조사와 더불어 중요하다.

1) 저질채취방법
   ① 드레지식 : 기기 자체의 무게에 의해 해저면을 일정하게 끌어서 시료를 채취
   ② 그랩식 : 일정 면적의 해저면 저질을 집어 올리는 채취방법
   ③ 코어식 : 원통형의 파이프를 저질 속에 박아 퇴적된 층을 그대로 채취하는 방법

2) 저질의 분석방법
   ① 저질의 성상분석
   ② 유기물 분석
   ③ 영양염류 분석
   ④ 생물화학적 분석

3) 저질의 개선방법
   ① 객토 : 대상 지역의 토질과는 다른 토사를 해당 지역에 뿌려주는 방법으로 객토에는 주로 모래가 사용된다. 유해한 황화수소가 발생하는 저질에 황토나 산화철제를 살포하여 주는 곳은 주로 패류양식장으로 모래보다 펄의 성분이 많고 층이 깊은 곳 또는 유기질이 많이 함유된 저질에 사용된다.
   ② 바닥갈이 : 불도저나 배를 이용하여 단단한 저질을 갈아엎어주는 것. 딱딱하게 굳은 패류양식장의 저질을 연하게 해주고, 환원상태인 저질의 산화를 촉진시켜 준다. 김 양

식장의 저질에 함유된 영양염류의 용출을 촉진시키고, 장피류나 종밋 등의 유해생물을 제거할 수 있다. 또한 굴이나 양식어류의 바닥에 침전된 농도 높은 유기질 해감을 휘저어 산화를 촉진시켜 준다.

③ 준설 : 작업선을 이용하여 저질에 퇴적된 찌꺼기나 유해한 해감을 파내어 줌으로써 해수의 유동을 막는 토사를 제거하고, 유기물을 함유한 바닥의 펄을 제거한다.

④ 인공간석지 조성 : 자연 간석지나 모래터를 개량하여 저서생물의 생장에 알맞은 환경을 만들기 위해 인공간석지를 조성한다.

물고기의 양식시설

물고기의 양식시설은 양식하는 고기의 종류·목적·방법에 따라 시설의 구조·형태·크기가 달라진다.

양식지

못을 만든 경우 취수방법, 못의 크기와 수, 못의 배치와 수로의 설치방법, 주배수구(注排水口)의 구조, 수로의 크기와 부대시설, 물을 흘려 보내는 방법, 산소의 공급법, 못의 형태, 바닥의 물매, 관리상의 배려 등을 고려한다. 양식지는 용도에 따라 친어지(親魚池)·산란지·부화지·치어지(稚魚池)·양성지(養成池)로 나뉜다. 부대시설에는 가온(加溫)·산소공급·자가발전·정수(淨水) 등의 시설이 있고 그 밖에 해산생물의 양식에는 제방·그물·뗏목·로프 등 여러 가지가 사용된다.. 순환여과 시스템

물

양식에 사용되는 물은 바닷물과 민물이다. 민물로는 냇물이나 지하수가 사용되는데 미리 물 속의 부유물을 제거한 뒤 사용한다. 물의 3요소는 수온·수량·수질이다.

수온

생물은 각각 성숙·산란을 위한 적온과 생장적온을 가진다. 성숙·산란의 적온을 벗어나면 생식소의 성숙이 진행되지 않고, 좋은 수정란을

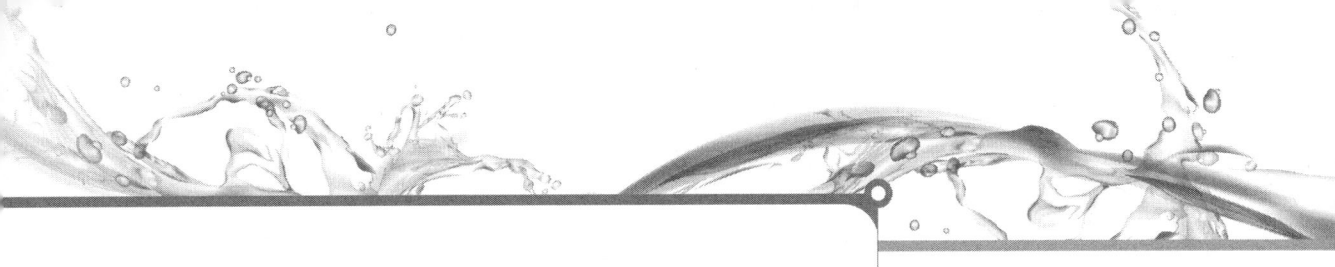

얻을 수 없으며, 부화율도 떨어진다. 또 생장적온을 벗어나면 먹이의 섭취량이 떨어져 생장이 늦어진다. 민물의 경우 냇물은 기온의 영향을 받지만, 지하수는 연중 거의 일정 온도를 유지한다. [수량] 물고기에는 산소소비량이 많은 종류와 적은 종류가 있다. 산소소비량이 많은 종류는 많은 물을 필요로 하지만, 적은 종류는 적은 물로도 사육할 수 있다. 무지개송어나 은어처럼 많은 물을 필요로 하는 어종의 양식에는 수량이 중요하다. 냇물을 수원(水源)으로 하는 경우는 계절에 따라 수량에 차이가 있으며 지하수의 이용은 지반침하의 원인이 되므로 사용에 신중을 기해야 한다.

수질

물 속에는 여러 가지 물질이 녹아 있으므로 생물에 해로운 것이 녹아 있지 않은 물을 택한다. 특히 냇물이나 연안의 바닷물을 사용하는 경우 농약의 유입, 가축사육장의 유무, 도시배수, 공장폐수 등에 주의하고, 지하수인 경우 용존산소량의 부족과 용존질소량의 과잉에 주의한다.

물의 염분

물은 얼마만큼의 염분을 함유하느냐에 따라 30-35% 염분을 함유하는 해수, 하천수나 호수와 같이 염분이 거의 없는 담수, 하구 지역에서 해수와 담수가 섞인 기수로 나눌 수 있다. 어류에는 해수에서만 사는 해산어류, 담수에만 사는 담수어류, 주로 기수에서도 사는 기수어류 등이 있고, 해수와 담수를 오가는 종류도 있다. 방어·참돔·조피볼락은 해산어류이고, 잉어·메기·송어·뱀장어·은어 등은 담수어류이며, 숭어는 해산어이나 기수에서 잘 자란다. 또 연어는 담수에서 산란하지만 바다에 내려가서 살며, 뱀장어는 바다에서 산란·부화하여 담수로 올라와서 자라고, 은어는 어릴 때 바다에 내려가서 겨울을 지내고 봄에 강으로 올라와 자란다. 잉어·메기 등 여러 담수어류는 해수가 어느 정도 섞인 기수(염분 10% 이하)에서는 산란·번식이 잘 안 되나 성장은 잘 된다.
(위키백과)

> **2회 기출문제**
>
> 우리나라에서 무지개송어(*Oncorhynchus mykiss*)의 양식에 관한 설명으로 옳은 것은?
>
> ① 현재 완전 양식이 가능한 어종이다.
> ② 암수 구별이 형태적으로 불가능하다.
> ③ 산란기는 일반적으로 5 ~ 7월이다.
> ④ 양식 최적 수온은 2 ~ 6℃이다.
>
> ▶ ①

(3) 양식장의 오염원

1) 유기물에 의한 오염
   ① 양식장의 유기물 원인으로 생활하수, 산업폐수, 축산폐수 등의 유입으로 축적된 유기물과 장기간 양식에 의한 먹이찌꺼기 및 양식생물의 배설물 등이 있다.
   ② 인과 질소 성분의 유입에 의하여 부영양화가 촉진되어 적조현상을 일으킨다.

   * BOD와 COD
     ⓐ BOD(생화학적산소요구량, biochemical oxygen demand)
       생물분해가 가능한 유기물질의 강도를 뜻한다. 하천·호소·해역 등의 자연수역에 도시폐수·공장폐수가 방류되면 그중에 산화되기 쉬운 유기물질이 있어 수질이 오염 된다. 이러한 유기물질은 수중의 호기성세균에 의해 산화되며, 이에 소요되는 용존산소의 양을 mg/L 또는 ppm으로 나타낸 것이 생화학적 산소요구량이다. 수질규제 항목 중 가장 일반적이다. 보통 호기성 미생물이 충분히 생육 가능한 상태에서 시료를 20℃에서 5일 동안 방치하였을 때 소비되는 산소량(BOD)을 말한다.
     ⓑ COD(화학적산소요구량, Chemical Oxygen Demand)
       오염된 물의 수질을 나타내는 한 지표(指標)로서 유기물질이 들어 있는 물에 산화제를 투입하여 산화시키는 데 소비된 산화제의 양에 상당하는 산소의 양을 나타낸 것이다.
       하천·호소·해역 따위의 자연수역에 도시폐수나 공장폐수가 흘러들어오면 그 속에 산화되기 쉬운 유기물질이 있어서 수질이 오염된다. 이렇게 유기물질을 함유한 물에 과망가니즈산칼륨($KMnO_4$)·다이크로뮴산륨($K_2Cr_2O_7$) 따위의 수용액을 산화제로서 투입하면 유기물질이 산화된다. 이때 소비된 산화제의 양에 상당하는 산소의 양을 mg/L 또는 ppm으로 나타낸 것이 화학적 산소요구량이다.

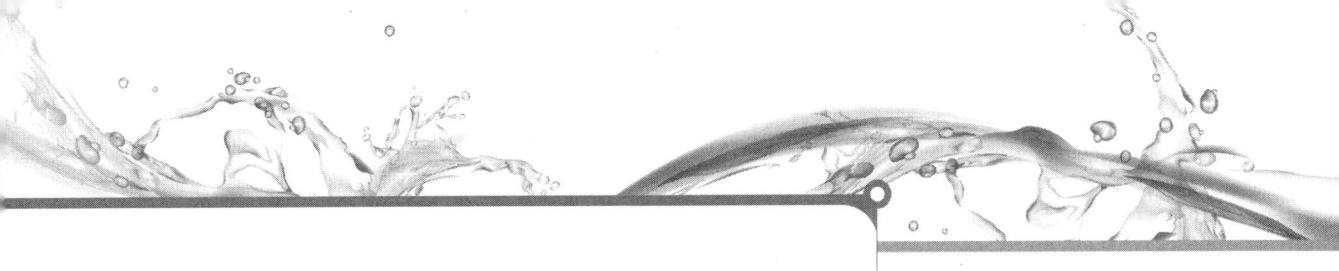

2) 농약에 의한 오염

제초제나 살균제 또는 살충제 등이 어패류에 급성독성을 일으키고, 절지동물의 생장을 방해한다.

3) 중금속 함유 유기물에 의한 오염

중금속은 자연상태에서 소멸되지 않고 먹이사슬을 통하여 생물체 내에 농축된다. 오염원을 제거하는 일과 오염해역의 저질을 개선하는 것이 중요하다.

4) 기름유출에 의한 오염

해면에 유출된 기름은 해면에 얇은 기름막을 형성하고, 물과 혼합된 것은 고형물에 흡착되거나 덩어리 상태로 물속에 떠 있거나 바닥에 가라앉아 있게 된다. 해면에 떠 있는 기름은 수산생물의 호흡장해를 일으키거나 광선을 차단하고, 수산생물의 몸체에 부착된 기름 역시 호흡, 광합성, 먹이섭취 등에 장애를 일으킨다. 기름에 오염된 바다에서 채취된 고기에서는 기름냄새가 배어 있어서 상품가치를 떨어뜨리고 인간의 섭취를 어렵게 한다.

부영양화와 적조

1. 부영양화

호수, 연안 해역, 하천 등의 정체된 수역에 오염된 유기물질(질소나 인)이 과도하게 유입되어 발생하는 수질의 악화현상을 의미한다. 폐쇄적 수역에 영양물질이 다량 유입되면 녹조류의 번식이 과다하게 일어나게 되고 이 녹조류가 수역을 부패시켜 썩게 만든다.

부영양화의 영양물질로는 암모니아, 아질산염, 질산염, 유기질소화합물, 무기인산염, 유기인산염, 규산염 등이 있는데, 주로 생활하수나 공장폐수 또는 비료나 유기물질 등에 의하여 유입된다. 이것은 미생물, 식물성 플랑크톤을 포함한 조류 및 뿌리를 가진 수생잡초 등에게는 좋은 영양분이 된다. 그러나 수중에 무기 영양물질이 다량 공급되면 조류나 수서식물(水棲植物)과 같은 1차 생산자의 생육이 왕성해지고 먹이연쇄에 의하여 2차 생물도 증가하며 이와 함께 조류나 수서식물이 죽어서 호수나 하천의 밑바닥에 퇴적되는 유기물의 양도 많아지게 된다. 퇴적된 유기물과 외부로부터 유입된 유기물을 미생물이 분해하면서 수중의 용존산소(溶存酸素)를 다량 소비하며, 유기물은 분해되면서 무기영양물질을 수중으로 다시 공급하게 된다. 만약 이러한 상태에서 외부로부터 영양물질이 계속해서 공급되면 이와 같은 현상들이 반복되면서 결국 호수나 하천에 용존산소 결핍증상이 나타난다. 부영양화가 극도로 진행되면 수중의 용존산소는 모두 고갈되어 산소를 이용하는 모든 수중의 생물은 죽게 되며, 용존산소가 없는 상태에서 모든 유기물의 잔재는 혐기성 세균에 의하여 부패되어 물은 썩고 악취가 나게 된다.

한편, 부영양화현상이 바다(정체수역)에서 일어나면 플랑크톤에 의하여 적색을 띠는데 이를 적조현상이라고 한다.

2. 적조
플랑크톤이 이상 증식하면서 바다나 강 등의 색이 바뀌는 현상.
생태계에 문제를 일으키며 인간의 생활에도 여러 가지 피해를 준다. 적조는 플랑크톤이 갑작스레 엄청난 수로 번식하여 바다나 강, 운하, 호수 등의 색깔이 바뀌는 현상을 말한다. 일반적으로 물이 붉게 바뀌는 경우가 많아서 붉은 물이라는 의미에서 적조(赤潮)라고 하지만 실제로 바뀌는 색은 원인이 되는 플랑크톤의 색깔에 따라서 다르다. 오렌지색이나 적갈색, 갈색 등이 되기도 하며 이는 적조를 일으키는 생물이 엽록소 이외에도 카로테노이드(carotenoid)류의 붉은색, 갈색 색소를 가지고 있기 때문이다.

적조를 일으키는 플랑크톤은 규조류(珪藻: diatom), 편모조류(鞭毛藻:dinoflagellate)같은 식물성 플랑크톤이 가장 일반적이며 한국에서의 적조 기준도 이 두 가지 플랑크톤의 양을 이용한다. 이외에도 남조류(藍藻: cyanobacteria)나 원생생물인 야광충(noctiluca), 섬모충(mesodinium)에 의해서 적조가 일어나기도 한다.

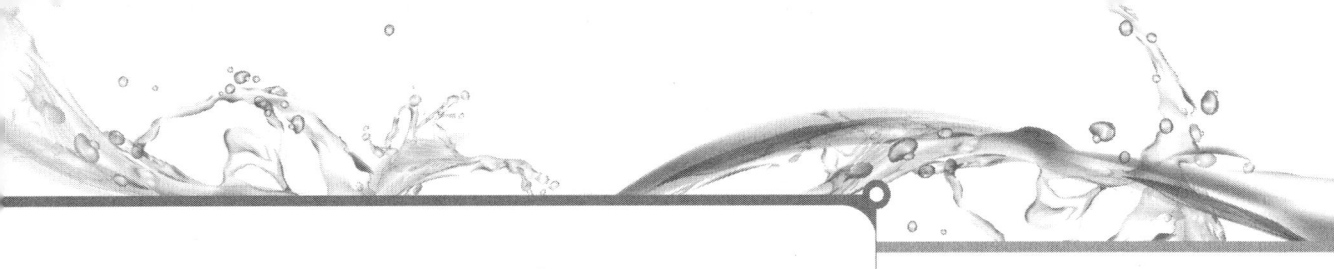

03 종묘생산

(1) 종묘생산의 의의

1) 종묘의 의의

종묘는 양성하는 데 기본이 되는 수산생물이며, 이 종묘를 인간이 이용할 수 있도록 하는 과정을 양성이라고도 한다. 수산생물을 이식·방류하거나 양식하는 데 필요한 치나 치패 및 유체 등과 같은 어린 개체를 말한다.

천연의 바다에서 산란·부화하여 생장한 자어나 치어를 천연종묘라 하고, 인공적으로 친어(親魚)를 사육하여 이것으로부터 얻은 자어나 치어를 인공종묘라 한다. 은어·뱀장어·숭어·방어 등의 어류와 조개류의 대부분은 천연 종묘를 사용하고, 잉어·무지개송어·참돔·보리새우·전복 등은 인공종묘를 사용한다. 인공종묘의 생산은 친어·채란·수정·부화·치어사육의 순서로 이루어진다.

2) 종묘생산방법

① 인공종묘생산 : 고정적인 종묘생산시설을 이용하여 종묘를 생산하는 것을 말하는데, 그 대상종류에는 수산동물인 잉어·참돔·넙치·대하·보리새우·전복 등과 수산식물인 김·미역 등이 있다.

② 천연종묘생산 : 고정적인 종묘생산시설을 이용하지 않고 자연상태의 수중에서 종묘를 생산하는 것을 말하며, 채묘에 의해 종묘를 생산하는 경우와 자연산을 수집하여 확보하는 방법이 있다. 채묘에 의해 종묘를 생산하는 대상종류에는 수산동물인 참굴, 담치류, 고막류 및 가리비류 등과 수산식물인 톳 등이 있다.

(2) 종묘의 채묘 및 생산과정

1) 자연종묘의 채묘시설

① 고정식 채묘시설(말목식 채묘시설) : 간석지에 말목을 세워 채묘상을 만들고 여기에 패각 채묘연을 수직으로 수하시켜 채묘하는 방법이다. 굴의 채묘에 이용하는 방법으로

유생수나 부착 치패수는 적지만, 해수 유동범위가 상하로 넓어서 부착이 균일하고 채묘가 쉽다. 부착한 치패는 간출작용으로 환경변화에 대한 저항력이 강하다.

② 부동식 채묘시설(뗏목식 또는 밧줄식 채묘시설) : 수심이 깊은 곳에서 뗏목이나 밧줄을 설치한 다음 채묘하는 방법으로 패각 채묘연을 수직으로 수하시켜 채묘 한다. 이것은 부착이 균일하지 않은 단점이 있어 채묘가 쉽지 않지만 정확한 조사를 한다면 많은 양을 균일하게 채묘할 수 있다. 굴의 채묘에 이용된다.

③ 침설 수하식 채묘시설 : 수심이 깊은 곳의 저층에 닻과 수중 뜸통 및 밧줄 등을 이용하여 채묘기를 설치하여 채묘하는 방법. 피조개의 채묘에 이용된다.

④ 침설 고정식 채묘시설 : 수심이 얕은 곳에서 저층에 대나무, 닻 및 밧줄 등을 이용하여 채묘기를 설치하여 채묘하는 방법. 피조개의 채묘에 이용된다.

⑤ 완류식 채묘시설 : 치패가 부착성 성질을 가진 바지락, 대합 등을 채묘할 때 상용된다. 간석지에 치패들이 쉽게 침강할 수 있도록 대나무, 나뭇가지 등을 세워주는 등의 방법으로 해수흐름을 완만하게 조절해 주는 방법이다.

2) 자연종묘의 양성방법

자연산을 수집하여 종묘를 확보하는 대상종류에는 인공종묘생산이나 채묘에 의해 종묘를 생산하기 힘든 뱀장어·방어·닭새우 등이 있다. 양성에는 집중관리양성과 방류재포양성이 있다.

① 집중관리양성 : 집중관리양성은 일정한 수역에서 종묘를 집중적으로 사육하거나 성장시켜 수확하는 것으로 종류에는 유영성 동물인 잉어·뱀장어·참돔·방어·넙치·문어 등, 유영성 저서 은신 동물인 대하·보리새우·꽃게 등, 포복성 저서 동물인 전복·소라·해삼·성게 등, 비부착성 잠입 동물인 대합·바지락·개량조개 등, 일시 부착성 동물인 고막·피조개·가리비 등, 부착동물인 굴·담치·진주조개·우렁쉥이 등, 부착식물인 김·미역 등이 있다.

② 방류재포양성 : 방류재포양성은 자연상태의 넓은 수역이나 새로 지정된 수역에 종묘를 방류한 다음, 성장한 것을

다시 거두는 것으로 종류에는 유영성 동물인 연어·참돔·넙치 등, 유영성 저서은신 동물인 대하·보리새우·꽃게 등, 일시 부착성 동물인 가리비 등이 있다.

3) 인공종묘의 생산과정

인공종묘의 생산과정은 알의 채란, 부화, 유생기, 사육에 이르기까지 인위적인 관리를 통해 이루어진다.

① 먹이생물의 배양

식물부유생물인 클로렐라 등을 실험실에서 무균배양 하여 동물성 플랑크톤인 로티퍼(Rotifer)에게 먹이로 제공한다.

② 친어의 선정 및 관리

가. 충실한 어미를 고른다.

나. 성숙연령에 도달한 어미를 고른다.

다. 어미의 채포시 스트레스를 주지 않아야 한다.

라. 방란 직전의 어미를 고른다.(산란기의 전기 또는 중기의 어미)

마. 선정한 어미는 적합한 채란환경을 유지시켜 준다.

③ 채란

가. 자연 채란법 : 어미의 자연 방란에 의해 채란하는 방법

나. 인위적 채란법 : 어미의 복부를 절개하여 알을 꺼내거나 알을 짜내는 방법

다. 산란촉진법 : 간출이나 정자의 자극, 온도, 자외선 조사, 호르몬 주사 등을 통해 산란을 촉진한다. 패류의 인공종묘생산시 산란촉진법을 병행한다.

④ 부화

수산생물에 따라 적절한 부화시설을 사용하지만 무척추동물의 경우 특별한 부화시설이 없다.

부화율은 수온, 염분, 투명도, 산소 및 물리적인 충격 등에 따라 다르다.

⑤ 유생사육

가. 알에서 부화한 유생에게 먹이를 주어 생장시키는 단계로서 폐사하기 쉬운 위험기이다.

나. 무척추동물의 먹이선택성은 까다로워서 사육이 힘든 반면 패류 등은 부화 후 몇 일이 지나면 식물성플랑크

제 5편 | 수산양식

2회 기출문제

양식에 있어서 인공 종묘의 먹이생물에 관한 설명으로 옳지 않은 것은?

① 클로렐라(Chlorella)는 동물성 먹이생물 배양에 이용 된다.
② 로티퍼(rotifer)는 어류 자어 성장을 위한 먹이생물로 이용된다.
③ 알테미아(Artermia)는 어류 자어 및 패류 유성 모두의 먹이생물로 이용된다.
④ 케토세로스(Chaetoceros)는 패류 유생의 먹이생물로 이용된다.

➡ ③

1회 기출문제

우리나라에서 현재 완전양식으로 생산되는 어종이 아닌 것은? 완전양식이란 양식한 어미로부터 종묘(종자)를 생산하고, 이 종묘(종자)를 길러서 어미로 키우는 것을 말한다.

① 넙치(광어)
② 조피볼락(우럭)
③ 무지개송어
④ 뱀장어

➡ ④

톤을 먹기 때문에 사육이 편하다.
다. 어류의 경우 로티퍼나 알테미나(Artemina)를 먹일 때부터 배합사료를 보충해 주다가 일정기간이 지나면 배합사료만으로 치어까지 성장시킨다.
라. 패류의 경우 치패가 부착할 때까지 이소크리시스(Isochrysis), 케토세로스(Chaetoceros) 등의 식물성 플랑크톤을 주다가 바다에서 중간육성을 시킨다.
마. 사육시설의 먹이, 수온, 염분, 용존산소, 해수의 유동이 좋아야 하고, 환수를 알맞게 해주는 것이 중요하다.

(3) 우리나라의 종묘생산 현황

1971년 국립수산과학원 북제주수산종묘시험장 개설을 시작으로 현재까지 19개소의 국립·도립 수산종묘시험장이 시설되었다.

1,060백만 마리의 유용수산종묘를 생산하여 그 중 81백만 마리를 연안에 방류하였으며, 이와 별도로 민간에서 생산된 넙치·조피볼락·대하·전복 등 연안정착성 고부가가치 품종 424백만 마리를 매입·방류하였으며, 수산종묘 85백만 마리(2,672백만 원)를 매입·방류하는 등 연안수산자원을 조성하였다.

04 영양(榮養)과 사료

① 영양의 의의

1) 영양의 의의

영양이란 생물체가 스스로의 생장에 필요한 영양소의 흡수, 이용 및 배설 등의 대사에 관한 것을 말한다. 생물체가 외부로부터 물질을 섭취하여 체성분을 만들고, 체내에서 에너지를 발생시켜 생명을 유지하는 일이다.

2) 영양소의 의의

체외(體外)에서 보급된 경우에 영양에 관여하는 화합물을 영양소라고 한다. 보통은 탄수화물(당질), 지방(지질), 단백질, 무기질(미네랄), 비타민으로 분류하고 이들을 5대 영양소라고 부른다. 영양소는 필수 영양소와 비필수 영양소로 구분한다.

① 필수영양소
동물체 내에서 합성이 안되거나 동물체의 요구량에 비해 합성속도가 극히 완만한 영양물질로, 외부에서 그 물질이 공급되지 않을 경우, 생존 및 성장에 현저한 장애를 주는 영양물질로서 탄수화물, 단백질, 지방, 무기질, 비타민, 물 등이 있다.

② 비필수영양소
음식물의 형태로 존재하지 않고 생물체가 직접 생산할 수 있는 영양소

* **배합사료의 영양소** : 단백질, 아미노산, 지방, 지방산, 탄수화물, 비타민, 무기물 등

❷ 사료의 주요성분 및 원료

1) 양식과 사료

수산생물을 양식함에 있어서 환경요인과 더불어 영양사료는 중요한 요소이다. 해조류나 패류의 경우 자연환경에서 제공되는 먹이로 양식이 가능하지만 어류나 새우류의 경우 먹이생물을 먹고 자라기 때문에 사료의 공급이 양식관리의 대부분을 차지한다.

① 배합사료
배합사료는 양식동물에 필요한 단백질, 탄수화물, 지방, 무기염류 및 비타민류 등과 필요 첨가제를 인위적으로 적정 비율로 혼합하여 만든다. 배합사료만으로 기르면 성장이 악화되는 경우가 있는데, 이때는 동물의 생간·생사료 등을 먹이면 다시 정상화된다.

배합사료는 단백질 사료의 비중이 가장 높은데, 단백질 사료로는 어분이 가장 널리 쓰이고 그 밖에 번데기·육분(肉粉)·생선류·깻묵·효모 등이 쓰인다. 탄수화물 원료로는 밀·

보리 등의 곡류나 등겨가 주로 쓰이고, 지방 원료로는 각종 동식물의 유지(油脂)가 이용되는데, 산화되기 쉽기 때문에 항상 신선한 것을 주어야 하며, 원료의 산화를 막기 위하여 항산화제(抗酸化劑)를 첨가하여 진공상태로 보관한다.

* 영양성분별 기능
  ⓐ 단백질 : 양식어류의 몸을 구성하는 기본 물질
  ⓑ 탄수화물 : 에너지 공급
  ⓒ 지방 및 지방산 : 에너지원과 생리활성물질 공급
  ⓓ 무기염류 및 비타민 : 대사과정 중의 촉매 및 활성물질

* 배합사료의 종류
  ⓐ 미립자 사료 : 부유성 플랑크톤에 공급하는 직경이 작은 입자로 된 사료
  ⓑ 펠릿(Pellet) 사료 : 일정한 크기의 알갱이로 된 사료
  ⓒ 습사료(Moister Pellet) : 냉동고기를 분쇄기로 갈아 반죽으로 만든 후 어분과 기타 영양분을 섞어 만든 사료

② 생사료
생사료란 사료용 어류와 부화된 유생어류의 먹이 공급용으로 생산되는 클로렐라와 동, 식물성 플랑크톤을 말한다.

2) 사료의 원료
  ① 단백질 원료
  배합사료에는 단백질 원료가 20% 이상 함유되어 있어야 한다.
    가. 동물성 원료 : 어분(명태, 정어리, 고등어 등이 재료), 번데기, 육분 등
    나. 식물성 원료 : 콩깻묵, 기름짠 찌꺼기, 효모 등
  ② 탄수화물 원료
    밀, 옥수수, 보리 등의 가루나 등겨
  ③ 지방의 원료
    어유, 간유, 가축기름, 식물유 등
  ④ 기타
    소금이나 무기물 등이 사료에 첨가되고, 첨가제로 점착제,

항산화제, 착색제, 먹이유인물질과 호르몬제 등이 있다.

③ 사료계수와 사료공급

1) 사료계수와 사료효율

① 사료계수

어류 또는 양식 동물이 한 단위 성장하는데 필요한 사료의 단위로 다음 식과 같이 구한다. 사료계수의 일반적 수치는 1.5~2.0 정도이며 사료계수가 낮을수록 양식 비용이 적게 들어갔다는 것을 의미한다.

사료계수 = 먹인 총사료량(건조중량) ÷ 체중순증가량(습중량)

② 사료효율

어류 또는 양식 동물의 체중으로 전환된 사료의 비율로 다음 식과 같이 구한다.

사료효율(%) = [체중순증가량(습중량) ÷ 먹인총사료량] × 100

2) 양식동물의 사료 섭취량

① 사료 섭취 영향 요소 : 양식동물의 종류, 크기, 수온, 용존산소, 암모니아 등
② 어류의 1일 사료 섭취량 : 몸무게의 1~5%가 보통이지만 뱀장어, 미꾸라지의 치어기에는 10~20%까지도 먹으며 조금씩 자주 준다.
③ 1회 공급량 : 포식하는 양의 70~80% 공급
④ 1일 공급횟수 : 송어, 뱀장어, 메기 등은 1일 1~2회, 잉어는 여러번 나누어 준다.

[3회 기출문제]

다음에서 A의 값과 B에 들어갈 내용으로 옳게 연결된 것은?

○ 1,350 kg의 사료를 공급해 50kg의 조피볼락 치어를 500 kg으로 성장시킨 경우 사료계수 값은 (A)이다
○ 사료계수 값이 작을수록 (B)이다.

① A: 3,   B; 경제적
② A: 3,   B: 비경제적
③ A: 10, B; 경제적
④ A: 10, B: 비경제적

▶ ①

[1회 기출문제]

다음 조건에서의 사교계수는?
- 한 마리 평균 10g인 뱀장어 치어 5,000 마리를 길러서 성어 550kg을 생산하였다.
- 사용된 총 사료의 공급량은 1,000kg이다.

① 1
② 2
③ 3
④ 5

▶ ②

05 영양어업의 양식종 선택

1) 산란습성에 따른 종의 선택

① 다회산란(多回産卵, iteroparity)

일생을 통해 여러 번 산란을 하는 번식 형태로서 대부분의 이매패류나 복족류들, 포유동물, 조류 등이 이에 해당한다. 어류 한마리가 한 번에 난소 안의 모든 알을 방출치 않고, 몇 번에 걸쳐 산란하는 것을 말하기도 한다.

② 일회산란(一回産卵, semelparity)

어류의 번식 형태로 일생을 통해 단 한 번만 산란하고 죽는 것으로서 연어, 뱀장어, 오징어 등이 대표적이다.

③ 방란(放卵, spawn)

수중에서 수정이 일어나는 유형

④ 포란(抱卵, brooding)

동물이 산란한 후 알이 부화될 때까지 자신의 몸체를 이용하여 알을 따뜻하게 하거나 보호하는 행위. 보통 조류에서 많이 발견되며, 게나 성게의 일부도 몸체로 알을 보호하지만 육자낭이나 입 속에서 알을 보호하는(구내보육, mouth brooding) 어류 종류가 있다. 단각류나 굴, 홍합 등

2) 난과 유생의 조건

난과 유생이 환경에 대한 내성이 강할수록 양식하기 수월하다. 일반적으로 수적으로 적은 난을 생산하는 종의 유생이 성체로 자랄 확률이나 내성이 강하고, 해양의 이매패류와 같이 그 크기는 작고 양적으로 많은 난을 생산하는 종(예 : 굴, 홍합)의 유생은 그 크기가 작아서 성채로 자랄 확률이 상대적으로 낮다.

3) 섭식습성(무척추동물의 경우)

① 수중의 부유물을 아가미를 통하여 걸러서 섭식하는 것
② 바닥을 긁어서 퇴적물과 먹이를 함께 먹고 먹이만을 섭취하는 것
③ 생물의 사체를 섭식하는 것
④ 다른 생물을 포식하는 것

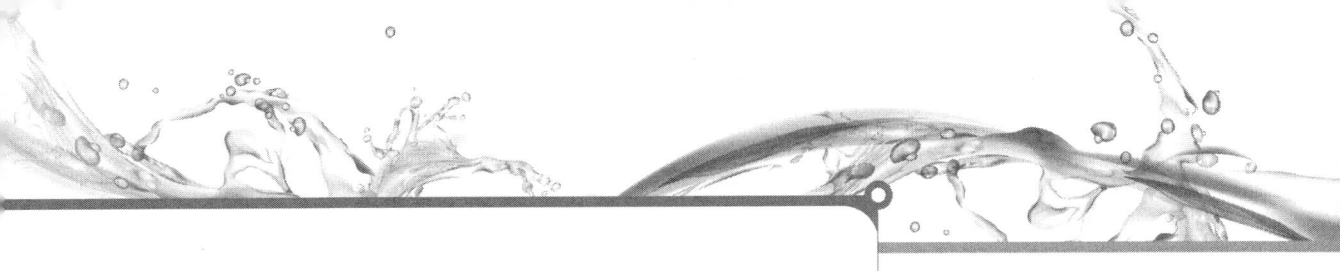

4) 밀식에 대한 적응성

자연상태에서도 밀식정도에 따라 성장률이 다르다. 밀식에 대한 적응정도는 종의 특성에 따라 다르다. 밀식은 양식생물의 배설물, 음식물 찌꺼기 등에 의한 산소 고갈을 종종 유발하며, 질병의 확산속도도 상대적으로 빠르다. 또 하나의 문제점은 종종 canabalism(유생시기에 나타나는 유생간의 공식)을 유발한다.

> **3회 기출문제**
>
> 어류양식에서 발생하는 진균성 질병은?
> ① 수생균 병 ② 구멍갯병
> ③ 쪼그랑병 ④ 물렁증
>
> ▶ ①

06 양식생물과 질병

1) 수질환경에 의한 질병

① 수온의 급격한 변화

어린 물고기의 경우 5~10℃의 온도차에도 스트레스를 받는다.

② 용존산소의 변화

③ 질소화합물의 발생

가. 암모니아, 아질산 등의 발생 : 어류의 배설물이나 먹이 찌꺼기가 원인으로 어류의 아가미를 상하게 하여 호흡곤란을 일으키게 한다.

나. 중금속, 농약의 유입 : 어류의 사망이나 어류 몸체의 기형을 일으킨다.

다. 지하수의 질소가스 : 지하수에는 질소가스가 다량 함유되어 있어 어류의 기포병(가스병)을 일으키므로 기포를 제거하고 용수를 공급하여야 한다.

2) 영양요인에 의한 질병

생사료에 사용되는 생선에 많이 들어 있는 지방산은 불포화지방산으로 산패로 인한 질병을 일으킨다. 또한 단백질, 지질, 비타민 등의 결핍으로 인해 어류에 나쁜 증상을 일으키기도 한다.

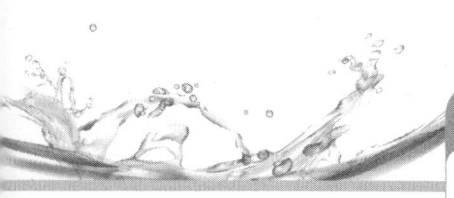

2회 기출문제

다음에서 바이러스 감염에 의한 발생하는 어류의 질병으로 옳은 것만을 고른 것은?

```
ㄱ. 비브리오병
ㄴ. 림포시스티병
ㄷ. 전염성 조혈기 괴사병
ㄹ. 미포자충병
```

① ㄱ, ㄴ ② ㄱ, ㄹ
③ ㄴ, ㄷ ④ ㄷ, ㄹ

▶ ③

3) 질병의 병원체

① 바이러스

가. 허피바이러스(Herpesvirus) : 양식동물의 표피에 작은 사마귀를 일으키는 바이러스

나. 이리도바이러스(Iridovirus) : 이리도바이러스 감염증(Iridoviral Infection)은 1990년 일본의 양식 참돔에서 처음으로 발생된 이래 돔류뿐만 아니라 넙치, 조피볼락, 방어, 농어, 전갱이 등에도 감염되고 있다. 치어일수록 폐사가 높게 나타나며 심할 경우 전량 폐사하는 경우도 있다. 돔류뿐 아니라 조피볼락, 농어 등에서도 감염이 확인되었다. 증상은 채색흑화, 회색, 출혈, 안구돌출 등이다.

다. 랍도바이러스(Rhabdovirus) : 세포질 내에서 증식하는 바이러스

② 세균

수산생물에 가장 많이 나타나는 질병이다. 몸에 붉은 반점이 생기거나 피부가 벗겨지는 증상, 지느러미 끝부분이 흐트러지는 증상이 나타나며, 눈동자가 튀어나오거나 배가 부풀어 오르는 증상도 보인다.

③ 진균

물곰팡이가 물고기에 기생하면 몸 표면에 솜뭉치가 붙어있는 것 같은 모양이 보인다.

④ 기생충

수산생물에 나타나는 기생충으로는 물이, 닻벌레, 아가미흡충, 피부흡충, 백점충, 트리코티나충, 포자충 등이 있다. 이런 기생충이 발현하면 물고기의 몸 표면에 좁쌀만한 흰점이 생기거나 광택이 사라지고 물고기가 양어지의 벽에 부비는 등의 증세가 나타난다.

07 양식어업의 위험

(1) 자연적 위험

자연적 위험, 즉 자연재해는 기상조건과 환경의 변화에 의하여 발생하는데, 돌발적이고 예측 불가능하며 그 변화가 불확실하기 때문에 피해에 대한 예방과 극복이 매우 어렵고 피해규모도 큰 편이다. 이러한 자연적 위험은 양식물의 수확을 감소시키고 생산수단인 양식장 관리선이나 양식시설물을 파괴·유실케 한다.

일반적으로 양식물 및 양식시설물에 피해를 주는 자연적 위험에는 태풍(폭풍 포함), 해일, 적조, 이상조류, 해적생물부착 등이 있다.

1) 태풍·폭풍·해일

우리나라의 여름철에 연례적으로 내습하는 태풍이나 고기압 전선이 통과할 때 발생하는 폭풍은 동서해안의 양식시설물을 파괴하는 등 막대한 손실을 미치며, 이들 재해발생 직후에는 수온과 염분농도가 급상승함으로써 양식물의 생육과 성장에 커다란 영향을 미친다. 태풍의 최다로 발생하는 월은 8월, 7월, 9월의 순으로 대부분이 이 기간에 내습하고 있다. 또한 일본의 서해안에서 발생하는 해일은 동해 및 서해안 양식어장에 피해를 주는데, 이들 재해는 돌발적으로 발생하기 때문에 사전조치를 취하기 어렵고 피해예방대책이 없어 피해가 크다.

2) 적조

적조현상은 하천, 호수, 바다 등의 부영양화로 수중의 식물성 플랑크톤의 개체가 돌발적으로 다량 증식하여 해수나 담수의 색깔을 변화시키는 현상이다.

적조의 발생원인이 되는 생물은 편모조류·규조류·야광충 등이나 적색균류·염조류·직모충류 등에 의해서 발생하는 경우도 있다. 적조는 대개 6~9월경에 가장 많이 발생하나 야광충에 의한 적조는 5월, 규조류에 의한 경우는 봄에 많이 발생한다.

* 적조에 의한 양식업의 피해
    ⓐ 어류의 호흡곤란 : 다량 발생한 플랑크톤이 어류의 호흡기를 폐쇄함으로써 호흡을 곤란하게 만든다.

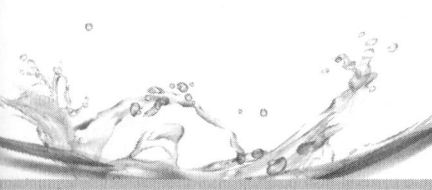

ⓑ 수질오염 : 막대한 적조생물이 죽은 후 사체들이 분해될 때 유독한 유해물질을 발생시켜 수질을 오염시킨다.
ⓒ 어패류의 질식사 : 사체들의 분해에 의해 용존산소량을 감소시키고 황화수소를 증가시켜 어패류를 질식케 한다.

3) 이상조류

이상조류는 자연현상에 의하여 수온·염분·용존산소 또는 영양염류가 변함으로써 바닷물의 질이 급변하는 현상 전체를 일컫는다.

4) 수온의 변화

① 이상냉수 : 겨울철에 북서계절풍이 강하게 일어난 뒤, 혹은 겨울철 한냉한 북서풍에 의해서 생성된 한류가 외해에서 급히 진입할 때 나타난다. 이러한 이상냉수는 양식물의 성장·발육을 억제하거나 심하면 양식물을 동사시킨다.
② 이상온수 : 영양염이 풍부한 냉수성 해류의 수역에 난류가 급격히 진입해 해수온도를 급상승시킴으로써 양식물의 폐사를 야기하고 있다.

5) 해적생물의 출현

해적생물이 양식물에 부착함으로써 생기는 피해는 주로 패류 혹은 해조류에서 많이 발생하며, 이로 인한 피해는 양식생물을 폐사시키는 직접적인 피해와 양식물의 품질을 저하시키는 간접적인 피해로 나누어진다.

(2) 경제적 위험(시장위험)

양식어업에 있어서 가장 중요한 경제적 위험은 양식물 및 양식시설자재의 가격변동에 따른 위험이다. 양식물의 가격변동에 따른 위험을 보면, 양식물의 생산은 환경조건으로 인하여 양식물 종류마다 비교적 일정한 시기에 집중됨으로써 가격차가 시기에 따라 크다. 뿐만 아니라 양식물에 대한 수요의 가격탄력성이 비교적 작아 생산량 증감에 대한 가격 진폭이 크다.

(3) 인위적 위험
① 육상오염원으로 인한 해양오염
② 매립 및 간척으로 인한 어장축소
③ 댐의 방수로 인한 담수의 다량유입
④ 발전소의 가동에 따른 온수의 배출
⑤ 양식어장 자체의 밀식에 의한 자가오염피해 등

08 양식 종별 양식방법

❶ 유영동물의 양식방법

(1) 넙치(광어)
우리 나라의 어류양식에서 차지하는 비율이 가장 높다

1) 양식환경 : 육상수조나 연안의 가두리
   ① 가두리의 크기 : 관찰과 취급이 쉬운 25~100㎡로 깊이는 2~5m인 것이 알맞다.
   ② 양성밀도 : 가두리 안의 해수 유통에 따라 다르나 정상적인 경우 ㎡당 5~15kg
   ③ 육상수조
     가. 수조의 수심 : 40~80cm 깊이로 비교적 얕아도 되나 어체 탈출방지를 위하여 수면위로 30~50cm 정도 여유를 주어야 함
     나. 수조의 크기 : 치어기엔 4~10㎡ 정도로 하고 성장함에 따라 점차 넓혀서 출하 전에는 30~100㎡ 정도

2) 성장 적수온
   15℃~26℃, 성장률과 생존율을 고려하면 21℃전후가 적합하고 먹이 섭취의 한계수온은 10-27℃

3) 양성용 먹이
   ① 어릴 때: 곤쟁이, 까나리 등을 잘게 끊어서 줌(먹을 수 있

제 5편 | 수산양식

1회 기출문제

연골어류가 아닌 것은?

① 두톱상어
② 쥐가오리
③ 참다랑어
④ 홍어

▶ ③

2회 기출문제

어미의 몸 속에서 알을 부화시킨 새끼를 출산하는 양식 대상 어류는?

① 넙치(광어) ② 참돔
③ 농어   ④ 조피볼락(우럭)

▶ ④

② 성장함에 따라 까나리 또는 전갱이 새끼 등을 통째로 주거나 몇 개로 토막내어줌

(2) 조피볼락

양볼락목 양볼락과에 속하는 난태생 어종으로 볼락류 중에서 가장 성장이 빠른 대형종이다. 비교적 낮은 수온에서 서식가능한 북방형 어종으로 우리나라 동, 서, 남해 및 일본 북해도 이남, 중국 북부의 각 연안에 분포한다.

상품크기는 0.5~1kg이 일반적. 종묘크기에서 상품크기까지 성장하는데는 1년6개월~2년 정도 소요된다. 넙치보다 성장이 느리고 돔류보다는 빠르며, 양식 생산량은 넙치 다음으로 많다.

1) 양식환경
양식은 주로 해상가두리식을 쓰고 종묘생산은 육상수조식을 쓴다.
① 해상가두리
  가. 5×5, 6×6, 10×10m 크기에 깊이 5~7m 그물가두리 이용
  나. 어릴때는 무결절망을 사용, 조금 성장하면 일반적으로 랏셀망을 사용
  다. 양성밀도 : 해상가두리 사육시 일반적으로 4-5cm의 종묘는 가두리 표면적㎡당 약 700~1000마리를 기준으로 하고 8cm내외로 성장하면 300~500마리로 조정한다.
② 육상수조
  가. 수조는 50~100㎥크기로 수심은 1~2m를 이용하는 게 좋다.
  나. 동일한 수온 및 사육밀도에서는 환수량이 많으면 성장이 빠르므로 양수시설 및 배관시설을 여유 있게 설치

2) 성장 적수온
① 15~20℃가 조피볼락의 적정수온, 12℃에서도 정상적인 사육이 가능(먹이공급)
② 연중 12℃ 이상으로 조절하여 겨울철에도 성장시킬 수 있다.

3) 양성용 먹이

생사료(냉동 전갱이)와 분말사료(넙치 육성용)를 1:1의 비율로 혼합하여 제조한 습사료(moist pellet) 공급

* 습사료를 공급하여 실험한 결과 500g 까지 성장하는 데는 출산 후 약 2년 200g까지는 약 1년이 소요

(3) 돔류

참돔, 감성돔, 돌돔 등이 있으며, 인공종묘양식으로 완전 양식이 가능하다. 다만, 다른 어종에 비하여 성장속도가 느리다는 단점이 있으며 500g 기준 참돔은 2~3년, 감성돔은 4년 정도 걸린다.

① 양식환경 : 가두리양식을 주로 쓴다.
② 서식 적수온 : 13~28℃
③ 양성먹이 : 까나리나 정어리 등과 배합한 습사료 제공

(4) 메기

메기는 전국의 강, 하천, 호수 등에 널리 분포되 있다. 수온 20~27℃의 온수대 저질이 부드러운 수역에 서식하며, 야행성이며 경계심이 강하고 탐식성으로 소형동물을 주로 포식(공식현상)한다. 자연산 메기의 산란은 만 2년생이면 가능하다(주산란기 5월 중순~7월 중순). 자연 서식장에서는 3~5일 만에 부화하며, 성장속도는 1년에 10~20cm, 2년에 20~40cm 성장 된다.

1) 양식환경

양성지는 주·배수가 충분하고 사육관리가 용이해야 하며 못의 크기는 250~500㎡가 적당하고 수심이 1~1.5m가 유지될 수 있는 깊이면 좋다.

① 지수식양식 : 양성지크기는 250~500㎡(가을 취양 또는 월동방양의 경우 1,000㎡ 전후도 무방)

* **방양** : 월동을 마친 전년도산 치어 및 당년에 조기생산 종묘를 수온 15℃ 전후 방양이 좋으며 2~3일 후부터는 먹이를 먹기 시작함

② 가두리양식 : 댐호 및 저수지에서의 가두리양식은 지수식 양식방법 못지않게 생산성이 높다.

* 종묘 방양 밀도는 1칸(5×5m)당 3,000~5,000마리 정도가 적당하다.

③ 저수지 조방양식

저수지 또는 낚시터에 메기를 방류하여 자연산 먹이로 하거나 인공배합먹이를 공급해서 생산하는 방법이다.

④ 순환여과양식

시설은 600~1,000㎡(200~300평) 규모이면 연간 약 15톤 가량 생산이 가능하다.

사육지의 개수와 면적은 될수록 소형으로 여러개 시설함이 관리에 편리하며 친어지와 채란, 부화지, 치어지 및 양성지의 구분이 필요하고 양성지는 치어지의 5배 이상의 면적이 필요하다.

2) 양성 적수온 : 20~27℃

3) 양성먹이

어분이나 동물성 먹이를 제공

(5) 은어

맛이 담백하고 특수한 수박향기를 함유하고 있다. 1959년 인공종묘생산에 성공한 다음 1963년 가두리식 양성, 1965년 원형 육상수조식 양성 등이 보급되었다.

우리나라에서 1970년부터 국립수산진흥원 내수면 연구소에서 시험양식 실시 후 보급되었으며 양성기간이 비교적 짧고 값이 비싸며 수요증가로 양식전망이 밝다.

은어는 은어과(Plecoglossidae)에 속한다. 전장 10-30㎝, 이중 10㎝내외되는 것을 소은어라하고 30㎝내외는 대은어라고 한다.

우리나라에서는 두만강을 제외한 주요하천에 분포하며, 특히 낙동강, 섬진강, 강구오십천, 삼척오십천, 남대천 등에 많이 서식한다.

① 양식환경 : 육상수조식과 가두리식으로 하지만, 우리나라에

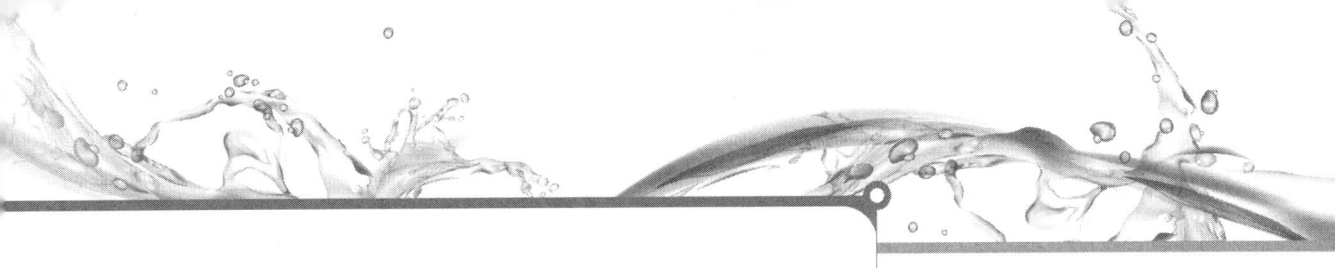

서는 주로 육상 수조식 양성을 한다.

* **육상수조**
    ⓐ 장방형 : 넓이 400~500㎡, 수심 60~120cm이고 바닥은 배수구를 향하여 1/20~1/30의 경사를 만들고 배수구에다 집수구역을 만들어 수확시 쉽게 수확할 수 있도록 한다.
    ⓑ 원형 : 지름 10~15m, 수심 100~150cm이고, 배수구는 중앙에 설치하며 바닥은 중앙을 향하여 1/15-1/25로 경사지게 한다. 또한 사육용수가 잘 회전할 수 있게 주수하는 물이 수조 벽의 방향과 평행하게 주수하며 양성한다.

* **양성밀도** : 장방형에서 ㎡당 100~200마리, 원형수저에서 ㎡당 200~400마리

② 양성 적수온 : 15~25℃가 성장 적수온이며, 10℃이하 28℃이상에서 먹이를 먹지 않는다.
③ 양성먹이 : 먹이는 배합사료를 주로 사용(크럼블형의 입자)한다. 먹이는 일정한 먹이터에다 주는데 그 먹이 터는 주수구 부근이다. 먹이횟수는 하루 6~8회, 1/2은 아침과 해질 무렵, 1/2은 낮에 나누어준다.

(6) 뱀장어

우리나라에서는 뱀장어(Anguilla japonica)와 무태장어(Anguilla marmorata)의 2종이 있으나 양식대상종은 뱀장어 1종이다.
뱀장어는 강하성(降下性) 어류이며 하천으로 올라온 실뱀장어는 4~12년간 300~1,000g으로 성장하여 어미가 된다.
① 양식환경 : 지수식(하천수, 저수지물, 지하수)과 순환여과식(지하수, 용천수, 온천수)이 주로 사용되며, 수질은 pH 6.5~8.5 정도로 유지하고 수조가 위치하는 지형은 주배수가 편리하며 관리나 시설경비를 절약할 수 있는 곳과 기후가 온화하고 남향으로 바람이 심하게 일지 않는 곳이 좋다.

* 지수식 못의 구조

  못 바닥의 경사는 주수구 쪽이 50~80cm 정도 배수구쪽이 1~1.5m 정도로 해줌.

  못 벽은 콘크리트로 하고 수면에서 50cm 정도 높이로 해줌.

② 양성 적수온 : 낮은 수온에서 먹이 섭취율이 떨어지므로 수온을 26~27℃로 올려 준다.

③ 양성먹이 : 실지렁이, 배합사료

* 먹이 길들이기(먹이부침)

  방양한 실뱀장어는 낮에는 넓게 퍼져 유영하나 일몰 후는 못의 벽면을 따라 유영하는데 일몰후 급이장에 300W 정도의 전등을 켜주면 약 1시간 후에는 전등 가까이에 모여든다.

  그물상자에 실지렁이를 넣고 수면에 거의 닿을 정도로 매달아 두면 1주일 후에는 약 70%가 실지렁이 먹이에 길이 듬. 먹이상자 이외에서는 먹지 못하도록 습관을 들이고 야간에 먹이를 먹는 버릇이 들면 차차 점등시간을 당겨서 주간으로 전환.

  실지렁이 먹이에 충분히 길이 들면 본 먹이로 전환하고 실지렁이의 양을 줄여서 100% 배합사료를 먹이로 쏜다.

  실뱀장어 먹이 부침에 적정한 온도 : 24~27℃

❷ 부착 및 저서동물의 양식방법

(1) 가리비

1) 가리비의 종류

종류	큰가리비	국자가리비	비단가리비
학명	Patinopecten yessoensis	Peaten albicans	Chlamys farreri
서식환경	사니질 30% 이하 모래, 자갈 수심 10~30m	모래, 사니질 수심 10~80m	암석, 사니질 수심 조간대~10m
분포	영일만 이북 동해안	남해안 동부측	전국연안
산란기	3~6월	2~3월	5~7월
최대크기	20cm	12cm	7~8cm

2) 양식환경
　① 수하식 양식 적지
　　가. 파도의 영향이 적으며 수심 20~60m 되는 곳
　　나. 여름철 고수온 (23℃) 기간이 2개월 이하로 가능한 짧은 곳
　　다. 저질은 평탄하여 시설물 설치가 쉬운 모래 또는 사니질인 곳
　② 바닥식 양식 적지
　　가. 자연산 가리비가 서식하는 곳
　　나. 해저경사가 완만하고 저질은 사력질 (모래와 자갈, 패각 부스러기)로 개펄의 함유가 30% 이하인 곳
　　다. 수심 30m 이하로 오염의 우려가 없는 곳

3) 서식 수심 및 서식 적온
　서식수심은 수m ~ 50m이상이며, 주 서식수심은 20~40m 정도의 자갈이나 패각질이 많은 곳이다. 서식수온은 5~23℃

4) 양성밀도

치패크기(cm)	채롱망목(mm)	적정수요밀도(마리/채롱)	비고
1이하	5	100-400(치패 체취시)	채롱크기 35×35cm
2	10	50-70(1회 분산)	
3-5	20	20-25(2회 분산, 양성)	
5-7	30	10-15(3회 분산, 양성)	

(2) 굴

우리나라의 양식굴은 참굴(난생형)이다. 간조선 및 천해의 고형물에 부착 서식하며, 먹이로는 식물성 플랑크톤, 유기세편 등이다.
채묘시기는 전기에는 6~7월(전남 고흥, 여천, 경남 남해, 하동 등)이며, 후기에는 8~9월(전남 여수, 여천, 경남 고성, 거제, 통영, 창원 등)이다.

1) 양식환경
　① 바닥식 : 간조선 수심 수m 되는 천해의 바닥으로 지반의 변동이 없고 종패 살포, 양성시 매몰되지 않는 곳

② 투석식 : 간, 만조선 사이 지반이 연약한 곳에 부착기물인 돌을 사용, 치패를 부착 양성하는 방법으로 이때 사용되는 돌로는 산석이 좋으나 시멘트 블럭을 제작하여 사용하는 것도 가능(수확후에는 돌의 상하 위치 바꾸기 실시)

③ 송지식(나뭇가지식) : 간, 만조선 사이나 간조선 이심에 나뭇가지를 세워 치패를 부착, 양성하는 방법으로 이때 사용되는 나뭇가지는 조류 방향과 병행하여 세움(길이 1.2~1.8m의 소나무, 참나무, 대나무등 사용)

④ 연승수하식 : 천해의 수심5m이상 해면에 뜸을 띄우고 로우프를 연결 양성하는 방법(뜸은 스티로폴제, 하이젝스제, PVC제 등 사용)

⑤ 뗏목수하식 : 뗏목에 뜸을 달아 수면에 뜨게한 후 수하연을 매달아 양성하는 방법(뗏목자재는 부력과 유연성이 있어서 내파성이 있는 대나무인 맹종죽 사용)

⑥ 기타수하식 : 간석지에 말목을 설치한 후 수하연을 매달아 양성하는 간이수하식이 여기에 속함(중앙에 말목을 박고 원형으로 수하연을 매달아 양성하는 우산식과 경남 사천 등 남해안 일부지역의 간이 수하식을 변형한 결대식 등이 있음).

2) 양성적온
5~30 ℃(적수온 : 23~25 ℃)

3) 단련종굴
참굴의 성장은 종굴의 단련 여부, 수하시기, 양성장의 조건 등에 따라 상이하다. 나쁜 환경에서 살아남은 단련종굴은 일반적으로 내병성이 강하고 폐사율도 낮으며 부착생물과의 경쟁에도 잘 견디어 비단련 종굴에 비하여 성장 양호하다.

4) 굴의 해적생물 등
① 식해성 해적생물 : 불가사리, 납작벌레, 대수리, 두드럭고둥, 뿔고둥, 피뿔고둥 등
② 부착성 경쟁생물 : 따개비, 진주담치, 미더덕, 우렁쉥이류, 해면류 등

③ 기타 해적생물 : 폴리도라류 등

(3) 전복

전복은 2월 수심 25m 층의 12℃되는 등온선을 경계로 북쪽은 한류계(참전복), 남쪽은 난류계(말전복, 까막전복, 시볼트전복, 오분자기)가 분포한다. 상업적 가치가 있는 것은 참전복과 까막전복이다. 1cm 크기 종묘사육시 각장 7cm까지 성장하는데 2년 반, 각장 9cm까지는 약 3년 소요된다.

1) 전복의 종류

종류	학명	최대크기	각고	호흡공	서식수심
말전복	Haliotis giguntea	25cm	높다	심한돌출 4~5개	15~30
까막전복	H. discus	20cm	높다	중간 3~6개	4~10
시볼트전복	H. sieboldi	17cm	낮다	약간돌출 4~5개	12~15
참전복	H. discus hannai	14cm	중간	심한돌축 3~5개	4~5
오분자기	H. diversicolor super-testa	8cm	–	6~9	0~4

2) 양식환경
① 수하식 채롱양성
  가. 양성시설 : 뗏목식은 1대(8X6)당 채롱(0.6X0.5X1m)40개 시설, 연승수하식은 1대(길이 100m)당 채롱 50개 정도를 수심 4-5m층에 수하
  나. 수용밀도 : 양성초기 치패는 7mm일때 4,000마리/㎡, 수확시는 10-40kg/㎡정도 수용
  다. 먹이공급 : 먹이는 미역, 다시마, 대황, 감태, 갈파래, 구멍갈파래 등이 좋으며 여름철은 3-4일에 겨울철은 7-10일에 1회 공급(공급량은 섭식량의 2-3배)

  * **전복치패의 먹이 섭식량** : 다시마(30cm) 1,000미, 1일분
② 방류 양성
  가. 전복초 조성 : 어린치패의 보호, 육성을 위하여 수심 1-3m내외의 전복초 설치

2회 기출문제

우리나라에서 양식되는 전복에 관한 설명으로 옳지 않은 것은?

① 양식산 전복의 주생산지는 전라남도이다.
② 참전복은 난류계이고, 말전복은 한류계이다.
③ 1 ~ 2cm 전후의 치패를 채롱이나 바구니 등에 넣어 중간육성을 시작한다.
④ 양식방법에는 해상 가두리식, 육상 수조식 등이 있다.

▶ ②

1회 기출문제

우리나라의 연안에서 서식하는 전복류 중 난류종(계)이 아닌 것은?

① 참전복
② 오분자기
③ 말전복
④ 시볼트전복

▶ ①

나. 종묘수송 : 봄, 가을 직사광선을 피하고 때때로 해수를 뿌려주면서 소송하되 먹이 투여는 금지
다. 종묘방류 : 생잔률 향상을 위하여 각장 3cm이상되는 종묘를 수심 2-3m 정도의 다소 깊은 곳에 방류함이 바람직 (방류용 상자로 침하 또는 잠수부에 의한 직접방류 방법 이용)

3) 양성 적수온

10~23℃ (적수온: 15~20℃)

4) 치패사육용 먹이

① 저서초기 사육

치패는 성패보다 산소 소비량을 훨씬 많다. 먹이는 부착성규조류와 감태, 미역 등의 포자 및 배우체 사용한다.

② 저서후기 사육

치패가 4-5mm 이상으로 성장하면 부착기에 한 규조류 만으로는 충분한 먹이 공급이 곤란하다. 부착기로 부터 치패를 박리하여 채롱에 수용한 후 갈파래, 쇠미역, 미역등의 부드러운 엽체를 공급하면서 사육한다.

(4) 피조개

피조개는 남해안과 동해안의 내만이나 내해에 분포하며, 꼬막류 중 가장 깊은 곳까지 분포한다(내해의 조간대부터 수심 50m 사이의 펄 바닥에 서식). 저질은 개흙질로 된 연한 곳이 좋다.

1) 종류

종류	학명	일명	최대크기	방사늑수	수직분포
고막	Tegillarca, granosa	Haigai	4.1cm	16~20 (18)	조간대
새고막	Scapharca, subcrenata	Sarubo	7.2cm	26~34 (31)	조간대 ~10m
큰이랑피조개	S. satowi	Satogai	11.4cm	36~41 (38)	수 m ~30m
피조개	S. brougtonil	Akagai	11.8cm	36~46 (41)	수 m ~50m

2) 양식환경
  ① 바닥양성
    가. 종패살포 : 각장 4cm 이상은 봄, 가을, 3cm 이하인 경우는 봄철 (3~5월)에 살포
    나. 살포량 : 1ha당 50만마리 살포
    다. 양성기간 및 채취방법 : 양성기간은 1~2년이며, 형망을 사용하여 채취한다.
  ② 수하식양식
    가. 입지 조건 : 풍파의 영향이 적은 내만성 어장(간조시 수심 5~20m)
    나. 수하용 용기 : 그물, 플라스틱 바구니, PVC 바구니
    다. 시설수심 및 시설시기 : 시설수심은 3m 이심층이 좋고, 시설시기는 봄철 3~5월(각장 3cm 전후)이 좋다.

3) 양성 적수온
  6~28℃(적수온 : 20~26℃, 산란임계온도 : 23℃)

4) 먹이생물
  해산 크로렐라 (Chrorella sp.), 모노크리시스 (Monochrysis lutheri), 키토세라스 (Chaetoceros calcitrans) 등

❸ 해조류의 양식방법

(1) 김

해태(海苔)라고도 한다. 바다의 암초에 이끼처럼 붙어서 자란다. 길이 14~25cm, 나비 5~12cm이다. 몸은 긴 타원 모양 또는 줄처럼 생긴 달걀 모양이며 가장자리에 주름이 있다. 몸 윗부분은 붉은 갈색이고 아랫부분은 파란빛을 띤 녹색이다.
우리나라에서는 참김과 방사무늬김을 주로 생산하였으나, 최근에는 병해에 강하고 생산성이 좋은 모무늬돌김, 둥근돌김 등이 선호종이다.

1) 환경조건 및 생태

수온	- 채묘기 : 23℃ 이하 - 발아기 : 15~22℃ - 엽체성육기 : 5~8℃ - 종어기 : 12~23℃ 이상
영양염류	- 질산염, 아질산염, 암모니아, 인산염 - 미량 원소(Fe, Mn, Cu, Co 등) - 양질의 김생산 : 질산염 0.1mg/l, 인산염 0.03~0.95mg/l
광선	- 김의 수직분포, 즉 서식대를 결정짓는 요인 - 김의 보상점은 300~500Lux로서 약한 광선하에서도 광합성이 가능하다.
유속	- 20cm/sec - 부영양화 어장 10cm/sec, 빈영양화 어장 30cm/sec - 채묘기 7cm/sec, 발아기 7~25cm/sec

2) 배양방식

① 수하식 : 180cm×360cm×80cm 수조에 패각 5,000~10,000개 배양
② 평면식 : 75cm×45cm×15cm 상자에 패각 50개 배양

3) 육묘(발아관리)

① 실내 인공채묘 : 포자부착 상태를 검결 확인하여, 적당수의 포자가 부착되었으면 그물발을 건져내어, 일정시간 음건시켰다가 어장에 설치
② 야외 인공채묘 : 5~10매 겹쳐 봉투식으로 3~5일간 부동식으로 관리한 후 포자의 부착상태를 확인하고 12~18일 후 2~5매로 분산시킴

* 발의수위 : 조금(소조)때 15~20cm 올렸다가 원래의 기준 수위로 환원시킴.

(2) 미역

외형적으로는 뿌리·줄기·잎의 구분이 뚜렷한 엽상체(葉狀體) 식물이다. 우리나라 전 연안에 분포하나, 한·난류의 영향을 강하게 받는 지역에는 분포하지 않는다. 저조선 부근 바위에 서식하나 남부지방은 더 깊은 곳에, 북부지방에서는 더 얕은 곳에 서식하는 경향이

1회 기출문제

다음의 해조류 중 갈조류가 아닌 것은?

① 김
② 모자반
③ 미역
④ 다시마

▶ ①

1회 기출문제

해조류의 양식방법이 아닌 것은?

① 말목식
② 부류식
③ 밧줄식
④ 순환여과식

▶ ④

있다. 겨울에서 봄에 걸쳐서 주로 채취되며 이 시기에 가장 맛이 좋다. 봄에서 여름에 걸쳐 번식한다.

1) 양식적지
   ① 수온 : 15℃ 이하의 성장 기간이 긴 외양수역
   ② 영양염 : 부영양 상태의 내만수와 외양수가 혼합되는 곳
   ③ 조류 : 연안이나 내만에서의 유속이라면 빠른 편이 좋다.
   ④ 수심 및 저질 : 수심이 10m 이상 되는 곳 사니질인 곳
      (모래 뻘)

2) 채묘시기
   유주자 방출 시기는 수온이 14~22℃일 때이며, 수온 17℃ 전후로 될 때에 택하는 것이 좋다.

3) 종묘배양관리
   ① 초기배양 : 이 기간은 종사에 착생한 유주자를 배우체까지 발아, 성장시키는 기간으로 채묘 후 약 10~20일에 해당되나 실제로는 약 30일 정도 소요되며 7월초, 중순경이다.
   ② 중기배양 : 중기는 7월중순~9월초순경인 고수온기에 해당하며 23℃이상의 고수온에 견디어 생존율이 좋게 관리하는 기간.
   ③ 종기배양 : 종묘의 휴면을 해제하고 난 뒤 배우체를 성숙, 아포체를 형성시켜 종묘를 가이식까지 또는 양성 (이식)시설 할 수 있는 시기까지의 기간으로서 수온상으로는 23℃ 이하로 하강하기 시작하여 19℃까지인 9~10월경에 해당된다.

4) 가이식
   해수수온 20℃ 이하에서 틀에 잠긴 그대로 씨줄을 수면하 2~4m에 매단다.
   가이식은 아포체가 규조류나 부니에 묻히지 않을 정도의 크기 (0.5~1cm)까지 한다.
   가이식을 하는 곳은 만의 안쪽 또는 외해쪽에서 하고 조류소통이 좋은 곳을 택해야 싹녹음의 병해가 적다.

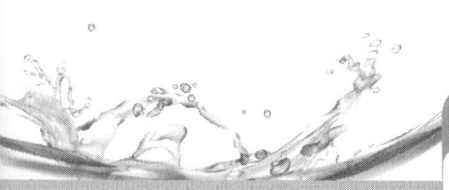

1회 기출문제

미역양식에서 가이식(假移植)을 하는 주된 목적으로 옳은 것은?

① 유엽체의 성장 촉진
② 유주자의 방출 촉진
③ 아포체의 성장 촉진
④ 배우체의 발아 성장 촉진

▶ ③

5) 성장 및 수확

미역의 성장은 밝기(깊이), 어미줄에 붙어 있는 개체간 거리, 유엽체의 발아시기, 양성시설 시기에 따라 다르다. 즉, 유엽은 17~15℃에서 중록이 생긴 이후에는 약 13℃에서 성장이 빠르다.

① 일제수확 : 생육수온이 비교적 높아서 15℃ 이하로 되는 기간이 짧은 곳에서는 미역이 일제히 자라므로 일시에 수확을 한다.

② 솎음수확 : 수온이 15℃ 이하인 기간이 긴 곳(50일 이상)에서는 성장도가 차이가 있는 경우에는 일찍 자란 것부터 채취한다. 너무 배게 발아했을 때에도 이것을 솎아 어미줄 10cm당 5~10개체 정도를 남기도록 하면 성장이 잘 된다.

③ 잎자르기수확 : 미역의 성장대는 줄기와 잎의 중간에 있으므로, 이 성장대의 위쪽을 잘라서 수확한다.

이 때 남은 부분에서는 재생을 하게 된다. 특히 발아수가 적을 때에는 이 방법이 유효하다.

(3) 다시마

우리나라에서 양식 가능한 종류는 참 다시마와 애기다시마 2종이다. 원래는 원산 이북에만 분포했으나 지금은 실내에서 종묘 생산하여 제주도를 제외한 전 해역에서 양식 가능하다.

1) 양식환경

① 수온 : 11월에서 익년 7월 사이에 수온 17~18℃ 이하이며, 기간이 약 6개월간 이상이 지속될 수 있는 해역, 2년생 다시마를 생산할 때는 여름철 7~9월의 수온이 22~23℃ 이하로 유지되는 곳이 좋다.

② 적지 : 내만수나 육수와 외양수가 혼합되는 곳이 영양염류가 풍부하므로 성장이 잘 된다.

③ 수심 : 적정수심은 6~10m이다. 수심은 15~30m 범위이면 되나, 수심 20m 이상인 경우는 시설 경비가 많이 소요된다.

④ 저질 : 해저는 닻의 고정력이 충분히 미칠 수 있는 단단

한 사니질이거나 자갈지대의 곳이 좋다.

2) 양성시설

양성시설은 미역과 비슷한 수평 외줄식이 적당하며 어미줄 1m당 20~30kg에 달하므로 장력이 크게 걸리며 양성기간도 길어서 태풍을 대비해 훨씬 튼튼해야 한다. 시설 소는 조류가 다소 빠른 편이 생장에 좋다.

3) 시비

다시마는 50~60cm 이상으로 성장하게 되면 엽체의 성장도 빨라질 뿐만 아니라 영양염류의 소비량도 급진적으로 많아지게 되므로 이시기에 요소 또는 유안, 암모니아 등의 비료를 시비하여 주면 성장도 촉진되고 색체도 좋아진다.

시비방법은 소형주머니 수하법으로서 500~1,000g정도의 비료를 포리에치렌 봉지에 넣고 주머니의 윗부분에 바늘로서 구멍을 2~3개소 뚫어서 지승의 중간부분에 5~10m 정도의 간격으로 매달아 준다.

시비횟수는 5~6일마다 한번 씩 계속 매달아 주되 적어도 5회(1개월)이상에 걸쳐 실시해야 효과를 볼 수 있다.

MEMO

수산 일반

제6편 | 수산가공과 위생

01 수산식품 원료의 특성

❶ 수산물의 특성

(1) 수산물의 긍정적 특성

1) 양질의 영양소 함유
   ① 동물성 어패류의 근육은 축육에 비해 지방함량이 낮으며 우수한 아미노산조성의 단백질로 구성되어 있다.
   ② 필수아미노산 조성으로 볼 때 어패류의 단백질은 축육과 비교하여 손색이 없으며 소화흡수성은 오히려 더 우수하다.
   ③ 축육과 비교하여 볼 때 지방함량이 낮아 열량은 오히려 낮은 고단백 저지방의 다이어트 식품적 특성을 보유하고 있다.

2) 생리활성물질을 다량 함유
   어육단백질의 분해로 얻을 수 있는 혈압저하물질 ACE 저해 펩타이드, 심장강화, 콜레스테롤 저하 및 세포활성 강화기능의 타우린, 동맥경화 예방 등 수많은 생리기능의 EPA 및 DHA, 성장호르몬 및 시력강화 기능의 비타민 A, 칼슘의 흡수촉진 기능의 비타민 D, 관절 및 시력관련 기능성 물질인 콘드로이친을 포함한 MPS, 혈압조절 및 중금속 체외배출, 면역활성 증강 등의 기능특성을 보인 알긴산, 퓨코이단, 포피란 등 해조류중의 산성 다당류, 항균 및 항산화 기능의 키토산 유도체 및 글리칸성분 및 카로티노이드, 생리적 기능성이 우수한 무기원소(칼슘, 철, 요드, 셀레늄, 아연, 마그네슘 등) 등은 지금까지 알려진 주요 생리활성 물질들로서 육상의 천연 동식물에 비해 월등히 많은 량이 수산동식물에 함유되어 있다.

3) 우수한 맛과 기호특성

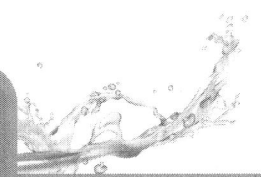

3회 기출문제

수산물의 일반적 특징에 관한 설명으로 옳지 않은 것은?

① 수산물은 부패가 느리고 상품 규격화가 쉽다.
② 수산물 기호는 부모들의 섭취 경험에 영향을 받는다.
③ 육상에서 생산되는 먹거리로부터 보충받기 어려운 각종 특수 영양소를 제공한다.
④ 쌀을 주식으로 하는 나라일수록 식품소비 중 수산물이 차지하는 비율이 높은 편이다.

▶ ①

제 6편 | 수산가공과 위생

수산물은 종이 다양한 만큼 다양한 맛과 식감특성을 보유하고 있다. 어패류 근육중의 맛관련 성분들은 종에 따라 다르나 대체적으로 글루탐산, 글리신, 프로린, 아라닌 등의 좋은 맛을 내는 아미노산이 풍부할 뿐 아니라 각종 유기산, IMP 등 핵산과 상당량의 유리당 및 소량의 염을 함유하고 있으며 다양한 종류의 정미성 수용성분을 다량 함유하고 있어 대체적으로 맛이 좋으며 풍부하다. 이 때문에 수산물의 기호성은 그만큼 다양할 뿐 아니라 발전 가능성이 높다고 할 수 있다.

(2) 수산물의 부정적 특성

1) 어획이 불안정하다

수산물은 농산물이나 축산물과 달리 어획이 극히 불안정하다. 일반 해면어업의 경우 언제, 어디서, 어떤 어종이, 얼마만큼 어획될 수 있을 지에 대한 정확한 예측이 어렵다. 수산업 자체가 해류, 기상조건 등 외적요인에 지배되는 부분이 크기 때문에 계획 생산이 가장 어려운 1차 산업적 특성을 갖는다.

이와 같은 수산업은 인공 양식산업 기술의 발달로 상당부문 해소되는 추세에 있으나 인공양식의 경우에도 수온의 경제적 관리는 아직까지 쉽지 않은 실정이다.

2) 일시 다획성이다

수산동물은 낚시어업 등 소극적 어법으로 어획하는 경우도 있으나 그물을 사용하는 어업이 많으며 그물을 사용할 경우 어류자원이 풍부할 경우 일시 대량어획 되는 특성이 있다. 국내에서 선호되는 대중성 어류의 대부분은 선망, 자망, 저인망, 안강망 등의 적극적 그물을 사용하는 적극적 어업산물이며 대부분 어군밀도가 적정하였을 경우 대형 그물을 사용하기 때문에 1회 양망시 대량의 어획물이 얻어지는 특성이 있다. 이러한 어획특성은 한정된 어획선상의 작업여건(처리작업장, 작업시간, 작업인력, 보관 및 수송여건 등)을 고려할 때 농산물이나 축산물과는 달리 어획물에 대한 체계적 초기 선도 관리 및 처리가공을 어렵게 하는 요인으로 작용한다.

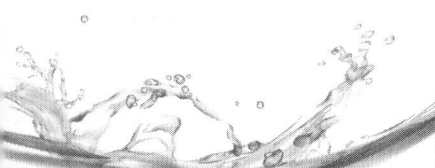

2회 기출문제

수산자원 및 수산물의 특성에 관한 내용으로 옳은 것은?

① 재생성 자원이 아니다.
② 부패와 변질이 어렵다
③ 표준화와 등급화가 쉽다.
④ 수요와 공급이 비탄력적이다.

➡ ④

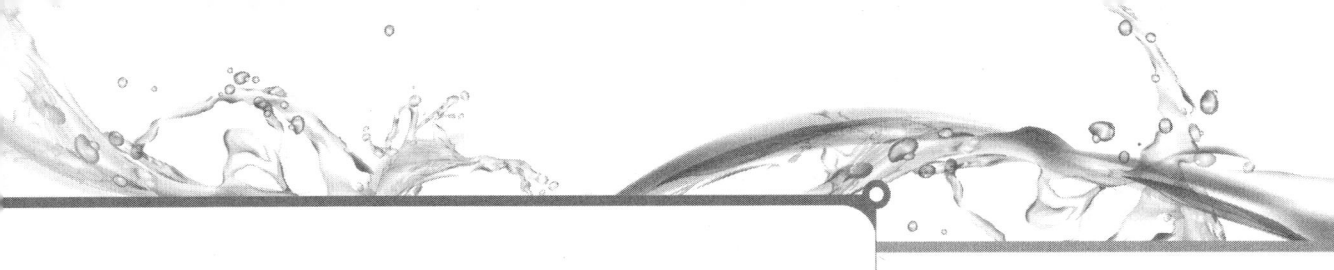

3) 어종이 다양하며 계절적 특성이 강하다

수산자원은 서식환경에 따라 담수산과 해수산 및 기수역산으로 구분된다. 서식수온에 따라서 열대수역, 온대수역 및 한대수역 수산물로 구분될 수 있다. 생태특성에 따라 특정수역에 정착하는 정착성과 회유하면서 서식하는 회유성으로 구분될 수 있으며 서식 수심에 따라 표층어종, 중층어종, 저서어종으로도 구분된다. 육지와의 거리에 따라 연안어종과 원양어종으로도 구분되며 생물학적 특성에 따라 어류, 갑각류, 연체류, 패류, 복족류, 두족류, 극피류,등 다양한 종으로 구분된다. 이처럼 다양한 요인에 영향을 받은 수산물은 종류가 극도로 다양한 특성이 있으며 종마다 나름대로의 생태특성을 갖는 만큼 주 어획시기가 따로 있는 특성이 있다.

4) 성분조성의 차이가 심하다

수산물은 주요 영양성분 조성은 비교적 큰 것으로 알려지고 있다. 어종에 따라서도 일반성분의 차이가 상당하지만 동일 어종이라도 암수성별, 크기(비만도)와 연령, 어장과 어획시기에 따라 상당한 성분차이가 있을 뿐 아니라 동일 개체라도 부위에 따른 성분 차이가 심하다. 동일 어종의 경우 대체적으로 단백질과 회분의 차이는 크지 않은 반면 수분과 지방함량은 계절적 차이가 심한 경향이 있는데 청어나 정어리 같은 다지방적색육 어류의 경우 산란 직전과 산란 후 체지방 함량차이가 30%를 상회하였다는 보고도 있다. 또한 동물성 다당류인 글리코겐을 다량 함유한 패류의 경우도 산란 전후 극심한 변화를 보이는 특성이 있으며 해조류의 경우도 어린 유엽과 성실엽의 다당류 함량차이가 매우 심한 것으로 알려져 있다.

5) 쉽게 부패되는 특성이 있다

어패류는 근육이 연약할 뿐 아니라 근육 중에 육성분 분해효소(Cathepsin류)를 함유하고 있으며 아가미 및 표피점액에는 다종 다양한 부패성 미생물을 다량 함유하고 있어 일단 질식사 후 혐기적 대사과정에 이르면 쉽게 육성분이 분해되는 특성이 있다. 이는 축육류는 육조직이 어육보다 강인할 뿐 아니라 도살후 내장 및 혈액을 분리하여 위생적으로 세정하고 급냉처리하는 등의 위생적 처리를 하지만 어육의 경우 어획 후 내장 분리나 위생세정 또는 급냉처리 등의 과정을 거치기 어려운 원료적 특성이 있기 때문이다.

6) 취급이 불편하며 비린내가 난다

수산물은 축육과 달리 비늘, 뼈, 내장, 혈액 등의 비가식 부위를 위생적으로 분리하기가 어려운 문제가 있어 대부분 전어체 또는 부분 조리된 상태로 취급 유통된다. 또한 신선도가 저하됨에 따라 미생물 증식에 의한 육성분 분해 및 산화작용에 의해 비린내 등 불쾌한 냄새가 발생하여 식품으로서 기호성을 떨어트리는 경우가 많다.

7) 식중독을 일으키기 쉽다

수산물은 신선한 상태라도 다양한 천연독성분을 함유하는 경우가 있으며 세균증식에 의한 세균성 식중독을 일으키는 경우가 많아 보편적 식품으로서 외면 받는 경우가 많다. 신경마비독, 복어독, 하리성 패류독, 고등어류의 히스타민 중독, Clostridium botulinum에 의한 맹독성 식중독, 베네루핀, Staphylococcus aurius, Vibrio parahaemoriticus, 콜레라, Vibrio 패혈증, O-157 세균중독 등은 흔히 접하는 대표적 식중독 사례라고 할 수 있다.

❷ 수산물의 성분과 영양

(1) 수산물의 성분

수산물에 함유되어 있는 성분은 수산물의 종류, 성분, 성별, 성숙도, 체질, 장소, 성도 및 부위에 따라 다양하다.
어패류의 일반성분 함유량은 수분이 70~85%, 단백질이 5~25%, 지방이 1~10%, 탄수화물이 0~8%, 회분이 1~2% 정도이다. 지방 함유량은 어패류의 종류, 체질, 부위에 따라서 변동이 많지만 단백질, 탄수화물, 무기질 등은 그 변동이 비교적 적은 편이다.

(2) 어패류의 식품성분

1) 수분
어패류의 수분함유량은 70~85% 정도가 보통이지만 특정 어패류에서는 90%가 넘는 것도 있다. 수분함유량은 지방함유량과 반비례하는 경향이 있다.

2) 단백질
어류의 단백질 함유량은 약 20% 정도이며, 오징어. 패류 등은 약 15% 정도이다. 굴, 우렁쉥이, 해삼 등은 약 5% 전후로 낮은 편이다.

3) 지방
적색류 어류인 고등어, 정어리, 꽁치 등의 지방 함유량은 백색류 어류인 명태, 대구, 넙치 등보다 많다. 어획시기별로 산란 전에 지방 함유량이 많은데 어패류의 맛이 좋은 시기와 일치하는 경향이 있다.

4) 탄수화물
어패류에 함유된 탄수화물은 포도당이나 글리코겐 등과 같이 에너지원으로 이용되는 것과 키틴, 키토산 등과 같이 에너지원으로 이용되지 않은 것이 있다.

글리코겐은 어패류의 근육 중에 많이 포함되 있다. 패류의 탄수화물 함유량이 1~8%로서 어류나 갑각류(1% 이하)보다 더 많다. 일반적으로 제철인 겨울에 어획되는 굴이 함유량이 많다.

5) 엑스 성분
엑스 성분이란 고기, 물고기, 조개 등의 좋은 맛(수용성) 성분이나 그것들을 뜨거운 물로 추출하여 농축한 것으로서 주성분은 뉴클레오티드, 펩티드, 아미노산 등으로, 수프나 요리의 맛의 기본이 되며, 분자량이 비교적 작은 수용성 물질을 통틀어서 지칭하는 용어이다. 엑스 성분은 어패류의 맛과 기능성에 중요한 역할을 하지만 어패류의 변질과도 관련이 있다.

일반적으로 무척추동물에서 엑스 성분의 함유량이 많다. 엑스 성분에서 가장 많이 차지하는 성분은 글리신, 알라신, 글루탐산 등과 같은 유리 아미노산이다.

6) 냄새 성분
어류는 선도가 떨어지게 되면 비린내가 많이 난다. 비린내에는 많은 화합물이 관여하는데 트리메탈아민(Trimethylamine ; TMA)이 주도적인 성분이다. 이는 해수어에는 있지만 담수어에는 없다.

연골어류인 상어나 가오리, 홍어 등에는 트리메탈아민옷사이드(Trimethylamine Ocide ; TMAO)와 요소의 함유량이 일반 어류보다 훨씬 많아서 이들이 분해되면 각각 트리메탈아민과 암모니아가 생성되는데 냄새가 매우 강해진다.

미꾸라지 등의 흙냄새는 지오스민(Geosmin) 등에서 나온다.

7) 색소와 성분
① 피부색소 : 멜라닌, 카로티노이드
② 근육색소 : 미오글로빈, 아스타잔틴(연어, 송어 등)
③ 혈액색소 : 해모글로빈(어류), 헤모시아닌(갑각류)
④ 내장색소 : 멜라닌(오징어 먹물)

(3) 해조류의 식품성분
해조류에는 탄수화물과 무기질 함유량이 높지만 지방과 단백질은 함유량이 낮다.

* **탄수화물의 추출** : 한천(우뭇가사리, 고시래기), 카라기닌(진두발), 알긴산(감태) 등

(4) 주요 어류의 성분
① 갈치 : 필수아미노산이 풍부하다. 라이신, 메티오닌, 페닐알라닌, 루신, 발린, 라이신 등
② 광어 : 광어의 지느러미 근육에는 세포와 세포를 연결하는 결합조직 성분인 콜라겐(collagen) 단백질과 콘드로이틴황산(chodroitin sulfate)을 많이 함유하고 있다.

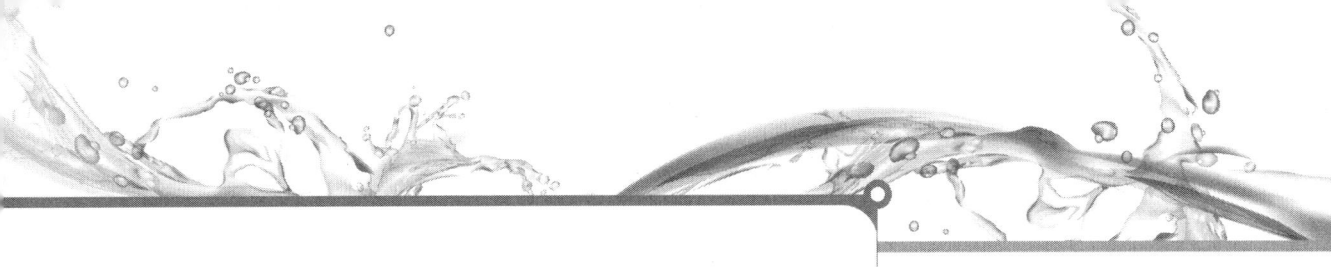

③ 낙지 : 낙지에는 타우린 함량이 높습니다(854mg/100g). 이것은 사람의 담즙(쓸개즙)에서 지방을 유화시켜 지방의 흡수 및 배설을 촉진시키는데 유용하다.

④ 대구 : 비타민A가 풍부하다.

❸ 어패류의 사후변화

(1) 해당작용

해당작용이란 동물조직 속에 글리코겐이 분해되면서 에너지 물질인 ATP와 젖산을 만드는 과정을 말한다.

해당은 산소를 필요로 하지 않는 혐기적 과정인 것이 특징으로 최종산물은 피루브산 또는 젖산(근육 등)으로, 효모는 다시 에탄올을 형성하며 이것을 알코올발효라고 한다.

젖산의 축적과 ATP의 분해로 사후경직이 시작된다.

(2) 사후경직

사후경직이란 어패류가 죽 후에 일정시간이 경과하면 근육이 수축하여 딱딱하게 되는 현상을 말하며 사후강직이라고도 한다. 근육은 사후 직후에는 ATP가 충분히 있기 때문에 유연성을 가진다. ATP의 공급은 근육 내에 원래 남아있는 것을 제외하고는 호흡정지에 의해서 산소의 공급이 없기 때문에 해당작용에 의해서만 이루어질 수 있다.

ATP가 소실되면 근육은 수축한 채로의 상태에 놓인다. 이것이 최대 사후경직기의 상태이다. 어육은 축육에 비하여 결합조직이 적기 때문에 원래 육질은 연하다. 그 때문에 숙성을 하지 않고서 사후경직 상태의 것을 활기가 좋다고 해서 식용(회)에 제공한다.

(3) 해경 및 자가소화

① 해경 : 해경이란 어패류의 사후에 근육은 수분내지 수 시간이 지나면 사후 경직을 일으키는데 시간이 더욱 경과하면

다시 유연하게 되는 현상을 말한다.
② 자가소화 : 자가소화란 어패류 등이 사후 효소 등의 작용으로 근육조직에 변화가 일어나 근육이 부드러워지는 현상을 말한다. 어패류는 축육에 비하여 자가소화기간이 짧기 때문에 변질되기 쉽다. 젓갈류나 식혜류는 자가소화를 이용한 가공식품이다.

(4) 부패

어패류의 부패는 단백질이나 지방 등이 미생물의 작용에 의해서 분해되는 과정이다.

* 어패류의 분해시 생성물질
  트리메탈아민, 황화수소, 메르캅탄(Mercaptan), 인돌(Indole), 스카톨(Scatole), 히스타민 등

④ 어패류의 선도

(1) 선도(freshness)

<u>선도란 어패류 등의 신선식품의 신선함을 말한다. 신선식품은 일반적으로 수분 함량이 높아 미생물의 번식에 의해 부패되기 쉬울 뿐 아니라 효소 작용에 의해 변질되기 쉬워 유통·저장·판매과정 중에 품질이 저하되기 쉽다.</u>

어패류에서는 효소작용에 의한 자기소화와 부착한 세균에 의한 변패가 선도저하의 요인이 된다. 이때 생성되는 trimethylamine은 소위 상한 생선냄새의 원인물질로 선도의 지표가 된다. 또한 사후 ATP 대사에 의해서 생성되는 이노신산이나 inosine, hypoxanthine의 함량은 관능검사에 의한 선도와 높은 상관을 가지며 선도를 화학적으로 측정할 수 있는 지표가 된다.

이들 신선 식료품의 선도유지를 위해서는 저온이나 살균처리, 적당한 포장이 필요하다.

(2) 어패류의 선도유지

1) 냉각저장법
어패류를 동결하지 않을 정도의 저온(10℃에서 빙결점 부근) 상태에서 저장하는 방법

① 빙장법 : 쇄빙으로 어패류를 얼음에 묻어 냉각 저장하는 방법으로 담수빙은 0℃, 해수빙은 -2℃에서 융해된다.
② 냉각해수저장법 : 어패류를 -1℃ 정도로 해수에 침지시켜 저장하는 방법

2) 동결저장법
어패류의 품온을 동결점 이하(약 -18℃ 정도)에서 냉각하여 체내 수분의 대부분이 동결된 상태로 유지 시켜 저장하는 방법으로 보통 어패류는 6개월에서 1년 정도 저장이 가능하다

02 수산가공품의 제조 및 품질

(1) 가공처리의 목적

수산물은 종류가 많고 어획량이 불안정하며 일시에 대량으로 어획되는 경우가 많다. 그리고 어패류의 육(肉)은 축산육(소고기 등)에 비하여 수분이 많고 육질이 연하여 변질되거나 부패되기 쉽기 때문에 가공원료로써 많은 제약을 가진다. 수산물을 효과적으로 이용하기 위해서는 그 이용가치를 높일 수 있는 처리를 할 필요가 있다.

① 수산물의 저장성을 향상시킨다.
　　날것인 수산물을 그대로 두면 육 자체에 함유되어 있는 효소들에 의하여 자가 소화가 일어난다. 이어서 오염된 미생물과 이들이 생산하는 여러 가지 효소의 작용으로 인해 수산물이 변질된다. 그러나 수산물을 가공처리하면 효소의 작용과 미생물의 증식을 막을 수 있어서 저장성이 높아진다.

② 식품의 위생적인 안전성을 향상시킨다.
식품은 인간이 섭취하더라도 인체에 유해하지 않아야 한다. 이런 위생적 안전성을 확보하기 위하여 인체에 유해한 성분이나 미생물로부터 안전하도록 만들어져야 한다.

③ 운반, 저장 및 소비의 편의성을 향상시킨다.
수산가공품은 원료에서 불필요한 부분을 제거한 후에 가공한 제품이다. 따라서 통조림, 북어, 마른 미역, 김 등과 같이 가공 후에는 부피가 줄어들고 포장이 잘 되어서 취급, 운반 및 저장뿐만 아니라 소비하기에도 편리하게 된다.

④ 수산자원의 효율적 이용 및 수산물 가격을 안정화시킨다.
수산물의 이용 형태를 다양화 시켜 수산자원의 효율성을 높이기 위하여 가공이 필요하다. 또한 수산물의 일시 어획성으로 인하여 홍수출하가 이뤄지면 시장가치의 하락으로 생산자나 유통업자의 이익성이 떨어지게 된다. 이때 적절한 방법으로 이를 처리하고 저장하거나 가공하면 시장의 유통량 및 공급과 수요를 조절할 수 있어 수산물의 가격 안정을 꾀할 수 있다.

⑤ 수산자원의 부가가치를 높일 수 있다.
생활수준이 향상됨에 따라 소비자들은 식품의 양, 영양성분이나 식품의 위생적인 안전성 보장만으로는 만족하지 못한다. 단순한 원상품보다는 모양, 색깔, 냄새, 질감 및 맛 등과 같은 관능적인 기호성과 건강 기능성이 좋은 식품이라야 상품가치가 높은 것으로 인정하게 된다.

❶ 수산물의 처리

(1) 수산물 가공의 의의

수산물은 일부 양식업을 제외하고는 생산하는 시기가 한정되어 있어서 계획생산이 어렵고 보존성이 약하다는 특징을 가지고 있다.

즉 수산가공이란 수산원료를 상하지 않은 채 오래 저장할 수 있게 처리하거나 새로운 성질의 유용한 제품으로 만드는 생산수단을 말한다.

(2) 수산물 가공처리의 목적

수산물은 종류가 많고 어획량이 불안정하며 일시에 대량으로 어획되는 경우가 많다. 그리고 어패류의 육(肉)은 축산육(소고기 등)에 비하여 수분이 많고 육질이 연하여 변질되거나 부패되기 쉽기 때문에 가공원료로써 많은 제약을 가진다. 수산물을 효과적으로 이용하기 위해서는 그 이용가치를 높일 수 있는 처리를 할 필요가 있다.

1) 수산물의 저장성을 향상

수산물은 수확 후 날것인 상태로 두면 육 자체에 함유되어 있는 효소들에 의하여 자가소화가 일어난다. 이 과정에서 오염된 미생물과 이들이 생산하는 여러 가지 효소의 작용으로 인해 수산물이 변질된다. 그러나 수산물을 가공처리하게 되면 효소의 작용과 미생물의 증식을 막을 수 있어서 저장성이 높아진다.

2) 식품의 위생적인 안전성 향상

수산물의 가공과정을 통하여 섭취 후 위험성을 제거하고 위생적 안전성을 보장하게 된다.

3) 유통능률 및 소비의 편의성 향상

수산가공품은 원료에서 불필요한 부분을 제거한 후에 가공한 제품이다. 따라서 통조림, 건제품 등과 같이 가공 후에는 부피가 줄어들고 포장이 잘 되어서 취급, 운반 및 저장뿐만 아니라 소비하기에도 편리하게 된다.

4) 수산자원의 효율적 이용 및 수산물 가격의 안정화

수산물은 일시 어획성과 부패성으로 인하여 홍수출하가 되기 쉽다. 홍수출하는 시장가격의 하락을 유발하여 생산자나 유통업자의 수익성을 떨어뜨리는데 이를 조절하기 위하여 수산물의 가공처리가 필요하다.

5) 수산물의 부가가치 증대

수산물을 원물상태로 시장에 출하하는 것은 소비자들의 다양한 소비욕구를 충족시키기에는 한계가 있다. 소비자들은 수산 제품에 관능적 기호성과 건강 기능성 등이 추가된 수산 제품에 대하여 높은 가치를 인정한다. 이를 위하여 수산물의 가공이 필요하다.

(3) 어체·어육의 명칭과 처리방법

1) 어체
① 라운드(Round) : 고기의 원형을 그대로 유지하고 있는 어체
② 드레스(Dressed) : 고기의 머리, 아가미, 내장 등을 제거한 어체
③ 세미 드레스(Semi Dressed) : 고기의 머리는 남기고 아가미와 내장을 제거한 어체
④ 팬 드레스(Pan Dressed) : 대형어의 처리법의 하나로서, 두부와 내장을 제거한 드레스(dressed)상태에서 다시 꼬리와 지느러미를 제거한 상태의 어체

2) 어육 : 생선의 가식부 대부분을 차지하는 부분
① 필레(Fillet) : 생선의 뼈와 지방질를 제거한 살코기
② 청크(Chunk) : 전어체에서 아가미, 내장, 지느러미, 척추골을 제거한 것을 두껍게 윤절(輪切)한 것
③ 스테이크(Steak) : 필레를 얇은 두께로 자른 어체
④ 슬라이스(Slice) : 스테이크를 얇게 절단한 어체
⑤ 다이스(DIce) : 필레를 2~3cm 각으로 자른 어체
⑥ 초프(Chop) : 제육기에 걸어서 발라낸 어육
⑦ 그라운드(Ground) : 고기를 갈아낸 어육

❷ 수산가공품

(1) 냉동품

1) 냉동법
냉동법은 식품 자체 중의 대부분의 수분을 빙결시켜 저장하는 방법이므로 처리 방법이 좋으면 식품의 종류에 따라서는 저장 중에 품질의 변화가 적으므로 1년 이상 저장할 수도 있다. 냉동법은 어육의 신선도를 유지하고 영양가치를 파괴하지 않지만 냉동저장 중에 빙결정이 형성되어 근육조직의 손상, 육색의 변화, 찰수, 산패, 단백질의 변성 등 생리화학적 변화가 일어날 수 있다.

2) 동결방법
① 자연적 냉동법
기계적인 일을 직접 이용하지 않고 물질의 특성(융해·증발·승화)을 이용하여 자연적 현상에 의해 냉동시키는 방법이다. 고체의 융해잠열 이용, 고체의 승화잠열 이용, 액체의 증발잠열 이용, 기한제를 이용하는 방법이 있다.

② 기계적 냉동법
전력과 증기 및 연료 등의 에너지를 사용하여 냉동하는 방법이다. 열을 직접 작용시키는 방법은 흡수식 또는 흡착식이라 하고, 기계적인 일(압축기)을 소비하여 냉동 목적을 달성하는 방법을 압축식이라 한다. 증기압축식 냉동법, 흡수식 냉동법, 증기분사식 냉동법, 진공 냉동법, 전자 냉동법, 와류관 냉각법 등이 있다.

3) 수산물의 동결
① 수산물의 동결점
식품을 냉각하면 어느 일정온도에서 빙결정이 생기기 시작한다. 이와 같이 식품 중에 빙결정이 생기기 시작하는 온도를 동결점이라 하는데, 많은 식품의 경우는 −1∼−2℃ 부근이고 어패류의 경우는 대략 −1.7∼−2.2℃ 정도이다. 또 동결점에서도 동결하지 않는 경우가 있는데, 이러한 현상을 과냉각이라 한다. 과냉각 상태는 준안정상태이므로, 어떠한 원인으로 이 상태가 깨어지면 급속히 동결하게 된다.

② 최대 빙결정 생성대

동결을 시작하게 되면 어체 내의 수분이 얼기 시작한다. 이때 수분이 가장 많이 어는 온도대를 최대 빙결정 생성대라고 하며, 대략 -5℃~동결점 사이의 온도를 말한다. 이 구간에서 어체 내의 수분 함유량이 약 80%가 빙결정으로 변한다.

③ 급속냉동과 완만냉동

가. 급속냉동 : 동결시 가장 느린 속도로 온도가 낮아지는 식품 중심점의 온도를 -1℃에서 -5℃까지 내리기 위해서 걸리는 시간이 약 30분 이내인 동결. 급속동결에서는 다수의 작은 얼음결정이 세포내에 생기는 것에 불과하므로 식품의 조직은 파괴되기 어렵다.

나. 완만냉동 : -5~-15℃ 정도의 온도로 최대얼음 결정생성대를 천천히 통과시키는 조건에서의 동결을 완만동결이라고 한다.

4) 해동

① 해동의 의의

냉동된 식품을 융해하여 식품을 동결되어 있지 않은 상태로 되돌리는 것. 해동방법에는 공기해동, 수중해동, 가열해동, 전기해동 등이 있고, 식품에 따라서 적합한 해동법이 다르다. 언 부분이 남아있는 상태로까지 해동하는 것을 반해동이라고 한다.

② 복원

복원이란 해동과정에서 만들어진 빙결정을 녹여서 어체에 다시 흡수시키는 것을 말한다. 수분의 흡수가 잘 될수록 해동 중에 드립이 적어 해동품의 품질이 우수하다.

③ 급속해동과 완만해동

가. 급속해동 : 냉동품을 해동할 때 최대 얼음결정 생성대를 되도록 빠르게 통과시켜 균일하게 급속히 해동하는 것. 해동 중 드립(drip)의 생성을 되도록 적게 하고, 해동 중의 건조를 방지하며 미생물의 활동을 가능한 저지하기 위하여 열풍, 열수, 감압, 가압, 전자파 등을 이용한 급속 해동방법이 사용되고 있다. 일반적으로는

가열조리를 끝마친 가공식품은 급속해동이 필요하다.
  나. 완만해동 : 상온 이하의 정지된 공기나 물에 의한 해동은 비교적 장시간을 요하기 때문에 완만해동이라고 한다. 신선한 어패류나 새우, 게 등은 완만해동 쪽이 바람직하다.
④ 해동마침온도
해동마침온도는 대략 5℃ 이하로 가능한 낮게 하는 것이 좋다. 실제로는 빙결정이 아직 남아 있는 −3℃~−4℃ 정도의 반해동 단계에서 처리하는 것이 바람직하다.
⑤ 드립(Drip)
  가. 드립 : 어육 등의 냉장 중 또는 해동할 때 조직에서 유리, 유출되는 액즙을 말한다. 대부분은 수분으로 되어 있는데, 수용성 단백질이나 고기 추출액도 포함되어 있다. 고기 단백질이 변성(變性)하면 결합수를 잃고 드립이 되어 고기 조직에서 유리된다. 드립량은 단백질의 변성, 해동 조건, 해동시에 있어서 사후 경직의 유무 등에 따라 다르지만, 일반적으로 쇠고기에서는 약 10, 어육(고등어, 숭어, 조기)에서는 10~15, 고래 고기에서는 47~48%에 달하는 것도 있다.
    ㉠ 유출액 드립 : 해동시 흡수되지 못한 수분이 자연스럽게 유출된 것
    ㉡ 압출액 드립 : 해동 종료시에 압력을 가할 때 흡수되지 못한 수분이 유출된 것
  나. 드립에는 수용성 단백질이나 엑스성분, 염류, 비타민 등이 함유되어 있다.
  다. 드립이 많아지면 어육조직이 퍽퍽해 지고 맛과 영양이 떨어진다.
  라. 드립량은 동결속도와 해동속도에 영향을 받는다. 동결속도가 클수록 드립량이 적고, 해동속도가 느린 것이 드립량이 적다.
  마. 드립량이나 드립내의 성분조성은 냉동식품의 품질을 결정하는 척도가 된다.
    * 드립량을 줄이는 방법
      − 선도가 좋은 원료를 급속동결한다.

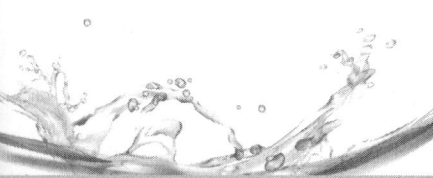

- 동결저장온도를 낮게 한다.
- 동결저장기간을 짧게 한다.
- 동결저장온도의 변동을 적게 한다.
- 해동마침온도를 낮게 한다.

(2) 건제품

1) 건제품의 개요

건제품이란 수산물의 수분을 감소시키기 위하여 건조한 식품을 말한다. 건제품은 수산물의 수분을 줄여 수분환성도를 낮춰서 미생물의 발육을 억제하고 보존성을 높인 것으로서 제조방법에 따라 소건(素乾), 염건(鹽乾), 자건(煮乾), 조미건조(調味乾燥), 훈건(燻乾), 배건(焙乾), 동건(凍乾), 부시 등으로 나누어진다. 또한 건조 정도에 따라 전건품(全乾品), 반건품(半乾品)으로도 나누고, 건조 방법에 따라 일건(日乾), 기계건조(機械乾燥), 제습건조(除濕乾燥)로 나눈다.

2) 수산물 건조의 목적

① 유통비용의 절감 : 식품을 건조하고 그 품질열화를 방지하여 포장, 취급, 저장, 수송 등의 비용을 절감시킨다.
② 식품특성의 특화 : 건조함으로써 그 식품의 특성을 바꿔 어떠한 새로운 성질을 준다. 그 예로 말린 오징어, 말린 감, 말린 호박, 절간무 등을 들 수 있다.
③ 가공 편이성 증대 : 건조함으로써 가공에 적합한 형태로 바꾼다.
④ 부패방지 : 식품은 보통 수분함유량이 40% 이하가 되면 부패가 거의 일어나지 않는다. 미생물이 이용할 수 있는 자유수의 양을 표시하는 수분활성도가 낮아지기 때문이다.

3) 건조방법

① 천일건조법

가. 천일건조는 천연 건조조건에서 태양열과 자연적 바람을 이용하여 건조하는 것
나. 건조경비가 저렴하고 고도의 기술도 필요로 하지 않는

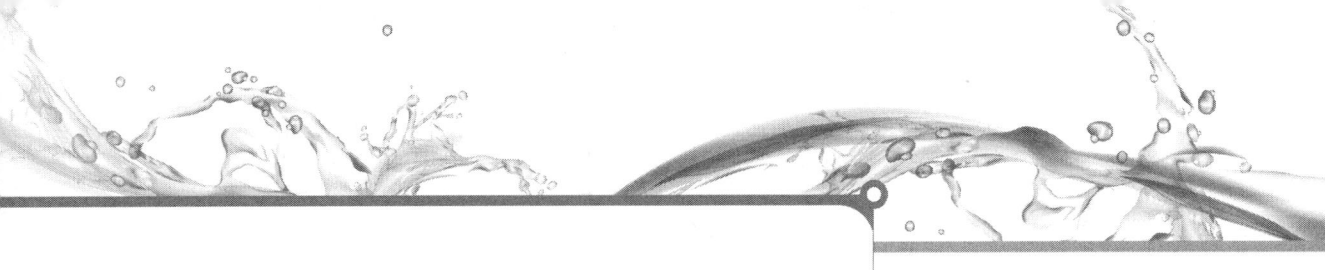

　　　장점이 있다.
다. 전갱이, 고등어, 꽁치, 정어리, 복어 등의 작은 물고기, 물오징어, 조개, 해조류 등이 천일건조에 의한다.
라. 천일건조의 단점
　㉠ 미생물 오염에 의한 변질이 일어날 수 있으며 건조 중에 갈변·흑변 등의 변색이 진행되고 비타민류 감소와 향기성분의 변화 및 파리, 쥐 등에 의한 손실
　㉡ 일정 품질의 제품을 일정기간에 얻는 것이 곤란

② 자연동건법
　가. 겨울철의 자연저온을 이용하여 야간에 기온이 내려갈 때 식품 중의 수분이 빙결하고 주간에 기온이 올라 갈 때 용해하여 수분이 증발 또는 유출하게 된다. 이러한 처리를 반복하여 수분을 제거하고 건조하는 방법이다.
　나. 일반적으로 야간의 기온이 −5℃전후, 주간의 기온이 0℃ 이상이 되는 곳이면 이 동건법을 이용할 수 있다.
　다. 한천이나 마른명태 등은 이 방법에 의하여 제조되는 대표적인 제품이다.

③ 열풍건조법
　가. 열풍을 강제적으로 식품에 불어주어 건조하는 방법으로 열은 주로 대류에 의해 공급된다.
　나. 열풍건조기에는 터널건조, 상자형 건조기, 분무 건조기 등이 있고, 식품의 특성, 건조기의 특성 그리고 최종 제품의 목적에 따라 각종 건조방식이 채용된다.

④ 냉풍건조법
　가. 제습하여 수증기압을 낮게 한 냉풍을 원료에 접촉시켜 건조하는 방법이다.
　나. 일반적으로 온도 15℃~35℃, 관계습도 20% 전후로 조절한 공기를 순환시켜 건조한다.
　다. 건조는 냉풍의 수증기압과 원료의 수증기압의 차에 의해서 일어난다.

⑤ 동결진공건조법
　가. 원료식품을 동결시킨 다음 고도의 진공 하에서 식품 중의 빙결정을 직접 승화시켜 건조하는 방법이다.
　나. 원료식품의 색, 맛, 향기, 물성, 형태 등의 변화를 억

제하고 복원성이 좋은 건조제품을 얻기 위한 방법으로서 가장 바람직한 방법이라고 할 수 있다.

다. 이 방법은 원료식품을 먼저 −30~−40℃에서 급속동결을 시킨 다음 진공도 1~0.1mmHg 정도의 진공을 유지하는 건조실에서 빙결정을 승화시킴으로써 건조를 진행시킨다.

라. 빙결정의 승화속도는 건조실의 진공도 및 승화에 필요한 열량공급의 정도에 따라 결정된다.

⑥ 분무건조법

분무기(atomizer)에 의해 미립화된 액체 방울이 가열공기와 접촉하여 순간적으로 건조, 분말화되는 것인데, 건조할 때에 액체 방울 주위는 수증기 막으로 둘러싸여 습구 온도로 건조되므로 열에 민감한 식품의 건조에 알맞고 연속 대량 생산에 적합하다

⑦ 적외선건조법

적외선의 복사 에너지를 건조의 열원으로 이용하는 건조법을 말한다.

⑧ 배건법(焙乾法, roasted and drying method)

원료를 배건 선반에 널어 배건로 위에 쌓아 올리고 화상에 땔감을 태워 그 때의 복사열과 상승기류에 의하여 수분을 증발, 제거시키는 방법이다. 열원으로는 장작 외에 숯불, 전열, 가스스토브 등이 있다.

(3) 염장품

1) 염장법의 개요

① 식염의 탈수와 방부작용을 보존에 응용한 가공법으로 소금절임이라고도 한다.

② 식염의 방부 효과는 주로 첨가된 식염에 의해 삼투압이 높아져 미생물의 생육이 저지되기 때문이며 또 산소의 용해도 감소에 의한 호기균(好氣菌)의 생육 저지나 염소 이온의 방부 작용도 일부 고려된다.

③ 미생물의 식염에 대한 저항력은 미생물의 종류에 따라 크게 다르다. 예를 들면 Zygosaccharomyces rouxii와 같은

간장, 된장에 존재하는 효모는 15% 이상의 염화나트륨 용액 중에서도 번식하는데 일반 부패 세균은 저항성이 약하여 5% 용액에서 번식은 억제되고 10~15%에서 발육은 어느 정도 저지된다.

2) 염장방법
 ① 살염법(마른간법) : 어패류의 표면, 도미나 복강 내에 소금을 살포하는 방법으로 사용되는 소금량은 보통 원료의 20~35%이다. 염분이 균일하지 않다는 단점이 있다.
 ② 입염법(염수법·물간법) : 식염수에 생선을 침지하는 방법으로 어패류에 소금이 침투됨으로 염농도를 조절하기 위해 수시로 소금을 첨가하거나 소금물을 추가하여야 한다.

(4) 훈제품

1) 훈제의 개념
 훈제식품은 어패류를 수지(樹脂)가 적은 활엽수·톱밥·왕겨 등을 불완전 연소시켜 그 연기에 쐬면서 건조시켜 독특한 풍미와 보존성을 갖도록 한 제품이다.
 훈제법에는 냉훈법(冷燻法)·온훈법(溫燻法)·액훈법(液燻法)·전훈법(電燻法) 등이 있으며, 훈제품의 원료로는 청어·연어·송어·뱀장어·꽁치·고등어·정어리·방어·오징어·굴 등이 많이 쓰인다.

2) 어육 훈제의 재료 처리과정
 세척 → 조리 → 염장 → 소금빼기 → 세척 → 물기제거 → 풍건 → 훈연

3) 훈제방법
 ① 냉훈법 : 단백질이 열응고하지 않을 정도의 비교적 저온(보통 25℃ 이하)에서 장기간(1~3주)에 걸쳐 훈건(燻乾)하는 방법이다. 훈연실의 온도가 이보다 낮으면 건조속도가 떨어지고 또 온도가 이보다 높으면 원료가 변패하기 쉽다. 저장성에 중점을 둔 훈제법으로서 제품의 수분함량은 보통 40%정도이고 저장성이 크기 때문에 1개월 이상 보

존가능하다.

② 온훈법 : 훈연실의 온도를 30~80℃, 때로는 90℃ 정도로 올려서 단시간(3~8시간)에 훈건하는 방법으로, 주로 제품에 풍미를 부여할 목적으로 행한다. 이때 훈건하는 온도 조건이 30~50℃정도의 것을 온훈중온법, 50~80℃정도의 것을 온훈 고온법이라고 부르기도 한다. 제품의 수분함량은 50~65%, 염분은 2.5~3.0%정도이므로 저장성이 낮아서 보존기간은 기온에 따라 다르기는 하나 보통 4~5일 정도이다.

③ 액훈법 : 목재의 건류(乾溜) 또는 목탄 제조시에 생기는 연기성분을 냉각하여 얻어지는 목초액을 목적에 따라서 정제한 것을 훈액이라고 하는데, 이 훈액을 소금에 절이거나, 담근 후 건조하여, 훈연제품과 같은 향기를 부여한 제품을 만드는 방법. 축육제품의 가공에는 거의 이용되지 않지만, 어육가공품에 이용된다. 훈연실을 필요로 하지 않고 간편하지만, 제품의 풍미는 뒤떨어진다.

④ 열훈법 : 120℃~140℃ 고온에서 2~4시간 훈연 처리를 하여 저장성보다 향미에 중점을 둔 훈제품

⑤ 전훈법 : 훈연실에 전선을 배선하여 이 전선에 원료 육을 고리에 걸어 달고 밑에서 연기를 발생시킨다. 이어 전선에 고전압의 직류 또는 교류전기를 흘려 코로나 방전을 시키면 대전을 하게 되는 연기성분은 반대의 극이 되어 있는 원료육에 효율적으로 부착하게 되는 원리를 이용한 훈제법이다. 전훈법은 같은 온도에 있어서 온혼법에 요하는 시간의 약 1/2 이내의 시간으로 같은 정도의 착색을 볼 수 있다.

(5) 연제품

1) 연제품의 개요

어육 연제품이란 어육에 식염을 가하여 고기갈이한 뒤 성형하여 가열한 식품의 총칭. 어묵, 튀김 어묵, 부들 어묵, 어육햄, 소시지 등이 이에 속한다. 어육에 2~3% 정도의 소금을 넣고 고기갈이를 하면 점질성의 졸(sol) 상태가 되며, 이것을 가열하면 겔

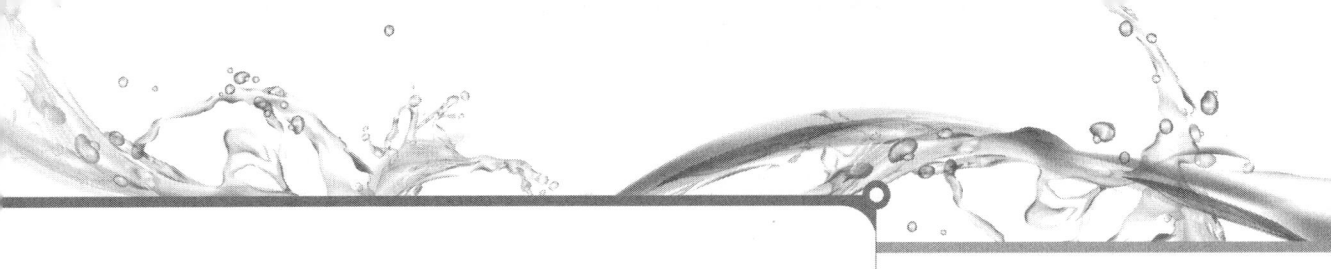

(gel)인 연제품이 된다.

연제품은 어종이나 어체의 크기 등에 관계 없이 원료의 사용범위가 넓고, 맛의 조절이 쉬우며, 다양한 부원료의 배합을 통해 특화된 맛을 만들 수 있다. 다만, 보존성이 약하다.

* **연제품의 첨가제**

  어육연제품에 글루코노-δ-락톤을 첨가하면 제품의 탄력성이 저하되지 않고 pH를 낮출 수 있어 제품의 보존성이 증대된다. 피로인산나트륨 [Sodium Pyrophosphate] 은 어육연제품의 탄력증강제로 쓰이며, 어육소시지에 피로인산나트륨과 포도당 및 소르빈산을 첨가하면 세균에 의한 제품의 연화를 방지한다.

2) 연제품의 원료

연제품의 원료로는 찰기가 강한 백색육 어류가 좋지만, 어육 소시지에는 참치나 고래가 사용된다.

3) 동결 수리미(surimi, 동결 연육)

어패류의 동결은 일반적으로 급속동결방법에 의해 이루어지지만 동결에 의한 근육단백질의 변성을 완전히 피할 수는 없다. 생선의 근육단백질이 변성되면 육질은 다즙성을 잃고 텍스처도 달라진다. 이렇게 단백질이 변성된 어류는 연제품 제조원료로서의 가치도 잃게 된다.

이 변성을 피하기 위해서 개발된 것이 냉동 수리미(surimi)이다. 이것은 변질되기 쉬운 동태를 선상에서 물을 잘 뺀 후 10% 정도의 설탕을 가하여 냉동한 것으로, 물제거는 변성을 촉진하는 포름알데히드 등을 제거하고, 자당 등의 polyol류는 친수력이 높기 때문에 단백질의 고차구조를 안정화시키고 있는 물분자가 냉동되는 것을 억제하거나 물이 동결로 제거되었을 때에 물의 역할을 대신한다. 따라서 이러한 과정을 거친 수리미는 동결에 의해 잘 변성되지 않아 연제품의 제조원료로 가치가 있다.

동결수리미는 식염을 첨가하지 않고 만드는 무염 연육(명태, 정어리)과 식염을 2.5%정도 가미한 가염 연육(고등어, 상어)이 있다.

(6) 통조림

1) 개요

<u>양철관 용기 속에 식품을 충전하여, 용기 속에 공기를 뽑아내고, 밀봉, 살균공정에 따라 장기 보존에 견딜 수 있도록 가공된 음식물에 대한 총칭</u>이다. 통조림은 원료처리 → 살쟁임(원료식품충전) → 탈기 → 밀봉 → 열처리(가열살균) → 냉각의 순으로 가공된다.

수산물 통조림은 생선 조미 통조림이 주종을 이루다가 굴, 홍합, 바지락 등의 패류 통조림이 급격히 증가하였고, 이후 참치 통조림이 대부분을 차지하고 있다.

2) 통조림의 제조공정

통조림의 가공은 원료의 전처리, 세척, 살쟁임, 액 주입, 칭량, 탈기, 밀봉, 살균, 냉각, 검사, 포장의 단계로 이루어진다. 이 중 주요한 4대 공정은 탈기, 밀봉, 살균, 냉각공정이다.

① 탈기 : 탈기(脫氣)에는 가열에 의한 방법과 기계(진공 감아조임기)에 의한 방법이 있는데, 캔 속의 공기를 배제함으로써 온도, 압력의 변화에 따른 통조림의 팽창을 줄임과 동시에 내용물의 변화를 방지하고, 호기균의 발육을 저지하는 효과가 있다.

② 밀봉 : 포장용어에 있어서는 봉합의 뜻으로 물품 또는 포장물품을 용기에 넣거나 둘러싼 상태의 개구부분을 봉하여 내용물품을 보호하기 위한 기법을 말한다.

수법은 기계적으로 멈추거나 또는 결속하는 방법, 테이프 라벨로 붙이는 방법, 접착방법, 봉인방법, 가열밀봉법 등이 있다.

식품을 관에 넣고 밀봉하는 것은 외부로부터 미생물의 혼입을 막고 관내의 공기 유통을 방지하여 식품을 안전하게 보존하기 위해서이다. 따라서 밀봉은 통조림 제조에 있어서 가장 중요한 공정의 하나이다.

현재의 밀봉법은 거의가 이중 밀봉법이다. 이중밀봉이란 관뚜껑의 가장자리를 굽힌 부분 즉 curl을 flange(관동 상부의 가장자리를 밖으로 구부린 부분) 밑으로 말아 넣어 압착하여 관동과 뚜껑을 접착시키고, 뚜껑의 curl부 안쪽

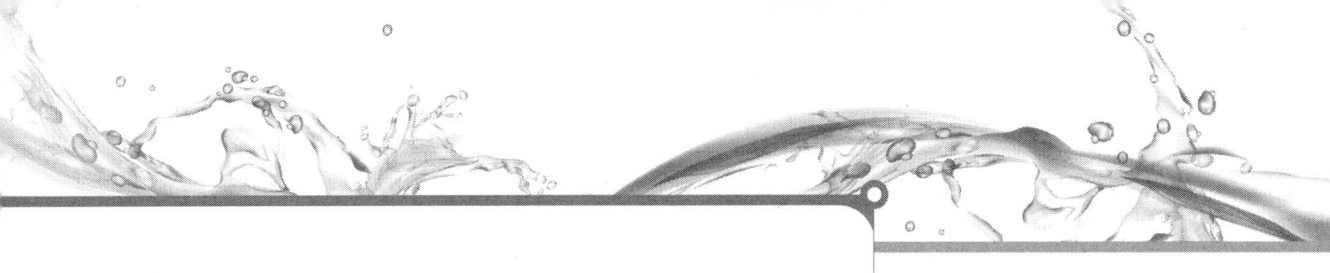

에 도포된 충전제인 sealing compound가 패킹 역할을 하여 기밀성을 유지하는 방법이다.

③ 살균 : 살균이란 물질 중 모든 미생물을 사멸 또는 제거하는 것을 말한다. 통조림의 살균법으로는 수증기를 이용한 가열 살균법이 가장 효과적이고 실용적이다.

* **가열 살균법의 종류**
    ⓐ 화염법 : 화염 속에서 가열함으로써 미생물을 사멸하는 방법을 말한다. 일반적으로 직접 가열의 경우 135~145℃에서 3~5시간, 160~170℃으로 2~4시간, 180~200℃에서 0.5~1시간 처리한다.
    ⓑ 고압증기법 : 적당한 온도 및 압력의 포화수증기 중에서 가열함으로써 미생물을 사멸하는 방법을 말한다. 일반적으로 115℃의 경우 30분간, 121℃의 경우 20분간, 126℃의 경우 15분간 처리한다.
    ⓒ 유통증기법 : 가열 수증기를 직접 유통시킴으로서 미생물을 사멸하는 방법을 말한다. 일반적으로 100℃의 유통수증기 속에서 30~60분 간 처리한다.
    ⓓ 자비법 : 끓는 물에 가라앉혀 가열함으로써 미생물을 사멸하는 방법을 말한다. 일반적으로 끓는 물 중에 가라앉혀 15분 간 이상 끓인다.
    ⓔ 간헐법 : 80~100℃의 수중 또는 유통수증기 속에서 1일 1회, 30~60분씩 3~5회 가열을 되풀이함으로써 미생물을 사멸하는 방법을 말한다. 또한 60~80℃에서 가열을 되풀이하는 저온간헐법도 있다. 가열 또는 가열을 중단한 상태에서는 20℃ 이상의 미생물의 발육에 적당한 온도로 유지한다.

④ 냉각 : 가령 살균을 거친 통조림은 최대한 빠른 시간 안에 냉각하여야 한다. 냉각을 통하여 호열성 세균의 발육 억제, 내용물의 조직연화, 황화수소 발생억제, 스트루바이트(Struvite) 생성억제의 효과가 있다.

3) 통조림 제품의 종류

① 보일드 통조림 : 보일드 통조림(boiled can) 원료를 그대로 또는 삶거나 찐 후에 관에 채우고 소량의 식염 또는

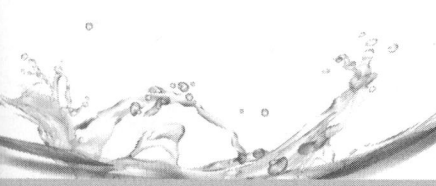

식염수를 가하여 밀봉, 가열살균 한 것이다. 원료를 조리, 피를 뺀 다음 그대로 살쟁임 하든가, 수분이 많은 원료일 경우에는 자숙 또는 증자하여 어느 정도 수분을 제거한 다음 살쟁임 한다.

② 조미 통조림 : 조리한 원료를 살절임하여 조미액을 주입하든가 또는 조미액으로 조미한 원료를 사용하여 밀봉, 살균한 통조림의 총칭이다.

③ 기름 담금 통조림 : 조리한 수산물을 통에 담고 여기에 식물성 기름을 가하여 제조한 통조림. 주된 원료는 다랑어류, 가다랑어류, 정어리류, 방어, 고등어, 꽁치, 굴, 바지락, 새우 등이다.

(7) 레토르트 식품

내열용기에 밀봉한 식품을 고압솥(레토르트)에 넣고 110~120℃로 습열 처리한 식품. 용기로 차광성의 플라스틱에 알루미늄박을 겹겹이 쌓은 부드러운 포장재로 포장한 작은 봉지(retort pouch)를 이용한 것을 레토르트 파우치(retort pouch) 식품이라고 한다. 그 외에 트레이(tray)에 들어 간 레토르트 용기식품, 알루미늄철사로 양 끝을 묶은 레토르트팩 식품 등이 있다.

열처리는 120℃, 4분 이상, 수증기와 가압공기로 하지만, 135℃, 2~10분의 가열을 하는 경우도 있어서, 이것을 고레토르트(high retort), 살균이라고 한다. 살균의 효율은 매우 높아서 위생상의 문제는 적다. 오히려 고열에 의한 음식 맛의 저하가 문제가 된다.

(8) 조미 가공품

1) 조미 가공품의 의의

수산물에 소금, 조미료, 향신료 등을 혼합한 조미액을 첨가하여 조림, 건조 또는 구워서 만든 제품

2) 조미 가공품의 종류

① 조미 자숙품 : 조미 조림품이라고도 하는데 소형어류, 패류, 새우류, 다시마 등의 원료를 간장과 설탕을 주로 한

진한 조미액으로 고온에서 장시간 자숙하여 조미와 더불어 보존성을 높인 제품.

특별한 설비가 필요 없고, 원료를 그대로 이용할 수 있고, 바로 섭취가 가능하며 휴대가 간편한 이점이 있다. 원료의 종류, 형태, 혼합물 등에 따라 제품의 종류가 다양하다.

② 조미 건제품 : 소형의 어패류를 조미액에 침지한 후 건조하여 원료에 맛과 보존성을 부여한 제품.

원료의 종류, 제품의 형태 및 가공방법에 따라 제품의 종류가 다양하다. 그 종류로는 생원료를 조미액에 침지하여 건조한 것과 자건 또는 배건 원료를 조미액에 침지한 후 찢어서 배건한 조미배건품 등이 있다.

    가. 침지 건조품 : 쥐치포, 꽁치포, 멸치포, 북어포, 명태포, 압연 조미 오징어 등

    나. 조미 배건품 : 조미 배건 오징어, 조미 배건 빙어 등

(9) 수산 발효식품

1) 수산 발효식품의 개요

<u>어패류에 식염을 가하여 부패를 억제시키고, 효소 및 미생물의 작용에 의하여 발효 숙성시켜 독특한 풍미를 갖게 한 일종의 저장 식품</u>

2) 식품의 발효적 처리의 의의

    ① 식품의 영양적 가치 증진
    ② 식품소재의 저장성 향상
    ③ 발효과정을 통해 독성물질 파괴 내지 약화
    ④ 생리활성물질 생산 및 소화성 증진
    ⑤ 요리시간 단축 및 에너지 소비 감소 등

3) 젓갈류의 식품유형

    ① 젓갈

어류, 갑각류, 연체류, 극피류 등의 전체 또는 일부분을 주원료(생물을 기준으로 할 때 60% 이상)로 하여 식염을 가

하여 발효 숙성시킨 것이다.

어패류의 내장 또는 근육편에 식염을 20~30% 가하여 소금 절이하면서 원료의 효소 작용으로 발효시킨 염장발효식품이다.

　가. 육젓 : 어패류의 근육을 사용하여 만든 젓갈로 멸치젓, 새우젓, 오징어젓, 까나리젓, 전어젓, 조기젓, 멍게젓, 소라젓, 굴젓 등이 있다. 6월에 나는 새우를 재료로 만든 젓을 육젓이라고도 한다.

　나. 내장젓 : 어패류의 내장을 원료로 사용하여 만든 젓으로 창란젓, 해삼창자젓, 은어내장젓 등이 있다.

　다. 생식소젓 : 어패류의 생식소를 원료로 하여 만든 젓갈로 명란젓, 청어알젓, 성게알젓, 은어알젓, 도미알젓 등이 있다.

② 액젓

소금을 침장원으로 사용해 발효시킨 것으로 방법에서 젓갈과 동일하지만 숙성기간에서 구별된다. 기존의 젓갈들이 2-3개월 숙성 발효시켜 원료가 완전히 분해되지 않은 상태에서 식용하는 것과는 달리 숙성기간을 6-24개월 정도 연장함으로써 얻을 수 있다. 저장기간이 오래 지속되면서 원료의 육질이 효소 가수분해되어 숙성이 충분히 되면 여과장치로 걸러서 만든다. 젓갈과 달리 액젓은 맛과 향이 뛰어나 김치뿐만 아니라 양념이 적게 들어가는 요리에 주로 이용된다.

대표적인 액젓으로 멸치액젓, 까나리액젓, 새우액젓, 뱅어액젓, 참치액젓 등이 있다.

③ 식해(食醢)

생선을 토막 친 다음 소금·조밥·고춧가루·무 등을 넣고 버무려 삭힌 것으로 수산물의 내장을 제거한 어패류의 발효에 곡물의 젖산발효를 가미한 식품이다.

함경도 가자미식해·도루묵식해, 강원도 북어식해, 경상도 마른고기식해, 황해도 연안식해 등 지방마다 약간의 차이는 있으나, 대개 기본재료는 엿기름·소금·생선, 좁쌀이나 찹쌀 등이다. 여기에 고추·마늘·파·무·생강 등 매운 양념이 첨가된다.

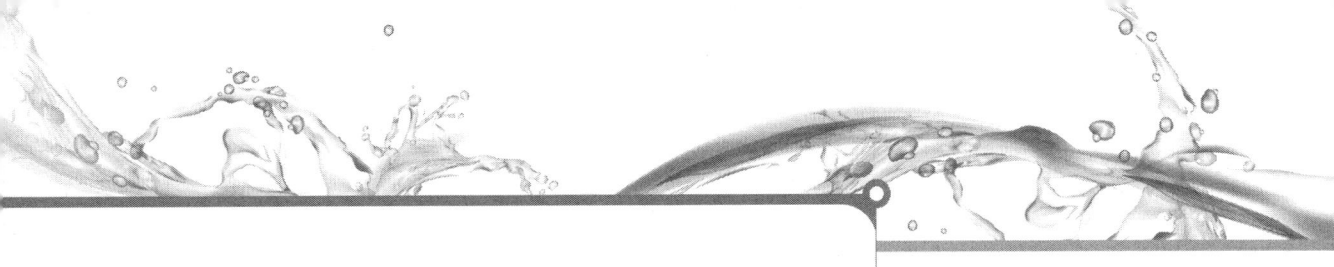

가자미식해, 마른고기식해, 조기식해, 북어식해, 명태식해 등이 있다.

* **염장품, 젓갈, 액젓, 식해의 차이점**
    ⓐ 염장품 : 발효를 목적으로 하지 않는다는 점
    ⓑ 젓갈 : 원료의 형태를 유지한다는 점
    ⓒ 액젓 : 원료의 형태를 유지하지 않는다는 점
    ⓓ 식해 : 전분질의 재료를 첨가한다는 점

(10) 해조류 가공품

1) 김

① 보라털과 김속의 홍조류. 몸체는 길고 둥글며 보라색의 암수한그루이다.
② 해의(海衣), 해태(海苔), 청태(靑苔), 감태(甘苔)라고도 하며 마른김은 건태(乾苔)라 한다. 한국의 연안에서는 10월 무렵에 나타나기 시작하여 이듬해 봄까지 번식하며, 여름에는 보이지 않는다.
③ 겨울철에 가장 맛이 좋으며, 그 중에서도 강물과 바닷물이 만나는 기수역에서 생산되는 김이 가장 맛이 좋다고 한다.
④ 탄수화물과 단백질을 비롯하여 여러가지 무기질을 다량 함유하고 있다.
⑤ 김의 제조과정 : 원료 김을 수세, 탈수, 세절한 후 일정한 두께와 넓이로 발에 뜬 다음, 건조 공정을 거쳐 판상(板狀)으로 제조한다.

* **김의 식품종류**
    ㉠ 마른김 : 김을 원료로 하여 판상으로 건조한 것.
    ㉡ 조미김 : 마른김(얼구운김 포함, 100%)을 유처리하거나 하지 않고 조미료, 식염 등으로 조미·가공한 것

2) 미역

① 미역은 갈조류 다시마과에 속하고 일본과 한국의 특산물이다. 미역은 한류와 난류가 직접 만나는 지역을 제외하

고 전국의 연안에 자생하고 있다.
② 말린 미역은 단백질 함량이 약 20%로 많고 지방 약 1%, 탄수화물이 약 35% 함유되어 있다. 특히 미역은 칼슘 함량이 많으며 그 양은 같은 양의 분유에 맞먹는다. 철 또한 풍부하게 함유되어 있고 요오드를 다량 함유한다.
③ 미역의 성분 중 알긴산은 첨착제로 사용되고, 염기성 아미노산인 라미닌은 혈압을 내리는 작용이 있다. 또한 무기질, 비타민 및 섬유질 성분, 점질성 다당류, 아이오딘을 함유하고 있어 식용된다.
④ 식용으로 보통 건제품이 많다. 말린 미역, 소금에 말린 미역, 재말림 미역 등 제법에 따라 종류가 많다. 재말림법은 신선한 미역에 재를 뿌려 한번 햇빛에 말린 후, 재를 털고 물로 씻어 다시 건조한다.

진도 돌미역의 채취

진도미역은 돌미역·진도곽이라고도 하며, 자연산돌미역과 양식미역으로 구분한다. 조도면 일대 해역은 수심이 깊어 갯벌이 없는데다 섬 사이를 지나는 물살이 빨라 오염된 바닷물이 머무를 틈이 없다. 섬의 바위와 절벽에 붙어 자라는 진도돌미역은 생명력이 강해 질기면서 바다의 영양분을 강하게 흡수하는 속성을 지니고 있다.

진도돌미역의 생산은 '미역바위닦기', '물주기', '미역베기' 등으로 구분한다. 미역바위닦기는 '갱본닦기'라고도 하는데 음력 정월 초에 이루어지며, 미역밭 물주기는 음력 4월부터 6월 사이에 물이 많이 빠지는 사리에 바위에 붙은 미역들이 더위에 데쳐지는 것을 막기 위해서 바가지로 물을 미역바위에 뿌려주는 것이다.

이렇게 해서 자란 미역은 여름철 태풍이 오기 전 사리 물때에 갱번(뚬) 별로 마을주민이 공동 채취하여 공동 분배한다. 채취시기를 놓치면 태풍과 파도 등에 의해 바위에 붙은 많은 미역들이 유실되기 때문에 채취시기를 맞추는 것이 중요하다.

채취는 물론, 미역바위를 닦는 일 등도 서물부터 열물까지 '사리'에 이루어진다. 낫으로 미역을 잘라 채취하는데 물이 바로 들기 때문에 2시간 정도밖에 일을 하지 못한다.

채취를 마친 후 같은 갱번에 속한 회원들이 똑같이 분배하고, 개별적으로 건조해서 판매한다. 참여하지 않는 사람에게는 '짓'을 주지 않기 때문에 공동작업에 참여가 어려울 때면 사람을 사서 대신 보내기도 한다.

3) 다시마
① 한대·아한대의 연안에 분포하는 한해성(寒海性) 식물로서 한국에는 동해안 북부, 원산 이북의 함경남도·함경북도 일대에서 자란다.
② 한국에서는 양식이 동해안부터 제주도를 제외한 전 연안에서 이루어진다. 주로 양식하는 종류는 일본 홋카이도 원산의 참다시마이다.
③ 다시마에는 카로틴류·크산토필류·엽록소 등의 여러 가지 색소 외에 탄소동화작용으로 만들어지는 마니트·라미나린 등의 탄수화물과 세포벽의 성분인 알긴산이 많이 들어 있고, 요오드·비타민 B2·글루탐산 등의 아미노산이 들어 있다.
④ 성분은 종류에 따라서 다르지만, 대체로 수분 16%, 단백질 7%, 지방 1.5%, 탄수화물 49%, 무기염류 26.5% 정도이며, 탄수화물의 20%는 섬유소이고 나머지는 알긴산과 라미나린 등 다당류이다. 특히 요오드·칼륨·칼슘 등 무기염류가 많이 들어 있다. 라미닌이라는 아미노산은 혈압을 낮추는 효과가 있다.
⑤ 다시마 가공품 : 마른 다시마, 다시마 분말, 다시마 환. 다시마 추출액 등

4) 해조 다당류 가공품
① 한천
　가. 한천의 개념
　　우뭇가사리의 열수추출액(熱水抽出液)의 응고물인 우무를 얼려 말린 해조가공품으로 천연한천과 공업한천으로 나뉘는데 공정상 양자의 큰 차이점은 우무의 탈수방법에 있다. 천연한천이 순도는 낮으나 점성이 강한 반면, 공업한천은 순도가 높고 점성은 약하다.

나. 천연한천
  ⊙ 자연 동결 → 자연 해동 → 천일 건조의 과정을 거쳐 만든다.
  ⊙ 건조한 우뭇가사리를 물에 넣고 끓여서 나무상자에 넣어 응고시킨 다음, 옥외에서 −5∼−10 ℃의 한기로 동결, 이것을 5∼10 ℃의 저온에서 건조를 반복한다. 우뭇가사리를 끓여 녹일 때의 물은 철분이 적은 것이 좋다.
  ⊙ 젤리 모양의 우무는, 동결에 의하여 한천질(寒天質)과 얼음의 결정으로 분리되며, 이것이 녹을 때 한천질과 물로 갈라진다.

다. 공업한천
  ⊙ 공업한천은 탈수공정을 기계화하여 만든 것이다.
  ⊙ 공업한천에는 인공적 동결 → 해동 → 건조의 과정을 거쳐 생산된 플레이크 상태의 한천과, 우무를 동결시키지 않고 즉시 탈수 → 농축 → 건조의 과정을 거쳐 만든 가루상태의 한천이 있다.

라. 한천의 주성분은 탄수화물이며, 소화·흡수가 잘 되지 않는다. 따라서 저에너지 식품으로 이용되는 경우가 많다.

마. 끓여 녹여서 냉각시키면 40 ℃ 전후에서 젤리화하는데, 일단 젤리화한 것은 80∼85 ℃가 아니면 녹지 않는 특성이 있다. 그러나 산성이 되면 젤리화력은 저하한다.

바. 우무는 여름에 얼음을 띄운 콩국에 말아 먹는 청량음식으로 또는 우무채·우무장아찌 등의 반찬에 쓰이며, 단팥묵(양갱) 등의 과자원료, 의약품 원료나 미생물 배양의 한천 배양기로 쓰이는 등 이용범위가 넓다.

2) 알긴산
  ① 해조류에 함유되는 다당류의 일종으로 해초산(海草酸)이라고도 한다.
  ② 소화효소로 분해되지 않기 때문에 영양성분으로는 되지 않지만, 식물섬유로서의 작용이 있다.
  ③ 직물용 호료로 쓰이고, 증점안정제로 아이스크림, 과자, 국수, 냉동식품 등에 쓰인다. 또 나트륨염과 propylene glycol염이 화학적합성품으로서 식품첨가물에 지정되어

있다.

의학용으로는 수술 봉합사와 지혈제, 화장품 산업용으로는 로션과 크림 등의 점도 증강제 및 침전 방지제로 쓰이고, 물의 정수제, 중금속과 방사능 물질의 제거제로도 활용된다.

3) 카라기난
① 진두발, 돌가사리 등의 홍조류(Irish moss 등)로부터 열추출에 의해 얻어지는 다당류이다.
② 식품의 겔화제, 약품이나 화장품 등의 안정제, 분산제(分散劑)로 이용되고 있다.
③ 아이스크림의 안정제, 초콜릿 우유의 침전방지제, 식빵 및 과자류의 조직 개량 및 보수제, 화장품의 점도 증강제 등으로 사용된다.

(5) 기타 수산 가공품

1) 어분
① 어분의 개념
다획성 어류나 가공하기에 부적합한 잡어, 어류 가공시의 부산물인 두부, 뼈, 껍질, 꼬리, 내장 등을 자숙, 압착, 건조, 분쇄 등의 처리를 하여 사료, 비료 또는 식용으로 가공한 것을 어분 및 어박(fish scrap)이라 한다.

원래 어박은 수공업적으로 제조되며 주로 비료로 많이 사용되는데 비하여 어분은 기계적 처리에 의하여 생산되며 가축이나 양식어의 사료로 많이 이용된다는 점에서 양자를 구분하였다. 그러나 최근에는 어박의 제조방법이 개선되고 품질이 향상되어 사료로 많이 이용되게 되어 종전의 구분이 무의미하게 되었다.

한편, 어분 중에서 식용으로 할 수 있는 것을 식용어분이라 한다.

② 어분의 종류
가. 백색어분 : 대구, 명태, 가자미 등 저서성 백색어를 원료로 한 어분은 근육색소나 지방질의 함량이 적어서

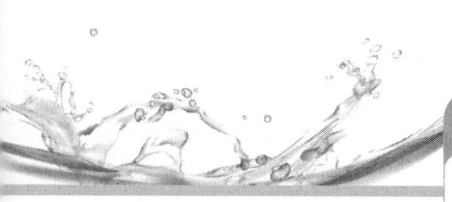

3회 기출문제

다음 중 고도 회유성 어종(Highly Migratory Species)은?
① 참다랑어 ② 쥐노래미
③ 쨍뚱어 ④ 조피볼락

▶ ①

가공 및 저장의 과정에서 변색이 적고 담색을 띠므로 백색어분이라 한다.

나. 갈색어분 : 정어리, 고등어, 꽁치 등 회유성 적색어를 원료로 한 어분은 같은 조건으로 처리하더라도 갈색을 띠기 때문에 갈색어분이라고 부르고 있다.

적색어는 백색어에 비교하여 혈합육의 양이나 근육 중의 헤모글로빈이나 미오글로빈 함량이 훨씬 많기 때문에 변질이나 변색이 되기 쉽다.

2) 어유
① 어류에서 얻어지는 지방유의 총칭으로, 대표적인 것으로 정어리 기름, 청어 기름 등이 있다.
② 어유는 전어체에서 채취한 어체 유(fish body oils)와 간장에서 채취한 간유(liver oils)로 나누어진다.
③ 근래에 생산되는 어류는 거의가 어분 제조시의 부산물인 자숙액 및 압착액으로부터 분리, 정제되는 것이다.
④ 어유의 지방함량은 계절, 어체 크기, 비만도, 산란 등에 따라 변동이 심하다. 이를테면 정어리는 1~20%에 달하는 지방함량의 변동이 있는데, 일반적으로 어체가 클수록 함유량이 많고, 계절적으로는 여름~가을철에 많다. 비타민A는 약용으로서, 그밖에는 사료, 경화유원료로서 이용된다.

❸ 기능성 수산식품

(1) 기능성 식품의 의의

기능성 식품이란 세 가지 기능, 즉 제1차 영양기능, 제2차 감각기능, 제3차 생체조절기능 중에서 제3차 생체조절기능이 효율적으로 나타나도록 설계되어 가공된 식품을 말한다.

3차 기능을 강조한 식품에 물리적·생화학적·생물공학적 수법 등을 이용하여 해당 식품의 기능을 특정 목적에 작용 및 발현하도록 부가가치를 부여한 식품으로서 해당 식품의 성분이 생체방어와 신체리듬의 조절, 질병의 방지 및 회복 등에 관계하는 신체조절기능을 생체에 충분히 발휘하도록 설계하고 가공한 식품을 말한다.

(2) 기능성 수산식품의 종류

1) 간유

① 대구, 명태, 상어, 기름가자미 또는 고래의 간(간 이외의 내장을 포함)으로부터 채취한 기름으로 비타민A를 함유하고 있는 것을 조간유라고 하고 있다. 그 명칭은 한 가지 이상의 어류의 간으로부터 제조된 간유는 예컨대 명태 간유 또는 명태 비타민유와 같이 물고기명을 붙이고, 두 가지 이상의 어류 간으로부터 채취된 간유는 조간유 또는 비타민유라고 부른다.

② 트리아실글리세롤 외에 비교적 다량의 불검화물을 함유하고 있다.
   가. 대구간유 : 비타민A의 원료
   나. 상어간유 : 스쿠알렌의 원료로서 윤활유나 화장품에도 사용
   다. 기타 : 식료 경화유 원료, 사료용 첨가유, 피혁용유로도 이용

③ 비타민 A 및 D와 EPA, DHA 등을 다량 함유

④ 간유는 야맹증, 구루병, 골다공증 예방, 혈액 중 중성지질의 감소하는 기능이 있다.

2) EPA(eicosapentaenoic acid)

① 정어리, 고등어 등의 등푸른 생선에 많이 함유되어 있는 불포화지방산(오메가3지방산)의 일종. 동맥경화증 같은 순환기계 질환의 예방과 치료 및 다양한 용도의 생리 활성 물질로 널리 이용됨.

② 해산물(어류, 갑각류, 해조류)에 많은 고도의 불포화지방산으로 어유에는 약 5~20% 함유되어 있다. 대사적으로는 리놀렌산에서 출발하고 있다. 역학적 조사에서 심근경색이나 혈전증 같은 성인병 예방에 효과가 있다고 하여 주목되고 있다.

③ 인체기능에 꼭 필요한 영양소일 뿐 아니라 혈중 콜레스테롤 저하와 뇌기능을 촉진시키는 작용과 함께, 류머티스성 관절염·심장질환·동맥경화증·폐질환의 예방과 치료에도 좋다는 연구결과가 보고되었다.

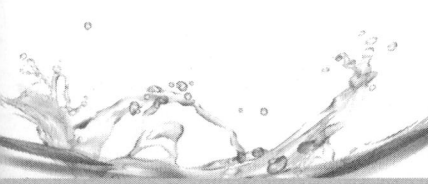

또 EPA에서 유도된 TXA3와 PGI3은 육지동물의 혈소판에 들어 있는 TXA2의 생성을 저해하여 결과적으로는 이에 의한 혈소판응집억제 작용을 한다.

ⓓ 현재 함유식품은 건강식품으로서 많이 식용되고, EPA제제(製劑)는 혈소판응집에 의한 혈전증 예방약으로 시판되고 있다.

3) DHA(docosa hexaenoic acid)

① 도코사헥사엔산(DHA) 함유 제품이란 식용 가능한 어류, 수서동물, 조류(藻類)에서 채취한 DHA를 함유한 유지를 식용에 적합하도록 정제한 것 또는 이를 주원료로 하여 제조·가공한 것으로 『건강기능식품공전』의 제조 기준과 규격에 적합한 건강기능식품을 말한다.

② 등푸른생선인 참치, 꽁치, 정어리, 청어, 가다랑어 등의 기름에는 EPA와 DHA가 많이 함유되어 있다.

③ 오메가-3 지방산은 EPA 또는 DHA와 같이 생선의 기름에 많이 함유되어 있는 불포화지방산의 일종으로 신체의 뇌, 신경조직 등에 많이 분포되어 있으며 부족하게 될 경우 각 조직의 기능에 영향을 미칠 수 있다.

4) 스쿠알렌(Squalene)

① 트리테르페토이드(triterpenoid)계의 불포화 탄화수소로, 상어의 간(肝)에 함유된 기름의 주성분이다.

② 스쿠알렌은 가볍고 매끄러운 질감으로 세포나 조직 속으로 잘 침투하며, 그 안에 축적되어 있는 지용성 농약이나 발암 물질, 환경오염 물질, 중금속 등을 용해하여 조직 밖으로 배출시키는 해독 작용을 한다.

③ 천연 유상 보호막을 형성하여 세균, 암세포 등 외적을 제거하는 망상 내피조직 기능을 촉진하고 면역 기능을 강화하여 항상성을 높인다고 알려져 있다.

④ 암세포 성장을 억제하고, 특히 T세포 기능과 탐식세포 활동력을 증가시켜 항암작용을 활발하게 하는 효능이 있다고 알려져 있다.

5) 콘드로이틴황산
    ① 수산동물의 연골이나 결합조직에 분포하는 다당의 일종이다.
    ② 상어, 홍어, 가오리 등의 연골어류와 오징어 해삼에도 함유되어 있다.
    ③ 콘드로인틴황산의 기능으로 관절염의 예방 및 연골형성에 유용하며 피부보습작용이 있다.

6) 콜라겐
    ① 교원질이라고도 한다. 동물의 결합조직, 뼈, 힘줄, 피부, 연골, 혈관 등을 구성하는 섬유상 구조단백질로 경단백질의 일종이다. 대단히 강한 인장 강도를 가진다.
    ② 어류의 껍질과 비늘에서 많이 생산된다.
    ③ 콜라겐의 기능으로 피부재생, 보습효과, 관절건강에 기여한다고 알려져 있다.
    ④ 콜라겐은 요리에서 중요한 역할을 하는 성분으로 콜라겐을 추출하여 만든 젤라틴은 젤리를 만드는 등 응고제로 다양하게 쓰인다.

7) 퓨코이단
    ① 퓨코이단은 세포벽을 구성하는 물질 중 황을 함유하고 있는 산성 다당류의 일종이다.
    ② 갈조류인 개다시마와 미역의 포자엽부에 풍부한 것으로 알려져 있다.
    ③ 퓨코이단은 혈액 응고를 방지해 주고 치매를 방지하며 혈중 콜레스트롤 수치를 낮추며 면역력을 높여준다. 보습성이 강해서 화장수 및 물티슈로도 개발되고 있다.

8) 미세조류
    ① 클로렐라
        가. 클로렐라(chlorella)는 민물에 자라는 녹조류(綠藻類)에 속하는 단세포 생물로서 플랑크톤의 일종으로 단백질, 엽록소, 비타민, 무기질, 아미노산 등 각종 영양소가 풍부하다.

나. 클로렐라 제품의 기능성
  ㉠ 클로렐라 제품의 기능성은 단백질 공급원, 체질 개선, 영양 보급, 건강 증진 및 유지, 핵산 및 단백질, 엽록소, 섬유소 등 성분 함유 등이다. 클로렐라는 우리 신체의 신진대사를 원활하게 하고 면역력을 증진시키며 체액의 산성화를 방지하여 건강 증진에 도움이 된다.
  ㉡ 클로렐라의 효능은 클로렐라에 함유된 CGF, 식물 다당체를 중심으로 한 필수아미노산, 핵산, 엽록소, 비타민, 무기질 등의 협동작용에 의해 발현되는 것으로 생각된다.
  ㉢ 클로렐라는 단백질의 합성을 왕성하게 해주며, 조혈 작용을 활발하게 하고, 간장과 신장의 기능을 향상시킨다. 또한 세포 부활 작용이 있어 세포의 기능을 활발하게 하고, 공해에 대한 신체의 방어력과 회복력을 높이며, 외부에서 침입하는 세균이나 바이러스에 대한 저항력이 강해진다.
  클로렐라의 식물성 다당체는 종양 억제 작용을 한다. 또한 조혈 작용을 활발하게 하여 빈혈 예방에도 좋으며, 골다공증 예방, 중금속 배출, 장기능 개선 등에도 효능이 있다. 클로렐라에 함유된 엽록소는 콜레스테롤 수치를 낮추는 작용을 한다.

② 스피룰리나
  가. 남조식물 흔들말과의 조류(藻類)이다.
  나. 사이아노박테리아의 일종으로 해수와 염도가 높고 강한 알칼리성을 지닌 열대 지방의 더운 물에서 번식한다.
  다. 식물과 동물의 혼합형태이다. 구성 성분은 단백질 60~70%, 지질 6~9%, 탄수화물 15~20%로 이루어져 있다. 그리고 비타민·무기질·섬유소 등을 함유하고 있으며, 카로티노이드, 클로로필, 피코사이아닌 등의 색소가 들어 있다.
  필수아미노산을 모두 함유하고 있으며, 필수지방산인 리놀렌산, 감마리놀렌산도 풍부하다. 또한 소화흡수율이 95%이상으로 소화가 잘 되는 것이 장점이다.
  라. 생명유지시스템(CELSS)과 면역기능이 우수하고 방사능

치료에 효과가 있으며, 당뇨병, 빈혈, 췌장염, 간질환, 위염, 위궤양, 백내장, 탈모증, 스트레스 등에 유효하고 암예방의 효능을 가진다.

03 수산가공기계

❶ 일반 처리기계

어류의 1차 처리 기계로서는 어종과 어체의 크기를 선별하는 고속 어체 선별기, 어체 분할기, 필레 처리기, 어체 껍질 제거기, 어체 머리 및 내장 제거기 등이 있다.

(1) 어체 선별기

어체를 선별에는 크기측정방식과 무게측정방식이 있다. 어체선별기로 가장 많이 이용되는 것이 롤러 어체선별기이다.
일정한 경사를 가진 2개의 회전하는 롤러 사이에 물고기를 놓으면 물고기는 서서히 경사 방향으로 이동한다. 롤러의 간격은 먼저 앞에서 뒤로 향할수록 폭을 넓혀 놓았기 때문에 소형의 물고기는 일찍이 떨어지고 어느 정도 이상의 크기의 것만이 종점에 놓인 컨베이어 벨트 상에 놓여지도록 배치되어 있다.

(2) 어류 세척기

어류를 세척하기 위하여 세척기를 사용하는데 회전, 교반, 진동의 방법으로 어체와 어체 또는 어체와 세척수 사이의 마찰을 이용하여 세척하는 기구이다.
세척에는 탱크단위로 하는 방식과 어체를 이송하면서 연속적으로 세척하는 방식이 있다.

(3) 필레 가공기

어류를 가공하기 전에 머리와 내장을 제거하여 필레로 만드는 기구이다.

❷ 건조기

(1) 열풍 건조기

열풍을 강제적으로 식품에 불어주어 건조하는 방법으로 열은 주로 대류에 의해 공급된다. 열풍건조기에는 터널건조, 상자형 건조기, 분무 건조기 등이 있고, 식품의 특성, 건조기의 특성 그리고 최종 제품의 목적에 따라 각종 건조방식이 채용된다.

1) 터널 건조기
수산생물을 원형 그대로 건조하는 데 알맞고 대량처리가 가능한 반연속형 건조기이다.

2) 상자형 건조기
① 건조기 모형에 따라 다단배치식(벌크식)과 컨테이너 이송식으로 구분되고, 다단배치식으로 열전달 매체방법에 따라 물순환매체 건조기와 전기가열식 건조기로 구분되고, 물순환매체 가열식 건조기에 사용되는 버너는 가스식과 석유식 버너가 있다.
② 열풍발생부, 건조부, 제어부로 구성되어 있다.
③ 송풍식과 통풍식이 있으며 건조온도를 쉽게 조절할 수 있으며 바다면적을 적게 할 수 있는 장점이 있다.

(2) 동결 건조기
① 동결건조를 위해 승화열을 공급하는 가열판, 건조중에 생성된 수증기를 얼음으로 응축시키는 응축기, 진공실 및 진공펌프로 구성되어 있다.

② 동결건조는 열에 의한 어패류의 변질이 적고, 어패류의 물성, 색, 맛, 향기 등을 잘 보전하며 복원성이 좋은 반면 운전경비가 비싸다.

③ 통조림용 기기

(1) 시이머
① 통조림을 제조할 때 캔의 몸통과 뚜껑을 밀봉하는 기계이다.
② 시이머 3요소 : 시이밍 척, 리프터, 시이밍 롤
③ 시이밍 롤 : 캔 뚜껑의 컬을 몸통의 플랜지 밑으로 말아 넣어 밀봉을 완성하는 역할을 한다.

(2) 레토르트 살균기
포장식품을 무균화하여 저장안정성을 얻기 위해서는 pH가 4.5 이하인 산성식품을 제외하고는 100℃ 이상의 고온으로 열처리를 해야 한다. 수증기는 고압으로 압력을 증가시키면 100℃ 이상의 온도로 가열되며 일정압력에서 일정한 온도를 나타내기 때문에 레토르트라는 고압솥을 사용하여 밀봉된 식품을 고온고압의 수증기를 사용하여 식품을 살균할 수 있다. 이와 같이 레토르트를 사용하여 고온고압법의 식품살균법을 레토르트살균이라 한다. 주로 캔, 병, 레토르트 파우치에 포장된 식품이 이 방법에 의해 살균된다.

④ 연제품용 기기

(1) 채육기
채육기는 연제품을 만들 때 사용. 어체의 근육과 껍질, 뼈 등을 분리하는 기계이다. 압착판 방식과 압착벨트 방식이 있는데 압착벨트 방식이 성능이 좋고 사용하기가 쉽다.

(2) 압착기
압착기는 수세한 어육의 뼈와 껍질을 압착해서 걸러내는 장치이다.

(3) 세절 혼합기
세절 혼합기는 어육을 잘게 부수거나 여러 가지 부원료를 골고루 혼합할 때 사용하는 기계이다.

⑤ 동결장치

(1) 송풍식 동결장치
① 결실 상부에 냉각 코일을 설치하고 송풍기로 하부의 냉동 대상물에 냉풍을 보내 동결시키는 것으로, 냉동 대상물을 대차에 의해 출입시키며 연속적인 냉동작업을 할 수 있다.
② 이 방식은 짧은 시간에 많은 양의 급속동결이 가능하고, 동결하고자 하는 식품의 모양이나 크기에 제약을 받지 않으며, 가격이 저렴한 이점이 있다.
③ 송품에 의한 어패류의 건조와 변색의 위험이 있어서 글레이징이 필요하다.
④ 대부분의 어패류와 육상의 대형 냉동창고에서 이용되고 있다.

(2) 평판 접촉식 동결장치
① 수산물을 브라인(염수, Brine)이나 냉매가 순환하는 금속 냉각 평판의 선반에 올려놓고 직접 접촉시켜 동결시키는 장치이다.
② 동결속도가 빠르고, 일정한 형태를 가진 포장식품에 효과적이다.
③ 동결 수리미, 명태 필레, 원양선상 수산물의 동결에 많이 이용된다.

04 수산식품 위생

(1) 어패류의 사후 변화에 대한 이해

1) 어획 후 과정

수산동물은 모두 어획 후 공기에 노출되면 생리호흡이 불가능하여 일정시간 후 질식사하게 하게 된다. 질식사 한 후 시간이 경과됨에 따라 어류의 근육은 대부분 사후강직현상(Rigor mortis)을 거친 후 다시 근육의 강도가 이완되는 해경(Post mortis)과정을 거치고 이어서 미생물 작용에 의한 육성분의 분해 및 부패과정을 거치게 된다.

2) 사후경직 현상

사후경직 현상은 대부분 척추동물에 특징적으로 나타나는 현상으로 경직기간중 근육의 강도가 증가하고 체적이 감소하며 유연성을 상실하며 탁도도 증가하여 횟감용 활용에는 부적당하나 미생물작용에 의한 성분분해가 이루어지지 않기 때문에 극도로 신선한 상태라 할 수 있다.

3) 근육경도의 이완

사후경직이 지나 근육의 경도가 이완되는 현상이 발생하며 이과정에서 근육자체의 자가분해효소(미생물효소가 아님)의 작용을 받아 근육단백질의 일부가 서서히 아미노산으로 분해하므로서 유리아미노산이 증가하여 정미성은 강화되나 근육의 강도가 저하할 뿐 아니라 미생물의 급격한 증식기반이 됨으로서 다음 단계인 근육의 부패를 촉진하는 단계가 된다.

4) 미생물 증식

미생물의 급격한 증식이 이루어지면 근육성분은 분해되어 펩타이드, 아미노산, 암모니아 등 각종 저급화합물을 생산함과 동시에 유독한 물질과 미생물독소를 동시에 생산하므로 식용에 부적당하게 된다.

(2) 수산생물의 부패변질 요인의 억제

1) 개요

어패류 근육의 부패변질은 주로 미생물 작용과 산화에 의해 이루어진다고 할 수 있다. 따라서 어패류의 부패변질을 억제하기 위해서는 미생물작용과 산화작용의 효과적 제어가 관건이라 할 수 있다.

2) 미생물의 증식

일반적으로 미생물의 증식은 보통 기질성분, pH 및 온도 조건, 무기염류 농도 및 산소의 존재 여부 등에 따라 크게 영향을 받는다. 살아있는 어류의 근육은 미생물에 오염되지 않은 것으로 알려져 있으나 어류의 표피점액, 아가미, 내장 등은 다양한 미생물에 항상 오염되어 있는 것이 사실이며 개체동물이 질식사한 후에는 일련의 혐기적 대사과정을 거쳐 미생물이 급격히 증식하게 된다.

3) 미생물 증식의 억제

① 일반적인 경우 미생물은 저온이나 고온, 산성 및 알카리성 pH 및 고염 조건에서 생육증식하기 어려운 특성이 있다.
② 어획물을 신선한 상태에서 신속하게 빙장 등의 방법으로 품온을 낮추는 것은 초기 부착 미생물의 생육증식속도를 최대한 낮추기 위한 효과적 수단이다.
③ 어체의 냉각처리 전 표피 및 아가미의 유효한 세정처리, 내장의 제거 및 세정 등은 어류부착 미생물의 생육억제에 유효한 수단이 될 수 있다.
④ 환경수의 pH를 산성으로 유지하거나 식염수 처리도 유효하나 식미와 어류근육의 색택 및 식감에 영향을 줄 수 있기 때문에 일반적으로 적용하기는 어렵다.

(3) 어패류의 상품화를 위한 위생관리 주요 관점

어패류의 식품 소재화를 위해서는 일반 식품소재보다 훨씬 강도높은 위생관리를 요한다. 식중독 등의 발생가능성이 높기 때문이다.

우선 다음과 같은 기본적 사항은 어류의 취급의 기본 상식으로 널리 인식될 필요가 있다.

① 어패류는 살아있는 경우라도 천연독을 함유할 수 있다. 기히 알려진 관련 정보를 충분히 활용하여 유독어와 무독어를 구분하여 활용하여야 한다.
② 어패류의 생식소가 성숙할 무렵에는 종보존 특성 때문에 유독물질의 함량이 증가하는 경우가 있다.
③ 어패류는 언제나 호염성 부패미생물, 식중독 미생물에 오염되어 있으며 조건이 맞으면 빠른 속도로 증식한다.
④ 미생물은 눈에 보이지 않으나 어류근육 또는 표피 외에도 사람, 공기, 조리용 기구, 물 등 주위환경에 언제나 다량 존재하기 때문에 언제나 미생물의 유효한 관리를 염두에 두지 않으면 안된다.
⑤ 일반적 조리조건에서는 어패류 근육중의 오염세균을 충분히 사멸시키기 어렵다.(튀김식품의 경우도 중심온도는 85℃ 전후)
⑥ 미생물의 초기오염도가 높으면 살균효과도 감소될 뿐 아니라 부패 변질의 속도도 빨라진다.
⑦ 어패류의 진공포장은 호기적 세균의 증식억제에는 도움이 되나 혐기적 미생물의 생육 증식을 도와 치명적인 Botulism을 야기 시킬 수 있다.
⑧ 일반적 냉장온도(10℃ 이하)는 일시적인 세균증식 억제조건이다. 어패류의 신선도는 냉장고 중에서도 장기간 유지할 수 없으며, 가열살균한 통조림의 경우도 개봉 후 냉장 상태에서 장기간 보존은 불가능하다.

(4) 수산물 섭취와 식중독

1) 식중독의 정의
   ① 역사적 이해
      19세기초까지는 세균감염 또는 세균독소에 의한 중독을 칭하였으며 Food poisoning 개념으로 이해
   ② 현대적 이해
      가. Food-borne disease : 식품에 기인하는 질병의 총칭

나. Food-borne infection: 식품기인 질병중 특히 세균 등의 감염에의한 질병(콜레라, 장티프스, 바이러스,기생충 감염 등)

다. Food-borne intoxication: 세균독, 자연독, 화학물질의 섭취 등에 기인한 질병

2) 식중독의 분류와 원인물질
① 세균성 식중독
미리 일정 수 이상으로 증식한 세균이나 세균대사산물인 독소를 함유한 식품을 섭취하므로 발생하는 질병으로서 감염형(感染型)식중독과 (독소형)毒素型식중독으로 세분

② 감염형 식중독
살모넬라, 병원성대장균, 웰치균, 캄피로박터. 제주니, 장념 비브리오 등에 의한 식중독으로서 식품 중에 미리 증식한 다수의 식중독균(생균)을 식품과 함께 섭취하므로 복통, 설사, 구토 등의 증상을 보이며 대부분 8-24시간 정도의 잠복기를 갖는다.

③ 독소형 식중독
독소형 식중독은 세균이 증식할 때에 만들어지는 균체외 독소를 식품과 함께 섭취하였을 때 장관에서 흡수되어 발병하는 것으로 일반적으로 잠복기가 30분-8시간(보통 3시간 내외)으로 감염형 보다 짧다. 보투리너스, 황색포도상구균, 세레우스균 등의 균체 외 독소에 의한 것들이 대표적 독소형 식중독이라 할 수 있다.

④ 자연독 식중독
가. 식물성 자연독 : 독성을 갖는 식물성 식품을 섭취하므로 발생하는 식중독으로 원인 식품으로는 독버섯, 유독한 식물의 발아부위(고구마의 발아부나 녹색부위에 존재하는 유독한 솔라닌)등 다양하나 대부분 육상 식물의 사례가 많은데 이는 해양 식물의 경우 보편적으로 식용되지 않을 뿐 아니라 식용의 종류도 많지 않기 때문으로 사료 된다.

나. 동물성 자연독 : 동물성 자연독에 의한 식중독은 대부분이 어개류에 유래하며 대표적인 사례가 복어식중독이다. 그 원인 물질은 테트로도톡신으로서 신경마비 증상 및

높은 치사율이 특징적이다. 복어이외에도 각종 어패류에 존재하는 자연독에 의해 다종다양한 식중독이 발생하고 있으며 특히 패류의 자연독 발생비율이 높은 편인데 패류 중에는 마비성 패류독, 하리성 패류독 및 바지락 중독(베네루핀) 등의 사례가 많다.

다. 화학성 식중독 : 화학성 식중독은 誤用, 混入, 殘留, 生成 등에 의해 원인물질이 식품 중에 존재하므로 발생하는 식중독으로서 각종 유독성 농약, 중금속 등 유해금속, 보존료, 표백제, 살균제, 부적절한 식품 첨가물 등의 잘못 또는 과량 사용에 기인하는 경우가 태반이다.

라. 기타 식중독 : 알레르기성 식중독이나 마이코톡신 등의 식중독을 예로 들 수 있다. 알레르기성 식중독은 고등어, 꽁치 등의 선도저하시 히스타민의 과량 생성 및 이를 섭취했을 때 나타나는 알레르기 증상이 대표적이며 알레르기 유발물질을 생성하는 식품은 모두 이 범주에 포함된다. 마이코톡신에 의한 식중독은 곰팡이의 대사산물(곰팡이독 : 마이코톡신)을 섭취하므로 발생하는 건강장애의 통칭으로서 아플라톡신, 오클라톡신, 시트리닌 등 다양한 곰팡이독 중독사례가 보고되고 있으며 급성독성 자체보다 간질환, 발암성 등이 큰 문제로 인식되고 있다.

(3) 해산물의 섭취와 자연독 문제

1) 해산물 자연독의 위험성

대부분의 식용 해산물은 신선한 상태의 원료를 적절히 조리가공하여 식용할 경우 위생적 문제가 없지만 자연독을 함유한 해산물의 경우는 전혀 다르게 치명적인 위험을 야기할 수 있기 때문에 특별한 주의를 요한다. 자연독을 함유한 해산물은 패류일 경우가 많지만 어류에서도 발견된다. 이들 자연독 함유 해산물은 외관, 색택, 냄새 등 관능적 방법으로는 식별할 수 없다. 통상적인 가열조리, 통조림과 같은 가압 가열, 냉동 또는 건조에 의해서도 파괴되지 않는 특성이 있다.

섭취 후에는 대부분 식중독 발생의 경우와 유사하게 메스꺼움, 현기증, 구토, 설사, 복통 등 장관계의 이상 증상과 신경계 이상 증상을 수반한다. 증상의 발현은 섭취 후 1시간 이내일 수

1회 기출문제

어류양식에서 발병하는 세균성 질병이 아닌 것은?

① 림포시스티스(Lymphocystis)병
② 아에로모나스(Aeromonas)병
③ 에드워드(Edward)병
④ 비브리오(Vibrio)병

▶ ①

도 있으며 증상의 지속시간은 12-48시간이 보통이나 경우에 따라 수년간 지속되거나 기억상실증의 경우 영원히 지속되는 경우도 있을 만큼 무서운 후유증을 남기는 경우가 있다.

2) 자연 패류독

자연적인 패류독 중에서 대표적인 것으로는 마비성 패류독(PSP), 신경독성 패류독(NSP), 기억상실 패류독(ASP), 하리성 패류독(DSP) 등이 있다. 이와 같은 패류독은 유독성 미세조류인 dinoflagellate를 함유한 이매패(굴, 홍합, 가리비 등)를 식용했을 때 발생한다.

이매패류의 먹이생물인 이들 미세조류는 잠재적인 신경독을 생산할 수 있는데 그 시점에서 패류가 유독한 미세조류를 먹고 사람이 패류를 식용하였을 때 장관계 및 신경계 급성질병으로 발병하게 되는데 독소의 작용 발현이 급속히 일어나지만 아직 해독제가 없는 실정이다.

이와 같은 패류독의 원인이 되는 미세조류는 적절한 환경조건에서 급격히 증식하여 붉은 색의 적조를 일으키기도 하나 조체내에 독소를 생성할 시점에서는 오히려 색택의 변화가 없는 특징이 있어 정기적인 Monitoring외에 적절한 사전예보도 여의치 않은 공통적 문제점이 있다.

① 마비성 패류독(Paralytic Shellfish Poisoning, PSP)

PSP는 삭시톡신(Saxitoxin)이라는 자연독소들의 복합체에 의해 유발되는 증상으로 알려지고 있다. 이 삭시톡신류는 주로 굴, 홍합, 가리비 등의 이매패류와 게의 내장 및 기타 플랑크톤을 먹고 사는 어류와 패류에서 발견 된다.

현기증, 비틀거림, 분별력 상실, 발열 현상이 나타나고 심한 경우 호흡기관 마비에 의해 24시간 내에 절명할 수 있다.

② 신경독성 패류독(Neurotoxic Shellfish Poisoning:NSP)

NSP는 적조 발생시 브레비톡신(Brevetoxin)이라는 독소를 생산하는 적조원인 미세조류(dinoflagellate)를 먹이생물로 하여 서식(생산)된 굴이나 홍합 또는 여타 조개류를 섭취하였을 때 나타나는 중독증상 섭취 후 수분내에 중독증상이 급속히 일어나서 수시간, 길어도 1일 이내에 증상이 해소되나 해독제는 아직 없다.

주요 증상으로 얼얼하고 둔화된 감각(입술, 혀), 근육통, 소화관 무력감, 현기증 등이 나타난다.

③ 하리성 패류독(Dirrhetic Shellfish Poisoning : DSP)

적어도 5종 이상의 독소(Okadaic acid, Pectenotoxin, Yessotoxin 등)를 생산하는 유독 편모조류(dinoflagellate)를 먹이생물로 하여 생육한 굴, 홍합, 가리비 및 여타 조개류의 섭취에 의해 유발되는 증상으로 섭취 후 30분에서 수 시간 이내에 증상이 나타나며 증상의 지속시간은 비교적 짧으나 심한 경우 수일간 지속하는 경우도 있다. 생명을 위협할 만큼 유독하지는 않으며 주요 증상으로 심한 설사와 구토, 복통, 메스꺼움 등이 나타난다.

④ 기억상실성 패류독(Amnesic Shellfish Poisoning : ASP)

ASP는 Domoic acid라는 수용성 독소를 생산하는 미세규조류를 먹이생물로 하여 생육한 홍합이나 게의 내장, 조개류 및 멸치류 섭취시 중독사례가 보고되고 있다. 주요 중독증상은 단기간의 기억력 상실이지만 노쇠한 사람의 경우 절명할 수도 있는 것으로 알려지고 있다. 주요 증상으로 구토, 설사, 복부 근육경련/복통, 방향감각 상실, 기억력 상실 등이다.

3) 자연 어류독

① 시과테라 중독(Ciguatera Fish Poisoning : CFP)

Ciguatioxin을 생산하는 미세조류(dinoflagellate)를 먹고 사는 아열대 및 열대성 어류를 섭취하는 경우 발병된다. 중독증상 초기에는 소화관계통의 이상 증상을, 후기에는 신경계통의 이상 증상을 보이는데 섭취를 제한하는 부분은 란소, 간, 내장, 머리 등이다.

② 복어독

가. 원인 : Tetrodotoxin을 함유한 복어를 섭취하였을 때 나타나는 중독 증상

나. Tetrodotoxin의 매체 : 독소생산 능력이 있는 비브리오 박테리아설과 Food chain 설이 있음

다. 초기 중독증상 : 메스꺼움, 구토, 설사, 경련 등 일반적 식중독 증상과 유사함

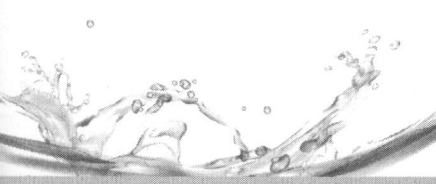

　　　라. 중기 중독증상 : 입술, 혀, 손가락 등의 감각둔화 →
　　　　　신경마비 → 언어장애 → 호흡기 마비 → 사망
　　　마. 치사 섭취량 : 100g의 이상의 복어 섭취로 2-1시간 이
　　　　　내에 사망가능(복어독 2mg 상당량, 1mg 복어독으로
　　　　　중독 유발)
　　③ 환각성 어류독
　　　하와이 지역에서 여름철에 숭어나 reef fish를 섭취 했을
　　때 나타나는 환각성 증상으로 시과테라 중독으로 오인하기
　　쉽다. 어류 섭취후 금방 환각, 불면, 강력한 인상의 꿈, 무
　　력감, 인후 작열감, 악몽 느낌, 가슴 경련 등의 증상 발현
　　한다. 중독증상은 일시적이며 대부분 시간이 가면 자연 소
　　멸한다.

<참고문헌>
[해산물식품 중 식중독원인균의 오염패턴 및 저감화 방안]
한국과학기술정보연구원 · 김순한

05 수산물의 품질관리

(1) 해산물 품질의 결정요인

모든 해산물은 다음과 같은 3단계의 품질 변화 단계를 거친다.

1) 저장 품질단계(Keeping quality stage)
　식용 가능한 품질을 유지할 수 있는 기간 개념으로 원료어의 종
　류, 상태, 초기선도, 저장조건 등에 따라 각기 다르다.
　일반적으로 다음과 같은 경우 저장효율이 높다.
　　① <u>초기선도가 양호할수록</u>
　　② <u>고지방 적신어 보다 저지방 백신어가</u>
　　③ <u>소형어류 보다 대형어류가</u>
　　④ <u>고민사한 어개류 보다 즉살어류가</u>
　　⑤ <u>전어체 보다 부분조리어가</u>

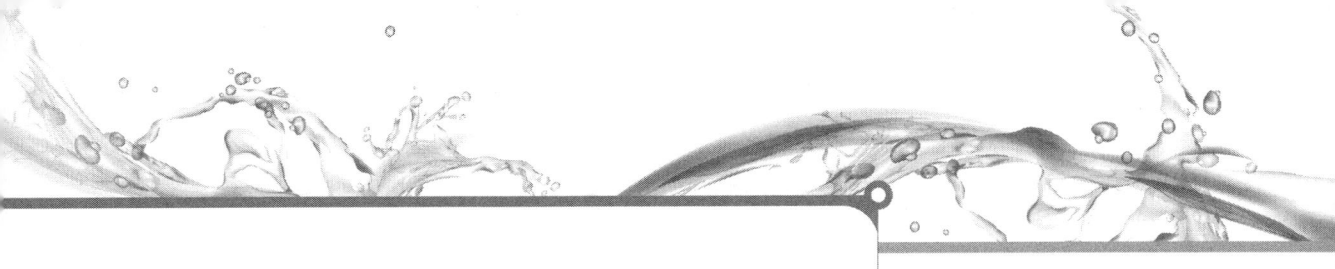

⑥ 저장온도가 낮을수록

2) 식용품질 단계(Eating quality stage)
외관, 관능적 기호성 등으로 판단할 때 더 이상 저장하기에는 부족할만큼 품질이 저하하였으나 즉시 식용에는 큰 문제가 없는 수준의 품질단계로서 어류의 경우
① 표피색은 고유의 색택을 서서히 잃어가기 시작
② 안구도 투명도 저하, 수정체 혼탁 현상이 관찰
③ 아가미의 색택의 부분적 산화
④ 표피 점질물의 발생 증가
⑤ 비린내 등 이취의 발생 증가 등이 관찰

3) 식용 부적합 품질단계(Inedible quality stage)
품질이 더욱 저하하여 저장은 물론 식용에 부적합할 만큼 품질이 저하된 상태로서 표피상태, 아가미 및 안구수정체, 점질물, 육조직, 냄새 등 관능적으로 평가 가능한 제반 품질특성이 식용에 부적합한 상태로 저하되는 단계이다.

* 해산어의 품질 변화 단계별 Check point

품질단계별	Check 형태	Check point
저장품질단계	공통사항	o 외관상태 o 냄새 o 육질상태(탄력 등) o 맛
	어류의 경우	o 안구상태 o 아가미 o 비늘 o 표피점질
	기타 사항	o 어상자 등 포장용기 o 빙장상태 및 방법 o 어획방법
식용품질단계	공통사항	o 외관 o 냄새 o 맛
식용부적합 품질단계	공통사항	o 외관상태 o 냄새 o 육질상태(탄력 등) o 맛
	어류의 경우	o 안구상태 o 아가미 o 비늘 o 표피점질

	기타사항	o 어상자등 포장용기 o 빙장상태 및 방법 o 어획방법

(2) 해산물이 변질되는 과정

1) 물리적 손상

어체는 일반적으로 다음과 같은 요인들에 의해 물리적 손상을 받게 마련이다.
① 어획되는 과정에서 어법에 따라
② 어획 후 양육, 포장, 위판 등 초기 취급과정에서
③ 포장, 수송 및 저장 등 유통 과정에서
④ 처리 가공시 부적절한 기구 및 공정의 사용에 의해

2) 어체의 오염

어획 후 어체가 받는 오염은 미생물학적, 물리적 및 화학적 요인에 의해 오염될 수 있다.

① 미생물학적 오염
    어체가 죽게 되면 혐기적 대사과정을 겪으면서 어체표면, 아가미, 내장 등에 존재하는 미생물은 어육성분을 기질로 하여 급속히 증식하게 되며 환경 세균들도 동시에 오염 증식하여 신선도를 저하시킨다.

② 효소에 의한 오염
    생체 내에서의 각종 효소작용은 어체가 죽은 후에는 자체 육성분의 분해 변질 방향으로 작용하게 되며 환경온도 등의 상태에 따라 작용 속도가 영향을 받는다. 효소작용에 의해 육성분은 분해되어 미생물 증식에 적합한 환경을 제공하게 된다. 어체 내의 효소는 표피 점액, 어육, 내장, 혈액 등 모든 부분에 존재하는 생체성분이다.

③ 물리적 오염
    모래, 오니, 뻘, 내장, 등 식용에 부적합한 이물질들에 의해 어체가 오염될 수 있으나 적절한 수세에 의해 오염을 억제할 수 있다.

④ 화학적 오염

1회 기출문제

활어 운반과정에서 고려해야 할 기본적인 사항으로 옳지 않은 것은?

① 운반용수의 저온유지 및 조절
② 사료의 충분한 공급
③ 산소의 적정한 보충
④ 오물의 적기 제거

➡ ②

어체의 서식환경으로 부터 중금속 등 각종 유해한 화학물질에 오염될 수 있으며 어획 후에도 취급 처리 유통과정에서 세제, 부적절한 화학적 처리제 및 첨가물 등에 의해 화학적 오염이 이루어 질수 있는데 대부분 인체에 대하여 유해하기때문에 오염방지에 적절히 대처하여야 한다.

3) 온도의 변화

어획물의 처리 취급과정에서 환경온도는 일정한 범위로 유지되는 것이 바람직하며 온도가 변함으로서 다음과 같은 수많은 문제를 일으킬 수 있어 세심한 주의를 요한다.

① 표피색 및 상태, 아가미 및 안구상태 등 외관 악화
② 저장수명을 단축시킨다.
③ 효소활성 및 작용을 증가시킨다.
④ 원하지 않은 미생물의 증식을 활발히 한다.
⑤ 냉동어의 경우 어체 내의 빙결정을 증대시킬 수 있다.
⑥ 냉장설비의 과도한 성애발생 및 냉장효율 저하
⑦ 부적절한 저장온도는 새로 어획된 어류의 사후강직 패턴을 변화 시킬 수 있다.

* 해산물의 품질을 고려한 적절한 저장온도

구 분	제 품 형 태	온도조건(℃)
저 장	선어개류	0~4℃
저 장	냉동어개류	-30℃이하
동 결	선어개류	-30℃이하, 가능한 저온
수 송	선어개류	0~4℃
수 송	냉동어개류	-20℃ 이하

4) 산화문제와 대책

어패류가 공기 중의 산소와 접촉하므로 다양한 품질열화를 일으키게 되는데 이는 어육성분의 산화에 기인한다. 어육성분 중 색소성분은 쉽게 산화되어 변색을 일으킬 수 있다. 지질성분 중 불포화지방산은 쉽게 산화되어 과산화물을 생성함으로써 향미와 영양 가치에 나쁜 영향을 준다.

각종 저분자 물질도 쉽게 산화되어 위생적, 관능적, 영양학적 품질열화의 원인으로 작용할 수 있으며 무엇보다 호기성 세균

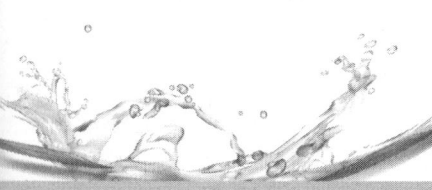

및 곰팡이의 생육 증식 작용도 피할 수 없다.

이와 같은 모든 산화작용은 어패류의 품질열화 요인으로 작용하기 때문에 산화를 적절하게 억제하는 것은 매우 중요하며 다음과 같은 방법이 우선적으로 고려될 필요가 있다.

① 공기와의 직접 접촉을 차단하기 위한 빙의(Glazing)처리, 또는 진공 포장이나 불활성 가스 치환포장법의 도입 채용
② 동결품의 경우 −30℃이하의 일정 저온에 저장하므로 산화 발생 진행속도의 저하효과 추구
③ 냉동품의 동결방법 중 산화에 취약한 Brine freezing 방법의 배제

5) 건조문제와 대책

어패류의 저장 중 수분감소(탈수, 건조)는 제품의 중량감소, 표면상태 변화, 산화 및 변색의 촉진, 물리적 상태 및 기호성의 변화 등 다양한 문제점을 유발하기 마련이기 때문에 적절한 방법으로 제어할 필요가 있다.

건조의 억제는 일반적으로 적절한 포장 및 냉동후 처리법의 응용과 저온저장 조건의 채용으로 요약될 수 있다.

① 진공포장 또는 기밀포장과 냉동품의 경우 빙의처리로서 저장 중 수분감소 억제가능
② 냉동품의 경우 −30℃이하에서 저장하므로 저장중 구조적인 건조 문제(Freezer burn) 발생 억제 가능
③ −30℃ 이하로 저장할 경우 이점
    가. 공기 중 수분량이 −20℃의 1/3에 불과하여 피냉동물로부터 수분증발의 가능성이 근본적으로 적다.
    나. 미생물 및 효소작용 활성이 −20℃ 보다 상대적으로 낮다.
    다. 단백질 변성 및 지질산화를 크게 억제할 수 있다.
    라. 표피 및 육색에 대한 변색 억제효과가 우수하다.

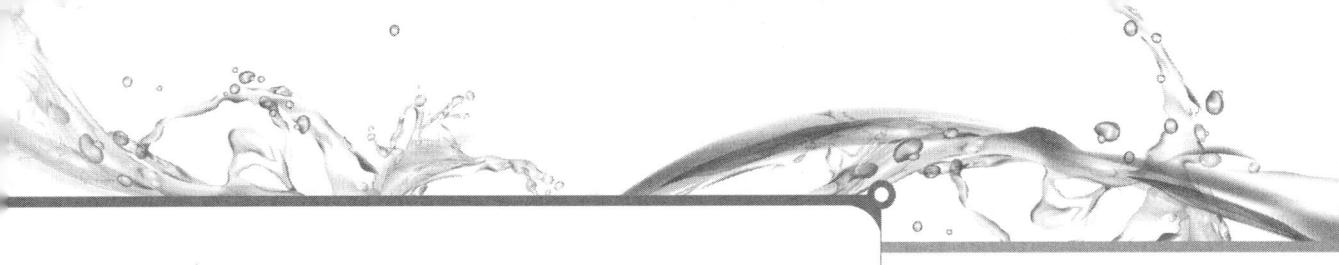

* 해산물 오염의 다양한 형태

오염형태	작용요인	오염내용
미생물오염	세균작용	○ 식중독 세균 ○ 부패세균
	효소작용	○ 흑변 ○ 복부 변색 ○ 갈변 및 탈색 등
물리적오염	이물질	○ 뼈, 土砂, 금속조각, 플라스틱 조각 등
	화학물질	○ 유지, 윤활제, 세제, 소독제 등
화학적오염	중금속	○ 납, 동, 아연, 수은, 카드뮴 등
	잔유농약	○ 유기염소계 농약 등

(3) 해산물 품질의 평가

1) 외관(Appearance)
   ① 과도한 물리적 외상(갈코리상처 포함)이나 압상 등의 흔적·표피 손상 등이 없어야 함
   ② 과도한 표피색의 퇴색 또는 부분변색(장기간 빙장에 의한 얼음 접촉 어체 표피의 부분변색 등)이 없을 것
   ③ 표피상태가 적절한 습윤상태 및 고육 광택을 유지하여 표피 건조감 또는 주름 현상 등이 현저히 관찰되지 않아야 함
   ④ 뻘, 모래, 오니 등 협잡물이 없어야 함
   ⑤ 종 고유의 단단한 형태를 유지하여야 함
   ⑥ 표피 점질물의 투명성을 유지하여야 함

외관에 대한 세부 평가사항

1. 안구상태
   ① 냉장 전에는 안구수정체가 전혀 혼탁하거나 핏빛을 띠지 않아야 한다. 다만 일단 어체가 냉각 처리된 후에는 어체의 신선도와 관계없이 안구 수정체의 부분적 혼탁 및 혈흔을 띠는 경우도 있다.
   ② 안구는 약간 튀어나온 상태를 유지하여야 하며 조금이라도 수평면보다 가라앉을 경우 신선도를 의심할 수밖에 없다.

2. 아가미 상태

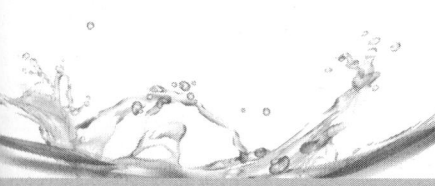

① 아가미에는 과다한 점액질이 있어서는 안 되며 이때 점액질은 투명하고 불쾌한 이취가 없어야 하나 약간의 혈액혼입은 무관하다.
② 아가미에 모래, 오니 등의 이물이 있을 경우 씻어낸 다음 신선도를 점검하여야 한다.
③ 아가미의 색택은 선명한 적색 또는 암적색을 띠는 것이 신선하며 어떠한 경우라도 암갈색 또는 갈색화 방향의 색택은 바람직하지 않다.

3. 비늘
① 어체 표면은 비늘이 제자리에 단단히 부착되어 어피를 보호할 수 있는 상태를 유지하여야 하며 과도한 비늘 탈락은 신선도 저하의 지표가 된다.
② 어체를 조심스럽게 만졌을 때 비늘 탈락이 있는 경우 심각한 신선도 저하로 단할 수 있다.

4. 표피점액
① 표피 점액은 투명하고 불쾌취가 없어야 한다. 표피 점액은 미생물의 증식에 의해 황갈색으로 변색하게 되며 비린내 등 심한 불쾌취를 발생하게 된다.
② 표피 점액은 어체의 취급과정 중 쉽게 증발하여 건조하게 될 수 있으며 점액질의 건조는 곧바로 어체 신선도 저하로 연결될 수 있는 만큼 습윤상태의 유지는 중요하다.

2) 냄새(Odour)
① 어체 자체의 냄새는 비린내 등 불쾌취가 적게 느껴져야 함(어상자 등 포장지는 예외)
② 강한 비린내 등 불쾌취 발생이 없어야 함
③ 아가미, 복강내부, 항문부위 등의 불쾌취가 없어야 함
④ 어패류를 가열할 때 불쾌취가 발생하지 않아야 함
⑤ 어패류의 고유 냄새에 영향을 줄 수 있는 냄새를 갖는 포장지는 사용 자제

3) 육질(Texture)
① 육질은 접촉시 습윤한 느낌과 단단한 조직감을 유지하여야 한다.

② 손가락(모지)로 어체 표면을 눌러보았을 때 수초내에 즉시 원상복귀 될 수 있는 탄력성을 유지하여야 한다.

4) 맛(Taste)
① 어육은 씹어먹어 보았을 때 과도하게 딱딱하거나 고무처럼 쫄깃쫄깃하거나 무미(無味)하여서는 안되며 어종특유의 향미와 유연성을 보유하여야 한다.
② 어육은 먹을 때 입안에 수분이 증가하여야지 감소하는 느낌을 주어서는 안 된다.
③ 해산물을 먹고 난후에 뒷맛이 길게 남지 않아야 한다. (Lingering aftertaste)

(4) 기타 점검사항

1) 포장용기
① 어체의 상태에 맞는 포장재질 선택이 중요하다. 예를 들면 선어를 비닐재의 내포장 없이 곧바로 카톤박스포장은 부적합
② 포장재료는 이미 이취가 없어야 하며 충분한 정도의 물리적 강도를 유지하여야 한다.
③ 과량 포장은 어떠한 경우도 피하여야 하며 보냉가능한 재질을 사용하므로서 일정시간 어체 품온유지에 의한 신선도 유지가 가능하도록 하며 뚜껑을 닫아 온도 유지와 건조방지 및 2차 오염 억제를 도모하여야 한다.

2) 얼음
① 어상자의 바닥 및 어체 간의 충전용 얼음은 인상(鱗狀) 또는 분상얼음을 사용하고 어체의 표면은 비교적 큰 얼음 조각 또는 Ice cube를 사용하므로서 빙장중 얼음의 적절한 용해에 의한 저온유지 빙장효과를 도모하여야 한다.
② 어체 빙장에 사용하는 얼음은 청결하여야 하며 한번 사용된 얼음은 미생물 오염때문에 재사용하지 않아야 한다. 얼음의 사용량은 환경 온도, 어체의 사전 예냉여부 등에 따라 다르나 보통 어체 1Kg당 얼음 1Kg 비율이 적절하며

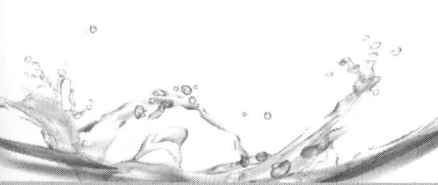

예냉되었거나 환경온도가 낮을 때는 얼음량을 적절히 감하여 사용한다.

3) 어획방법
① 어획방법에 따라 어체가 받는 물리적 손상은 큰 차이가 난다.
② 선어의 경우 정치망 어획 < 연승 또는 채낚기 < 자망 < 인망 어획 순으로 어획물의 물리적 손상이 적게 나타나며 어획물의 손상이 적을수록 신선도가 좋을 뿐 아니라 저장수명(Keeping quality)도 길어진다.

수산 일반

제7편 | 수산업관리제도

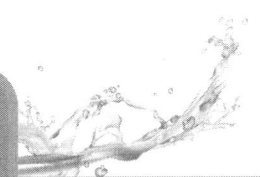

01 수산업 관련 법제도

① 수산업법

(1) 수산업법의 제정목적

수산업에 관한 기본제도를 정하여 수산자원 및 수면을 종합적으로 이용·관리하여 수산업의 생산성을 높임으로써 수산업의 발전과 어업의 민주화를 도모함을 목적으로 한다.

(2) 수산업법의 주요 내용

1) 수면에 관한 종합적인 계획의 수립
  시장·군수 또는 자치구의 구청장은 관할수면의 종합적인 개발계획을 수립하여 특별시장·광역시장 또는 도지사의 승인을 얻어야 한다.

2) 어업의 면허
  정치망 어업이나 양식어업 등을 하고자 하는 자는 시장·군수 또는 구청장의 면허를 받아야 한다. 어업면허의 유효기간은 10년으로 하며, 10년의 범위 안에서 연장될 수 있다. 어업권의 변동은 어업권원부에 등록하여야 한다.

물수산업법상 면허어업, 허가어업

면허어업

제8조(면허어업) ① 다음 각 호의 어느 하나에 해당하는 어업을 하려는 자는 시장·군수·구청장의 면허를 받아야 한다. 다만, 외해양식어업을 하려는 자는 해양수산부장관의 면허를 받아야 한다.

> **2회 기출문제**
>
> **면허어업에 관한 설명으로 옳지 않은 것은?**
>
> ① 어업면허의 유효기간은 10년이며, 연장이 가능하다.
> ② 면허어업은 반드시 면허를 받아야 영위할 수 있는 어업이다.
> ③ 해조류양식어업의 면허처분권자는 해양수산부장관이다.
> ④ 면허어업은 일정기간 동안 그 수면을 독점하여 배타적으로 이용하도록 권한을 부여한다.
>
> ▶ ③

1. 정치망어업(定置網漁業) : 일정한 수면을 구획하여 대통령령으로 정하는 어구(漁具)를 일정한 장소에 설치하여 수산동물을 포획하는 어업
2. 해조류양식어업(海藻類養殖漁業) : 일정한 수면을 구획하여 그 수면의 바닥을 이용하거나 수중에 필요한 시설을 설치하여 해조류를 양식하는 어업
3. 패류양식어업(貝類養殖漁業) : 일정한 수면을 구획하여 그 수면의 바닥을 이용하거나 수중에 필요한 시설을 설치하여 패류를 양식하는 어업
4. 어류등양식어업(魚類等養殖漁業) : 일정한 수면을 구획하여 그 수면의 바닥을 이용하거나 수중에 필요한 시설을 설치하거나 그 밖의 방법으로 패류 외의 수산동물을 양식하는 어업
5. 복합양식어업(複合養殖漁業) : 제2호부터 제4호까지 및 제6호에 따른 양식어업 외의 어업으로서 양식어장의 특성 등을 고려하여 제2호부터 제4호까지의 규정에 따른 서로 다른 양식어업 대상품종을 2종 이상 복합적으로 양식하는 어업
6. 마을어업 : 일정한 지역에 거주하는 어업인이 해안에 연접한 일정한 수심(水深) 이내의 수면을 구획하여 패류·해조류 또는 정착성(定着性) 수산동물을 관리·조성하여 포획·채취하는 어업
7. 협동양식어업(協同養殖漁業) : 마을어업의 어장 수심의 한계를 초과한 일정한 수심 범위의 수면을 구획하여 제2호부터 제5호까지의 규정에 따른 방법으로 일정한 지역에 거주하는 어업인이 협동하여 양식하는 어업
8. 외해양식어업 : 외해의 일정한 수면을 구획하여 수중 또는 표층에 필요한 시설을 설치하거나 그 밖의 방법으로 수산동식물을 양식하는 어업

허가어업

제41조(허가어업) ① 총톤수 10톤 이상의 동력어선(動力漁船) 또는 수산자원을 보호하고 어업조정(漁業調整)을 하기 위하여 특히 필요하여 대통령령으로 정하는 총톤수 10톤 미만의 동력어선을 사용하는 어업(이하 "근해어업"이라 한다)을 하려는 자는 어선 또는 어구마다 해양수산부장관의 허가를 받아야 한다.
② 무동력어선, 총톤수 10톤 미만의 동력어선을 사용하는 어업으로서 근해어업 및 제3항에 따른 어업 외의 어업(이하 "연안어업"이라 한다)에 해당하는 어업을 하려는 자는 어선 또는 어구마다 시·도지사의 허가를 받아야 한다.

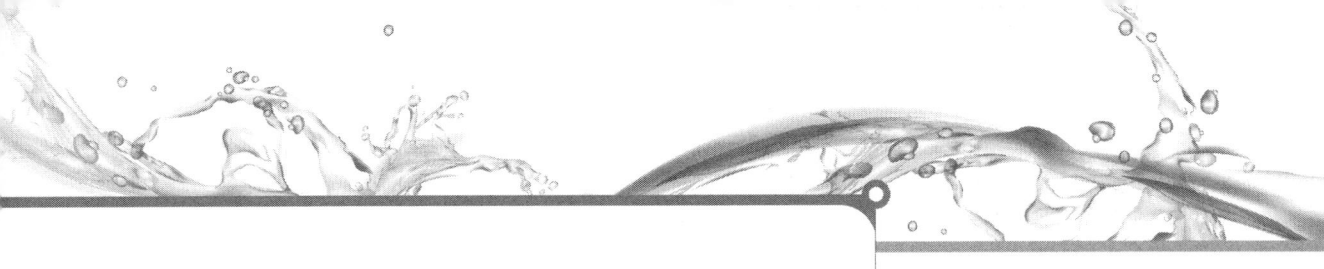

③ 다음 각 호의 어느 하나에 해당하는 어업을 하려는 자는 어선·어구 또는 시설마다 시장·군수·구청장의 허가를 받아야 한다.
 1. 구획어업 : 일정한 수역을 정하여 어구를 설치하거나 무동력어선 또는 총톤수 5톤 미만의 동력어선을 사용하여 하는 어업. 다만, 해양수산부령으로 정하는 어업으로 시·도지사가 「수산자원관리법」 제36조 및 제38조에 따라 총허용어획량을 설정·관리하는 경우에는 총톤수 8톤 미만의 동력어선에 대하여 허가할 수 있다.
 2. 육상해수양식어업 : 인공적으로 조성한 육상의 해수면에서 수산동식물을 양식하는 어업

신고어업

제47조(신고어업) ① 제8조·제41조·제42조 또는 제45조에 따른 어업 외의 어업으로서 대통령령으로 정하는 어업을 하려면 어선·어구 또는 시설마다 시장·군수·구청장에게 해양수산부령으로 정하는 바에 따라 신고하여야 한다.
② 제1항에 따른 신고의 유효기간은 신고를 수리(受理)한 날부터 5년으로 한다. 다만, 공익사업의 시행을 위하여 필요한 경우와 그 밖에 대통령령으로 정하는 경우에는 그 유효기간을 단축할 수 있다.
③ 시장·군수·구청장은 제1항에 따라 어업의 신고를 수리하면 그 신고인에게 어업신고증명서를 내주어야 한다.

3) 어업의 허가 · 신고 · 등록 등
 일정한 어업을 하고자 하는 자는 농림수산식품부장관, 시·도지사의 허가를 받거나 신고하여야 한다. 어업허가 또는 신고의 유효기간은 5년으로 한다. 면허어업, 등록어업 등을 제외한 어업을 하고자 하는 자는 농림수산식품부령에 따라 시장·군수 또는 구청장에게 신고하여야 한다.

4) 양식업과 운반업 등
 농림수산식품부장관은 기르는 어업의 육성·발전을 위하여 5년마다 기르는 어업 기본계획을 세워야 한다. 어획물운반업을 경영하려는 자는 그 어획물운반업에 사용하려는 어선마다 그의 주소지 또는 해당 어선의 선적항을 관할하는 시장·군수·구청장에게

제 7편 | 수산업관리제도

1회 기출문제

수산업법상 수산업 관리제도와 유효기간의 설명으로 옳은 것을 모두 고른 것은?

ㄱ. 면허어업은 10년이다.
ㄴ. 허가어업은 10년이다.
ㄷ. 신고어업은 5년이다.
ㄹ. 등록어업은 5년이다.

① ㄱ, ㄴ
② ㄱ, ㄷ
③ ㄴ, ㄹ
④ ㄷ, ㄹ

➡ ②

3회 기출문제

다음에서 설명하는 법으로 옳은 것은?

> 수산자원의 보호·회복 및 조성 등에 필요한 사항을 규정하여 수산자원을 효율적으로 관리함으로써 어업의 지속적 발전과 어업인의 소득증대에 기여할 목적으로 제정된 법

① 수산업법
② 어촌·어항 법
③ 수산자원관리법
④ 수산업·어촌 발전 기본법

➡ ③

1회 기출문제

수산업법상 면허어업이 아닌 것은?

① 어류등양식어업
② 해조류양식어업
③ 패류양식어업
④ 육상해수양식어업

➡ ④

등록하여야 한다. 행정관청은 어업단속, 위생관리, 유통질서의 유지나 어업조정을 위하여 필요하면 어업의 제한 및 금지 등을 할 수 있다.

5) 수산업 감독권과 수산진흥종합대책의 수립 등

농림수산식품부장관은 시·도지사나 시장·군수 또는 구청장에 대하여, 시·도지사는 시장·군수 또는 구청장에 대하여 감독권을 가진다.

농림수산식품부장관은 국제어업질서에 능동적으로 대처하고 수산업의 지속가능하고 경쟁력 있는 육성·발전을 위하여 수산정책, 수산업의 구조조정 등에 관한 사항을 담아 5년마다 수산진흥종합대책을 세워야 한다.

정부는 어업경영기금의 지원, 수산물 유통구조개선 및 가격안정, 경쟁력 있는 수산업육성에 필요한 재원을 확보하기 위해 수산발전기금을 설치한다.

② 수산자원관리법

(1) 수산자원관리법의 제정목적

이 법은 수산자원관리를 위한 계획을 수립하고, 수산자원의 보호·회복 및 조성 등에 필요한 사항을 규정하여 수산자원을 효율적으로 관리함으로써 어업의 지속적 발전과 어업인의 소득증대에 기여함을 목적으로 한다.

(2) 수산자원관리법의 주요 내용

1) 수산자원관리기본계획의 수립

해양수산부장관은 수산자원을 종합적·체계적으로 관리하기 위하여 5년마다 수산자원관리기본계획을 세워야 한다.

2) 어획물 등의 조사

해양수산부장관 또는 시·도지사는 수산자원의 조사나 정밀조사

및 평가를 위하여 어획물을 조사하거나 대상 어선을 지정하고 그 어선에 승선하여 포획·채취한 수산자원의 종류와 어획량 등을 조사하게 할 수 있다.

3) 수산자원의 포획 · 채취 등의 제한
   ① 포획 · 채취의 금지
      가. 해양수산부장관은 수산자원의 번식·보호를 위하여 필요하다고 인정되면 수산자원의 포획·채취 금지 기간·구역·수심·체장·체중 등을 정할 수 있다.
      나. 해양수산부장관은 수산자원의 번식·보호를 위하여 복부 외부에 포란(抱卵)한 암컷 등 특정 어종의 암컷의 포획·채취를 금지할 수 있다.
   ② 조업금지구역의 설정
   ③ 불법어획물의 방류 및 판매금지 명령
   ④ 휴어기의 설정

4) 어선 · 어구 · 어법 등의 제한
조업척수의 제한, 어선의 사용제한, 2중 이상 자망의 사용금지, 특정어구의 소지와 선박의 개조 등의 금지, 유해어법의 금지, 환경친화적 어구사용 등

5) 어업자 협약 등
어업자 또는 어업자단체는 자발적으로 일정한 수역에서 수산자원의 효율적 관리를 위한 협약을 어업자 또는 어업자단체 간의 합의로 체결할 수 있다.

6) 수산자원의 회복 및 조성
   ① 수산자원의 회복을 위한 명령
   ② 총어획 허용량의 설정 및 할당과 배분량의 관리 등
   ③ 수산자원조성사업의 시행
   ④ 수면 및 수산자원보호구역의 관리

제 7 편 | 수산업관리제도

③ 내수면어업법

(1) 내수면어업법의 제정목적
이 법은 내수면어업(內水面漁業)에 관한 기본적인 사항을 정하여 내수면을 종합적으로 이용·관리하고 수산자원을 보호·육성하여 어업인의 소득 증대에 이바지함을 목적으로 한다.

(2) 내수면어업법의 주요 내용

1) 면허어업

내수면에서 다음 각 호의 어느 하나에 해당하는 어업을 하려는 자는 대통령령으로 정하는 바에 따라 특별자치도지사·시장·군수·구청장의 면허를 받아야 한다.

① 양식어업(養殖漁業) : 일정한 수면을 구획하여 그 어업에 필요한 시설을 설치하거나 그 밖의 방법으로 수산동식물을 양식하는 어업
② 정치망어업(定置網漁業): 일정한 수면을 구획하여 어구(漁具)를 한 곳에 쳐놓고 수산동물을 포획하는 어업
③ 공동어업 : 지역주민의 공동이익을 증진하기 위하여 일정한 수면을 전용(專用)하여 수산자원을 조성·관리하여 수산동식물을 포획·채취하는 어업

2) 어업권의 취득

어업의 면허를 받은 자는 「수산업법」 제17조제1항에 따른 어업권원부(漁業權原簿)에 등록함으로써 어업권을 취득한다.

3) 허가어업

내수면에서 다음 각 호의 어느 하나에 해당하는 어업을 하려는 자는 대통령령으로 정하는 바에 따라 특별자치도지사·시장·군수·구청장의 허가를 받아야 한다.

① 자망어업(刺網漁業) : 자망을 사용하여 수산동물을 포획하는 어업
② 종묘채포어업(種苗採捕漁業) : 양식하기 위하여 또는 양식어업인 등에게 판매하기 위하여 수산동식물의 종묘를 포

3회 기출문제

일반적으로 집어등을 사용하지 않은 어업은?

① 채낚기어업 ② 봉수망어업
③ 근해선망어업 ④ 자망어업

▶ ④

획·채취하는 어업
③ 연승어업(延繩漁業) : 주낙을 사용하여 수산동물을 포획하는 어업
④ 패류채취어업 : 형망(桁網) 또는 해양수산부령으로 정하는 패류 채취용 어구를 사용하여 패류나 그 밖의 정착성 동물을 채취하거나 포획하는 어업
⑤ 낭장망어업(囊長網漁業) : 낭장망을 사용하여 수산동물을 포획하는 어업
⑥ 각망어업(角網漁業) : 각망을 설치하여 수산동물을 포획하는 어업

4) 신고어업
① 내수면에서 법 제6조 및 제9조에 따른 어업을 제외한 어업으로서 대통령령으로 정하는 어업을 하려는 자는 대통령령으로 정하는 바에 따라 특별자치도지사·시장·군수·구청장에게 신고하여야 한다.
② 사유수면에서 법 제6조제1항 각 호, 제9조제1항 각 호 또는 제1항에 따른 어업을 하려는 자는 대통령령으로 정하는 바에 따라 특별자치도지사·시장·군수·구청장에게 신고하여야 한다.

5) 어업의 유효기간
① 법 제6조제1항제1호의 면허어업의 유효기간은 10년으로 한다. 다만, 수산자원 보호 및 어업조정을 위하여 대통령령으로 정하는 경우에는 그 유효기간을 10년 이내로 할 수 있다.
② 법 제6조제1항제2호 및 제3호의 면허어업, 제9조제1항의 허가어업 및 제11조의 신고어업의 유효기간은 5년으로 한다. 다만, 공익사업 시행에 필요한 경우나 그 밖에 대통령령으로 정하는 경우에는 그 유효기간을 5년 이내로 할 수 있다.

6) 기타
① 조업수역의 조정

② 공익을 어업제한
③ 유어질서에 대한 제한
④ 유해어법의 금지
⑤ 회유성 어류 등 수산생물의 이동통로 확보
⑥ 포획·채취의 금지

④ 원양산업발전법

(1) 원양산업발전법의 제정목적

이 법은 해양생물자원의 합리적인 보존·관리 및 개발·이용과 국제협력 촉진을 통하여 원양산업의 지속가능한 발전을 도모하고 국민경제 발전에 이바지하는 것을 목적으로 한다.

(2) 원양산업법의 주용 내용

1) 원양어업허가 및 신고
① 원양어업을 하려는 자는 어선마다 해양수산부장관의 허가를 받아야 한다. 허가받은 사항을 변경하고자 하는 경우에도 또한 같다. 다만, 대통령령으로 정하는 경미한 사항은 신고하여야 한다.
② ①항에도 불구하고 해양수산부장관은 「수산업법」 제41조제1항에 따라 근해어업허가를 받은 어선이 외국정부 또는 외국인과의 어업에 관한 협정이나 어업협력에 관한 합의 등에 의하여 외국의 관할 수역에서 입어가 허용되는 경우에는 제8항의 원양어업의 허가기준을 적용하지 아니하고 ⓐ항에 따른 허가를 할 수 있다.
③ ①항에 따라 원양어업허가를 받으려는 자는 어선의 구조와 성능에 따라 동일한 어선에 대하여 해양수산부령으로 정하는 바에 따라 겸업허가를 신청할 수 있다.
④ 해양수산부장관은 원양어업허가를 하는 경우에는 그 조업구역을 태평양·대서양 및 인도양으로 구분하여 허가한다. 다만, 원양어업의 종류에 따라 태평양·대서양 및 인도양을

합하여 하나의 조업구역으로 허가할 수 있다.
⑤ 해양수산부장관은 ④항에도 불구하고 외국과의 어업협력으로 필요하다고 인정되는 경우에는 조업구역을 조정하여 허가할 수 있다.
⑥ 해양수산부장관은 외국과의 어업협력, 해외수산자원의 보호 및 그 밖에 공익상 필요하다고 인정되는 경우에는 어업의 시기를 정하여 허가할 수 있다.

2) 어선위치추적장치의 설치

원양어업자는 법 제6조제1항에 따라 원양어업허가를 받은 어선에 대하여 출항 전에 어선위치추적장치를 설치하여야 한다.
「해운법」 제24조제2항에 따라 수산물운송사업을 등록한 외항화물운송사업자는 어선위치추적장치를 설치하여야 한다.

3) 고위험군 선박의 특별관리

해양수산부장관은 불법·비보고·비규제 어업을 근절하기 위하여 다음 각 호의 어느 하나에 해당하는 선박은 고위험군 선박으로 분류하여 특별관리를 하여야 한다.

4) 조업실적 등의 보고 등

법 제6조제1항에 따라 원양어업의 허가를 받은 자와 제17조제1항에 따라 시험어업의 승인을 받은 자는 해당 어업의 조업상황·어획실적·양륙량·전재량 또는 판매실적을 해양수산부장관에게 보고하여야 한다.

5) 원양어업 관련회사에 대한 지원

① 해양수산부장관은 「중소기업기본법」 제2조에 따른 중소기업에 속하는 원양어업자가 원양어업관련사업을 하기 위하여 별도의 회사를 설립하는 경우 대통령령으로 정하는 바에 따라 설립 및 운영을 지원할 수 있다.
② 정부는 다음 각 호의 시설에 원양어업자가 설립한 관련회사를 우선 입주하게 할 수 있다.
    가. 「항만법」에 따른 항만배후단지 중 물류시설
    나. 그 밖에 대통령령으로 정하는 시설

6) 명예해양수산관 제도 운영

해양수산부장관은 원양산업의 효율적인 추진을 위하여 주요 연안국에서 원양산업에 종사하고 있는 자 등을 명예해양수산관으로 위촉할 수 있다.

❺ 어선법

(1) 어선법의 제정목적

이 법은 어선의 건조·등록·설비·검사 및 조사·연구에 관한 사항을 규정하여 어선의 효율적인 관리와 안전성을 확보하고, 어선의 성능 향상을 도모함으로써 어업생산력의 증진과 수산업의 발전에 이바지함을 목적으로 한다.

(2) 어선법의 주요 내용

1) 어선의 설비

어선은 해양수산부장관이 정하여 고시하는 기준에 따라 다음 설비의 전부 또는 일부를 갖추어야 한다.
선체, 기관, 배수설비, 돛대, 조타·계선·양묘설비, 전기설비, 어로·하역설비, 구명·소방 설비, 거주·위생설비, 냉동·냉장 및 수산물처리가공설비, 항해설비와 그 밖에 해양수산부령으로 정하는 설비

2) 건조 · 개조의 허가 등

어선을 건조하거나 개조하려는 자 또는 어선의 건조·개조를 발주하려는 자는 해양수산부령으로 정하는 바에 따라 해양수산부장관이나 특별자치시장·특별자치도지사·시장·군수·구청장의 허가를 받아야 한다(총톤수 2톤 미만 어선의 개조 등 해양수산부령으로 정하는 경우는 제외한다). 허가받은 사항을 변경하려는 경우에도 또한 같다.

3) 어선의 등기와 등록

어선의 소유자나 해양수산부령으로 정하는 선박의 소유자는 그 어선이나 선박이 주로 입항·출항하는 항구 및 포구를 관할하는 시장·군수·구청장에게 해양수산부령으로 정하는 바에 따라 어선원부에 어선의 등록을 하여야 한다. 이 경우 「선박등기법」 제2조에 해당하는 어선은 선박등기를 한 후에 어선의 등록을 하여야 한다.

4) 어선의 총톤수 측정 등
어선의 소유자가 법 제13조제1항에 따른 등록을 하려면 해양수산부령으로 정하는 바에 따라 해양수산부장관에게 어선의 총톤수 측정을 신청하여야 한다.

5) 어선 명칭 등의 표시와 번호판의 부착
① 어선의 소유자는 선박국적증서 등을 발급받은 경우에는 해양수산부령으로 정하는 바에 따라 지체 없이 그 어선에 어선의 명칭, 선적항, 총톤수 및 흘수(吃水)의 치수 등을 표시하고 어선번호판을 붙여야 한다.
② 어선번호판의 제작과 부착 등에 필요한 사항은 해양수산부령으로 정한다.
③ 어선의 소유자는 제1항에 따른 명칭 등을 표시하고 어선번호판을 붙인 후가 아니면 그 어선을 항행하거나 조업 목적으로 사용하여서는 아니 된다.

6) 기타
① 어선의 검사 등
가. 어선의 검사 : 어선의 소유자는 제3조에 따른 어선의 설비(길이 24미터 이상의 경우에는 제4조에 따른 만재흘수선의 표시를 포함한다)에 관하여 해양수산부령으로 정하는 바에 따라 해양수산부장관의 검사를 받아야 한다. 다만, 총톤수 5톤 미만의 무동력어선 등 해양수산부령으로 정하는 어선은 그러하지 아니하다.
나. 건조검사 등 : 어선을 건조하는 자는 제3조제1호·제2호·제3호·제5호·제6호의 설비와 제4조에 따른 만재흘수선에 대하여 각각 어선의 건조에 착수한 때부터 해양

수산부장관의 건조검사를 받아야 한다. 다만, 배의 길이 24미터 미만의 목선 등 해양수산부령으로 정하는 어선의 경우에는 그러하지 아니하다.
② 어선검사증서의 유효기간은 5년으로 한다.

6 어장관리법

(1) 어장관리법의 제정목적
이 법은 어장(漁場)을 효율적으로 보전·이용하고 관리하는데 필요한 사항을 규정함으로써 어장의 환경을 보전·개선하고 지속가능한 어업생산의 기반을 조성하여 어장의 생산성을 높이고 어업인의 소득을 증대하는 것을 목적으로 한다.

(2) 어장관리법의 주요 내용

1) 어장관리해역의 지정 등
 해양수산부장관은 제6조에 따른 어장환경의 조사 결과 어장이 다음 각 호의 어느 하나에 해당하면 그 어장을 어장관리해역으로 지정할 수 있다.
  ① 법 제11조제1항에 따른 어장환경기준에 맞지 아니한 경우
  ② 어장환경의 보전에 장애가 있거나 장애가 발생할 우려가 있는 경우

2) 어장환경의 조사
 해양수산부장관은 어장의 효율적인 이용·보전과 어장환경 상태 및 오염원(汚染源)의 측정·조사 등을 위하여 해양수산부령으로 정하는 바에 따라 어장환경조사망을 구성·운영하고 정기적으로 어장환경을 조사하여야 한다.

3) 면허·허가동시갱신
 시장·군수·구청장은 어장을 효율적으로 관리하기 위하여 필요하다고 인정되는 때에는 관할 어장관리해역별로 면허·허가동시갱

신을 실시할 수 있다. 다만, 시장·군수·구청장은 그 어장관리해역 중 「수산업법」 제13조제7항에 따라 어업면허의 우선 순위에서 제외되는 자가 어업을 경영하는 어장은 시·군·구수산조정위원회의 심의를 거쳐 면허·허가동시갱신을 실시하지 아니할 수 있다.

4) 어장휴식
시장·군수·구청장은 어업면허를 받은 어장이 있는 어장관리해역에 대하여 어장휴식에 관한 계획을 수립할 수 있다.

5) 어장면적의 조정 등
시장·군수·구청장은 어업면허 또는 어업허가의 유효기간이 지난 수면에 대하여 새로운 어업면허 또는 어업허가를 하는 경우 법 제11조의2에 따른 어장환경평가 결과를 고려하여 어장을 효율적으로 이용하고 어장환경을 보전·개선하기 위하여 필요하다고 인정되면 기존의 어장면적 및 어장위치를 조정하여 어업면허 또는 어업허가를 하여야 한다.

6) 어장환경 기준의 설정 등
해양수산부장관은 국민의 건강을 보호하기 위하여 필요하다고 인정되면 수산동식물의 포획·채취 또는 양식을 제한하거나 금지하는 것을 내용으로 하는 수질과 퇴적물 등에 관한 어장환경기준을 설정하여 고시할 수 있다.

7) 어장의 관리의무
어업면허나 어업허가를 받은 자는 어장환경을 보전하고 개선하기 위하여 대통령령으로 정하는 바에 따라 어장의 퇴적물이나 어장에 버려진 폐기물을 수거·처리하여야 한다. 다만, 「재난 및 안전관리 기본법」에 따른 재난으로 인한 폐기물 등에 대하여는 그러하지 아니하다.

8) 어업인의 어장관리 의무
어업면허나 어업허가를 받은 자와 그 종사자는 어업 활동 중 그물·밧줄 등 어구와 양식시설물 등을 어장에 버리거나 방치하여서는 아니 된다.

9) 어장정화 · 정비실시계획의 수립과 시행 등
① 해양수산부장관은 매년 어장의 정화·정비에 관한 집행지침을 수립하여 시·도지사에게 통보하여야 하며, 시·도지사는 통보받은 집행지침과 지역의 여건·특성 등을 고려하여 정한 어장정화·정비 세부 지침을 시장·군수·구청장에게 통보하여야 한다.
② 시장·군수·구청장은 어장정화·정비실시계획에 따라 관할 어장에 대하여 어장정화·정비를 실시하여야 한다.

02 수산업의 관리제도

❶ 어업관리제도

(1) 어업관리의 의의
<u>어업관리란 자원 진단에 따라 자원의 효율적 이용을 위하여 자원 상태를 양적, 질적으로 바람직한 수준으로 변화시키거나 혹은 유지시키는 행위를 말한다.</u>
어업관리를 통하여 수산자원의 왜곡적 배분현상, 수산자원의 고갈, 과잉어획노력량 투입 등과 바다 생태계의 파괴를 방어적, 예비적 차원에서 조정·제한하고자 하는 정부의 제도적 노력이다.

① 어업관리란 어업자원의 지속적인 생산성과 그 밖의 어업목적을 달성하기 위하여 어업활동을 관리하는 규제나 규칙, 필요에 의한 제제, 자원의 배분과 공공화의 시행, 의사결정, 계획, 자문, 분석, 정보수집 등에 대한 통합적 이행과정의 제도적 총칭이라 할 수 있다.
② 어업관리란 어업자원에 도움이 되는 어업행위를 관리하는 수단으로서 정부가 제도적으로 어업행위를 관리함으로써 어업을 바람직한 상태로 유지하거나 그러한 상태로 접근하게 하

　　기 위하여 취해지는 모든 조치이다.
　③ 어업관리의 구체적 사례
　　가. 어획량의 제한
　　나. 어선수의 제한
　　다. 어구, 어장 및 어기의 제한
　　라. 종묘의 방류
　　마. 어업권의 설정
　　바. 어업세의 징수

(2) 우리나라의 어업관리제도

1) 면허어업제도

면허란 일정한 수면을 구획 또는 점용(占用)하는 것으로서 국가가 권리를 가진 연안지선(沿岸地先) 어장에 있어서의 어업행위를 특정한 자에게 특허하는 것이다.
이것은 서울특별시장·광역시장 및 도지사에게 면허를 받아야 하며 그 종류는 다음과 같다.

　① 양식어업 : 일정한 수면을 구획하고 기타 시설을 하여 양식하는 어업
　② 정치어업(定置漁業) : 일정한 수면을 구획하여 대부망(大敷網)·대모망(大謀網)·개량식 대모망·낙망(落網)·각망(角網)·팔각망(八角網)·소대망(小臺網) 또는 죽방렴(竹防簾) 어구를 정하여 채포하는 어업
　③ 제1종 공동어업 : 일정한 수면을 전용하여 패류(貝類)·해조류(海藻類) 또는 수산청장이 정하는 정착성(定着性) 수산동물을 채포하는 어업
　④ 제2종 공동어업 : 일정한 수면을 전용하여 지인망(地引網)·지조망(地槽網)·선인망(船引網)·뇌인망(賴引網 : 하천을 그물로 차단하고 채포하는 일종의 하천어업)·휘라망(揮羅網)·분기초망(焚寄抄網) 또는 들망을 사용하여 채포하는 어업
　⑤ 제3종 공동어업 : 일정한 수면을 전용하여 정치어업과 제2종 공동어업을 제외한 그물어구 또는 낚시어구 기타 도지사가 정하는 어구를 사용, 수산동물을 채포하는 어업

2) 허가어업제도

어업의 허가란 수산자원의 증식·보호 또는 어업 조정이나 공익상 필요에 의하여 일반적으로 금지되어 있는 어업을 일정한 조건을 갖춘 특정인에게 해제하여 줌으로써 어업행위의 자유를 회복시켜 주는 행정관청의 명령적 행위를 말한다.

① 근해어업 : 해양수산부장관의 허가

총톤수 10톤 이상의 동력어선(動力漁船) 또는 수산자원을 보호하고 어업조정(漁業調整)을 하기 위하여 특히 필요하여 대통령령으로 정하는 총톤수 10톤 미만의 동력어선을 사용하는 어업(근해어업)을 하려는 자는 어선 또는 어구마다 해양수산부장관의 허가를 받아야 한다.

② 연안어업 : 시·도지사의 허가

무동력어선, 총톤수 10톤 미만의 동력어선을 사용하는 어업으로서 근해어업 및 어업 외의 어업(연안어업)에 해당하는 어업을 하려는 자는 어선 또는 어구마다 시·도지사의 허가를 받아야 한다.

③ 구획어업·육상해수양식어업·종묘생산어업 : 시장·군수·구청장의 허가

다음 각 호의 어느 하나에 해당하는 어업을 하려는 자는 어선·어구 또는 시설마다를 받아야 한다.

   가. 구획어업 : 일정한 수역을 정하여 어구를 설치하거나 무동력어선 또는 총 톤수 5톤 미만의 동력어선을 사용하여 하는 어업. 다만, 해양수산부령으로 정하는 어업으로 시·도지사가 「수산자원관리법」 제36조 및 제38조에 따라 총 허용어획량을 설정·관리하는 경우에는 총 톤수 8톤 미만의 동력어선에 대하여 허가할 수 있다.

   나. 육상해수양식어업 : 인공적으로 조성한 육상의 해수면에서 수산동식물을 양식하는 어업

   다. 종묘생산어업 : 일정하게 구획된 바다·바닷가 또는 인공적으로 조성한 육상의 해수면에 시설물을 설치하여 수산종묘(水産種苗)를 생산하는 어업(생산한 종묘를 일정기간 동안 중간 육성하는 경우를 포함한다)

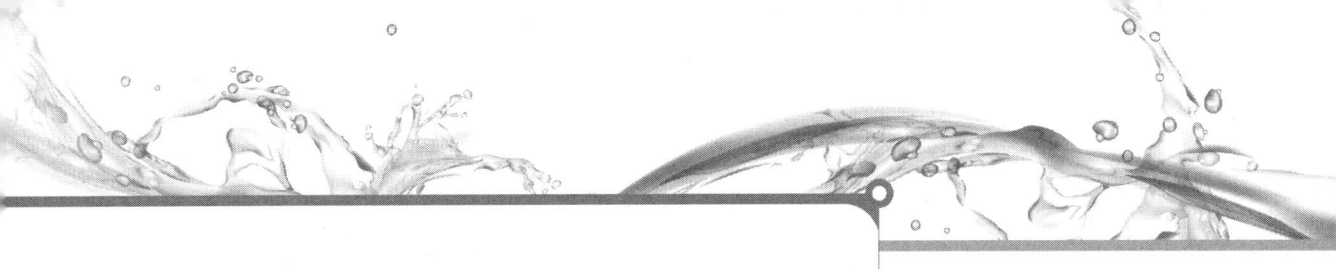

* 원양어업은 어선마다 해양수산부장관의 허가를 받아야 한다.

3) 신고어업제도

신고어업이란 면허어업이나 허가어업 외의 어업으로서 영세한 규모의 어업을 말한다. 다음과 같은 대통령령으로 정하는 어업을 하려면 어선·어구 또는 시설마다 시장·군수·구청장에게 해양수산부령으로 정하는 바에 따라 신고하여야 한다.

① 나잠어업(裸潛漁業) : 산소공급장치 없이 잠수한 후 낫·호미·칼 등을 사용하여 패류, 해조류, 그 밖의 정착성 수산동식물을 포획·채취하는 어업
② 맨손어업 : 손으로 낫·호미·해조틀이 및 갈고리류 등을 사용하여 수산동식물을 포획·채취하는 어업

4) 어획물 운반업 등록제도

① 어획물운반업 등록

　어획물운반업을 경영하려는 자는 그 어획물운반업에 사용하려는 어선마다 그의 주소지 또는 해당 어선의 선적항을 관할하는 시장·군수·구청장에게 등록하여야 한다.
　다만, 다음 각 호의 어느 하나에 해당하는 경우에는 등록하지 아니하여도 된다.
　　가. 어업면허를 받은 자가 포획·채취하거나 양식한 수산동식물을 운반하는 경우
　　나. 지정받은 어선이나 어업허가를 받은 어선으로 어업의 신고를 한 자가 포획·채취하거나 양식한 수산동식물을 운반하는 경우

② 운반할 수 있는 어획물 또는 그 제품의 종류
　　가. 근해어업 중 외끌이대형저인망어업, 쌍끌이대형저인망어업, 동해구외끌이 중형저인망어업, 서남해구외끌이 중형저인망어업, 서남해구쌍끌이 중형저인망어업, 대형트롤어업, 동해구중형트롤어업, 대형선망어업, 소형선망어업, 근해채낚기어업, 근해자망어업, 근해안강망어업, 근해장어통발어업, 근해문어단지어업, 근해통발어업, 근해연승어업, 기선

3회 기출문제

수산업법령상 수산업 관리제도와 대표 어업의 연결이 옳지 않은 것은?
① 면허어업 – 해조류양식어업
② 허가어업 – 연안어업
③ 신고어업 – 나잠어업
④ 등록어업 – 구획어업

▶ ④

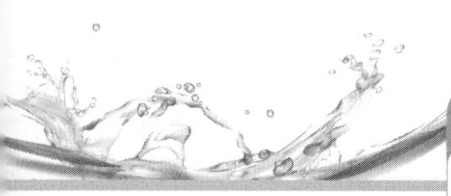

권현망어업
나. 연안어업
다. 구획어업 중 젓새우를 포획하는 해선망어업

3회 기출문제

다음에서 설명하는 내용으로 옳은 것은?

특정 어장에서 특정 어종의 자원상태를 조사·연구하여 분포하고 있는 자원의 범위 내에서 연간 어획할 수 있는 총량을 정하고, 그 이상의 어획을 금지함으로써 수산자원의 관리를 도모하고자 하는 제도

① ABC ② MSY
③ MEY ④ TAC

▶ ④

2회 기출문제

지속가능한 연근해 수산자원의 이용을 위한 수단이 아닌 것은?

① 연근해 어업구조 조정
② 자율관리어업 확대
③ 총허용어획량(TAC) 제도 확대
④ 생 사료 공급 확대

▶ ④

② 주요 수산업관리제도

(1) TAC(총 어획허용량, Total Allowable Catch) 관리제도

1) TAC 관리제도의 의의

총허용어획량제도(Total Allowable Catch)는 개별어종(단일어종)에 대한 연간 총 허용어획량을 정하여 그 한도 내에서만 어획을 허용하는 자원관리제도로, 유엔해양법협약 발효에 따른 연안국의 어업자원에 대한 관할권 강화 및 전통적 어업관리제도의 한계를 보완하기 위해 1999년에 도입한 제도이다.

2) TAC 제도의 도입배경

유엔 해양법의 발효로 최근 거의 모든 연안국은 배타적 경제 수역을 선포하였고, 그 수역 내의 수산 자원은 관할국에서 관리하도록 국제법상 허용되고 있다. 이에 각 연안국은 자국 관할권 내의 수산 자원을 지혜롭게 이용하고 보존하기 위한 방법으로 총 허용어획량을 정했다.

과거에 수산 자원은 무한하고 누구든지 먼저 잡는 사람이 주인이라는 생각이 지배적이었다. 그러나 지금은 세계적으로 어족 자원의 고갈을 방지하기 위하여 각국은 TAC으로 어획량을 규제하고 있다. 고갈되어 가고 있거나 보호해야 할 어종에 대해서 보다 현실적이고 직접적으로 어획량 자체를 조정·관리하는 방법이 수산 자원의 관리수단으로 이용되고 있는데, TAC이 바로 그런 수단의 하나이다.

3) 우리나라 TAC 관리 어종과 대상수역 등

대상어종	대상어업	대상수역	2015년 TAC(톤)	2014년 TAC(톤)	증감	비고
고등어	대형선망	근해	122,000	135,000	△13,000	
전갱이	대형선망	근해	16,600	18,000	△1,400	
붉은대게	근해통발	동해근해	40,000 (7,000)	38,000 (5,000)	2,000	
키조개	잠수기	인천, 경기, 충남, 전북 / 경남 연근해	6,465	8,445	△1,990	
대게	근해자망, 근해통발	동해 연안 및 한일중간수역	1,583 (130)	1,570 (130)	13	
꽃게	연근해자망, 연근해통발	서해특정해역 및 연평도 수역	10,900 (3,800)	14,600 (5,200)	△3,700	
오징어	근해채낚기, 대형선망 대형트롤, 동해구트롤	연근해	186,000 (44,000)	191,000 (46,000)	△5,000	
도루묵	동해구트롤, 동해구기저	동해 연근해	5,150 (1,100)	4,880 (1,080)	270	
개조개	잠수기	부산, 전남, 경남연근해	2,000	2,100	△100	전남, 경남
참홍어	근해연승, 연안복합	서해특정해역, 흑산도근해	220	197	34	인천, 전남
제주소라	마을어업	제주도연안	1,429	1,415	14	제주
합계	11종		392,347 (56,030)	415,217 (55,410)	△1,793	

> **2회 기출문제**
>
> 2016년 기준으로 우리나라 총허용어획량(TAC) 제도의 대상 종이 아닌 것은?
> ① 갈치 ② 전갱이
> ③ 개조개 ④ 고등어
>
> ▶ ①

> **1회 기출문제**
>
> 총허용어획량(Total allowable catch)제도에 관한 내용으로 옳지 않은 것은?
> ① 수산자원관리의 운영체계
> ② 과학적인 수산자원 평가
> ③ 어업이 개시되기 전에 어획가능량 설정
> ④ 어선어업의 경쟁적 조업 유도
>
> ▶ ④

(2) [수산자원관리법]상 TAC 관리제도

1) 총허용어획량의 설정

① 해양수산부장관은 수산자원의 회복 및 보존을 위하여 특히 필요하다고 인정되면 대상 어종 및 해역을 정하여 총허용어획량을 정할 수 있다. 이 경우 제11조에 따른 대상 수산자원의 정밀조사·평가 결과, 그 밖의 자연적·사회적 여건 등을 고려하여야 한다.

② 해양수산부장관은 제1항에 따른 총 허용어획량의 설정 및 관리에 관한 시행계획을 수립하여야 한다.

③ 시·도지사는 지역의 어업특성에 따라 수산자원의 관리가 필요하면 제2항에서 해양수산부장관이 수립한 수산자원 외의 수산자원에 대하여 총 허용어획량계획을 세워 총 허용어획량을 설정하고 관리할 수 있다.

④ 해양수산부장관 또는 시·도지사는 총 허용어획량계획을 세우려면 관련 기관·단체의 의견수렴 및 제54조에 따른 해

당 수산자원관리위원회의 심의를 거쳐야 한다.
⑤ 제1항부터 제3항까지의 규정에 따른 어업의 종류·대상어종·해역 및 관리 등의 총 허용어획량계획에 필요한 사항은 대통령령으로 정하고, 총 허용어획량계획의 수립절차 등에 필요한 사항은 해양수산부령으로 정한다.

2) 총허용어획량의 할당

① 해양수산부장관은 제36조제1항 및 제2항에 따른 총 허용어획량계획에 대하여, 시·도지사는 제36조제3항에 따른 총 허용어획량계획에 대하여 어종별, 어업의 종류별, 조업수역별 및 조업기간별 허용어획량(이하 "배분량"이라 한다)을 결정할 수 있다.
② 배분량은 대통령령으로 정하는 기준에 따라 어업자별·어선별로 제한하여 할당할 수 있다. 이 경우 과거 3년간 총 허용어획량 대상 어종의 어획실적이 없는 어업자·어선에 대하여는 배분량의 할당을 제외할 수 있다.
③ 제2항의 배분량의 할당 절차 등에 필요한 사항은 해양수산부령으로 정한다.

3) 배분량의 관리

① 제37조에 따라 배분량을 할당받아 수산자원을 포획·채취하는 자는 배분량을 초과하여 어획하여서는 아니 된다.
② 제1항을 위반하여 초과한 어획량에 대하여는 해양수산부령으로 정하는 바에 따라 다음 연도의 배분량에서 공제한다. 다만, 제44조제1항에 따른 수산자원조성을 위한 금액을 징수한 경우에는 그러하지 아니한다.
③ 행정관청은 어획량의 합계가 배분량을 초과하거나 초과할 우려가 있다고 인정되면 해당 배분량에 관련되는 수산자원을 포획·채취하는 자에 대하여 6개월 이내의 기간을 정하여 그 포획·채취를 정지하도록 하거나 그 밖에 필요한 조치를 명할 수 있다.
④ 제37조에 따라 할당된 배분량에 따라 수산자원을 포획·채취하는 자는 어획량을 해양수산부장관 또는 시·도지사에게 보고하여야 한다.

⑤ 제2항부터 제4항까지의 규정에 따른 배분량의 공제, 포획·채취의 정지 및 포획량의 보고 절차 등에 필요한 사항은 해양수산부령으로 정한다.

4) 부수어획량의 관리
① 제37조제1항 및 제2항에 따라 배분량을 할당받아 수산자원을 포획·채취하는 자는 할당받은 어종 외의 총 허용어획량 대상 어종을 어획(이하 "부수어획"이라 한다)하여서는 아니 된다. 다만, 할당받은 어종을 포획·채취하는 과정에서 부수어획한 경우에는 그러하지 아니하다.
② 제1항 단서에 따라 부수어획한 경우에는 그 어획량을 해양수산부령으로 정하는 기준에 따라 환산하여 할당된 배분량을 어획한 것으로 본다.
③ 제2항에 따라 환산한 어획량이 할당된 배분량을 초과한 경우에는 제38조제2항을 준용한다.

5) 판매장소의 지정
① 해양수산부장관 또는 시·도지사는 제7조제2항제4호에 따른 수산자원 회복계획에 관한 사항의 시행 및 제36조에 따른 총 허용어획량계획을 시행하기 위하여 필요하다고 인정되면 수산자원 회복 및 총 허용어획량 대상 수산자원의 판매장소를 지정하여 이를 고시할 수 있다.
② 어업인은 제1항에 따른 판매장소가 지정되는 경우 수산자원 회복계획 및 총 허용어획량계획의 대상 어종에 대한 어획물은 판매장소에서 매매 또는 교환하여야 한다. 다만, 낙도·벽지 등 지정된 판매장소가 없는 경우, 소량인 경우 또는 가공업체에 직접 제공하는 경우 등 해양수산부장관이 정하여 고시하는 경우에는 그러하지 아니하다.

(2) 외국인의 국내 연근해 어업[수산업법]
1) 외국인에 대한 어업의 면허 등
① 지방자치단체장의 허가와 협의

시·도지사 또는 시장·군수·구청장은 외국인이나 외국법인에 대하여 대통령령으로 정하는 어업면허나 어업허가를 하려면 미리 해양수산부장관과 협의하여야 한다.

② 외국인 또는 외국법인의 투자

외국인이나 외국법인이 대한민국 국민 또는 대한민국의 법률에 따라 설립된 법인에 제1항에 따른 어업을 경영할 목적으로 투자하는 경우 그 국민 또는 법인에 대한 투자비율이 50퍼센트 이상이거나 의결권이 과반수인 때에도 제1항을 적용한다.

③ 상호주의

대한민국 국민 또는 대한민국의 법률에 따라 설립된 법인이나 단체에 대하여 자국(自國) 내의 수산업에 관한 권리의 취득을 금지하거나 제한하는 국가의 개인 또는 법인이나 단체에 대하여는 대한민국 안의 수산업에 관한 권리의 취득에 관하여도 같거나 비슷한 내용의 금지나 제한을 할 수 있다.

2) 외국인에 대한 어업의 면허 등

① 면허절차

시·도지사 또는 시장·군수·구청장은 법 제5조제1항 및 제2항에 따라 외국인이나 외국법인에 대하여 다음 각 호의 어느 하나에 해당하는 어업면허나 어업허가를 하려면 해당 어업면허 또는 어업허가에 관한 협의요청서에 법 제88조에 따른 해당 수산조정위원회의 심의서 등 해양수산부령으로 정하는 서류를 첨부하여 해양수산부장관에게 제출하여야 한다. 이 경우 시장·군수·구청장이 제출하는 협의요청서는 시·도지사를 거쳐야 한다.

　가. 법 제8조제1항제1호부터 제5호까지의 규정에 따른 면허어업
　나. 법 제41조제1항에 따른 근해어업
　다. 법 제41조제2항에 따른 연안어업
　라. 법 제41조제3항에 따른 구획어업, 육상해수양식어업 또는 종묘생산어업

② 면허 등의 검토 및 통지

해양수산부장관은 제1항에 따른 협의요청을 받으면 법 제5조제3항에 따라 수산업에 관한 권리의 취득을 금지 또는 제한할 것인지 등 해양수산부령으로 정하는 사항을 검토한 후 그 결과를 시·도지사 또는 시장·군수·구청장에게 알려야 한다.

③ 주요 국제수산관리기구

(1) 국제해사기구(IMO)

국제해사기구는 해상의 안전과 항해의 능률을 위하여 해운에 영향을 미치는 각종 기술적 사항과 관련된 정부 간 협력을 촉진하고, 선박에 의한 해상오염을 방지하고, 국제해운과 관련된 법적 문제를 해결하는 임무를 수행하는 UN산하의 국제기구이다.

(2) 국제포경위원회(IWC)

국제포경위원회(國際捕鯨委員會, IWC, International Whaling Commission)는 고래에 관한 자원연구조사 및 보호조치를 위해 설립된 국제기구이다.[1] 1946년 12월 2일 워싱턴 D.C.에서 국제포경규제협약(1948년 11월 발효)이 채택됨으로써 이의 시행을 위한 정부간 국제기구로 설립되었다. 본부는 영국의 케임브리지에 두고 있으며, 2011년 현재 89개국이 회원국으로 활동하고 있다. 대한민국은 본 기구에 1978년 12월 29일 가입하였다.

(3) 남극해양생물자원보존위원회(CCAMLR)

남극해양생물자원보존위원회(南極海洋生物資源保存委員會)(CCAMLR : Commission for the Conservation of Antarctic Marine Living Resources)는 남극 주변해역을 관할구역으로 하여 남극해양생물의 보존 및 합리적 이용을 위해 1981년에 설립된 국제기구로 대한민국은 1985년 4월 28일 가입하였다. 호주 호바트에 본부를 두고, 남극해양생물자원의 보존과 이용 및 남극해양생태계에 대한 조사 연구

1회 기출문제

다랑어류의 자원관리를 위한 지역수산관리기구로 옳은 것은?

① 국제해사기구(IMO)
② 국제포경위원회(IWC)
③ 남극해양생물자원보존위원회(CCAMLR)
④ 중서부태평양수산위원회(WCPFC)

➡ ④

3회 기출문제

국제수산기구 중 다랑어류(참치) 관리기구로 옳은 것은?

① 북서대서양수산위원회(NAFO)
② 남극해양생물보존위원회(CCAMLR)
③ 중서부태평양수산위원회(WCPFC)
④ 북태평양소하성어류위원회(NPAFC)

➡ ③

등의 업무를 수행하고 있다. 영국, 미국, 독일, 노르웨이 등 25개국이 참여하고 있다.

(4) 중서부태평양수산위원회(WCPFC)

중서부태평양수산위원회(WCPFC : Western and Central Pacific Fisheries Commission)는 중서부태평양 참치자원의 장기적 보존과 지속적 이용을 목적으로 설립된 지역수산관리기구 중의 하나이다. 사무국은 미크로네시아 폰페이에 위치하고 있다. "중서부태평양 고도회유성어족의 보존과 관리에 관한 협약" 제9조에 따라 2004년 6월 19일 설립되었다. 대한민국은 2004년 11월 25일 가입하였다.

실전 유형 문제

1. 다음 중 수산업의 산업분류 상 그 성격이 다른 것은?
   ① 양식업
   ② 어업
   ③ 종묘생산업
   ④ 수산물 가공업

   > **정답 및 해설** ④
   > 수산업은 자연으로부터의 생산이라는 측면에서는 1차 산업, 가공이라는 측면에서는 2차산업, 유통이라는 측면에서는 3차산업이라는 종합적 산업이다.

2. 다음 중 수산업에 대한 설명으로 옳지 않은 것은?
   ① 소유권의 불분명   ② 생산기간의 일회성
   ③ 표준화의 곤란   ④ 생산환경의 영향

   > **정답 및 해설** ②
   > 수산자원은 효율적 관리만 이루어진다면 지속적인 생산이 가능하다.

3. 바다에서 그물로 양식하는 방법은?
   ① 유수식   ② 순환식
   ③ 정수식   ④ 가두리

   > **정답 및 해설** ④

4. 다음 중 태풍의 설명으로 옳은 것은?
① 태풍은 적도상에서 주로 발생한다.
② 태풍의 중심부분은 풍속이 거의 없고 잠잠하다.
③ 태풍의 진행 방향에서 중심의 왼쪽이 오른쪽보다 바람이 강하여, 왼쪽 반원을 위험반원이라한다.
④ 우리나라에 영향을 미치는 태풍은 8월 이후에 집중되어 있다.

> **정답 및 해설** ②
> ① 태풍은 적도상에서는 발생하지 않고, 위도 5° 이상의 해역에서 발생한다.
> ② 태풍의 중심부는 기압과 풍속이 급격히 감소하여 정온상태가 되며, 이를 태풍의 눈이라고 한다.
> ③ 태풍의 진행 방향에서 중심의 오른쪽이 왼쪽보다 바람이 강하여, 오른쪽 반원을 위험반원이라고 한다.
> ④ 우리나라에 영향을 미치는 태풍은 7월 이후에 집중되어 있다.

5. 여름에 패혈증을 일으키는 균은?
① 디스토마　　　　　② 비브리오
③ 진균　　　　　　　④ 바이러스

> **정답 및 해설** ②
> 주로 어패류를 날로 먹은 후 비브리오 불니피쿠스균 감염에 의해 급성 패혈증을 일으키는 병

6. 어류의 회유경로를 알아보는데 가장 적합한 방법은?
① 표지방류법　　　　② 형태측정법
③ 계군분석법　　　　④ 통계조사법

> **정답 및 해설** ①
> 표지방류법이란 어류에 표지를 달아서 방류하여 어류의 이동범위·경로·회유속도·성장속도·재포율(再捕率) 등을 알기 위한 방법이다.

7. 다음 절단처리법 중 옳은 것은?
① 드레스- 머리, 꼬리, 지느러미
② 세미드레스-머리, 꼬리, 지느러미, 아가미, 내장
③ 팬드레스- 아가미, 내장
④ 라운드- 머리와 내장은 그대로

> 정답 및 해설 ④
>
> | 구분 | 처리 종류 | 처리 방법 |
> |---|---|---|
> | 어체 | 라운드 | 머리와 내장이 붙은 전 어체 |
> | | 세미드레스 | 라운드에서 아가미와 내장만 제거 |
> | | 드레스 | 라운드에서 아가미, 내장, 머리를 제거 |
> | | 팬 드레스 | 라운드에서 아가미, 내장, 머리, 지느러미, 꼬리를 제거 |

8. 여러 가지 자극을 주어서 어군이 자극원 쪽으로 모이게 하는 것은?
① 유집   ② 구집
③ 차단유도   ④ 함정유도

> 정답 및 해설 ①

9. 양식장 밀도가 높아졌을 때 가장 민감한 것은?
① 수온   ② 바람
③ 용존산소   ④ 염분

> 정답 및 해설 ③

10. 조개류 인공종묘를 생산할 때 기본 먹이가 되는 것은?

① 이소크리시스 ② 조메아
③ 나비쿨라 ④ 클로렐라

> **정답 및 해설** ①
> 조개류 먹이 : 이소크리시스, 케토세로스

11. 북태평양에서 가장 많이 잡히는 것은?
① 조기 ② 갈치
③ 참치 ④ 명태

> **정답 및 해설** ④
> 명태는 수온이 1~10℃인 찬 바다에 사는데, 연령에 따라 서식 장소가 다소 차이가 난다. 성어(成魚)는 수온이 10~12℃ 정도가 되는 북태평양 지역의 대륙사면 근처에서 서식하나, 어린 명태는 보다 차가운 수온에도 견딜 수 있기 때문에 온도가 1~6℃ 정도인 더 깊은 바다에 서식한다.

12. 통조림 가공순서는?
① 살갓짐 - 배기 - 밀봉 - 살균 - 냉각
② 살갓짐 - 살균 - 배기 - 밀봉 - 냉각
③ 살균 - 살갓짐 - 배기 - 밀봉 - 냉각
④ 살균 - 살갓짐 - 밀봉 - 배기 - 냉각

> **정답 및 해설** ①

13. 해양환경 중 화학적 요인에 해당하지 않는 것은?
① 용존산소 ② 염분
③ 광선 ④ 영양염류

정답 및 해설 ③

14. 다음 보기가 설명하는 것으로 옳은 것은?

[보기]
일정한 지리적인 분포구역 내에서 개체 상호 간의 임의 교배를 통해서 동일한 유전자 풀을 공유함으로써 일정한 유전자 조성을 가지며, 동일한 생태학적 특성과 독자적인 수량 변동의 양상을 보이는 집단

① 어군 ② 어황
③ 계군 ④ 계층군

정답 및 해설 ③

15. 다음은 어느 해 특정 수산자원의 통계이다. 어획량의 변동으로 올바른 것은?

[보기]
1. 1년 동안의 가입량(R_t) : 500t
2. 1년 동안의 성장량(G_t) : 1,500t
3. 1년 동안의 자연사망량(D_t) : 100t
4. 1년 동안의 어획량(Y_t) : 1,300t

① 자원량 증가 ② 자원량 감소
③ 자원량 평형 ④ 정답 없음

정답 및 해설 ①
($R_t + G_t - D_t$)의 값이 Y_t와 비교해서 크면 어획량(Y_t) 증가, 적으면 감소

16. 수산자원의 가입관리 방법 중 설명이 바르지 않은 것은?
① 이식 : 특정지역에서는 볼 수 없거나 전혀 분포하지 않는 수산생물을 다른 지역에서 가져와

방류 등을 통하여 성장시키는 것
② 어기제한 : 산란기 동안에 어로행위를 제한하여 산란치어를 보호
③ 인공종묘방류 : 인공수정된 알을 일정기간 보호하여 새끼가 부화된 후 방류하는 것
④ 체장제한 : 자원보호의 목적으로 어떤 종에 대해 일정한 크기보다 작은 것을 잡지 못하게 하는 것

> **정답 및 해설** ③
> 인공종묘방류 : 종묘배양장을 설치하여 인공부화된 새끼를 일정기간 보호한 후 적정 크기까지 성장하면 새끼를 방류한다. 넙치, 전복, 보리새우 등에 이용된다.

17. 성장관리란 수산생물의 성장에 적합한 환경을 제공하여 성장을 촉진함으로써 자원량을 늘리는 활동을 말한다. 성장관리의 방법으로 옳지 않은 것은?
① 시비
② 이식
③ 수초제거
④ 산란치어 방류

> **정답 및 해설** ④
> 산란치어 방류는 가입관리이다.

18. 어장의 분류 중 환경에 따른 분류에 해다하지 않은 것을 고르시오.
① 천해(淺海)어장
② 연안(沿岸)어장
③ 와동(渦動)어장
④ 대륙붕어장

> **정답 및 해설** ②
> 환경에 따른 어장은 천해(淺海)어장·심해(深海)어장·간석지(干潟地)어장·대륙붕어장·천연초(天然礁)어장·와동(渦動)어장·용승(湧昇)어장 등이 있다.

19. 수산업법에 무동력어선 또는 총톤수 8t 미만의 동력어선 또는 어선의 안전조업과 어업 조정을 위

하여 대통령령으로 정하는 총톤수 8톤 이상 10톤 미만의 동력어선을 사용하는 어업으로 규정되어 있는 어업은?

① 천해어업 ② 근해어업
③ 연안어업 ④ 낚기어업

정답 및 해설 ③

연안어업이란 해안에서 가까운 곳 또는 한 나라의 영해(領海) 안에서 이루어지는 어업.원양어업에 대비되는 말로서 연해어업이라고도 하고 근해어업과 함께 연근해어업으로 부르기도 한다.

20. 조류가 빠른 곳에서 어구는 조류에 밀려가지 않게 고정해 놓고 어군을 조류의 힘에 의하여 강제로 함정에 빠뜨려지게 하여 잡는 강제 함정 어법을 실현하기 위한 어구는?

① 선망 ② 자망 ③ 유자망 ④ 안강망

정답 및 해설 ④

21. 걸그물이라고도 하며 물 속에 옆으로 쳐놓아 물고기가 지나가다가 그물코에 걸리도록 하는 그물을 무엇이라 하는가?

① 조망 ② 선인망
③ 자망 ④ 정치망

정답 및 해설 ③

22. 다음 보기에서 설명하는 어업은?

[보기]
동력선으로 전개판이 딸린 자루 모양의 그물을 끌어서 대상물을 잡는 어업이다. 주요 대상어종은 도미, 쥐치, 갈치, 가오리, 새우 등이다. 기선저인망어업도 이 어법의 하나다.

Point 실전문제

① 채낚기어업　　　　　　　② 연승어업
③ 권현망어업　　　　　　　④ 트롤어업

정답 및 해설 ④

어구·어법의 종류

1. 안강망 : 조류가 빠른 곳에서 어구는 조류에 밀려가지 않게 고정해 놓고 어군을 조류의 힘에 의하여 강제로 함정에 빠뜨려지게 하여 잡는 강제 함정 어법을 실현하기 위한 어구.

2. 선망
   ① 자루의 양쪽에 길다란 날개가 있고, 그 끝에 끌줄이 달린 그물을 기점(육지나 배) 가까이에 투망해 놓고, 끌줄을 오므리면서 끌어당겨, 그물을 기점으로 끌어들여서 잡는 데 쓰이는 어구/어법
   ② 기다란 사각형의 그물로 어군을 둘러싼 후 그물의 아랫자락을 죄여서 어군이 도피하지 못하도록 하여 어획 대상 생물(고등어, 다랑어 등)

3. 통발 : 물고기를 잡는 바구니 모양을 한 도구

4. 조망 : 막대를 설치한 조망을 사용하여 새우를 포획하는 어구

5. 저인망 : 저층끌그물을 뜻하는데, 이 경우는 자루만으로 되어 있거나 자루 입구 양쪽에 날개그물을 단 그물에 길다란 끌줄을 달아 아랫자락이 해저에 닿도록 하면서 수평방향으로 끌어, 해저에 붙어살거나 해저 가까이에 사는 어족을 잡는 어구·어법을 통틀어 말한다.

6. 선인망 : 어구로 일정범위를 둘러싼 후 배를 고정시켜 놓고 어족을 배까지 끌여들여 잡는 어구·어법

7. 자망 : 걸그물. 물 속에 옆으로 쳐놓아 물고기가 지나가다가 그물코에 걸리도록 하는 그물. 가로가 길고, 세로가 짧다.

8. 유자망 : 그물을 수면에 수직으로 펼쳐서 조류를 따라 흘려보내면서 물고기가 그물코에 꽂히게 하여 잡는 어구·어법
   수걸그물(자망)어법에는 어구를 고정시켜 놓고 잡는 고정자망어법(固定刺網漁法)과 어구를 조류에 따라 흘려보내면서 잡는 유자망어법(流刺網漁法)이 있는데, 어군이 어구에 부딪칠 확률이 후자가 전자보다 훨씬 커서 어획성능이 좋기 때문에 실제 어업에서는 후자가 주로 쓰인다.
   한국 연안의 동해에서는 꽁치·명태·오징어 등을 잡는 데, 남해에서는 멸치·삼치·고등어·전갱이·상어 등을 잡는 데, 황해에서는 참조기·전갱이 등을 잡는 데 쓰이고 있고, 그 외 세계 도처에서 널리 쓰인다.

9. 들망 : 자루 모양이나 평평한 그물을 펴서 어류를 그 위에 모이게 하여 잡는 방법이며 비교적 작은 어구는 별다른 기구가 없으나 대형화하면 어구를 올리기 위한 장치가 필요함.

10. 정치망 : 자루 모양의 그물에 테와 깔때기 장치를 한 어구를 어도에 부설하여 대상 생물이 들어가기는 쉬우나 되돌아 나오기 어렵도록 장치한 어구. 어구를 일정한 장소에 일정 기간 부설해 두고 어획하는 어구 어법이며 단번에 대량 어획하는 데 쓰임. 연안의 얕은 곳(대략 수심

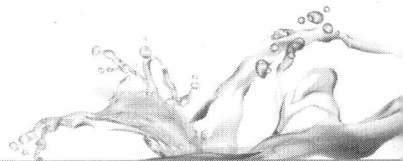

> 50m 이하)에서만 사용.
> 11. 트롤어업 : 동력선으로 전개판이 딸린 자루 모양의 그물을 끌어서 대상물을 잡는 어업이다. 주요 대상어종은 도미, 쥐치, 갈치, 가오리, 새우 등이다. 기선저인망어업(bottom trawl)도 트롤어업의 일종이다.
>   * 전개판 : 트롤 어구에서 날개그물의 망목 면적을 넓게 하기 위하여 끌줄과 날개그물 사이에 있는 망구 전개장치
> 12. 채낚기어업 : 긴 줄에 낚시를 1개 또는 여러 개 달아 대상물을 채어 낚는 어업이다. 주요 대상어종은 오징어이다.
> 13. 연승어업 : 한 가닥의 기다란 줄에 일정한 간격으로 가짓줄을 달고 가짓줄 끝에 낚시를 단 어구를 사용해 낚시에 걸린 대상물을 낚는 어업이다.
> 14. 권현망어업 : 우리 나라 남해 연안의 대표적인 어업으로 멸치를 주로 잡음. 권현망의 구조는 400여 m의 앞날개 부분과 30여 m의 안날개 및 여자망 그물로 만든 자루 그물로 구성. 럭선으로 전개판이 딸린 자루 모양의 그물을 끌어서 대상물을 잡는 어업이다. 주요 대상어종은 도미, 쥐치, 갈치, 가오리, 새우 등이다. 기선저인망어업도 이 어법의 하나다.

23. 다음 보기가 설명하고 있는 우리나라 수역은?

[보기]
이곳에는 본질적인 한류가 없고, 해안선의 굴곡이 심하여 산란장으로 알맞은 적지가 많아 서식하는 어종이 다양하다. 그 중에서 중요한 것은 조기, 민어, 고등어, 전갱이, 삼치, 갈치, 넙치, 서대, 가오리, 새우 등이다. 대표적인 어업으로는 얕은 수심과 급한 조류를 이용한 안강망 어업이고, 고등어와 전갱이 등을 주된 어획 대상으로 하는 선망과 걸그물 어업이 행해진다. 저서어족을 어획하는 기선 저인망 어업도 성행한다.

① 동해안　　　　　　　　② 서해안
③ 남해안　　　　　　　　④ 동북해안

정답 및 해설 ②

24. 군산시에서 A씨는 인공적으로 조성한 육상의 해수면에서 수산동식물을 양식하는 어업을 하려고 한다. 허가권자는 누구인가?

① 해양수산부장관　　　　② 전북도지사
③ 군산시장　　　　　　　④ 해양수산개발원장

정답 및 해설 ③

시장·군수·구청장의 허가

1. 구획어업
   일정한 수역을 정하여 어구를 설치하거나 무동력어선 또는 총톤수 5톤 미만의 동력어선을 사용하여 하는 어업. 다만, 해양수산부령으로 정하는 어업으로 시·도지사가 「수산자원관리법」 제36조 및 제38조에 따라 총 허용어획량을 설정·관리하는 경우에는 총톤수 8톤 미만의 동력어선에 대하여 허가할 수 있다.

2. 육상해수양식어업
   인공적으로 조성한 육상의 해수면에서 수산동식물을 양식하는 어업

3. 종묘생산어업
   일정하게 구획된 바다·바닷가 또는 인공적으로 조성한 육상의 해수면에 시설물을 설치하여 수산종묘(水産種苗)를 생산하는 어업(생산한 종묘를 일정기간 동안 중간 육성하는 경우를 포함한다)

25. 다음 중 면허어업에 해당하는 것은?
① 정치망어업　　　　　② 종묘생산어업
③ 구획어업　　　　　　④ 나잠어업

정답 및 해설 ①

26. 어장으로서 환경이 좋지 않다고 판단되는 것을 고르시오.
① 넓은 대륙붕이나 어초(魚礁, bank)가 발달한 해역
② 난류와 한류가 접촉하는 조경수역(潮境水域)
③ 아래층 냉수가 해면으로 솟아오르는 용승(湧昇)해역

④ 해수의 투명도가 높은 해역

> **정답 및 해설** ④
> 해수의 투명도가 높다고 해서 꼭 좋은 어장인 것은 아니다. 투명도가 낮은 경우(정어리·방어)와 높은 경우(고등어·다랑어)에 잘 잡히는 어종이 다르다.

27. 다음 중 조경어장에 관한 설명으로 옳지 않은 것은?
① 조경을 이루는 곳은 계절에 따라 위치가 바뀐다.
② 북서태평양어장과 북서대서양어장이 대표적 조경어장이다.
③ 우리나라의 동해와 서해에 조경수역이 만들어 진다.
④ 조경어장에는 플랑크톤의 양이 많고 용존산소량이 높다.

> **정답 및 해설** ③
> 조경수역의 위치는 난류가 강한 여름에는 북상하고, 한류가 강한 겨울에는 남하한다. 서해에는 난류가 약하고 고위도에서 형성되어 남하하는 한류가 없기 때문에 조경수역이 나타나지 않는다.

28. 조경수역에서 소용돌이치며 흐르는 물 때문에 형성되는 어장은?
① 용승어장   ② 대륙붕어장
③ 와류어장   ④ 연안어장

> **정답 및 해설** ③

29. 다음 중 세계4대 어장에 들지 않은 것은?
① 북서 태평양 어장   ② 남태평양 어장
③ 북서 대서양 어장   ④ 북동 대서양 어장

> **정답 및 해설** ②

①③④와 북동 태평양 어장을 들어서 세계 4대 어장이라고 한다.

30. 다음 중 어군을 모이게 하는 방법이 아닌 것은?
① 유집
② 구집
③ 차단유도
④ 후리기

정답 및 해설 ④

31. 다음 어법 중 적극적 어법에 해당하는 것은?
① 걸그물어법(자망어법)
② 들그물어법(부망어법)
③ 두릿그물어법(선망어법)
④ 함정어법

정답 및 해설 ④

32. 다음 보기가 설명하는 어법으로 옳은 것은?

[보기]
표층이나 중층에 있는 어군을 커다란 수건 모양의 그물로 둘러싸서 우리에 가둔 후에, 차차 그 범위를 좁혀서 떠올린다. 이 어법의 대상이 되는 어군은 군집성(群集性)이 큰 것이 좋으며, 집어등(集魚燈)을 써서 어군을 밀집시켜서 잡는 경우가 많다. 규모가 큰 어구를 쓰며, 어업적으로도 중요하다.

① 저인망 어법
② 덮그물어법(엄망어법)
③ 두릿그물어법(선망어법)
④ 후릿그물어법(인기망어법)

정답 및 해설 ③

후릿그물어법(인기망어법, 引寄網漁法) : 자루의 양쪽에 기다란 날개가 있고, 그 끝에 끌줄이 달린 그물을 기점(육지나 배)으로부터 멀리 투망해 놓고 끌줄을 오므리면서 그물을 기점으로 끌어당겨서 잡는다.

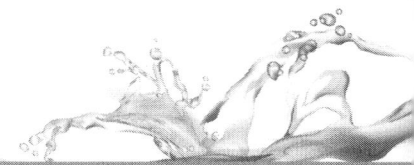

덮그물어법(엄망어법, 掩網漁法): 대상물 위에 그물을 덮어 씌워서 잡는다. 주로 하천이나 바닷가에서 쓴다.

저인망어법(底引網漁法) : 끌그물[예망, 曳網]류에 속하는 그물어구. 저인망이라는 말은 때에 따라 뜻하는 바가 조금씩 다르다. 넓은 뜻으로는 저층끌그물을 뜻하는데, 이 경우는 자루만으로 되어 있거나 자루 입구 양쪽에 날개그물을 단 그물에 길다란 끌줄을 달아 아랫자락이 해저에 닿도록 하면서 수평방향으로 끌어, 해저에 붙어 살거나 해저 가까이에 사는 어족을 잡는 어구·어법을 통틀어 말하며, 범선저인망·기선저인망·빔트롤·오터트롤 등이 포함된다.

33. 다음 보기의 낚시어구 명칭으로 옳은 것은?

[보기]
수중의 어구를 위쪽으로 지지하기 위한 부속구. 부자(浮子)라고도 한다. 이것은 보통 단단하고 부력(浮力)이 커야 하므로 과거에는 나무·대나무·유리 등이 쓰였으나 근래에는 합성수지로 만든 것이 널리 쓰이고 있다.

① 발돌 ② 뜸
③ 주낙 ④ 봉돌

정답 및 해설 ②

34. 망사를 매듭짓거나 또는 편조하여 망목을 연속시킨 것을 무엇이라 하는가?

① 망지 ② 그물감
③ 그물코 ④ 그물실

정답 및 해설 ①

* 그물감

결정망지 : '망지(網地)'란 망사를 매듭짓든지 또는 편조하여 망목을 연속시킨 것을 말한다. 매듭이 있는 것을 결정망지라고 하고, 매듭의 종류로 참매듭과 막매듭이 있다.

무결절망지 : 매듭이 없는 것을 무결정망지라고 한다. 직망지, 여자망지, 관통형망지, 라셀식 망지, 레이스망지, 접착망지 등이 있다.

그물코 : 그물실을 서로 조합시킨 네 개의 매듭과 네 가닥의 그물실, 즉 발로 구성된 것.

35. 다음 보기가 설명하는 함정어법은?

[보기]
어구는 주로 정치망류가 해당된다. 해안에서 바다로 길게 길그물을 설치, 어군의 이동 통로를 차단한 뒤 통그물로 어획한다.

① 공중함정 ② 미로함정
③ 유도함정 ④ 유인함정

정답 및 해설 ③

36. 다음 보기가 설명하는 어법으로 옳은 것은?

[보기]
목표로 하는 어종이 통과하는 위치를 차단하도록 그물을 설치하고 그 그물에 고기가 걸리게 하는 방법. 정어리, 고등어, 명태, 꽁치 등을 잡기 위해 그물코의 크기가 조정되어 있다.

① 자망어법 ② 선망어법
③ 끌그물어법 ④ 부망어법

정답 및 해설 ①

37. 다음 보기가 설명하는 어법은?

[보기]
자루의 양쪽에 길다란 날개가 있고, 그 끝에 끌줄이 달린 그물을 기점(육지나 배) 가까이에 투망해 놓고, 끌줄을 오므리면서 끌어당겨, 그물을 기점으로 끌어들여서 잡는데 쓰이는 어구·어법. 인기망(引寄網)이라고도 한다.

① 부망어법 ② 선망어법
③ 끌그물어법 ④ 후릿그물업법

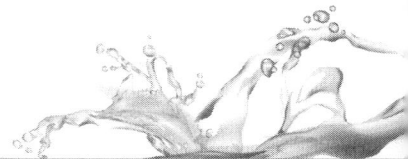

> **정답 및 해설** ④

후릿그물(인기망)어법

자루의 양쪽에 길다란 날개가 있고, 그 끝에 끌줄이 달린 그물을 기점(육지나 배) 가까이에 투망해 놓고, 끌줄을 오므리면서 끌어당겨, 그물을 기점으로 끌어들여서 잡는 데 쓰이는 어구·어법. 인기망(引寄網)이라고도 한다.

이 어법은 그물이 투망된 위치부터 기점까지의 사이에 있는 대상물밖에 잡을 수가 없다. 후릿그물은 표층과 중층어족을 주대상으로 하는 좁은 의미의 후리[浮引網]와 저층어족을 주대상으로 하는 방[底引網]으로 나눌 수 있다.

후리는 해안 가까이 얕은 곳에 있는 대상물을 잡는 어법이며, 갓후리[地引網]에서 시작하여 배후리[船引網]로 발달했다. 방(손방)은 후리보다는 조금 깊은 곳에 있는 대상물을 잡는 어법이며, 1척의 배로서 어구를 마름모꼴로 투망한 후, 배를 고정시켜 놓고 양쪽 끌줄 끝부터 가지런히 사람의 손으로 끌어당겨 고기를 자루그물에 후려모아서 잡는 방법이다.

38. 주로 선망어선에서 그물이 가라앉은 상태를 감시하는 장치는?
① 네트 레코더 ② 전개판 감시장치
③ 네트 존데 ④ 어군탐지기

> **정답 및 해설** ③

* 어망탐지기
네트레코더 : 트롤어구 입구의 전개상태, 해저와 어구와의 상대적 위치, 입망되는 어구의 양의 정보 전달
전개판감시장치 : 트롤어구에 부착된 양쪽 전개판 사이의 간격측정장치
네트 존데 : 주로 선망어선에서 그물이 가라앉은 상태를 감시하는 장치

39. 어구 조작용 동력장치 중 그물에 매달린 여러 종류의 줄을 감아올리는 장치의 명칭은?
① 양승기 ② 양망기
③ 사이드 드럼 ④ 트롤 윈치

> **정답 및 해설** ③
>
> * 어구 조작용 동력장치
>
> 양승기 : 주로 주낙이나 밧줄 같은 길다란 줄을 감아올리는데 쓰이는 장치로서 다랑어 주낙용 양승기가 가장 발달한 형태이다.
>
> 양망기 : 그물을 올리는 장치로 자망용 양망기, 건착망용 양망기, 정치망용양망기 등 업종에 따라 자망용, 선망용, 기선권현망용 등 그 종류가 다양하다.
>
> 사이드 드럼 : 그물에 매달린 여러 종류의 줄을 감아올리는 장치
>
> 트롤원치 : 트롤어구의 끌줄을 감아들이기 위하여 설비되는 장치

40. 우리나라 동해에서 이루어지는 주요 어업방식으로 옳지 않은 것은?

① 오징어 채낚기 어업 ② 기선저인망어업
③ 꽁치 자망어업 ④ 대게 자망어업

> **정답 및 해설** ②
>
> 기선저인망 어업은 서해안에서 행해지는 주용 어업방식이다.
>
> * 기선저인망 어업
>
> 저인망은 인망류(引網類:끌그물류)로서 한국에서는 선망어업(旋網漁業)과 함께 기업어업으로 규모가 큰 근해어업이다. 종류에는 1척으로 하는 외끌이 저인망어업과, 2척으로 하는 쌍끌이 저인망어업이 있다. 또 어선의 크기에 따라 100 t 이상으로 하는 저인망어업을 대형 저인망어업이라 하고, 100 t 미만으로 하는 것을 중형 저인망어업이라 한다. 저인망어업은 주로 저층어(底層魚)인 가자미·조기·강달이·갈치 등을 잡는다.

41. 다음 보기의 우리나라 남해안에서 주로 행하고 있는 어업방식으로 옳은 것은?

[보기]
이 어업방식은 그물을 끄는 2척의 끌배, 1척의 어탐선, 1척의 가공선, 2~3척의 운반선 등 6척 내외의 선박이 선단을 이룬다. 어군탐지기가 장치되어 있는 어탐선이 멸치군을 탐색한 후 작업지시를 내리면 끌배는 어구를 끌어서 멸치를 잡아들인다.

① 유자망 어업 ② 기선 권현망 어업
③ 채낚기 어업 ④ 선망 어업

정답 및 해설 ②

유자망 어업방식은 그물을 수면에서 수직으로 아래로 펼쳐지게 한 다음, 펼쳐진 그물을 물의 흐름과 바람에 따라 이리저리 떠다니게 하면서 물고기가 그물코에 꽂히거나 둘러싸이게 해서 잡는 방식이다.

채낚기 어업방식은 제주도 주변 해역에서 행하여 행하여지고 있는데 갈치, 오징어, 고등어, 방어, 복어, 돔, 삼치, 숭어, 농어 문어 등을 대상으로 예부터 이루어져 왔다.

어선이 소형에서 중형으로 개량되어 발전기 용량이 크게 증가하면서 집어등으로 오징어·갈치를 어획하는 채낚기 어업이 제주도 연안에서 성행하게 되었다.

선망 어업방식은 기다란 사각형의 그물로 어군(fish shoal)을 둘러싼 후 그물의 아랫자락을 죄어서 대상물을 잡는 어업이다.

42. 남해안에서 정치망 어업방식으로 어획되는 주요 어종이 아닌 것은?

① 멸치 ② 삼치
③ 갈치 ④ 참치

정답 및 해설 ④

남해안의 정치망에서는 멸치, 삼치, 갈치 등의 난류성 어종이 어획된다. 이들 어종들은 늦는 봄부터 초가을 사이에 어획이 많다.

정치망어업 : 어구를 일정한 장소에 일정기간 부설해 두고 어획하는 어구·어법이며, 단번에 대량 어획하는 데 쓰인다. 연안의 얕은 곳(대략 수심 50 m 이하)에서만 쓴다.

43. 1957년 우리나라에서 최초의 원양어업 시험조업이 시작된 어종은?

① 참치 ② 명태
③ 고등어 ④ 갈치

정답 및 해설 ①

1957년에 참치연승 시험 조업이 처음으로 이루어졌고, 1958년에는 원양어업의 기업화를 위한 목적에서 지남 1·2·3호를 남태평양의 사모아에 어업기지를 두고 출어시켜, 1961년까지 조업하였다. 1966년 대서양 트롤어업, 북태평양 명태트롤어업, 북태평양 빨강오징어유자망어업은 1979년에 시작하였다.

44. 다음 중 수산자원의 직접적 보호방법이 아닌 것은?

① 어선·어구·어법, 어획량, 어기 등의 제한
② 수산종자의 방류사업
③ 인공어초의 설치사업
④ 해양환경의 개선사업

> **정답 및 해설** ①
>
> * 수산자원의 간접적 보호방법
> - 어획·채취 등의 제한 또는 금지 및 휴어기의 설정
> - 어선·어구·어법, 어획량, 어기 등의 제한
> - 어업자 협약의 체결

45. 어선법 시행령에는 어선의 크기·종류·구조에 따라 종업제한(從業制限)을 하고 있다. 제2종 종업 제한에 해당하는 것으로 옳은 것은?

① 연승어업에 사용되는 총톤수 30t 미만의 어선에 대한 제한
② 대형선망어업 등의 어업에 사용되는 총톤수 30t 이상의 어선에 대한 제한
③ 채낚기 어업에 사용되는 총톤수 50t 미만의 어선에 대한 제한
④ 원양어업·원양어획물운반업에 이용되는 어선에 대한 제한

> **정답 및 해설** ②
>
> * 어선과 종업제한
>
> 제1종 종업제한 : 일본조어업·연승어업·유자망어업·소형선망어업·부망어업·해 수어업·잠수기 및 해조채취어업·선인망어업·저인망어업·안강망어업·채낚기어업·근해포경어업·통발어업·형망어업 등의 어업 및 어획물운반업에 사용되는 총t수 30t 미만의 어선에 대한 제한
>
> 제2종 종업제한 : 기선저인망어업, 근해 트롤 어업, 대형선망어업 등의 어업 및 어획물운반업에 사용되는 총t수 30t 이상의 어선에 대한 제한
>
> 제3종 종업제한 : 원양어업·원양어획물운반업에 이용되는 어선에 대한 제한

46. 다음 보기가 설명하는 선체의 명칭은?

[보기]
이것은 선저의 선체 중심선을 따라 선수재로부터 선미 골재까지 종통하는 부재이다. 이것은 선박에서 마치 우리 몸의 척추와 같은 역할을 한다. 건조 독(dry dock)에 들어갈 때나 좌초 시에 선체가 받는 국부적인 외력이나 마멸로부터 선체를 보호하는 역할을 한다.

① 종통재
② 용골
③ 늑골
④ 격벽

정답 및 해설 ②

늑골 : 선체의 좌우현측을 구성하는 골격으로 용골에 직각으로 배치되어 있다. 선체의 겉모양을 이루는 뼈대 역할을 한다.
종통재 : 배의 선측구조를 이루는 부재로서 외판을 부착시켜 선형을 이루고 종강도를 형성한다. 선측.갑판하부.선저 종통재가 있다.
격벽 : 선박에서 주갑판 아래의 내부 공간을 길이 또는 너비 방향으로 칸막이하는 구조물을 격벽이라고 한다.

47. 다음은 선박의 흘수에 대한 설명이다. 옳은 것을 고르시오.
① 용골의 상면으로부터 선측의 상갑판의 하면(둥근 건넬이 있는 선박에 있어서는 건넬이 각형으로 되도록 상갑판 및 선측외판의 모울드라인을 각각 연장하여 얻어지는 교점을 말한다.)까지의 수직거리
② 선박에 고정된 돌출물을 포함하여 가장 앞쪽 끝에서부터 뒤쪽 끝까지의 수평거리
③ 선박이 물에 잠기는 부분의 깊이
④ 선수 수선(Fore Perpendicular; FP)과 선미 수선(After Perpendicular; AP) 간의 수평거리

정답 및 해설 ③
① 형 깊이 ② 전장 ④ 수선 간장

48. 선체구조 및 안전상 화물적재가 허용되는 흘수를 무엇이라 하는가?
① 형 흘수
② 계획만재흘수
③ 최대만재흘수
④ 저화흘수

> **정답 및 해설** ③
>
> 형 흘수 : 선체의 중앙에서 용골(龍骨, keel)의 상면을 통하는 수평선인 기선(基線, base line)부터 만재흘수선까지의 수직거리로 나타내는 흘수. 만재흘수 표시에 사용된다.
>
> 계획만재흘수(Td; Design Draft) : 최적의 운항 조건을 갖도록 선정된 흘수로 대부분의 건조선 성능 보증은 계획만재흘수를 기준으로 평가된다.
>
> 최대만재흘수(Ts; Scantling Draft) : 선체구조 및 안전상 화물적재가 허용되는 흘수로서, 최대만재흘수(Ts)는 계획만재흘수(Td)와 같은 경우도 있다.
>
> 저화흘수(Ballast Draft-Tb) : 화물을 적재하지 않고 해수로 Ballasting하여 운항하기위한 흘수로 회항 시 적용됨

49. 다음 보기가 설명하는 것으로 옳은 것은?

[보기]

선박에 화물을 적재하지 않은 채 공선(空船)으로 운항하는 경우 안정성이 낮아지고 프로펠러가 수면에 노출되는 등 안전항해에 큰 지장을 초래할 우려가 있다. 이것은 이를 방지하기 위해 선박이 일정한 흘수(吃水)를 유지할 수 있도록 하며, 선내에 화물이 불균형하게 적재된 경우 균형을 맞춰 복원성(復原性)을 잃지 않도록 한다.
일반적으로 바닷물(海水)을 이것의 탱크에 채우는 방식을 사용하나 충분하지 않을 경우에는 모래 등을 적재하는 방식이 사용된다.

① 건현
② 트림
③ 밸러스트
④ 선저

> **정답 및 해설** ③

50. 선박의 길이방향으로 일정 각도로 기울어진 것을 무엇이라 하는가?

① 건현
② 트림
③ 밸러스트
④ 등흘수

> **정답 및 해설** ②
>
> 건현은 선체 중앙부 상갑판의 선측 상면에서 만재흘수선까지의 수직거리를 말한다. 선박이 완성되면 선

박 만재 흘수선 규정에 의하여 선형, 구조 등에 따라 건현과 만재 흘수선이 결정된다.

건현이 클수록 선박의 예비부력이 크다는 것이므로, 결국 선박의 안전성이 높다는 것을 의미한다.

트림이란 선박의 길이방향으로 일정 각도로 기울어진 것을 말한다. 트림은 선미 흘수와 선수 흘수의 차이로 표시한다.

선미 흘수가 선수 흘수보다 클 때를 선미 트림, 선수 흘수가 선미 흘수보다 클 때를 선수 트림이라고 함.

등흘수 [even keel, 等吃水]란 선수 흘수와 선미 흘수의 크기가 같은 경우를 등흘수 (even keel) 상태라고 한다.

51. 다음 선박의 순톤수에 대한 설명이다. 옳지 않은 것은?
① 총톤수에서 기관실, 선실, ballast tank 등 선박의 운항에 필요한 공간의 용적을 차감한 톤수로서 주로 화물을 적재할 수 있는 공간의 용적을 나타낸다.
② 선박의 크기를 부피로 나타내는 용적톤수의 하나로서, 선박 내부의 용적전체에서 기관실·갑판부 등을 제외하고 선박의 직접 상행위에 사용되는 장소의 용적을 환산하여 표시한 톤수를 말한다.
③ 등부톤수라고도 하며 NT로 표기한다.
④ 수선하부의 선박의 체적에 해당하는 물의 무게(부력)와 같은 톤수이다.

> **정답 및 해설** ④
> ④의 설명은 배수톤수이다.

52. 선박이 위협에 봉착하였을 때(해적 등으로 부터) 육상의 기관에 경보를 발송하는 장치는?
① AIS
② SSAS
③ 자이로 콤파스
④ SONAR

> **정답 및 해설** ②
> AIS(선박자동식별장치, Automatic Identification System) 일정 범위의 설비를 장착한 선박의 선명·침로·선속·위치 등의 항행정보를 자동으로 표시해주는 장비
> SSAS(Ship Safety Alart System) 선박이 위협에 봉착하였을 때(해적등으로 부터) 육상의 기관에 경보를 발송하는 장치

자이로 콤파스 배의 길이 45m 이상의 어선에는 자이로컴파스를 설치하여야 한다. 배의 길이 75m 이상의 어선에는 전방위를 확인할 수 있는 장소에 자이로 콤파스 리피터를 설치하여야 한다.

소나(SONAR) 바닷속 물체의 탐지나 표정(標定)에 사용되는 음향표정장치(音響標定裝置)에 대한 명칭.

53. 항해 중인 함선이 증속 또는 감속할 때 원래의 운동을 계속하려는 힘 또는 성질을 타력이라고 한다. 다음 중 타력의 종류로 옳지 않은 것은?

① 발동타력
② 반전타력
③ 회두타력
④ 복원타력

> **정답 및 해설** ④
>
> 발동타력 선박이 정지 상태에서 일정한 기관 조종 명령을 하여 거기에 해당하는 속력에 도달할 때까지의 타력
>
> 반전타력 선박이 전진 항주 중(속력과 무관) 기관을 전속으로 반전(Full Astern)하였을 경우 기관이 발동하여 선체가 수면에 정지할 때까지의 타력
>
> 회두타력 전타 선회 중에 키를 중앙으로 한 때부터 선체의 회두운동이 멈출 때까지의 거리
>
> * 전타(轉舵) : 선박의 방향키 각도를 바꿈

54. 묘박(錨泊)이란 항구가 아닌 바다에서 닻을 내리고 멈추는 것을 말한다. 다음 중 묘박법이 아닌 것은?

① 단묘박
② 쌍묘박
③ 이묘박
④ 투묘

> **정답 및 해설** ④
>
> 단묘박 선박에 장착되어 있는 양현 앵커 중에서 어느 하나를 선택하여 놓는 묘박법을 말한다. 묘박 후에 선박의 회전 반경이 넓으므로 비교적 넓은 수역에서 행해진다. 투묘조작과 취급이 간단하고 응급조치를 취하기 쉬운 장점이 있다.
>
> 쌍묘박 선박에 장착되어 있는 좌·우 양현의 앵커를 모두 놓는 묘박법 중에서 양현 앵커의 사이각이 120° 이상이 되게 놓는 방법을 말한다. 좁은 수역에서 선체의 회전반경을 줄일 수 있는 장점이 있는 반면에 투묘 조작이 복잡하고 장기간 묘박 시에 foul cable(엉킴 현상)이 되기 쉽고 황천 등에 대한 응급조치를 취하는데 어려움이 있다.
>
> 이묘박 선박에 장착되어 있는 양현의 두 앵커의 사이각이 120°이내가 되도록 한 묘박법이다. 황천이나

조류가 강한 지역에서는 강한 파주력을 얻는데 이용한다.

투묘법 선박이 일정한 수역에 머물기 위하여 선박에 장착된 앵커를 해저바닥에 놓는 방법을 말한다.

55. 다음은 선박들이 서로 충돌을 피하기 위한 '해사안전법' 상 운행규칙이다. 옳지 않은 것을 고르시오.

① 선박은 다른 선박과 충돌을 피하기 위하여 침로(針路)나 속력을 변경할 때에는 침로나 속력을 소폭으로 연속적으로 변경하여서는 아니 된다.
② 선박은 넓은 수역에서 충돌을 피하기 위하여 침로를 변경하는 경우에는 적절한 시기에 큰 각도로 침로를 변경하여야 한다.
③ 2척의 동력선이 마주치거나 거의 마주치게 되어 충돌의 위험이 있을 때에는 각 동력선은 서로 다른 선박의 좌현 쪽을 지나갈 수 있도록 침로를 우현(右舷) 쪽으로 변경하여야 한다.
④ 2척의 동력선이 상대의 진로를 횡단하는 경우로서 충돌의 위험이 있을 때에는 다른 선박을 좌현 쪽에 두고 있는 선박이 그 다른 선박의 진로를 피하여야 한다.

> **정답 및 해설** ④
> 2척의 동력선이 상대의 진로를 횡단하는 경우로서 충돌의 위험이 있을 때에는 다른 선박을 우현 쪽에 두고 있는 선박이 그 다른 선박의 진로를 피하여야 한다.
> 이 경우 다른 선박의 진로를 피하여야 하는 선박은 부득이한 경우 외에는 그 다른 선박의 선수 방향을 횡단하여서는 아니 된다.

56. 유영동물의 수산양식방법으로 옳지 못한 것은?

① 지수식 양식 ② 수하식 양식
③ 유수식 양식 ④ 가두리 양식

> **정답 및 해설** ②
> 수하식(垂下式) 양식
> 저서동물을 양식할 때 사용하는 방식이다. 굴·담치·우렁쉥이 등을 조가비 등의 부착기에 착생(着生)시킨 다음 이 부착기를 다시 줄에 꿰어 뗏목이나 뜸에 매달아 수하하는 양식이다. 여기서 부착기를 꿴 줄을 수하연이라 하는데, 수하연(垂下延-코걸이 줄)을 매다는 방법에 따라 다시 뗏목식·말목식 로프식 등으로 나눈다.

57. 김양식을 하고자 할 때 사용하는 방식이 아닌 것을 고르시오.
① 섶발
② 뜬발
③ 흘림발
④ 고정발

> **정답 및 해설** ④
> * 김양식의 부류식
> 섶발 : 간석지 등에 단순히 대나무 등을 꽂아 두면 김포자가 자연히 부착하여 성장한다.
> 뜬발 : 대쪽으로 발을 엮어 수중에 수평으로 매달아 두는 방법
> 흘림발 : 김발을 설치할 때 말목 대신에 뜸과 닻줄을 이용하는 방법

58. 밧줄식 양식에 대한 다음 설명 중 옳지 않은 것은?
① 간석지 등에서 김양식을 위해 사용한다.
② 밧줄부착 양식은 별도로 채묘(採苗)한 씨줄을 밧줄(어미줄)에 끼우거나 감아서 수면아래 일정한 깊이에 설치하여 양식하는 방법이다.
③ 씨줄에 배양한 종묘를 부착시켜 어미줄에 부착시킨다.
④ 바위에 살던 해조류를 밧줄에 붙어살도록 장소를 이동시킨다.

> **정답 및 해설** ①
> 밧줄식 양식은 미역, 다시마, 톳, 모자반 양식에 이용한다.

59. 폐쇄적 양시장의 수질관리 하는 방법으로 무기화 작용단계, 질산화 작용단계, 탈질화 작용단계를 거치는 여과방식은?
① 자연적 방식
② 생물학적 방식
③ 물리적 방식
④ 화학적 방식

> **정답 및 해설** ②
> 생물학적 여과
> 물속에 부유하고 있는 세균이나 생물의 배설물 등을 세균 등을 이용하여 분해하여 제거하는 방법으로 다음 3단계로 이루어진다.
> ㉠ 무기화 작용단계 : 물속에 들어 있는 유기물 찌꺼기를 분해하는 과정이다. 타가 영양세균은 질산유기화합물질을 에너지원으로 사용하여 생활하면서 이들 화합물을 암모니아와 같은 무기물질로 바꾸어 준

다.
ⓒ 질산화 작용단계 : 무기화 단계에서 생성된 무기물질을 산화·분해하여 무해한 질산염으로 바꾸어 준다.
ⓒ 탈질화 작용단계 : 축적된 질산염을 환원·분해하여 대기중으로 방출하는 단계이다. 이때 자가 영양세균인 '슈도모나스(Pseudomonas)'는 질산염을 이용하여 생활하는데 질산염을 가스상태인 질소로 환원시켜 대기중으로 방출한다.

60. 양식장 저질을 개선하는 방법으로 옳지 않은 것은?

① 객토 ② 치환
③ 준설 ④ 바닥갈이

정답 및 해설 ②

저질의 개선방법

ⓐ 객토 : 대상 지역의 토질과는 다른 토사를 해당 지역에 뿌려주는 방법으로 객토에는 주로 모래가 사용된다. 유해한 황화수소가 발생하는 저질에 황토나 산화철제를 살포하여 주는 곳은 주로 패류양식장으로 모래보다 펄의 성분이 많고 층이 깊은 곳 또는 유기질이 많이 함유된 저질에 사용된다.
ⓑ 바닥갈이 : 불도저나 배를 이용하여 단단한 저질을 갈아 엎어주는 것. 딱딱하게 굳은 패류양식장의 저질을 연하게 해주고, 환원상태인 저질의 산화를 촉진시켜 준다. 김 양식장의 저질에 함유된 영양염류의 용출을 촉진시키고, 잡피류나 종밋 등의 유해생물을 제거할 수 있다. 또한 굴이나 양식어류의 바닥에 침전된 농도높은 유기질 해감을 휘저어 산화를 촉진시켜 준다.
ⓒ 준설 : 작업선을 이용하여 저질에 퇴적된 찌꺼기나 유해한 해감을 파내어 줌으로써 해수의 유동을 막는 토사를 제거하고, 유기물을 함유한 바닥의 펄을 제거한다.
ⓓ 인공간석지 조성 : 자연 간석지나 모래터을 개량하여 저서생물의 생장에 알맞은 환경을 만들기 위해 인공간석지를 조성한다.

61. 다음 보기가 설명하는 용어로 옳은 것은?

[보기]

생물분해가 가능한 유기물질의 강도를 뜻한다. 하천·호소·해역 등의 자연수역에 도시폐수·공장폐수가 방류되면 그중에 산화되기 쉬운 유기물질이 있어 수질이 오염된다.
이러한 유기물질은 수중의 호기성세균에 의해 산화되며, 이에 소요되는 용존산소의 양을 mg/L 또는 ppm으로 나타낸 것이다.

① BOD ② COD

③ pH ④ ppm

> **정답 및 해설** ①
>
> * BOD와 COD
>
> ㉠ BOD(생화학적산소요구량, biochemical oxygen demand)
>
> 생물분해가 가능한 유기물질의 강도를 뜻한다. 하천·호소·해역 등의 자연수역에 도시폐수·공장폐수가 방류되면 그중에 산화되기 쉬운 유기물질이 있어 수질이 오염된다. 이러한 유기물질은 수중의 호기성세균에 의해 산화되며, 이에 소요되는 용존산소의 양을 mg/L 또는 ppm으로 나타낸 것이 생화학적 산소요구량이다. 수질규제 항목 중 가장 일반적이다. 보통 호기성 미생물이 충분히 생육 가능한 상태에서 시료를 20℃에서 5일 동안 방치하였을 때 소비되는 산소량(BOD)을 말한다.
>
> ㉡ COD(화학적산소요구량, Chemical Oxygen Demand)
>
> 오염된 물의 수질을 나타내는 한 지표(指標)로서 유기물질이 들어 있는 물에 산화제를 투입하여 산화시키는 데 소비된 산화제의 양에 상당하는 산소의 양을 나타낸 것이다.
>
> 하천·호소·해역 따위의 자연수역에 도시폐수나 공장폐수가 흘러들어오면 그 속에 산화되기 쉬운 유기물질이 있어서 수질이 오염된다. 이렇게 유기물질을 함유한 물에 과망가니즈산칼륨($KMnO_4$)·다이크로뮴산륨($K_2Cr_2O_7$) 따위의 수용액을 산화제로서 투입하면 유기물질이 산화된다. 이때 소비된 산화제의 양에 상당하는 산소의 양을 mg/L 또는 ppm으로 나타낸 것이 화학적 산소요구량이다.

62. 어패류의 식품성분 중 다음 보기가 설명하는 것은?

[보기]

고기, 물고기, 조개 등의 좋은 맛(수용성) 성분이나 그것들을 뜨거운 물로 추출하여 농축한 것으로서 주성분은 뉴클레오티드, 펩티드, 아미노산 등으로, 수프나 요리의 맛의 기본이 되며, 분자량이 비교적 작은 수용성 물질을 통틀어서 지칭하는 용어이다. 일반적으로 무척추동물에서 함유량이 많다.

① 트리메탈아민 ② 글리코겐
③ 엑스 성분   ④ 아미노산

> **정답 및 해설** ③

63. 어패류 등이 사후 효소 등의 작용으로 근육조직에 변화가 일어나 근육이 부드러워지는 현상을 무

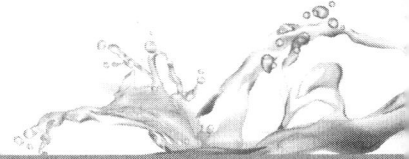

엇이라 하는가?

① 해경
② 자가소화
③ 해당작용
④ 유연작용

정답 및 해설 ②

해경 : 해경이란 어패류의 사후에 근육은 수분내지 수 시간이 지나면 사후 경직을 일으키는데 시간이 더욱 경과하면 다시 유연하게 되는 현상을 말한다.

자가소화 : 자가소화란 어패류 등이 사후 효소 등의 작용으로 근육조직에 변화가 일어나 근육이 부드러워지는 현상을 말한다. 어패류는 축육에 비하여 자가소화기간이 짧기 때문에 변질되기 쉽다. 젓갈류나 식혜류는 자가소화를 이용한 가공식품이다.

64. 어육의 가공부위에 대한 명칭으로 옳은 것은?

① 필레(Fillet) : 전어체에서 아가미, 내장, 지느러미, 척추골을 제거한 것을 두껍게 윤절(輪切)한 것
② 청크(Chunk) : 고기를 갈아낸 어육으로 만든 것
③ 초프(Chop) : 생선의 뼈와 지방질을 제거한 살코기
④ 스테이크(Steak) : 필레를 얇은 두께로 자른 어체

정답 및 해설 ④

* 어육 : 생선의 가식부 대부분을 차지하는 부분
ⓐ 필레(Fillet) : 생선의 뼈와 지방질을 제거한 살코기
ⓑ 청크(Chunk) : 전어체에서 아가미, 내장, 지느러미, 척추골을 제거한 것을 두껍게 윤절(輪切)한 것.
ⓒ 스테이크(Steak) : 필레를 얇은 두께로 자른 어체
ⓓ 슬라이스(Slice) : 스테이크를 얇게 절단한 어체
ⓔ 다이스(DIce) : 필레를 2~3cm 각으로 자른 어체
ⓕ 초프(Chop) : 제육기에 걸어서 발라낸 어육
ⓖ 그라운드(Ground) : 고기를 갈아낸 어육

65. 다음은 드립에 대한 설명이다. 옳지 않은 것은?

① 어육 등의 냉장 중 또는 해동할 때 조직에서 유리, 유출되는 액즙을 말한다.

② 대부분은 수분으로 되어 있는데, 수용성 단백질이나 고기 추출액도 포함되어 있다.
③ 고기 단백질이 변성(變性)하면 결합수를 잃고 드립이 되어 고기 조직에서 유리된다.
④ 드립이 많아지면 어육조직이 유연해 지고 맛과 영양이 증가한다.

정답 및 해설 ④

* 드립(Drip)
ⓐ 드립 : 어육 등의 냉장 중 또는 해동할 때 조직에서 유리, 유출되는 액즙을 말한다. 대부분은 수분으로 되어 있는데, 수용성 단백질이나 고기 추출액도 포함되어 있다. 고기 단백질이 변성(變性)하면 결합수를 잃고 드립이 되어 고기 조직에서 유리된다.
ⓑ 드립에는 수용성 단백질이나 엑스성분, 염류, 비타민 등이 함유되어 있다.
ⓒ 드립이 많아지면 어육조직이 퍽퍽해 지고 맛과 영양이 떨어진다.
ⓓ 드립량은 동결속도와 해동속도에 영향을 받는다. 동결속도가 클수록 드립량이 적고, 해동속도가 느린 것이 드립량이 적다.
ⓔ 드립량이나 드립내의 성분조성은 냉동식품의 품질을 결정하는 척도가 된다.

66. 다음 보기에서 설명하는 문제점을 해결하기 위해 개발된 가공 상품은?

[보기]
어패류의 동결은 일반적으로 급속동결방법에 의해 이루어지지만 동결에 의한 근육단백질의 변성을 완전히 피할 수는 없다. 생선의 근육단백질이 변성되면 육질은 다즙성을 잃고 텍스처도 달라진다. 이렇게 단백질이 변성된 어류는 연제품 제조원료로서의 가치도 잃게 된다.

① 건제품
② 훈제품
③ 동결 수리미
④ 연제품

정답 및 해설 ③

67. 다음 보기가 설명하는 식품은?

[보기]
생선을 토막친 다음 소금·조밥·고춧가루·무 등을 넣고 버무려 삭힌 것으로 수산물의 내장을 제거한 어패류의 발효에 곡물의 젖산발효를 가미한 식품이다.

① 젓갈
② 레토르트
③ 식해
④ 액젓

정답 및 해설 ③

* 식해(食醢)

생선을 토막친 다음 소금·조밥·고춧가루·무 등을 넣고 버무려 삭힌 것으로 수산물의 내장을 제거한 어패류의 발효에 곡물의 젖산발효를 가미한 식품이다.

함경도 가자미식해·도루묵식해, 강원도 북어식해, 경상도 마른고기식해, 황해도 연안식해 등 지방마다 약간의 차이는 있으나, 대개 기본재료는 엿기름·소금·생선, 좁쌀이나 찹쌀 등이다. 여기에 고추·마늘·파·무·생강 등 매운 양념이 첨가된다.

가자미식해, 마른고기식해, 조기식해, 북어식해, 명태식해 등이 있다.

68. 다음 중 EPA(eicosapentaenoic acid)에 대한 설명으로 옳지 않은 것은?

① 정어리, 고등어 등의 등푸른 생선에 많이 함유되어 있는 불포화지방산(오메가3 지방산)의 일종이다.
② 트리테르페토이드(triterpenoid)계의 불포화 탄화수소로, 상어의 간(肝)에 함유된 기름의 주성분이다.
③ 대사적으로는 리놀렌산에서 출발하고 있다.
④ 인체기능에 꼭 필요한 영양소일 뿐 아니라 혈중 콜레스테롤 저하와 뇌기능을 촉진시키는 작용을 한다.

정답 및 해설 ②

스쿠알렌(Squalene)

ⓐ 트리테르페토이드(triterpenoid)계의 불포화 탄화수소로, 상어의 간(肝)에 함유된 기름의 주성분이다.
ⓑ 스쿠알렌은 가볍고 매끄러운 질감으로 세포나 조직 속으로 잘 침투하며, 그 안에 축적되어 있는 지용성 농약이나 발암 물질, 환경오염 물질, 중금속 등을 용해하여 조직 밖으로 배출시키는 해독 작용을 한다.
ⓒ 천연 유상 보호막을 형성하여 세균, 암세포 등 외적을 제거하는 망상 내피조직기능을 촉진하고 면역기능을 강화하여 항상성을 높인다고 알려져 있다.

ⓓ 암세포 성장을 억제하고, 특히 T세포 기능과 탐식세포 활동력을 증가시켜 항암작용을 활발하게 하는 효능이 있다고 알려져 있다.

69. 다음 중 독소형 식중독균이 아닌 것은?
① 보투리너스
② 테트로도톡신
③ 황색포도상구균
④ 세레우스균

정답 및 해설 ②

Point! 기출분석 — 수산일반 기출분석

❶ 수산물 유통정보·유통정책 및 기타

▶ **수산업의 목적**
경제적 이익을 목적으로 물 속의 동식물을 잡거나 길러서 인류가 유익하게 이용할 수 있도록 제공하는 사업

▶ **수산업법의 목적**
수산업에 관한 기본제도를 정하여 수산자원 및 수면을 종합적으로 이용하여 생산성을 향상시키고 수산업 발전과 어업의 민주화를 도모하는 것을 목적으로 한다.

▶ **현행 수산업법에서의 수산업**
1. 어업 : 수산 동식물을 포획·채취하거나 양식하는 사업과 염전에서 바닷물을 증발시켜 소금을 생산하는 사업을 말한다.
2. 어획물 운반업 : 어업현장에서 양륙지까지 어획물이나 그 제품을 운반하는 사업
3. 수산물 가공업 : 수산 동식물을 직접원료 또는 재료로 하여 식료, 사료, 비료, 호료, 유지 또는 가죽을 제조하거나 가공하는 사업

용어의 정의
4. 기르는 어업 : 해조류 양식어업, 패류양식어업, 어류 등 양식어업, 복합양식어업, 협동양식어업, 외해양식어업과 육상해수양식어업을 말한다.
5. 외해 : 육지에 둘러싸이지 아니한 개방된 바다로서 해수 소통이 원활하여 오염물질이 퇴적되지 아니하는 수면으로서 대통령령으로 정하는 수면을 말한다.
6. 양식 : 수산동식물을 인종적인 방법으로 길러서 거두어들이는 행위와 이를 목적으로 어선·어구를 사용하거나 시설물을 설치하는 행위를 말한다.
7. 어장 : 면허를 받아 어업을 하는 일정한 수면을 말한다.
8. 어업권 : 면허를 받아 어업을 경영할 수 있는 권리를 말한다.
9. 입어 : 입어자가 마을어업의 어장에서 수산동식물을 포획·채취하는 것을 말한다.
10. 입어자 : 어업신고를 한 자로서 마을어업권이 설정되기 전부터 해당 수면에서 계속하여 수산동식물을 포획·채취하여 온 사실이 대다수 사람들에게 인정되는 자 중 대통령령으로 정하는 바에 따라 어업권 원부에 등록된 자를 말한다.
11. 어업인 : 어업자와 어업종사자를 말한다.
12. 어업자 : 어업을 경영하는 자를 말한다.
13. 어업종사자 : 어업자를 위하여 수산동식물을 포획·채취 또는 양식하는 일에 종사하는 자와 염전

에서 바닷물을 자연 증발시켜 소금을 생산하는 일에 종사하는 자를 말한다.
14. 바닷가 : 만조수위선과 지적공부에 등록된 토지의 바다 쪽 경계선 사이를 말한다.
15. 유어 : 낚시 등을 이용하여 놀이를 목적으로 수산동식물을 포획·채취하는 행위를 말한다.
16. 어구 : 수산동식물을 포획·채취하는 데 직접 사용되는 도구를 말한다.

---

1. 수산업의 예
   가. 통발로 꽃게 어획
   나. 안강망으로 조기 어획
   다. 해상 가두리로 참돔을 기르는 일
   라. 멸치를 어획하여 젓갈을 만드는 일
   마. 양식 미역을 채취하여 염장미역을 가공하는 일
2. 예외
   가. 낚시터에서 낚시를 즐기는 일
   나. 바닷물을 이용하여 소금을 생산하는 일 (어업에만 해당)
3. 수산업·어촌발전기본법 상에는 수산업에 어업, 어획물운반업, 수산물가공업, 수산물 유통업이 포함된다.

※ 수산물 유통업 : 수산물의 도매·소매 및 이를 경영하기 위한 보관·배송·포장과 이와 관련된 정보·용역의 제공 등을 목적으로 하는 산업

▶ 수산업·어촌발전 기본법의 목적

수산업과 어촌이 나아갈 방향과 국가의 정책방향에 관한 기본적인 사항을 규정하여 수산업과 어촌의 지속가능한 발전을 도모하고 국민의 삶의 질 향상과 국가경제 발전에 이바지하는 것을 목적으로 한다.

▶ 수산자원관리법의 목적

수산자원관리를 위한 계획을 수립하고, 수산자원의 보존·회복 및 조성 등에 필요한 사항을 규정하여 수산자원을 효율적으로 관리함으로써 어업의 지속적 발전과 어업인의 소득증대에 기여함을 목적으로 한다.

▶ 수산자원관리법

용어의 정의
1) 수산자원 이란 수중에 서식하는 수산동·식물로서 국민경제 및 국민 생활에 유용한 자원을 말한다.
2) 수산자원관라 란 수산자원의 보호·회복 및 조성 등의 행위를 말한다.
3) 총허용어획량 이란 포획·채취할 수 있는 수산동물의 종별 연간어획량의 최고한도를 말한다.
4) 수산자원조성 이란 일정한 수역에 어초,해조장 등 수산생물의 번식에 유리한 시설을 설치하거나 수산종자를 풀어놓은 행위 등 인공적으로 수산자원을 풍부하게 만드는 행위를 말한다.
5) 바다복장 이란 일정한 해역에 수산자원조성을 위한 시설을 종합적으로 설치하고 수산 종자를 방류하는 등 수산자원을 조성한 후 체계적으로 관리하여 이를 포획·채취하는 장소를 말한다.

6) 바다숲 이란 갯녹음(백화현상)등으로 해조류가 사라졌거나 사라질 우려가 있는 해역에 연안생태계 복원 및 어업생산성 향상을 위하여 해조류 등 수산종자를 이식하여 복원 및 관리하는 장소를 말한다(해중림을 포함한다)

* 이 법에서 따로 정의되지 아니한 용어는「수산업법」또는「양식산업발전법」에서 정하는 바에 따른다.

▶ 수산업의 분류

	수산업법	일반적	넓은 의미
1차 산업	어업 (어업, 양식업 포함)	어업 양식업	어업 양식업
2차 산업	수산 가공업	수산가공업	수산 가공업 어구 제조업 냉장·냉동업 조선업
3차 산업	어획물 운반업	수산물 유통업	어획물 운반업 판매업

▶ 수산업에 관련된 여러 사업
1. 생산 장비의 현대화에 필요한 조선, 기계공업, 전자공업 등
2. 어망의 원료가 되는 화학공업
3. 수산물 제조 및 유통에 따르는 제빙업, 제염업, 통신사업, 복지후생 등

▶ 수산업의 특성
1. 대부분 정착하지 않고 이동하는 특성이 있기 때문에 소유하는 주인이 정해져 있지 않다.
2. 수산생물 자원은 관리를 효율적으로 하면 지속적으로 생산할 수 있는 특징이 있다.
3. 수산 동식물은 이동하기 때문에 관리가 쉽지 않을 뿐 아니라 생산하는 수역의 해황 변화, 어장의 조건과 해양환경은 물론이고 수산 동식물의 생활사 및 생산시기가 다르다. 또 수산물의 생산량이 일정하지 않기 때문에 생산된 수산물 관리를 위한 기술도 함께 발전되고 있다.
4. 생산물이 부패, 변질하기 쉽고 자연 채취물이 그대로 상품화되므로 계획적인 생산이 용이하지 않으며 모든 생산품을 일정한 규격을 갖춘 제품으로 만들 수 없는 특징이 있다.
5. 넓은 의미에서 수산업은 국가의 기간산업이다.

▶ 자원관리형 어업
수산 자원이 고갈되어 어업 생산성을 지속시킬 수 없게 되었을 때 수산 동식물의 자연 생산력이 최대로 유지되도록 여러 가지 수단과 방법을 도입하여 자원량을 유지할 수 있도록 하는 어업을 말한다.

1. 2018년 1월 기준(한국)
   가. 주요 수출국 : 1) 일본 2) 중국 3) 미국 4) 태국 5) 베트남
   나. 주요 수출품 : 1) 참치 2) 김 3) 이빨고기 4) 고등어 5) 넙치
2. 2016년 하반기 기준(FTA 체결국으로부터)
   가. 주요 수입국 : 1) 중국 2) 러시아 3) 베트남 4) 미국 5) 칠레 6) 노르웨이
   나. 주요 수입품 : 1) 까나리 2) 명태 3) 고등어 4) 오징어 5) 새우 6) 낙지

우리나라의 對(대)미 수산물 수출은 주로 김, 이빨고기, 오징어, 굴, 넙치 등이나, 대상 수산물에 포함된 전복, 참치 등 상당 품목의 수출도 이루어지고 있다.

지난 2018년 한해 한국 농수산식품유통공사(aT)에 따르면, 올해 11월까지 집계된 2018년도 농림수산식품 대미 주요 수출품목 중 한국산 김이 8,880만달러를 기록해 일본(1억1,460만달러)에 이어 두 번째로 한국산 김이 많이 수출된 국가로 등극했으며, 한국의 대미 김 수출액은 전년 동기대비 12.7%나 급증했다고 밝혔다.

▶ 양식어업 생산량의 동향(2017년 기준)

수산물의 공급구조에 있어 연근해어업이나 원양어업과 같은 어획어업 비중이 축소되는 가운데 양식어업 생산 비중이 전체 수산물 생산량의 절반을 넘어서는 등 점차 확대되고 있다. 2017년 양식어업 생산량은 약 213만톤으로 전체 수산물 생산량의 62%에 달하며, 양식어업 생산량 중에서 해조류가 76.0%로 가장 큰 비중을 차지하고 있는 것으로 파악되었다.

또한 2016년 기준으로 대중어종인 오징어(중국어선의 불법조업 및 원양해역에서의 생산량 급감 등의 원인), 명태, 조기 갈치 등 수산물 자급률이 2010년 대비 3.5% 이상 하락세를 보였다.

▶ 세계 어업 생산량의 비율

현재 우리나라의 수산업은 연안 여러 나라의 200해리 배타적 경제 수역설정에 따른 해외 원양어장의 제약과 축소, 공해의 조업에 대한 규제, 국내 연근해 어장의 생산력 저하, 어민 후계자 확보 등 여러 가지 문제점을 가지고 있다.

1. 국내 총수산물 생산량(2019년 기준)
   천해양식어업〉 일반해면어업〉 원양어업〉 내수면어업
2. 국내 어류별 양식량(2019년 기준)
   넙치류〉 조피볼락〉 숭어〉 참돔〉 가자미류〉 농어류
3. 연근해 어업 주요 품종별 생산량(2019 기준)
   멸치〉 고등어〉 갈치〉 삼치류〉 청어〉 전갱이류〉 참조기
4. 국내 수산물(가공품) 품목별 생산량(2019년 기준)
   냉동품〉 해조제품〉 기타〉 연제품〉 통조림
5. 국내 유통비용이 차지하는 비중(2019년 기준)
   명태〉 고등어〉 갈치〉 오징어

▶ 우리나라 수산업의 발전 방안

인공어초 형성, 인공종묘 방류 등에 의한 자원조성, 어선의 대형화와 어항시설의 확충 및 영어 자금지원의 확대, 어업과 양식의 신기술 개발, 신해양 질서에 대처한 외교 강화, 해외어업 협력 강화 및 새로운 어장이 개척, 어업경영의 합리화, 수산업의 안정적 공급, 수출시장의 다변화, 원양 어획물의 가공, 공급의 확대 및 수산가공품의 품질 고급화, 어민후계자 육성 대책마련 등을 들 수 있다.

▶ 수산업의 시대적 과정
 1) 1960년까지: 무동력 소형어선, 재래식 어로장비, 전통적인 어로방법
 2) 1960년 이후: 1차산업에 대한 집중적인 투자로 일본 등에서의 기술도입과 함께 어업구조의 개선을 가져 왔다. 수산물 수출을 하여 외화 획득으로서 중요한 역할 양식업은 주로 해조류 양식이었다.
 3) 1970년대: 수산물에 대한 수요의 증가로 양식 및 근해어장의 개발과 원양어업의 오대양 진출로 수산업 발전의 단계를 맞음
    양식업: 패류(조개류) 양식 기술 도입
 4) 1980년대: 인접국가의 어업활동 규제로 수산업의 성장이 일시 멈춤 따라서 어선의 대형화 양식 어장 개발에 주력한 시기였다
    양식업: 어류양식 기술도입
 5) 1990년대: 수산자원의 남획 및 환경오염 등으로 생산이 줄어들고, 세계 연안국의 조업규제 강화로 수산업 경영에 어려움을 겪었다. 특히, 한일, 한중 어업협정 등으로 인하여 조업규제 및 어획량 규제로 인하여 수산업이 심각한 위기에 몰림

▶ 우리나라 원양어업
 1) 1957년 인도양 시험조업, 다랑어 주낙어업 시작
 2) 1966년 대서양 트롤어업 시작
 3) 1970년대 두차례 석유파동 겪음
 4) 최근엔 연안국의 200해리 경제수역설정과 연안국 간의 어업협정으로 생산량 감소

▶ 수산업 정보의 종류 및 특징
1. 수산업 정보의 종류
통계, 관측, 시장정보, 수산물 생산정보, 수산물 가공정보, 수산물 유통정보 등

▶ 수산업 정보의 특징
1. 대용량 자료처리가 필요

2. 비용과 시간이 소요
3. 접근하는데 여러 가지 제약과 한계
4. 육상정보처럼 고정적이지 않고 시간적으로 변하는 동적이 특징이 있다.
5. 영해분쟁, 배타적 경제수역(EEZ) 어장, 해양지명 등 국제적 및 공공정책에 많이 활용

▶ 해양정보 관리의 필요성
1. 인접국가 사이의 해양영토 분쟁, 해양지명문제, 배타적 경제수역 및 대륙붕 경제확정, 해양자원 개발 등 상대국가 사이에 필요한 기본적인 자료 확보가 필요하기 때문이다.
2. 해안선 변화, 해안침식 원인규명, 실시간 항행 정보제공, 수산물 생산과 유통정보, 해안선과 해양변화 감시, 해양예보 및 해양 교통 안전정보 제공
※ 생산 및 관리되는 대부분의 해양정보는 연안 관리정보, 항만지하 시설물 GISDB 구축, 해양환경, 해양생태, 해양 물리정보 등으로 해양정보 관리 시스템을 구축하는 데 활용되며 그 외 업무지원 시스템 및 외부연계 시스템은 해양정보를 기반으로 활용되는 시스템이다.

▶ 수산업 경영활동에 중추적 역할을 하는 수산업 정보시스템의 종류
1. 생산활동과 관련된 정보 시스템
2. 분배활동과 관련된 정보 시스템
3. 수산업 관리 및 운영과 관련된 정보 시스템

▶ 수산업의 생산 정보 관리
1. 수산물의 생산정보
2. 수산물 생산정보의 수집
3. 수산물 생산정보의 분산과 이용
4. 수산물 생산정보의 검색

▶ 수산물 생산량 통계조사
1. 계통조사
2. 비계통조사 : 표본조사, 전수조사, 표본전수 병행조사

▶ 수산물의 가공정보관리
수산물 가공과 정보시스템 수산물 가공 기술정보의 이용, 수산물 가공품의 생산정보, 수산물 가공정보, 수산물 포장정보의 검색이 있다.

▶ 수산물 유통정보의 체계
1. 분산형태에 따른 유통체계
2. 거래시장에 따른 유통체계
3. 전자상거래에 따른 유통체계

수산물 유통정보 수집은 수산물 유통정보의 수집체계와 수산물 유통정보 기관과 방법 및 수산물 유통정보의 분산과 이용을 통해 이루어진다.

▶ 어항의 종류 및 특성
1. 어항의 정의
   이용범위가 전국적인 어항 또는 섬, 외딴 곳이 있어 어장의 개발 및 어선의 대피에 필요한 어항
2. 어촌·어항법 상 어항
   천연 또는 인공의 어항시설을 갖춘 수산업 근거지로서 말하며 그 종류는 다음과 같다.
   가. 국가어항 : 이용 범위가 전국적인 어항 또는 섬, 외딴 곳에 있어 어장의 개발 및 어선의 대피에 필요한 어항
   나. 지방어항 : 이용 범위가 지역적이고 연안어업에 대한 지원의 근거지가 되는 어항
   다. 어촌정주어항(漁村定住漁港) : 어촌의 생활 근거지가 되는 소규모 어항
   라. 마을공동어항 : 어촌정주어항에 속하지 아니한 소규모 어항으로 어업인들이 공동으로 이용하는 항포구

② 수산자원의 관리

▶ 연근해 조업정보
1. 근해업종 : 채낚기어업, 연승(주낙)어업, 안강망어업, 자망어업 및 연안업종 복합 통발 어업에 업종별 어획분포, 해황정보, 안전조업안내 등의 내용을 제공한다.
2. 해수역은 지구 표면적의 약 70.8%를 차지하며, 평균 깊이가 4km, 육지면적의 약 2.43배가 된다. 해수에는 약 88종의 원소들이 융해되어 있으며 해수 1kg 중에는 융해되어 있는 염분은 약 32~36g이다.
3. 내수면은 지구의 육지에 있는 모든 수면 즉 호수, 강, 하천 등을 말하며, 그 면적은 지구 표면적의 약 1%이고, 염분의 농도는 0.1~1.0‰ 이하인 담수에 해당한다.

※ 해양의 평균수심 : 3,800m

대륙붕	해안선에서 완만한 경사로 수심 200m까지의 해저지형이다. 전체 해양면적의 7.6%를 차지하며 산업과 관련된 생산 및 인간생활에 밀접하다. 세계주요어장의 대부분을 형성한다. (평균 경사 : 1°)
대륙사면	급경사 지형으로 전체 해양면적의 12%를 차지한다. (평균 경사 : 4°)
대양저	해저지형의 대부분으로 심해저 평원, 대양저 산맥 및 해구가 있다.
해구	대양저에서 가장 깊은 부분으로 수심이 6,000m 이상이다. V자 지형으로 전체 해양 면적의 1% 차지한다.

▶ 해양의 기초생산을 좌우하는 요인
에너지원이 되는 태양광, 수온, 영양염, 초식자의 섭이 등
1. 수산식물은 연하고 잘 뜰 수 있는 대형으로 되고 있고 잎, 줄기, 뿌리 등의 전체 표면에서 영양분 또는 빛을 흡수하여 생육하는 해조류가 많다.
2. 정의
 가. 개체군 : 같은 종에 속하는 개체들만으로 구성하여 암컷과 수컷의 어린 것과 큰 것이 뭉쳐서 서로 교배하면서 세대와 세대를 이어가며 존속하는 집단
 나. 생물군집 : 종류를 서로 달리하는 개체군들이 서로 밀접한 관련을 맺고 한 곳에 어울려 사는 집단

▶ 생태계의 정의
1. 생태계 : 생물과 무생물환경, 생물과 생물 간의 복잡한 관계로 물질순환과 에너지의 흐름을 통하여 하나의 안정된 계를 유지하는 것을 말한다. 생태계는 크게 무생물적 요소와 생물적 요소를 구성하며 생물적 요소는 다시 무기물에서 유기물을 생산하는 생산자 유기물을 소비하는 소비자, 유기물을 분해하여 다시 무기물로 환원하는 분해자로 세분된다.

생산자는 환경에 있는 무기물을 광합성 과정에 의하여 유기물로 합성하며 소비자는 생산자가 합성한 유기물을 이용하고 분해자는 유기물을 분해하여 다시 무기물로 환원한다.

* 영양염류⇒ 1차 생산자⇒ 1차 소비자⇒ 2차 소비자⇒ 3차 소비자⇒ 분해자⇒ 영양염류

▶ 해양과 육지의 생태계 비교

구분	해양생태계	육지생태계
매체 및 특성	물, 균일	공기, 다양
온도 및 염분	-3~5℃, 34~35psu	-40~40℃
산소량	6-7mg/L	대기의 20%, 200mg/L
태양광	표층일부 존재, 거의흡수 X	거의 모든 곳 흡수
중력	무중력상태, 부력작용	중력작용
체물질 구성	단백질	탄수화물
분포	넓다.	좁다.
종 다양성	종의 수가 적고 개체수가 많다.	종의 수가 많고 개체수가 적다.
방어 및 행동	거의 노출, 느리다.	숨을 곳이 많고, 빠르다.
난의 크기	작다.	크다.
유생기	유생시기O, 길다.	유생시기X
생식전략	다산다사(부유동물 생활사 진화)	소산소사(포유동물 생활사 진화)
먹이연쇄	길다.	짧다.

※ 생물적 요소 : 생산자, 소비자, 분해자
※ 무생물적 요소 : 물, 공기, 토양, 암석 등

▶ 수산생물의 특성
1. 해양의 안정된 환경으로 종족 보존에 유리하다.
2. 스스로 발광하는 동물이 많다.
3. 온도 변화의 변동이 거의 없어 몸 표면이 연한 생물이 많이 분포한다.
4. 수산식물은 연하고 물에 잘 뜰 수 있는 대형구조이다.
5. 잎, 줄기, 뿌리 등 전체 표면에서 영양분 또는 빛을 흡수하여 생육하는 해조류가 많이 존재한다.

▶ 부유생물

극미세 부유생물	5㎛ 이하 일반 채집망 사용 및 부착법으로 채집 불가 거름종이 이용법, 가라앉힘법 및 원심분리법 이용
미세 부유생물	0.005~0.5mm 정도의 대부분 식물 부유 생물
미소 부유생물	0.5~1mm 정도의 대부분 동물 부유생물 (해양 무척추동물 및 어류의 알, 자치어 및 유생 포함)
대형 부유생물	1~10mm 정도(육안 식별가능)

| 대부분 동물 부유 생물과 소수의 대형 식물 부유생물 |

1. 동물 부유생물
   운동력이 미약한 절지동물을 비롯하여 수산동물의 알과 유생, 어류의 치어, 해파리 등을 말한다.
2. 식물 부유생물
   광합성을 통하여 자신에게 필요한 에너지를 만들어내는 단세포 식물체이다. 바다의 기초 생산자 대다수의 경우 광합성 작용을 통하여 자신에게 필요한 에너지를 생성할 수 있기 때문에 바다에서 이들이 살 수 있는 깊이는 매우 한정되어 있다.

▶ 저서생물
1. 저서식물(해조류)의 특성
 가. 엽록소로 광합성 하는 해양환경의 1차 생산자이다.
 나. 몸의 표면을 통해 바다 속의 영양분을 직접 흡수하므로 육상식물과는 달리 특정한 몸의 체제가 불필요하다.
 다. 뿌리, 줄기, 잎, 열매, 씨 및 통로조직이 없다.
 라. 포자로 번식하는 엽상식물이다.
 마. 몸체는 아주 간단한 엽상체와 이들 엽상체를 바닥에 부착시켜주는 부착기 형태를 가지고 있다.
 바. 해수의 부영양염 제거 역할과 해양동물의 서식처 및 산란장 제공한다.

녹조류	주로 민물에 서식한다. (청각, 파래, 우산말, 유글레나, 매생이 등)
갈조류	대부분이 바다에 서식하며 몸체가 크다. (미역, 다시마, 모자반, 감태, 톳 등)
홍조류	해조류의 대부분을 차지한다. (김, 우뭇가사리, 진두발, 꼬시래기, 불등풀가사리 등)

※ 해양에서 식물 생활을 지배하는 주 영양염류 : 질산염, 인산염, 규산염
※ 담수에서 식물 생활을 지배하는 주 영양염류 : 질산염, 인산염, 칼륨염

2. 저서동물의 정의 및 종류
만조 때의 해안선과 간조 때의 해안선 사이의 부분인 조간대에 서식하는 동물(해면동물, 따개비류, 고둥류, 조개류)

해면동물	조간대 바위표면에 껍질모양으로 부착하여 살며, 표면에 다공성이 있다.
따개비류	만각류에 해당하며, 유생일 때는 자유유영하지만 석회질 껍데기를 형성하여 서식한다.
고둥류	복족류에 해당하며, 깊은 곳에서 상부 조간대까지 널리 분포한다. 고둥류에는 소라, 전복, 우럭, 고둥 등이 있다.
조개류	이매패류(두 장의 조가비)가 대표적이며, 바위 조간대 아래 서식한다. 조개류에는 담치류, 바지락, 고막, 조개류, 굴류 등이 있다.

▶ 유영동물

유영동물은 크게 어류, 두족류, 포유류, 갑각류로 나눌 수 있다.

어류 (25,000여종)	바다 척추동물 중 가장 많은 종류와 개체가 있다. 어류에는 경골어류와 연골어류가 있다. * 경골어류 : 고등어, 꽁치, 전갱이, 전어, 뱀장어, 복어 등 * 연골어류 : 홍어, 가오리, 상어 등
두족류 (100여종)	몸 속의 뼈가 거의 퇴화되고 없으며, 상처 부위의 혈액을 응고시키는 혈소판이 있다. 두족류에는 크게 십완류와 팔완류가 있다. * 십완류 : 오징어, 갑오징어, 꼴뚜기 * 팔완류 : 문어, 낙지, 주꾸미
포유류 (4,000여종)	고래류, 물개류 등이 있으며, 주로 태생이다. (허파로 호흡)
갑각류 (8,700,000여종)	수산생물 종 중 가장 많은 수를 차지한다. 갑각류에는 새우, 게, 가재 등이 있다.

▶ 어류의 분류

한류성, 난류성 수산자원이 풍부하다.
우리나라 연근해 어류 : 해양성 어류와 담수성 어류는 약 900여종이다.

▶ 회유성 어류(강하성, 소하성 어류)

강하성 어류	강에서 살다가 산란기에 바다에서 산란하는 어류 ⇒ 뱀장어
소하성 어류	바다에서 살다가 산란기에 강에서 산란하는 어류 ⇒ 연어, 송어

1. 어류의 회유

회유 : 외부환경의 변화 및 생리적 요인에 의해 발육단계 및 생활주기를 거치며 무리지어 이동하는 것을 의미한다.

가. 유기회유 : 자·치어가 산란장에서 성육장으로 이동(뱀장어)
나. 성육회유 : 성육장에 도달한 치어가 유영능력을 갖춘 후 색이장으로 이동
다. 색이회유 : 어류가 적온범위 내에서 먹이를 찾아 대규모로 이동하는 회유
라. 산란회유 : 성어가 산란을 하기 위해 이동하는 회유
  1) 소하성회유(연어, 송어) : 산란(강)- 성장(바다)- 산란(강)
  2) 강하성회유(뱀장어) : 산란(바다)- 성장(강)- 산란(바다)
마. 계절회유 : 방어, 고등어, 참돔과 같은 어류들은 계절이 바뀌면 자신이 살기에 적합한 수온대를 찾아 이동을 하는데 이를 계절회유라 한다.
바. 삼투조절 회유 : 생리적인 요구에 의하여 일정 기간 바다에 사는 어류가 강으로, 강에 사는 어류가 바다로 내려가는 것을 말하며 숭어, 농어, 풀잉어 등에서 볼 수 있다.

사. 연안성회유 : 연안에서 이동하는 회유

▶ 난생, 난태생 및 태생

난생	잉어, 연어, 송어, 미꾸라지, 틸라피아, 감성돔, 넙치, 자주복, 대구, 명태 등의 대부분의 어류
난태생	볼락류, 망상어류, 학공치류, 가오리, 청상아리, 은상어, 별상어, 곱상어과, 신락상어과 등
태생	흉상어, 개상어, 귀상어(보통 큰 상어들은 태생에 해당된다) 및 바다 포유류

▶ 광염성 어 (패)류 및 협염성 어 (패)류

광염성 어패류	무지개송어, 송어, 넙치, 바지락, 굴, 개량조개, 숭어, 망둥어
협염성 어패류	참돔, 오징어, 전복, 가리비

▶ 해산어와 담수어

해산어	해수 이온농도에 비해 체액 이온농도가 낮다. 아가미에서 염류를 배출한다. 소량의 진한 오줌을 배출한다.
담수어	담수 이온농도에 비해 체액 이온농도가 높다. 아가미에서 염류를 흡수한다. 대량의 묽은 오줌을 배출한다.

▶ 경골어류와 연골어류

경골어류	뼈가 단단하고, 주로 부레와 비늘이 있음 [고등어, 방어, 전갱이(방추형), 전어, 돔(측편형), 복어 (구형), 뱀장어(장어형)]
연골어류	뼈가 물렁물렁하고, 주로 부레와 비늘이 없음 [홍어, 가오리(편평형), 상어]

▶ 수서동물(무척추동물)

절지동물	가재, 새우, 게, 따개비, 물벼룩 등
환형동물	지렁이, 갯지렁이 등
연체동물	모시조개, 전복, 조개, 굴, 오징어, 문어 등 그중 99%이상이 고동류와 조개류이다.
극피동물	성게, 불가사리 해삼 등 세계적으로 6,000여종 이상 피낭류 등 기타 무리별로 구분 (멍게, 미더덕, 오만둥이 등- 척색동물)
강장동물	해파리, 말미잘, 산호 등

▶ 어류의 체형과 종류

각 종의 서식, 생태적 특징에 따라 현재 지구상에 존재하는 종마다 고유의 형태로 진화해 왔다.

방추형 (Fusiform)	가다랑어, 고등어, 방어와 같은 외양성 어종들이 갖고 있는 체형으로 빠른 유영속도를 내기 위하여 물과의 마찰을 최소화한 체형이다.
측판형 (Compressed form)	참돔, 돌돔, 감성돔 등의 돔류, 쥐치, 독가시치, 전어 등 옆으로 납작한 체형이다
편평형 (Depressed form)	바닥에 배를 붙이고 살아가는 어종인 가오리류, 양태, 아귀류가 갖고 있는 체형으로 아래위로 납작한 체형이다.
장어형 (Anguilliform)	긴 원통형의 체형으로 먹장어, 칠성장어, 드렁허리, 뱀장어, 갯장어, 붕장어 등의 체형을 말한다.
구형 (Globiform)	복어류와 같이 몸이 둥근 체형을 말한다

▶ 수산자원 생물의 조사방법

어기별, 어장별, 어업 종류별, 어종별로 어획량 및 어획노력량을 조사해야 한다(이 때, 어획 노동량은 해당하지 않는다).

▶ 통계조사법

어선을 대상으로 실시하며, 자원 총량 추정법 중 직접적인 방법이다.

1. 전수조사

    대상이 되는 모든 어선에 대해 어기별, 어장별, 어업종류별, 어종별 어획량 등을 집계하는 방법으로, 시간과 비용의 소모가 많아 자주 활용되지는 않는다.

2. 표본조사 : 일반적 조사법

    조사대상 어선 중 일부를 임의적 또는 개관적으로 추출하여 추정하는 방법으로, 적은 비용으로 전체 특성을 파악이 가능하여 자주 활용된다.

▶ 형태측정법

전장측정	입 끝~꼬리 끝까지 측정한다. 예) 어류, 새우, 문어
피린체장측정	입 끝~ 비늘이 있는 몸 끝까지 측정한다. 예) 어류(멸치)
표준체장측정	입 끝~몸통 끝까지 측정한다. 예) 어류
두흉갑장측정	머리부터 가슴까지의 길이 측정 예) 새우, 게류
두흉갑폭측정	머리와 가슴 좌우 양단 길이를 측정하는 방식 예) 게류
동장측정	몸통 길이만 측정 예) 오징어류

1. 어체의 길이측정
 가. 전장측정
 나. 표준체장측정
 다. 피린체장측정 : 입 끝부터 비늘이 덮여있는 몸의 말단까지를 측정한다.
2. 대상종 별 길이측정법
 가. 멸치 : 국제적으로 피린 체장측정방법을 택한다.
 나. 새우 : 전장 또는 두흉갑장
 다. 게류 : 두흉갑장과 두흉갑폭을 각각 측정
 라. 오징어류 : 몸통길이(동장)를 측정
 마. 문어류 : 전장을 측정

▶ 계군분석법

개체들의 형태, 생활사 등을 조사하는 방법이다.

같은 종 중에서도 각기 다른 환경에서 서식하는 계군들 간에는 개체의 형태 차이 또는 생태적 차이, 유전적 차이가 있으므로 계군 분석이 필요하다. 여러 방법을 종합적으로 결론 내리는 것이 바람직하다.

형태학적 방법	계군의 특정형질에 관해서 통계적으로 비교·분석하는 방법은 생물 특정학적 방법과 비늘, 가시 등의 위치와 형태 등을 비교·분석하는 해부학적 방법이 있다.
생태학적 방법	각 계군의 생활사를 비롯하여 생활사를 비롯하여 산란기나 산란장의 차이, 체장조성 비늘의 형태, 포란 수, 분포 및 회유 상태, 기생충의 종류와 기생률 등의 차이를 비교·분석한다.
표지 방류법	계군의 이동상태를 직접 파악할 수 있으므로 매우 좋은 계군식별 방법 중의 하나이다. 표지방류법의 표지법의 종류에는 염색법, 절단법, 부착법, 몸 부분 표지법 등이 있다.
어황 분석법	어획 통계자료를 통해 어황의 공통성, 변동성, 주기성 등을 비교 검토하여 어군의 이동이나 회유로를 추정하는 방법이다.

▶ 연령사정법

연령형질법 (비늘이 가장 많이 사용되고 있으며 다음이 이석, 척수골 순이다)	가장 널리 사용하며, 어류의 비늘, 이석, 등뼈, 지느러미, 연조, 패각, 고래의 수염, 이빨 등을 이용하는 방법이다. 이석을 통한 연령사정은 경골어류에 효과적이고, 연골어류인 홍어, 가오리, 상어는 이석을 통한 연령사정에 부적합하다. 연안정착성 어종인 노래미와 쥐노래미는 등뼈(척추골)를 이용하여 연령사정하며, 비늘은 뒤쪽보다 앞쪽 가장자리의 성장이 더 빠르다.
체장빈도법 (피터센법)	체장조성자료를 이용하는 방법은 체장빈도법 혹은 피터센(Petersen)법이라고도 하며, 연령형질이 없는 갑각류나 연령형질이 뚜렷하지 못한 어린 개체들의 연령사정에 유효하게 사용된다. 체장빈도법은 연간 1회의 짧은 산란기를 가지며 개체의 성장률이 거의 같은 수산자원생물의 연령 결정에 효과적으로 사용된다.

1. 자원량 추정 시, 개체수가 정확히 추정 불가능하므로, 총량 추정법에는 직접법과 간접법이 있다.
 가. 직접법 : 전수조사 및 표본부분조사법
 나. 간접법 : 표지방류 및 총 산란량을 측정하여 친어 자원량 추정법, 어군탐지기 이용법이 있다.
2. 상대지수표시법
자원총량의 추정이 어려울 때 실시하는 방법이다.
주로 단위노력 당 어획량 사용 : CPUE(Catch per unit effort)

```
* 목시조사법
눈으로 직접 확인해 조사하는 방법(고래 마릿수 조사)
고래는 해양생태계 먹이사슬의 꼭대기에 위치해 생태계 균형을 유지하는 데 기여한다.
----------------------------------------------------------------
고래연구소는 매년 황해와 동해에서 수행한 목시조사 결과를 국제포경위원회(IWC) 과학위원회에 보고하고 있다.

1. 수산관련기구
  가. 참치관리기구 : 중서부태평양수산위원회
  나. 비참치관리기구 : 북서대서양수산위원회, 남극해양생물보존위원회
----------------------------------------------------------------
* 더 알아보기

2014년에 발표된 미국 버몬트대학의 연구팀의 조사결과에 의하면, 고래가 급격히 줄어들면서 크릴새우의 개체 수는 현 상태를 유지하거나 오히려 줄었습니다. 고래가 크릴새우와 다른 물고기들에게 영양분을 제공하는 중요한 역할을 한다고 제시했는데요, 포유동물이자 엄청난 몸집을 자랑하는 고래가 방대한 양의 찌꺼기와 오줌 등을 자신의 몸에서 분출해 바다 표면에 질소와 철 성분을 풍부하게 한다는 사실을 밝혀낸 것입니다. 특히, 고래가 수영하거나 다이빙하면서 바다 표면에 영양분을 채워주는 역할을 하고 있다고 결론지었습니다. 연구자들은 고래가 증가하면서 식물성 플랑크톤도 늘어났다는 사실도 확인했습니다. 또 고래가 죽으면 깊은 바다의 다른 생물들에게 유기물질을 제공하는 하나의 원천이 되기도 하는 것으로 파악하고 있습니다. 모든 고래는 해양생태계의 건강성을 나타내는 척도임을 연구 결과가 말해주고 있는 것입니다. 이런 이유로 한반도 주변 수역의 밍크고래 목시조사는 필수적이라고 전문가들은 입을 모았습니다.

- 출처 : 한국의 환경전문 민간 연구소인 '시민환경연구소' -
```

▶ 남획의 징후
: 자원분포영역의 축소, 어장면적의 감소

```
어획량 > 자원증가량 : 자원감소 ⇒ 자원의 불균형
잉여생산량 > 어획량 : 자원증가
잉여생산량 < 어획량 : 자원감소 ⇒ 조업선박의 척수제한, 조업횟수를 줄인다.
```

1. 어린 개체의 비율 증가(대형어의 비율 감소)한다.
2. 성성숙 연령 감소한다.
3. 어획물의 평균연령 감소한다.
4. 정상적 어획량 회복기간이 길다(단위 노력당 어획량 감소).
5. 각 연령군의 평균 체장 및 평균 체중의 대형화된다.
6. 어획물 곡선의 우측 경사가 해마다 증가한다.

```
1. 남획이 잘되는 어종
  군집성이 강하고 한 장소에 산란장이 국한되어 있는 어종으로 북태평양 넙치, 연어, 송어
  등이 있다.
2. 남획이 잘되지 않는 어종
  수명이 짧고, 자연사망률이 높은 어종으로 멸치, 오징어, 새우 등이 있다.
```

▶ 총허용어획량(TAC, Total Allowable Catch)
1. 수산자원을 합리적으로 관리하기 위해 어종별로 연간 어획할 수 있는 상한선을 정하고 어획량이 목표치에 이르면 어업을 종료시키는 제도로 어선 어업의 경쟁적 조업을 유도하는 제도이다.
2. TAC 산정하기 전 과학적인 자원평가가 선행되어야 한다.
최대 지속적 생산량(MSY, Maximum Sustainable Yield)를 기초로 한 사회경제적 요소를 고려하여 결정한다.
3. 1995년 수산업법, 1996년 수산자원보호령, 1998년 총허용어획량의 관리에 관한 규칙에 TAC을 규정한다.

```
❂ 토막상식

어류 등 수산자원을 계속적으로 잡을 수 있도록 하기 위해 고등어, 전갱이, 도루묵, 오징어,
키조개, 개조개, 대게, 붉은 대게, 꽃게, 제주소라, 참홍어(현 11종이며, 이후 갈치, 멸치,
참조기 3종이 포함될 예정)의 주요어종에 대하여 번식하는 데 필요한 만큼의 자원은 항상
남겨둘 수 있도록 1년 간 잡을 수 있는 양을 어선 또는 개인별로 설정하고, 이를 적정하게
배분하여 어업이 가능하도록 하고 어획량이 어획 설정량에 이르면 어업을 정지시켜 자원을
보존, 관리하는 방법이다. (매년 자원량 평가)
이 제도의 도입은 200해리 배타적 경제수역(EEZ, Exclusive Economic Zone)제도를 근간
으로 하는 UN 해양법 협약의 발효가 그 직접적인 원인이다.
* 기술적 관리수단 : 특정어구 사용금지, 특정어업 금지구역 설정
* 어획노력당 관리수단 : 어선사용제한, 어선설비제한, 어획성능제한

※ 우리나라 총허용어획량이 적용되는 어업종류와 어종
1. 고등어, 정어리, 전갱이- 대형 선망어업
2. 붉은 대게- 근해통발어업
```

3. 대게 - 근해자망, 통발어업
4. 개조개, 키조개 - 잠수기어업
5. 꽃게 - 연근해자망, 통발어업
6. 오징어 - 채낚기어업

참고) 갈치는 2018년도 기준 총허용어획량(TAC)의 대상품목에 해당되지 않는다. 2019년도 기준 총허용어획량(TAC)의 대상품목에 바지락이 추가되었다.

1. MSY : Maximum Sustained Yield
   최대 지속적 생산량 : 일정한 환경조건 하에 있는 어류의 지속적인 최대생산량
2. MEY : Maximum Economic Yield
   최대 경제적 생산량 : 경제적으로 가장 큰 이익을 가져다주는 생산량, 가장 높은 경제적 이익을 얻기 위한 이론이다.
3. ABC : Acceptable Biological
   생물학적 최대생산량 : 현재의 조건 하에서 과학적인 예측에 기반을 두고 계절마다 정해지는 생산량 또는 생산범위를 의미한다.
4. TAC : Total Allowable Catch
   생물학적으로 계측된 MSY를 기초로 사회경제적 요소를 고려하여 결정된 총 가능 허용량으로 선진국형 제도이다.

▶ 자원량 변동에 영향을 주는 요소

가입	성장	자연사망	어획사망
자원증가요소		자원감소요소	
자연 요인에 의해 좌우		인위적 요인에 의해 조절가능	

1. 가입 : 수산자원이 자란 후 어장에 도달하여 자원량에 포함되는 것
2. 성장 : 가입된 개체가 시간이 지남에 따라 체중이 증가되는 것
3. 자연사망 : 가입된 개체군 중 어획되지 않은 것으로 자연적으로 사망한 것
4. 어획사망 : 가입된 개체군 중에서 어획되어 사망한 것

※ 가입에는 성어만 대상(자어, 치어는 미포함 대상이다)
※ 자원변동이 없는 평형상태

가입량 + 개체 성장에 따른 체중 증가량(성장량) = 자연사망량 + 어획사망량

이 가장 이상적이다.

▶ 자원량 변동공식 (러셀의 방정식)

$P_2 = P_1 + R + G - D - Y$		
P_1 : 연초 자원량	R : 가입량	D : 자연사망량
P_2 : 연말 자원량	G : 성장량	Y : 어획사망량

(R + G - D)는 자연의 요인에 의해 정해지는 증가량이므로, Y와 같은 양으로 유지되면 자원량은 감소하지 않고, $P_1 = P_2$가 되어 자원량의 균형을 이룬다. 즉, R + G - D = Y

Point 기출문제

▶ 가입관리에 해당되는 요소
1. 어업의 법적규제를 통한 번식보호
   가. 질적규제 : 그물코 제한, 체장 제한, 어구사용금지
   나. 양적규제 : 어선 및 어구 수 제한, 어획노력량의 규제, 총허용어획량(TAC)의 할당제
2. 번식조장에 해당하는 가입관리
   이식, 어도설치, 산란치어방류, 인공산란장설치, 인공부화방류, 인공수정란방류, 인공종묘방류
3. 이식에 의한 가입관리
   연어나 송어가 올라오지 않는 하천에 다른 하천에서 수정란을 채취한 후 부화시켜 방류하는 것이다.
4. 어장제한
   치어와 성어가 따로 분포하는 수산생물에 실시하는 것이 좋고 남획을 막는 일석이조의 효과가 있다.
※ 체장제한과 그물코제한은 번식보호와 어업경영의 양면이 모두 조화될 수 있도록 해야 한다.
5. 인공수정란 방류
   우리나라 진해만에서 대구를 대상으로 하여 오래 전부터 실시해오고 있다.
6. 성장관리
   수산생물의 성장에 적합한 환경을 제공하여 성장을 촉진함으로써 자원량을 늘이는 것을 말한다.
   성장관리 방법으로는 이식, 시비, 수초제거, 먹이증강 등 있다.

※ 수산생물의 자연사망 원인에는 질병, 해적생물, 해황이변, 수질오염 등이 있다.

※ 자연사망을 관리하는 성격이 강하게 나타나는 예로는 해적생물의 구제, 외래생물종의 이식규제, 육종을 통한 질병이나 환경에 강한 품종개발 등이 있다.

③ 어구 · 어법

▶ 어업의 기능
1. 식량자원의 공급기능
 가. 수산물은 식생활에 필요한 식품으로 활용
 나. 어업은 안정적인 식량확보를 위한 중요한 위치에 있다.
 다. 인간의 건강유지에 도움이 되는 것

▶ 어업의 정의
수산업의 한 분야로 수산물 생산 활동의 영리목적의 사업이다.

▶ 어업의 분류

항목	분류
어획물의 종류	해수어업, 치패어업, 채조어업
어장	내수면어업, 해양어업(연안, 근해, 원양어업)
어업근거지	국내기지, 해외기지
어획물에 따른 어획법	고등어 선망, 오징어 채낚기, 장어통발, 게통발, 문어단지, 멸치 자망, 멸치 기선권현망, 명태트롤, 꽁치 봉수망, 참치 선망, 참치연승, 전갱이 선망어업 등
경영형태	자본가적 어업(조합, 회사, 합작어업) 비자본가적 어업(단독어업, 협동어업)
법적관리제도	면허어업(유효기간 10년), 허가어업(5년), 신고어업 (5년)

▶ 어로과정

어군 탐색	어장 찾기	1. 간접적이며 1차적 어군탐색 방법으로 어로가 가능한 바다를 찾는 과정이다. 2. 과거의 어업실적, 다른 어선의 정보, 어황예보, 어업용 해도 및 위성정보 등을 종합적으로 판단한다.
	어군 찾기	1. 직접적이며 2차적 어군탐색 방법으로 실제어군의 존재를 확인하는 과정이다. 2. 수명의 색깔변화, 물거품, 물살 등을 통해 판단한다. 3. 육안, 어군탐지기, 헬리콥터 등을 이용한다.
집어	유집	1. 어군에 자극을 주어 자극원 쪽으로 모이게 하는 방법이다. 2. 야간에 불빛으로 모이는 습성(주광성)을 이용한다. 3. 야간에만 가능하고, 달빛이 밝을 때는 효과가 떨어진다. (예 : 고등어, 전갱이 선망, 멸치들망, 꽁치 봉수망, 오징어 채낚기어업 등)
	구집	1. 어군에 자극을 주어 자극원으로부터 멀어지게 하여 모이게 하는 방법이다. 2. 큰소리, 줄후리기, 전류 등을 이용한다.

		3. 어류는 보통 음극(-)에서 양극(+)으로 이동한다.
	차단 유도	1. 회유통로를 인위적으로 막아 한 곳으로 모이게 하는 방법 가. 유도함정(정치망의 길그물) 나. 유인함정(문어단지) 다. 강제함정(죽방렴, 안강망, 낭장망, 주목망)
어획		목표했던 어류를 포획하여 잡는 과정이다.

▶ 어구의 분류

구성 재료	1. 낚시어구(외줄낚시, 끌낚시, 주낙연승) 　뜸, 발돌, 낚시대, 낚시줄 등 2. 그물어구, 잡어구
이동성	운용어구, 고정어구(정치어구)
기능	주어구(그물, 낚시) 1. 보조어구(어군탐지기, 집어등) - 어획능률 향상 2. 부어구(동력장치) - 어구의 조작효율 향상

▶ 낚시어구의 구성
1. 낚시, 낚시줄, 낚시대, 미끼
   (오징어- 오징어살, 장어- 멸치, 참치- 꽁치, 상어- 꽁치),
2. 뜸 : 낚시를 일정한 깊이에 드리워지도록 하는 기능
3. 발돌 : 낚시를 빨리 물속에 가라앉히고, 원하는 깊이에 머무르게 하는 기능

▶ 그물어구의 구성
그물어구의 재료로는 그물실, 그물코, 그물감, 줄, 뜸, 발 (추), 마함, 보호망 등이 있다.
1. 그물실(합성섬유) : 최근에는 합성섬유(나일론, 비닐론, 아크릴, 폴리에틸렌, 폴리에스테르 사용.
   단점은 햇볕에 노출 시 약해지고 장점은 굵기, 길이, 단면 모양 등을 인공적으로 조절 가능하다.
2. 그물코 : 4개의 발과 4개의 매듭으로 구성.
   크기측정은 뻗친 길이로 측정 시 그물코의 양 끝 매듭의 중심사이를 잰 길이를 mm단위로 표시 한다.
그물코의 규격 : 그물코를 잡아당겨서 잰 안쪽 지름길이
　가. 매듭수로 측정 시 : 5치(15.15cm)안의 매듭의 수(절)으로 표시
　나. 씨줄수로 측정 시 : 50cm 폭 안의 씨줄의 수(경)으로 표시

> 1. 줄 : 그물어구의 뼈대형성 및 힘이 많이 미치는 곳에 쓰임
> 2. 마함 : 그물감을 절단 시 절단된 가장자리의 풀어지기 쉬운 코에 덮코를 붙인 것
> 3. 보호망 : 원살 그물이 줄에 감기거나 찢어지지 않게 가장자리에 원살의 그물실보다 굵은 실로 몇 코 더 떠서 붙이는 것

▶ 그물감의 종류

매듭이 있는 결절 그물감	1. 그물코를 형성하는 4개의 꼭짓점마다 매듭을 맺어 짠 것 (참매듭, 막매듭) 2. 그물감을 분리할 필요 있는 것 : 항쳐붙이기 3. 그물감 분리가 불필요한 것 : 기위붙이기
매듭이 없는 무결절 그물감	1. 편망재료가 적게 들고 물의 저항이 작은 장점이 있다. 그러나 한 개의 발이 끊어졌을 때 다른 매듭들이 잘 풀리고 수선이 어렵다. 　가. 엮는 그물감 : 씨줄과 날줄을 교차하며 제작 　나. 여자 그물감 : 씨줄과 날줄을 두 가닥으로 꼬아가며 제작 　다. 관통형 그물감 : 실을 꼬아가며 일정 간격으로 맞물리게 제작

▶ 그물어법의 종류

1. 함정어법
 가. 유인함정어법 : 문어단지(문어, 주꾸미), 통발류(장어, 게, 새우)
  1) 대상어족을 미끼로 유인하는 어획법 : 통발
  2) 대상어족을 미끼없이 유인하는 어획법 : 문어단지
 나. 유도함정어법 : 어로의 통로를 차단하고 어획이 쉬운 곳으로 유도해서 잡는 방법으로 정치망
             (길그물, 통그물로 구성)이 대표적인 어구이다.
 다. 강제함정어법: 물의 흐름이 빠른 곳에 어구를 고정하여 설치해두고 조류에 밀려 강제적으로
             그물이 들어가게 하는 어법
  1) 고정어구 : 죽방렴, 안강망
  2) 이동어구 : 안강망(주목망에서 발달한 형태), 그 밖에 미로함정어법, 기계함정어법, 공중함정
             어법 등이 있다.
2. 걸그물어법(자망)
 가. 긴 사각형의 어구로 어군의 유영통로에 수직방향으로 펼쳐두고 지나가는 어류가 그물코에 꽂
    히게 하여 어획하는 방법 (그물코의 크기 = 아가미의 둘레)
  1) 깊이에 따라 : 표층, 중층, 저층 걸그물
  2) 운용방법에 따라 : 고정, 흘림(유자망-꽁치, 멸치, 삼치, 상어), 두릿 걸그물
 나. 저서 어족은 저질에 따라 서식 어종이 다르다.
  1) 어두운 곳을 좋아하는 종 : 참돔, 가자미 등
  2) 암반이 있는 곳에 서식하는 종 : 꽃게 새우, 소라, 전복 등
 다. 그물코의 크기는 어획 대상 어류의 아가미 부분의 둘레 크기와 일치해야 한다.
 라. 걸그물 어법의 종류
  1) 어획하는 수층에 따라 표층, 중층, 저층 걸그물로 나뉜다.
  2) 어구 사용 방법에 따라 고정 걸그물, 흘림걸그물(유지망), 두릿걸그물(선자망)로 나뉜다.
3. 들그물어법(들망, 부망)
수면 아래에 그물을 펼쳐두고 대상어족을 그 위로 유인하여 그물을 들어 올려 어획하는 방법
 가. 봉수망 : 현재 산업적으로 활용되는 대표적인 어구(꽁치)
 나. 들망 : 연안의 소규모어업에 이용(멸치, 숭어 등)

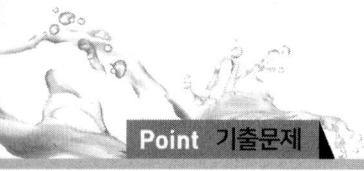

　　　　제주도에서는 특히 자리돔을 잡는데 들그물어법을 사용한다.
　4. 끌그물어법(예망, 범선저인망)

> 발전단계 : 범선저인망 ⇒ 기선저인망 ⇒ 범트롤 ⇒ 오터트롤

한 척 또는 두 척의 어선으로 어구를 수평방향으로 임의시간 동안 끌어 어획하는 방법
　가. 기선권현망 : 연안 표중층 부근의 멸치
　나. 기선저인망 : 쌍끌이 기선저인망, 외끌이 기선저인망
　다. 트롤어법 : 그물어구를 입구를 수평방향으로 전개판을 사용하여 한 척의 선박으로 조업하며 가장 발달된 형태의 끌그물어법이다.
　　1) 공선식 트롤선 : 어장이 멀어짐에 따라 채산성을 높이기 위해 어장에 장기간 머물며 어획물을 선내에서 완전히 처리 및 가공할 있는 설비가 갖추어진 어선이다. 급속냉동, 통조림, 필렛, 어분 등의 제조 및 가공시설을 선내에 갖추고 있다.
　5. 두릿그물어법(선망) - 근해선망, 참치선망
　　긴 그물로 표·중층 어군을 둘러싸서 가둔 다음, 죔줄로 점차 범위를 좁혀가며 어획하는 어법이다. 대표적 어획 대상 종은 전갱이, 다랑어, 고등어 등으로 군집성이 큰 어군을 대량으로 어획 시 사용된다.
　가. 고등어 대형선망어업
　　　긴 사각형의 그물로 어군을 굴러싸 포위한 다음 발줄 전체에 있는 조임줄을 조여 어군이 그물 아래로 도피하지 못하도록 하고 포위 범위를 점차 좁혀 대상 생물을 어획하는 어업이다.
　　　고등어, 전갱이는 표·중층에서 군집하여 회유하는 난류성 및 연안성, 야간성, 주광성 어종이다 (집어등을 사용하여 어획).
　나. 대형선망어업의 단점
　　1) 본선 1척, 등선 2척, 운반선 3척 등 하나의 선단을 이루어 조업하므로 경비가 많이 들고 선령이 오래되어 노후화되어 있다.
　　2) 선원실과 식당 등 후생시설은 비좁고 채광이나 환기도 잘 되지 않는다.
　　3) 어선원의 복지공간이 부족한 상태이다.
　　4) 어선원확보가 어렵다.
　　　해양수산부는 대형선망어업의 어선경비 절감과 어선원 복지 및 안전 등 종합적으로 고려하여 새로운 모델개발을 추진 중이다. 시험조업을 거쳐 2019년 이후 어업현장에 보급할 계획이며, 새롭게 개발되는 대형선망 어선이 상용화되면 기존 선단은 6척에서 4척으로 줄고, 어선원 후생공간도 대폭 개선되어 어업비용은 13% 이상 절감되고 어선원 근로요건도 크게 개선될 것으로 기대된다)
　6. 후릿그물어법(인기망)
　　자루의 양 쪽에 긴 날개가 있고 끝에 줄줄이 달린 그물을 멀리 투망해 놓고 육지나 배에서 끌줄을 오므리면서 끌어당겨 어획하는 방법으로, 소규모 자래식 어법에 해당한다.
　가. 후리 : 배후리 어법은 기선권현망으로 발전하였으며, 표·중층 어족을 대상으로 한다.
　나. 방 : 손방어법은 기선저인망으로 발전하였으며, 저층어족을 대상으로 한다.
　7. 채그물(초망)어법

그물을 대상물 밑으로 이동시켜 떠올려서 잡는 어법 ⇒ 남해안 및 제주 근해에서 멸치 챗배그물이 사용된다. 그 밖에 얽애그물어법, 덮그물어법, 몰잇그물어법 등이 있다.

▶ 어군탐색방법

간접적인 어군탐색 방법	1. 과거의 어업실적 2. 다른 어선의 조업경보 3. 그 밖의 어황예보나 어업용 해도
직접적인 어군탐색 방법	1. 갈매기 등의 바닷새의 행동 2. 수면의 색깔변화 3. 어군이 일으키는 물살 등을 보고 감각적인 방법이 포함

▶ 어군탐지장치

어군 탐지기	1. 초음파의 성질이용 : 직진성, 등속성, 반사성 (동심성 X, 굴절성 X) 2. 해저의 형태, 수심, 어군 등이 관한 정보를 얻을 수 있는 수직 어군탐지기 3. 어군탐지기의 사용음파 : 28~200kHz 주파수 4. 발진기 ⇒ 송파기 ⇒ 수파기 ⇒ 증폭기 ⇒ 지시기 5. 자갈 등 단단한 저질은 펄에서보다 음파가 강하게 반사되어 선명하게 기록되며, 펄은 단단한 저질보다 해저 기폭의 폭이 두껍게 기록된다.
소나	어군탐지기와 마찬가지로 초음파를 이용하나, 소나는 수평방향의 어군을 탐지하는 데 용이하다.

▶ 어구관측장치

네트 리코더	트롤어구 입구의 전개상태, 해저와 어구와의 상대적 위치, 어군의 양 등을 알 수 있다.
전개판 감시장치	전개판 사이의 간격 측정 장치
네트 존데	선망(두릿그물)어선에서 그물이 가라앉는 상태를 감시한다.

▶ 어구조작용 기계장치

양승기	주낙(연승)어구의 모릿줄을 감아올리기 위한 장치
양망기	그물어구를 감아올리기 위한 장치
사이드 드럼	여러 종류의 줄을 감아올리기 위한 장치로, 기선저인망 어선의 끌줄 또는 후릿줄을 감아올린다. 기관실 벽 좌우에 1개씩 장치하며, 소형 연근해 어선에 널리 사용된다.
트롤윈치	트롤 어구의 끌줄을 감아올리기 위한 장치로, 좌우현에 두 개의 주드럼(줄감기)가 주드럼 앞쪽에 위치한 와이어리더(로프감기)로 구성된다.
데릭장치	선박의 화물을 적재하거나 양륙하는 작업에 쓰이는 하역장치이다.

※ 직접 어획을 하는 데 사용하는 어업기계 : 오징어 자동조획(조상)기, 가다랑어 자동조획기, 조개 채취기, 해조 채취기, 피쉬펌프(Fish pump)

▶ 우리나라 3면 해역의 특징 및 대표적 어법

동해	1. 조경(해안전선)형성, 영양염류 및 플랑크톤 풍부, 수직순환 왕성 　가. 한류세력 우세 : 대구, 명태의 남하회유 　나. 난류세력 우세 : 오징어, 꽁치, 방어, 멸치의 북상회유 2. 오징어 채낚기 : 1년생 연체동물, 집어등을 이용해 어군유집 　(주어기 : 8-10월, 어획적수온 : 10-18℃) 3. 꽁치 자망(걸그물) : 봄에 산란. 난류가 강하면 남하한다. 　(주어기 : 봄, 어획적수온 10-20℃) 4. 명태연승(주낙), 대게 자망 : 대표적인 한류성 어족으로 난류층 바로 아래의 수온약층 부근에서 어군의 밀도가 높다. 　(주어기 : 겨울철이나 연중 어획가능, 어획적수온 : 4~6℃) 5. 도루묵 근해자망 6. 붉은 대게 통발 : 수심 800~2,000m 해저에서 주로 서식한다. 7. 방어 정치망 : 연안 근처에서 서식하는 회유성 어종으로 계절에 따라 광범위하게 남북으로 회유 이동한다. 　(봄~여름 : 북상회유, 가을~겨울 : 남하회유) 　(주어기 : 가을~이른 겨울, 어획적수온 : 14~16℃)
서해	1. 수심이 100m 이내로 얕으며, 해안선 굴곡이 많아 산란장으로 뛰어난 지형이다(저서어족이 풍부). 2. 조수간만의 차가 심하다(조석전선 형성). 3. 대표어종 　조기, 민어, 고등어, 전갱이, 삼치, 갈치, 넙치, 가오리, 새우 등 4. 안강망 : 연안 인접지역에서 강한 조류를 이용하는 방법으로 우리나라에서 발달한 고유의 어법이다(조기, 멸치, 민어, 갈치 등). 5. 쌍끌이 기선저인망 : 저서어족이 풍부하여 해저에서 서식하는 어류를 어획하는 기선저인망 발달하였다. 6. 트롤 어법 : 저서어족이 풍부하여 해저에 서식하는 어류를 어획하는 트롤어업이 발달하였다. 7. 꽃게 자망(걸그물) : 자원보호를 위해 포획금지 기간과 체장이 정해져 있다. 여름철 수심이 얕은 연안에서 산란 후에 가을철 수심이 깊은 곳에서 월동하기 위해 이동 시 걸그물을 사용하여 어획한다. 8. 두릿그물(선망) : 주 어획 대상종은 고등어와 전갱이다.
남해	1. 동해안과 서해안의 중간에 위치하여 여러 어업이 연중 지속적으로 이루어진다. 남해안은 해류, 조류, 수심, 해저지형 등의 해양환경이 어류서식에 적합하다. 2. 멸치, 갈치, 고등어, 전갱이, 삼치, 조기, 돔류, 장어류, 방어, 가자미, 말쥐치, 꽁치, 대구 등 어종이 다양하다(다양한 어업 발달). 3. 멸치 기선권현망 : 연안성 및 난류성 어종으로 표·중층 사이에 무리지어 생활하는 어족이다. 　(주어기 : 연중 어획가능, 어획적수온 : 13~23℃, 주산란기 : 봄) 4. 고등어, 전갱이 근해선망(두릿그물) : 고등어, 전갱이는 표·중층에서 군집하여 회유하는 난류성 및 연안성, 야간성, 주광성 어종이다(집어등을 사용하여 어획). 　(주 어장 : 동중국해 및 남해안, 어획적수온 : 14~22℃) 　가. 선망어업은 어법이 매우 정교하고 조업방법이 복잡하여 각종 계측장비 등이 활용된다.

	5. 장어통발 : 렙토세팔루스(장어의 유생형태)로 남해안 연안에 내유하여 성장한다(11~28℃). 6. 정치망 : 멸치, 삼치, 갈치 등 난류성 회유 어종에 많이 사용된다(주어기 : 난류의 영향이 강한 늦은 봄~초가을, 어획적수온 : 멸치의 경우 13~23℃, 삼치의 경우 13~17℃). 7. 원양어업 : 다랑어 연승어업, 다랑어 선망 사용 8. 트롤어업 : 주로 저서어족을 대량 어획할 수 있는 가장 효율적이고 적극적인 방법으로, 우리나라는 1960년대 후반부터 선미식 트롤선을 도입하고 북태평양의 명태트롤어업에 진출함으로써 본격적인 원양트롤어업의 시대를 열었다.

▶ 어업자원의 합리적 관리수단
1. 어획량의 제한
2. 어선이나 어구의 수와 규모의 제한
3. 어장 및 어기의 제한
4. 어획물의 크기 또는 그물코 크기의 제한

▶ 자원관리형 어업의 형태

자원 관리형	직접적으로 자원보호를 목적으로 하는 것 예) 어구의 그물코 크기를 확대하여 체어의 혼획을 감소시키는 선택적 어업이 포함된다.
어장 관리형	간접적 자원관리 형태 어장이용 방식을 개선하는 것 예) 어업자들의 합의에 의한 윤번제 어장 활용 등이 있다.
어가 유지형	간접적인 자원관리 형태로 어선별 어획량의 조절 등으로 어가를 유지하는 것 예) 어선별 어획량 할당제 등이 포함된다.

▶ 기르는 어업
해조류 양식어업, 패류 양식어업, 어류등 양식어업, 복합 양식어업, 협동 양식어업, 외해 양식어업과 육상해수양식어업, 종묘생산어업 등이 있다.
1. 어업분야에서 조업자동화는 조업인력을 감소시키고 어획성능을 향상시키므로 인건비 등의 비용을 절감시킬 수 있고 생산성을 높이는 장점이 있다.
2. 현재 어업에 활용할 수 있는 가장 적합한 위성은 NOAA이다.
해면의 수온을 원격 탐사하여 자동화상 전송방식으로 전송하는 기법으로 해류, 조경, 와류 등의 위치와 크기 및 변화상태 등을 함께 추적한다.

▶ 어선의 정의
1. 어업, 어획물 운반업 또는 수산물 가공업에 종사하는 선박
2. 수산업에 관한 시험, 조사, 지도, 단속 또는 교습에 종사하는 선박
3. 건조허가를 받아 건조중인 것

4. 건조한 선박
5. 어선의 등록을 한 선박

※ 강화유리섬유(FRP) 선박
가벼우며 녹슬지 않고 철강에 비해 강도가 우수하나, 충격에 약한 단점이 있다. 보통 중소형어선 및 구명정, 레저용 어선 등에 주로 사용된다. 해양환경오염에 많은 영향을 주기 때문에 폐기처리를 철저히 해야 한다.

▶ 어선의 주요 치수

흘수	선체가 물에 잠긴 깊이(높이) 용골 아랫부분에서 수면까지의 수직거리 등흘수 : 선수= 선미(수평유지)
트림	선박이 길이 방향으로 일정 각도로 기울어진 정도를 의미한다. 선수 흘수와 선미 흘수의 차이로 계산(선박조종에 영향)
선수트림	선수〉 선미(기울어진 상태)
선미트림	선미〉 선수(기울어진 상태)
선루	선수루는 모든 선박에 설치, 선미루는 조타장비 보호역할, 선교루는 기관실 보호역할
건현	물에 잠기지 않은 부분(수면~상갑판 상단까지의 거리)
전장	선수에서 선미까지의 거리
용골	배의 제일 아래쪽 선수~선미까지의 중심을 지나는 세로방향의 골격으로 사람의 등뼈에 해당한다.
늑골	용골과 직각 배치이며, 선체의 좌우 현측을 구성하는 골격
보	늑골의 상단과 중간을 가로로 연결하는 뼈대
선수재	충돌 시 선체를 보호하는 역할
선미재	키와 추진기(프로펠러)를 보호하는 역할
외판	선체의 외곽형성, 배가 물에 뜨게 함
선저구조	연료탱크, 밸러스트 탱크 등으로 이용, 침수를 방지하는 역할
조타실	선박을 조종하는 곳 주위를 감시하기 위해 높은 곳에 설치 배 안에 키를 조종하는 장치
어창	어획물을 적재하는 창고
갑판	선체 상부의 수밀을 유지하고 작업공간 등으로 사용하는 선체구조

▶ 어선의 톤수
정의 : 어선 크기를 나타내는 데 사용되는 배의 톤수

* 무게가 많이 나가는 톤수 :
배수톤수〉 재화중량톤수〉 총톤수〉 순톤수

용적 톤	총톤수	선박의 밀폐된 내부 전체 공간

수	(GT)	선원, 항해, 추진에 관련된 공간 제외 (검사수수료, 관세, 선박등록세 등의 부과기준)
	순톤수 (NT)	화물이나 여객을 수용하는 장소의 용적 직접 상행위에 사용되는 장소를 합한 톤수 (항세, 톤세, 항만시설 이용료, 등대사용료, 운하통과료 등의 과세기준) 총톤수의 약 65%
중량톤수	재화 중량 톤수	선박에 실을 수 있는 화물무게 선박이 만재흘수선에 이르기까지 적재 가능한 화물의 중량톤수 (매매와 용선료의 적용기준)
	배수 톤수	물에 떠 있는 선박의 수면아래 배수된 물의 부피와 동일한 물의 중량톤수 군함의 크기를 나타내는 톤수

▶ 어선의 설비

항해설비(캠퍼스, 선속계, 측심기 등), 통신설비(GPS, 레이더, 로란 등), 기관설비(디젤기관, 냉동장치, 발전기 등), 하역설비(데릭장치), 정박설비(닻, 양묘기, 계선줄, 체인로커 등), 조타설비(키, 조타장치, 자이로캠퍼스), 구명설비(구명정, 구명뗏목, 구명부환, 구명동의, 조난신호장비) 등이 있다.

▶ 선박의 디젤기관

원리 : 고온, 고압 이용⇒ 피스톤 상하운동⇒ 에너지 얻음

출력단위 : 마력/kw/hp/ps

2행정 사이클 기관 (중·대형의 저속기관)	크랭크 1회전, 피스톤 1회를 왕복하는 동안 흡입-압축-팽창-배기의 1사이클이 이루어져 동력발생
4행정 사이클 기관 (대부분의 어선)	크랭크 2회전, 피스톤 2회를 왕복하는 동안 흡입-압축-팽창-배기의 2사이클이 이루어져 동력발생

※ 저인망 어선에 요구되는 성능 : 내항성, 복원성, 고출력(고속성 X)

▶ 선박의 도료

선저 도료	선박의 선저와 수선부의 부식과 방청을 보호하고 방지할 목적으로 이용된다.
광명단 도료	어선에서 가장 널리 사용하는 방청용 도료로서 선저부에 도장한다. 도막이 견고하고, 선체표면에 대한 우수한 부착성을 지녀야 한다. 내수성·피복성이 강하다.
제1호 선저도료(A/C)	만재흘수선 아래 부분(부착방지를 위한 외판부분) 건조가 빠르고 방식, 방청능력이 뛰어나다.
제 2호 선저도료(B/F)	항상 물에 잠겨있는 부분 즉, 경하흘수선 아래 부분으로 해양생물의 부착 방지(방오) 역할을 한다.
제3호 선저도료(B/T)	수선부 즉, 만재흘수선과 경하흘수선 사이의 외판에 칠하는 도료로 A/C를 먼저 칠하고 그 위에 도장한다. 방식 및 마멸방지 역할을 한다.

Point 기출문제

1. 도료의 특성
도료는 물리적 강고가 크고 화학적으로 불안정하며, 기능적으로는 미완성 상태인 반제품 상태의 화학제품이다.

2. 도료의 기능(보호 기능, 미화 기능, 특수 기능)
 가. 부식방지(방식)   나. 녹방지(방청)   다. 해양생물 부착방지(방오)   라. 청결   마. 장식

▶ 선속(노트, knot)
프로펠러의 회전으로 인해 선박이 앞으로 향해가는 추진력이 생기고 선속(속력)이 달라진다.
선속(Knot)= 1시간에 1해리(1,852m)전진하는 속도 : 1노트
예) 10해리를 1시간에 주파했다면 선속은 '10노트'이다.

④ 수산양식관리

▶ 어장의 환경요인

1. 물리적 요인

가. 수온
 1) 수산생물의 생활(성장 및 성숙도)과 가장 밀접한 관계가 있으며, 생물의 서식가능성을 판단하는 가장 기초적인 자료로서 측정이 비교적 쉬워 어장탐색에 널리 활용된다.
 2) 수산생물과 수온과의 관계
  가) 서식수온 : 어떤 어종이 살아갈 수 있는 수온의 최대범위
  나) 어획적수온 : 어떤 어종을 대상으로 어획이 이루어졌던 때의 수온
  다) 어획최적수온 : 가장 많이 어획되었던 수온

나. 광선(빛)
 해양식물의 광합성, 생산력 증가에 영향을 준다. 해양생물의 성적인 성숙, 연직운동에 영향을 미친다. 태양의 고도와 해양생물의 연직운동은 반비례한다. 파장이 짧은 파란색이 심층을 투과한다.
 (연직운동 : 낮에는 깊은 심층에서 생활하다가 밤에는 표층으로 상승)

다. 지형
 해저지형이나 저질도 어장형성과 깊게 연관된다.
 대륙붕 지역이 광합성과 해류 및 조류의 작용으로 영양염이 풍부하여 생산력이 가장 높다(좋은 어장 형성). 저서어족은 저질에 따라 서식어종이 다르며 그 이유는 저질에 따라 먹이가 되는 소형생물이 다르고, 그에 따라 포식어가 달라지기 때문이다. 참돔 및 가자미는 어두운 색의 저질을 좋아하며 꽃게는 사니질, 닭새우 및 소라 등은 주로 암반이 있는 곳에 서식한다.

라. 바닷물의 유동
 1) 수평운동 중 해류 - 회유성 어류의 회유 및 유영력이 없는 어류의 알 및 자치어를 수송함으로써 해양생물의 재생산과 산란회유에 영향을 준다.
 2) 수평운동 중 조류 - 상하층수 혼합을 촉진함으로써 생산력에 영향을 준다.
 3) 수직운동 중 연직운동(용승류와 침강류) - 영양염류가 풍부한 하층수가 표면으로 올라오게 되어 생산력이 증가한다(좋은 어장 형성).
  가) 용승류 : 깊은 수심의 물이 표층으로 올라오는 현상
  나) 침강류 : 표층수가 아래로 내려가는 현상

마. 투명도
 바닷물의 맑고 흐림을 나타내는 것으로 지름이 30cm인 흰색 원판을 바닷물에 투입하여 원판이 보이지 않을 때까지의 깊이를 미터(m)단위로 나타낸 것이다. 수산생물의 이동분포에 영향을 준다.
 (예 : 정어리, 방어 - 물이 흐릴 때/ 고등어, 다랑어류 - 투명할 때 잘 잡힌다)

2. 화학적 요인

가. 염분
 염분의 농도는 생물의 삼투압 조절에 영향을 미친다.
 삼투압은 농도가 낮은 곳에서 높은 곳으로 이동한다.

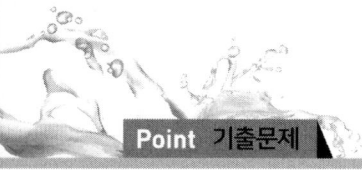

 1) 해수어 : 체액이온농도 〈 환경수인 바닷물
 2) 담수어 : 체액이온농도 〉 환경수인 담수
  수산생물은 언제나 체내외의 삼투압을 조절해야 하고 이것을 실패하면 결국 죽게 된다.
  수산양식에서 담수의 일반적인 염분 농도는 0.5psu 이하
나. 용존산소(BOD)
 용존산소는 호흡과 대사 작용에 필수요소이며, 표층수일수록 많고, 하층수일수록 적다. 용존산소가 결핍되면 생물의 성장이 늦어지고 심한 경우에는 죽게 된다.
 용존산소량의 증가 요인 : 수온↓, 염분↓, 기압↑, 유기물↓
 유기물을 박테리아에 의해 산화시키는데 필요한 산소량을 측정하여 오염의 정도를 나타내는 수질오염지표
다. 영양염류
 질산염(NO3), 인산염(PO4), 규산염(SiO2) 등 영양염류는 해수에서의 광합성에 필수요소이다(비고 : 담수에서는 질산염, 인산염, 칼륨염).

영양염류의 분포 :

| 열대 〈 온대, 한대 |
| 연안 〉 외양 |
| 여름 〈 겨울 |
| 표층 〈 심층 |

광합성 : 열대 〉 온대 〉 한대

	난류	한류
이동방향	저 → 고위도	고 → 저위도
염분	↑	↓
수온	↑	↓
용존산소량	↓	↑
영양염류	↓	↑

3. 생물학적 요인
 가. 먹이생물 나. 경쟁생물 다. 해적생물

▶ 어장형성요인

| 조경어장 (해양전선어장) | 1. 조경 : 특성이 서로 다른 2개의 해수덩어리 또는 해류 (한류와 난류)가 서로 인접하고 있는 경계
2. 원리 : 고밀도의 한류는 한랭하고 무거워서 난류 밑으로 들어가는 형태가 되어 조경수역이 형성된다.
3. 조경수역은 두 해류가 서로 불연속선을 이루고 이로 인해 부분적 소용돌이가 생겨 상하층수의 수렴, 발산 현상이 일어나 먹이생물이 다양하여 어족이 풍 |

	부하다. 4. 서해에는 난류가 약하고 고위도에서 형성되어 남하하는 한류가 없으므로, 조경수역이 나타나지 않는다. 예) 세계적 조경어장 - 북태평양어장, 뉴펀들랜드어장, 북해어장, 남극해어장, 대한해협 일대, 동해안
대륙붕 어장	하천수의 유입에 따른 육지 영양염류의 공급과 파랑, 조석, 대류 등에 의한 상하층수의 혼합으로 영양염류가 풍부하여 좋은 어장이 형성된다.
용승 어장	1. 바람, 암초, 조경, 조목 등에 의해 용승이 일어나 하층수의 풍부한 영양염류가 유광층까지 올라와 식물 플랑크톤을 성장시킴으로써 광합성이 촉진되어 어장이 형성된다. 2. 용승된 물은 주변의 물에 비해 저온, 고밀도, 고염분, 빈 용존산소이다. 예) 가. 캘리포니아 근해 어장(정어리, 멸치, 저서어류 등), 나. 페루 근해 어장(멸치 등), 　　다. 대서양 알제리 연해 어장(정어리, 문어, 저서어류 등), 라. 카나리아 해류수역 어장 　　마. 벵겔라 해류수역 어장, 바. 소말리아 연근해 어장
와류 어장	조경역에서 물 흐름의 소용돌이로 인한 속도 차 또는 해저나 해안 지형 등의 마찰로 인한 저층 유속의 감소 등으로 일어나는 와류에 의해 어장이 형성된다.

※ 토막상식
1. 용승이 일어나는 원인
 가. 북(남)반구에서 바람의 진행방향에 대해 왼(오른)쪽에 연안을 두고 지속적으로 바람(이안풍)이 불 때
 나. 어초(퇴초)가 있을 때
 다. 한류와 난류, 연안수와 외양수의 흐름이 부딪칠 때
 라. 섬이나 해곡, 육붕연변이 있을 때
 마. 적도해역에서 바람에 의한 확산이 일어날 때
 바. 하구역에서 하천수 유입에 따라 염수쐐기가 일어날 때
 사. 조경, 조목이 있을 때

2. 엘니뇨(El Niño)
 가. 열대 태평양의 광범위한 구역에서 해수면 온도가 평년에 비해 0.5℃ 이상 높은 상태로 일정기간 동안 지속 시 나타난다.
 나. 무역풍의 감소, 서쪽으로 흐르는 해류의 감소
 다. 약해진 해류의 영향으로 용승이 약화되고 중태평양과 동태평양의 수온이 상승한다.
 라. 즉, 대기와 해양의 상호작용에 의해 열대 동태평양에서 중태평양에 걸쳐(예 : 남미의 페루, 에콰도르 연안) 광범위한 구역에 해수면 온도상승이 일어나게 되는 반면 서태평양에서는 온도가 하강한다.

3. 라니냐(La Niña)
 가. 엘니뇨와 상대적인 현상으로, 무역풍의 강화로 인하여 서태평양의 온도가 상승하게 되고, 동태평양이 평년보다 더 차가운 표층수온이 형성된다.

에크만 수송	랭뮤어 순환	코리올리 효과
지구의 자전에 의해 표면류의 흐름이 풍향에 45° 오른쪽으로 편향되어 흐르는 현상	바람과 작은 파도들로 인해 표층 안에 소용돌이가 형성되어 표층수 혼합에 기여하는 현상	지구의 자전으로 인해 북반구에서는 오른쪽으로 남반구에서는 왼쪽으로 휘는 현상으로 전향력이라 한다(위도가 증가할수록 강해짐).

▶ 세계 4대 어장

북서태평양어장 (북태평양어장)	1. 대륙붕이 발달하여 세계 제1의 어장을 형성 2. 세계 최대의 어장으로 명태, 꽁치 등의 어획 쿼터제를 실시한다(러시아 수역). 3. 대표적 어획물 : 명태, 연어, 대구, 청어, 정어리, 다랑어 등
북동태평양어장 (캘리포니아어장)	1. 대륙붕이 좁고 인구가 적어 가장 늦게 개발된 어장으로, 소비 시장이 멀어 통조림 등의 수산가공업이 더 발달하였다. 2. 대표적 어획물 : 청어, 대구, 게, 정어리, 다랑어, 가다랑어 등
북서대서양어장 (뉴펀들랜드어장)	1. 북아메리카 동해안 해역의 어장 해안선의 굴곡이 심하고, 퇴와 여울이 많다. 2. 멕시코만류와 래브라도 한류가 교차하며 트롤어장으로 적합하다. 3. 대표적 어획물 : 대구, 청어, 고등어, 오징어, 새우, 굴 등 4. 미국과 캐나다 간의 어업협정으로 일찍이 수산 자원보호 차원에서 어로활동을 했으며, 200해리 경제수역 선포 후 외국어선에는 국가별 어획량 할당제를 실시하고 있다.
북동대서양어장 (북해어장)	1. 한류인 동그린란드 해류와 난류인 북대서양 해류가 만나 조경수역이 발달하여 어족자원이 풍부하다. 2. 대서양 북동부 해역으로 일찍부터 연안국들에 의해 고도로 개발되었다. 수산물 소비지인 유럽 여러 나라가 위치해 있기 때문에 어장으로 유리하다. 3. 대표 어획종 : 대구, 볼락류, 청어, 전갱이, 굴 등 4. 대륙붕과 뱅크가 발달하였으며, 점차 어획량이 감소되고 있는 추세이다.

▶ 양식의 개념
1. 이용가치가 높은 수산생물을 기르고 번식시키는 것
2. 일정한 독점수역 또는 시설에서 이루어지는 것이 보통
3. 지역어민이 종묘를 방류하여 성장관리 후 어획활동을 하는 것

▶ 수산양식 종류

1. 해조류 양식법

말목식 (지주식)	수심 10m 보다 얕은 바다에 말목을 박고 수평으로 김발을 4-5시간 햇빛에 노출 가능한 높이의 줄에 매달아 양식하는 방식이다. (예 : 김)
흘림발식 (부류식)	최근 가장 많이 이용되는 방식으로 얕은 간석지 바닥에 뜸을 설치하고 밧줄로 고정 후 그물발을 설치하여 양식하는 방식이다.(예 : 김) * 김발을 설치할 때에도 말목 대신에 뜸과 닻줄을 이용하여 설치하는데, 이러한 김발을 흘림발이라고 한다.
밧줄식	수면 아래에 밧줄을 설치하여 해조류들이 밧줄(어미줄과 씨줄)에 붙어 양식할 수 있도록 하는 방식이다. (예 : 미역, 다시마, 모자반, 톳 등)

2. 저서생물의 4가지 양식법

수하식	1. 성장균일, 해적피해 방지, 지질매몰이 적다. 2. 굴, 담치, 우렁쉥이 등 부착성 동물을 조가비 등의 부착기에 착생시킨 다음 이 부착기를 다시 줄에 꿰어 뗏목이나 뜸에 매달아 수하하는 방식(부착기를

	펜 줄 : 수하연) 3. 뗏목식, 말목식, 로프식(연승식) 등으로 나뉜다.
밧줄식	1. 수하연에 종묘가 채취된 줄을 같이 감아서 수면 아래 일정한 깊이에 설치하는 양식이다. 2. 뜸통에 수하연을 매달아 5~6m 간격을 유지한다. 3. 미역, 다시마 등의 양식에 널리 이용된다.
발식	대나무나 합성섬유로 만든 그물 발을 바다에 치고 김의 종묘를 붙여 키우는 방법이다.
바닥식	1. 별도의 인공적인 시설이 불필요하며, 생장할 수 있는 좋은 환경을 조성해주고 종묘를 양식, 방류한다. 2. 백합, 바지락, 피조개, 고막, 해삼, 소라 등 저서동물 양식에 적합하다.

※ 토막상식
1. 굴의 양식방법
 가. 수하식
  수심이 깊은 곳에서 뗏목이 패각 채묘연을 굴 부착층에 수직으로 채묘한다. 굴이 먹이를 먹을 수 있는 시간을 길게 하기 위하여 항상 물속에 잠겨 있도록 하는 방법이다.
  1) 장점 : 고른 부착 유도가 가능하다. 부착치패의 수가 많다.
  2) 단점 : 많은 노동력이 소모된다. 정확한 채묘 예보가 힘들고 저항력이 약하다.
  3) 수하식 양성의 종류
   뗏목 수하식 양성, 로프 수하식 양성, 간이 수하식 양성 방법이 있다.
 나. 나뭇가지식
  1) 송지식 양성 : 소조 때 간출선에서부터 대조 때의 간출선보다 다소 깊은 곳까지의 사이에 나뭇가지를 세워 여기에 굴을 부착시켜 양성한다.
 다. 바닥식(투석식)
  1) 만조선에서 간조선 사이의 노출되는 바닥에 20kg 정도의 돌을 넣어 굴이 자연적으로 부착하여 성장되도록 양성한다.
참고) 귀메달기식 - 가리비 양성 방법에 해당한다.

3. 유영동물의 5가지 양식법

지수식	1. 가장 오래된 양식법 2. 유기물이 적은 못이나 호수에서 기르는 방식 3. 흙으로 둑을 만들고 넓은 면적에 저밀도 양식을 한다. 4. 산소부족과 수질오염이 문제가 된다. 5. 잉어, 뱀장어, 가물치, 새우, 무지개송어, 연어 등 양식
유수식	1. 긴 수로형 또는 원형수조 사용 가. 수량이 충분한 계곡이나 하천지형 이용 나. 사육지에 물을 연속적으로 흘려보내는 양식방법 다. 유입수의 양에 따라 사육 밀도 조절(고밀도 사육가능) 라. 송어, 연어류 양식에 많이 이용 마. 산소공급과 수질오염의 문제해결 2. 저밀도양식: 1일 1~2회전(잉어 등) 3. 고밀도양식: 1일 20-40회전(넙치, 송어 등) 4. 송어 등 냉수성 어종: 용천수, 침투수, 하천수 사용 5. 뱀장어, 잉어 등 온수성 어종: 저수지 물, 온천수, 하천수 사용 6. 넙치 등의 해수어: 해수 및 지하해수 사용
가두리식	1. 인공호, 자연호소, 외해 등에 그물로 만든 가두리를 수중에 띄워놓고 그 속에 잉어, 송어 등의 어류를 양식하는 방법(용존산소 공급, 노폐물 교환 활발)

		2. 풍파의 영향으로 시설장소 제한 등의 문제점 3. 조피볼락, 감성돔, 참돔, 송어, 농어, 광어, 방어 등 양식
순환 여과식		1. 수조 내 물을 계속 순환 여과시켜 유해물질을 제거하고 산소량을 증가시켜 수산동물을 양식하는 방법 2. 양식용수의 가온, 재사용으로 빠른 성장 유도 가능 3. 초기 시설 및 가온시설의 고비용 4. 고밀도 양식이 가능하여 단위면적 당 생산량 증가 5. 폐쇄적 양식장 수질관리 : 　물리적 여과⇒ 생물학적 여과⇒ 소독
방류 재포식		1. 자연수역이나 양식장에 종묘를 방류한 다음 성장한 것을 다시 잡아들이는 방법 2. 연어, 참돔 등의 유영동물 외 저서동물인 전복, 소라 등도 양식가능

> ● 토막상식
> 1. 해상가두리 양식장의 환경 특성
> 가. 가두리 근방의 수초가 없고 영양염류가 적은 빈영양호인 곳
> 나. 물의 유통이 어느 정도 있는 곳(해수 유동)
> 다. 일조시간이 길고 수온이 따뜻할 것(수온)
> 라. 강우나 가뭄의 피해가 적고 교통과 동력시설이 편리한 곳
> 마. 5m 이상 수심이 깊을 것
> * 투명도 : 물속으로 빛이 통과하는 정도로 진흙입자, 침니, 플랑크톤, 유색의 유기물 등과 같은 물질의 농도가 높을수록 높아진다.

▶ 양식어업의 종류- 수산업법 시행령 제8조
1. 해조류 양식- 수하식, 바닥식
2. 패류 양식- 가두리식, 수하식, 바닥식
3. 어류 등 양식- 가두리식, 축제식, 수하식, 바닥식
4. 복합 양식- 축제식, 수하식, 바닥식, 혼합식
5. 외해 양식- 가두리식

▶양식장의 환경조건에 따른 분류
1) 개방식 양식
　① 양식장의 환경이 주위의 자연환경에 크게 지배를 받는다
　② 환경의 인공적인 관리가 불가능하다
　③ 환경에 알맞은 생물을 선택하여 기른다
　④ 조개류와 같이 바닥에서 기르는 생물일 경우는 바닥의 지질, 수심, 간만의차, 물의흐름, 수질, 수온 등을 잘 파악하여 거기에 알맞은 생물을 선택해야 한다.
2) 폐쇄식 양식
　① 탱크나 비교적 작은 연못을 만들어 외부환경과는 완전히 분리시켜 환경을 인위적으로 조절하면서 양식 하는 것
　② 양식장의 수질환경은 그 속에 사는 양식생물의 배설물과 같은 오물의 양이 지배한다.
　③ 생물의 밀도가 높고 먹이를 많이 줄때에는 배설물과 먹이 찌꺼기의 양이 많아져서 수질을 빨

리 오염시킨다.
④ 순환 여과식 양식장은 폐쇄적 양식장 중 고도로 발달한 양식방법의 한 예이다.

▶ 어패류 및 해조류 양식 대상종

넙치 (광어)	1. 먹이를 먹고 활동량이 적어 사료계수가 다른 어종에 비해 낮아 대표적 고부가 가치 양식어종이다. 2. 고밀도 사육이 가능하며, 대량 인공종묘생산 가능하다.
조피볼락 (우럭)	1. 정착성 어류이며, 난태생이다. 2. 대량 인공종묘생산이 가능하고 가두리 양식을 주로 한다.
돔류	인공종묘양식 생산으로 완전양식 가능하며 다른 어종에 비해 성장속도가 느리다. * 참돔; 가장 민감한 혐염성 어류
참다랑어	1. 다른 어종에 비해 성장이 빠르다. 2. 자연산 종묘와 생사료 먹이에 의존한다.
무지개 송어	냉수성어류 중 대표적 양식종이다.
잉어류	우리나라에서 가장 오래된 내수면 양식종이다. * 가장 많이 양식되고 있는 종류: 이스라엘 잉어(향어)
뱀장어	우리나라 내수면 양식어업에서 가장 중요한 비중 차지 (부화유생 : 렙토세팔루스)
틸라피아	역돔이라고도 하며, 계속 산란하는 번식력을 억제하기 위해 암수분리, 성전환 테스토스테론 주입, 잡종생산, 고밀도 사육을 한다.
메기	온수대에 서식하며, 야행성으로 고밀도로 사육 시 공식현상이 일어난다.
새우류	흰 다리 새우의 경우 질병에 내성이 강하며 배양이 쉽고, 수송에 잘 견뎌서 전 세계적 가장 유용한 양식대상종이다. 현재 국내 새우류중 양식 생산량이 가장 많다
굴류	1. 우리나라의 주 양식대상은 참굴이다. 2. 단련을 통해 단련종묘 생산이 가능하다. 3. 인공종묘생산치패가 자연종묘생산치패에 비해 균등히 성장하므로 생산을 선호한다.
담치류	1. 우리나라에서 생산하는 담치류에는 홍합이라 부르는 참담치와 진주담치가 있다. 2. 생활사 알- 담륜자 유생- D상 유생- 각정기- 부착치패)
전복류	1. 한류성 : 참전복 2. 난류성 : 오분자기, 말전복, 시볼트전복, 까막전복 3. 산업적 가치가 높은 종 : 참전복, 까막전복 4. 생활사 알- 담륜자 유생- 피면자- 저서 포복생활) 5. 전복의 양식법 : 연안방류 연승수하식, 가두리식, 육상수조식 6. 전복의 산란유발 자극법 : 수온자극, 간출자극, 자외선조사해수자극법 등
고막류	1. 산업적 가치가 있는 종 : 가. 고막(방사늑 수 : 17~18개) 나. 새고막(방사늑 수 : 29~32개) 다. 피조개(방사늑 수 : 42~43개)이며, 남해안과 동해안의 내면이나 내해에 분포하며, 꼬막류 중 가장 깊은 곳까지 분포한다. 2. 수심에 따른 서식 범위는 고막〈 새고막〈 피조개 순이다.
가리비류	1. 생활사

	[수정란- 담륜자 유생- D상 유생- 각정기- 부착치패 (약 40일 후) - 족사로 부착하여 주연각 생성] 2. 귀매달기, 다층 채롱을 이용해 양성 후 2년 뒤 수확 3. 종류에는 참가리비(한류계), 비단가리비가 있다.
바지락류	하천수의 영향을 많이 받는 곳에 잘 서식한다.
우렁쉥이	1. 암·수 한 몸으로 알과 정자를 체외로 방출하여 수정한다. 2. 남해안, 동해안의 외양의 바위나 돌에 서식하는 척색동물 3. 생활사 [수정란- 2세포기- 올챙이형 유생(척색 발생)- 척색소실- 부착기 유생- 입·출수공 생성] 4. 타우린, 신티올, 바나듐, 글리코겐, EPA 및 DHA 등의 성분 포함
미역	1. 우리나라 전 해역에 분포하며 1년생이다. 2. 미역양식에서 가이식의 이유 : 아포체의 성장촉진 3. 생활사 포자체- 유주자낭- 유주자- 암수배우체- 아포체- 유엽
다시마	1. 다년생이며, 미역과 달리 여름에도 낮은 수온에서만 배양 가능하다. 2. 생활사 포자체- 유주자낭- 유주자- 암수배우체- 아포체- 유엽
김	1. 1년생으로 온대에서 한 대까지 조간대 지역에서 폭넓게 서식한다. 2. 염분 및 노출에 대한 적응력이 강하다. 3. 중성포자에 의한 영양번식이 특징이다. (여러 번에 걸쳐 채취가능) 4. 15℃ 이하로 내려가면 김이 급속히 성장한다. 5. 생활사 중성포자- 수정- 과포자낭- 과포자 방출- 각포자체- 각포자낭 형성- 각포자 방출- 각포자 발아- 엽체

✪ 토막상식

1. 어패류별 제철시기
 가. 봄 : 참돔, 삼치, 청어, 가자미
 나. 여름 : 참치, 송어, 장어, 전복, 멍게, 농어
 다. 가을 : 갈치, 꽁치, 고등어, 전갱이, 전어
 라. 겨울 : 방어, 대구, 복어, 굴, 해삼
2. 어류의 회유
 가. 회유 : 외부환경의 변화 및 생리적 요인에 의해 발육단계 및 생활주기를 거치며 무리지어 이동하는 것을 의미한다.
  1) 유기회유 : 자·치어가 산란장에서 성육장으로 이동(뱀장어)
  2) 성육회유 : 성육장에 도달한 치어가 유영능력을 갖춘 후 색이장으로 이동
  3) 색이회유 : 어류가 적온범위 내에서 먹이를 찾아 대규모로 이동하는 회유
  4) 산란회유 : 성어가 산란을 하기 위해 이동하는 회유
   가) 소하성회유(연어, 송어) :
       산란(강)- 성장(바다)- 산란(강)
   나) 강하성회유(뱀장어) :
       산란(바다)- 성장(강)- 산란(바다)
  5) 연안성회유 : 연안에서 이동하는 회유
  6) 계절회유 : 방어, 고등어, 참돔과 같은 어류들은 계절이 바뀌면 자신이 살기에 적합한 수온대를 찾아 이동을 하는데 이를 계절회유라 한다.
  7) 삼투조절 회유 : 생리적인 요구에 의하여 일정 기간 바다에 사는 어류가 강으로, 강에 사는 어류가 바다로 내려가는 것을 말하며 숭어, 농어, 풀잉어 등에서 볼 수 있다.
3. 세대교번을 하는 종
 가. 김
    포자체 세대와 배우체 세대가 모양이 같은 동형 세대교번을 하는 1년생 해조류

> 나. 미역
>   포자체 세대와 배우체 세대가 모양이 다른 이형 세대교번을 하는 1년생 해조류이다.
> 다. 다시마 : 미역과 동일한 세대교번을 하는 조류로 미역처럼 무성세대인 포자체와 유성세대인 현미경적인 배우체가 세대교번을 하는 생활사는 같으나, 수명에는 차이가 있다.
>   [미역- 1년생, 다시마- 다년생(3-4년)]
> 4. 세대교번을 하지 않는 종
> 녹조류인 청각은 세대교번을 하지 않으나 핵상의 교번은 한다.
> 이 외에 갈조류의 모자반, 톳이 있다.

▶ 양식장의 주요환경요인

수온	1. 양식 시 생물의 호적수온보다 약간 높은 온도에서 양식 2. 적응 범위 온도 이내에서 높은 수온 : 성장률 향상 가. 온수성(잉어, 뱀장어) : 25℃ 내외에서 성장이 빠르다. 나. 냉수성(송어, 연어) : 15℃ 이상에서 성장이 빠르다.
염분	1. 염분변화에 강한 종(굴, 담치, 바지락, 대합 등) : 조간대 서식 2. 염분변화에 약한 종 : 전복 외양에서 서식하는 종(예 : 전복) 3. 염분조절이 가능한 종 주로 회귀성 어종(예 : 연어, 송어, 숭어, 은어, 뱀장어 등)
영양염류	1. 질산염(NO_3), 인산염(PO_4), 규산염(SiO_2)이 대표적으로 광합성에 필수적 요소이다. 가. 해수에서의 제한요인 : 질산염, 인산염, 규산염 나. 담수에서의 제한요인 : 질산염, 인산염, 칼륨염
용존산소	1. 수온↓ : 용존산소↑, 염분↓ : 용존산소↑ 2. 용존산소량은 공기와 접하는 면적이 넓을수록 증가한다.
암모니아	1. NH_3 : 이온화되지 않은 암모니아로서 해중생물에 유해 영향 미침(pH↑ : 독성↑) 2. pH가 알칼리성일수록 이온화 되지 않은 암모니아 비율↑ 3. NH_4^+ : 이온화된 암모니아는 무해하다.
황화수소 (H_2S)	물의 흐름이 원활하지 않은 저수지, 못 등 유기물질은 많은 저질을 검게 변화시키고 악취를 풍기게 한다.

▶ 생물여과 과정

유기물이 무기물의 상태로 전환된 후, 자가 영양세균에 의해 질산화 (Nitrification)되는 과정이다. (유기물의 무기물화- 질산화- 탈질산화 과정)

```
독성: (+) ------------------------------------------ 〉 (-)
암모니아 (NH3) --------〉 아질산염 (NO2) --------〉 질산염 (NO3)
                 ↑                          ↑
       아질산균 (Nitrosomonas, 니트로소모나스)   질산균 (Nitrobacter, 니트로박터)
```

▶ 수산동물의 유생

새우류의 유생	노플리우스 ⇒ 조에아 ⇒ 미시스 ⇒ 포스트라바(후기유생)
패류의 유생	알 ⇒ 담륜자유생 ⇒ D상유생 ⇒ 각정기 ⇒ 부착치패
게류의 유생	노플리우스 ⇒ 조에아 ⇒ 메갈로파 ⇒ 포스트라바(후기유생)
뱀장어의 유생*	렙토세팔루스
닭새우의 유생	필로소마
해삼의 유생*	아우리쿨라리아 ⇒ 돌리올라리아 ⇒ 펜타쿨라
우렁쉥이의 유생	수정란 ⇒ 2세포기 ⇒ 올챙이형 유생(척색 발생) ⇒ 척색 소실 ⇒ 부착기유생 ⇒ 입·출수공 생성

▶ 종묘생산 방식

자연종묘 생산	1. 자연에서 얻은 치어나 치패 등을 양식용 종묘로 활용하는 방식 2. 방어, 뱀장어, 숭어, 참굴, 피조개, 바지락, 대합 등
★ 인공종묘 생산	1. 환경에 영향을 받지 않고 종묘시기를 조절하는 등 계획적인 양식이 가능하다. 2. 먹이생물배양 ⇒ 어미확보 및 관리 ⇒ 채란부화 ⇒ 자어(유생)사육 3. 동물성 먹이생물(로티퍼)의 배양에 이용 : 클로렐라(식물성 플랑크톤) 4. 어류 초기먹이 : 물벼룩, 로티퍼, 아르테미아(동물성) 5. 패류 초기먹이 : 케토세로스, 이소크리시스 6. 어류종묘생산 : 클로렐라 ⇒ 로티퍼 ⇒ 알테미아 ⇒ 배합사료

✪ 토막상식
1. 뱀장어의 유생
 가. 산란 후 약 10일 만에 부화하여 렙토세팔루스(Leptocephalus)라는 버들잎 모양의 납작한 유생
 나. 우리나라에서 양식되는 뱀장어의 종묘는 전량 자연에서 종묘인 실뱀장어를 채포하여 양식한다. 그 이유는 뱀장어는 담수에서 성장하여 성숙하게 되면 바다에 내려가서 산란 부화하는 강하성 어류로서 렙토세팔루스는 산란장인 서부 태평양의 깊은 바다를 떠나서 쿠로시오 해류를 따라 6개월~1년 정도 부유 생활을 하면서 우리나라 연안의 육지 가까이(강 하구)에 와서 어미 형태와 같은 둥근꼴의 실뱀장어로 변태하기 때문이다.
2. 해삼의 유생
 가. 해삼의 유생발달 과정
  난(알) → 아우리쿨라리아 → 돌리올라리아 → 펜타쿨라 → 새끼해삼
 1) 테드포울 : 올챙이형 유생(예 : 멍게)
  홍해삼의 난은 수온 19.4℃에서 수정 후 2시간 만에 2세포기, 4시간에 4세포기, 5시간에 8세포기, 6시간에 16세포기, 8시간에 32세포기, 10시간에 54세포기, 13시간에 상실기, 17시간에 포배기, 21시간 후에 낭배기에 이르고 난 뒤 25시간 만에 부화
  유생먹이로는 편모조류와 규조류의 3종을 공급했으며 아우리쿨라리아 단계에서 소화관이 보일 때 공급했다. 이 아우리쿨라리아 유생은 수정 후 62시간이 경과된 때였다. 그리고 수정 후 11일 만에 돌리올라리아 유생이 발견돼 채묘기 파판을 넣어 주었으며, 수정 후 16일 만에 부착하는 펜타쿨라가 발견됐다. 그런 다음 수정 후 45일 만에 파판에서 흰색 반점의 새끼 해삼을 발견했다.

▶ 채묘시설

1. 고정식, 부동식 : 참굴

2. 침설고정식, 침설수하식 : 피조개
3. 완류식 : 바지락, 대합

▶ 사료의 주성분
1. 단백질 : 양식어류의 몸을 구성하는 기본성분
2. 탄수화물 : 양식어류의 에너지원 역할
3. 지방 및 지방산 : 양식어류의 에너지원과 생리활성 역할
4. 무기염류 및 비타민 : 대사과정 촉매역할
5. 점착제 : 사료가 물속에 풀어지지 않게 해주는 역할
6. 항생제 : 질병치료 목적으로 사용
7. 항산화제 : 지방산, 비타민이 산화되는 것을 방지하는 역할
8. 착색제 : 횟감의 질과 관상어의 색을 선명하게 하는 역할 (크산토필, 아스타잔틴 등)
9. 호르몬 : 성장촉진, 조기성 성숙 등의 역할

▶ 사료의 크기에 따른 분류

미립자	부유성 동물 플랑크톤 대체 사료 사용
가루	분말형태의 사료
플레이크	사료를 납작하게 한 것으로 전복 양식에 많이 사용
펠릿	사료를 압착하여 알갱이 형태로 만든 것
크럼블	펠릿을 부순 형태의 사료

▶ 사료계수

사료계수
양식동물의 무게를 한 단위 증가시키는 데 필요한 사료의 무게단위이다. 사료를 먹고 성장한 정도를 기준으로 한다. 사료계수가 낮을수록 비용이 적게 든다. 사료계수 = 사료공급량/증육량(수확 시 증량 - 방양 시 증량) 예1) 1마리가 1kg인 잉어 100마리에 1,000kg의 사료를 먹여 725kg으로 성장시켰을 때 사료계수는? 1,000/(725 - 100) = 1.6 예2) 참돔 50kg을 해상가두리에 입식한 후, 500kg의 사료를 공급하여 참돔 중 중량 300kg을 수확하였을 경우 사료계수는? 500/(300-50) = 2.0

현재 시판되고 있는 배합사료의 사료계수는 일반적으로 1.5 정도이다.

▶ 사료효율

어류의 1일 사료 공급량 : 같은 무게의 1~5%(보통 2~3%)정도
뱀장어, 미꾸라지 : 치어기에 몸무게의 10~20% 정도 범위

사료효율
사료효율= 1/사료계수 x 100 = 증육량/사료공급량 x 100
예1) 1마리 1kg인 잉어 100마리에 1,000kg의 사료를 먹여 725kg으로 성장시켰을 때 사료계수는? 1/1.6 x 100= 62.5%
예2) 참돔 50kg을 해상가두리에 입식한 후, 500kg의 사료를 공급하여 참돔 중 중량 300kg을 수확하였을 경우 사료계수는? 1/2 x 100= 50%

▶ 활어수송
1. 고려사항
 가. 저온유지   나. 산소보충   다. 오물제거   라. 상처예방   마. 위생관리
2. 수송방법
 가. 활어차 수송   나. 마취 수송   다. 침술수면 수송   라. 인공동면 수송

▶ 축양
수산동물을 유통과정 중 수족관 등에 일시적으로 보관하는 것으로 양식목적이 아니므로 섭이를 하지 않는다.

▶ 수산질병의 원인

산소량의 변화	1. 낮- 식물성 플랑크톤과 해조의 광합성 작용에 의해 산소 유입 2. 밤- 해조의 호흡으로 산소가 소비되므로 해조가 있는 조건이 없는 조건에 비해 산소소비가 더 빠르다.
기포병	1. 지하수에는 질소가스가 많이 함유되어 있어 산소공급 (포기)를 하여 질소가스를 제거하지 않을 시 어체 표면에 기포방울 형태가 생기는 기포병이 발생한다. 2. 질소 포화도가 115~125%일 때 기포병이 발생되고, 130% 이상 포화 시 치사율이 높다.
수온의 변화	수온이 5℃ 이상 큰 폭으로 변화 시 수산생물에 스트레스를 야기 시킨다.
배설물	사료잔여물 또는 배설물 등이 분해되면서 암모니아(NH_3), 아질산(NO_2)이 생성되어 호흡곤란의 원인이 된다. (질산염은 무해)
농약·중금속	중추신경마비, 골격변형 등을 야기 시킨다.
미생물 (세균, 기생충 및	1. 발병 종류 : 물곰팡이, 백점충, 포자충, 아가미흡충, 트리코디나충, 닻벌레, 허피스바이러스, 이리도바이러스, 랍도바이러스 등이 대표적이다. 2. 증상 : 섭이를 하지 않고, 표면에 반점이 생기거나 몸을 벽에 부비거나

바이러스 등)	움직임이 둔해지는 등의 증상을 보인다. 3. 예방 및 치료 : 허피스바이러스, 이리도바이러스, 랍도바이러스 및 포자충은 살아있는 세포에 기생하여 증식하므로 항생제 등 약물에 의해 치료가 불가능하므로 철저한 예방이 필요하다. 예1) 백점충과 트리코디나충의 경우에는 포르말린을 물 1L 당 300mg의 비율로 녹여 살포함으로써 퇴치할 수 있다. 예2) 아가미흡충, 닻벌레는 트리클로로폰을 0.3ppm 농도로 2주일 간격으로 3회 살포시 퇴치 가능하다.

✪ 토막상식
물곰팡이병(수생균병)
1. 주요 감염 어종 :
잉어와 무지개송어의 수정란에 부착하거나 뱀장어 치어에 발생한다.
2. 물곰팡이는 표피에 상처가 난 어체나 죽은 알에 기생한다.
3. 변질된 사료 투여에 따른 궤양성 피부병도 원인이 되며, 해동기 수온의 변화가 심해지면 월동기간 동안 저항력이 약해진 어류에서 발생할 수 있다.
4. 물곰팡이병의 발육환경은 수온 10~15℃에서 가장 많이 발생한다.

▶ 수산질병의 분류

바이러스성 질병	양식어류에 감염되는 바이러스는 허피스바이러스, 이리도바이러스, 랍도바이러스 등이 대표적이다 1) 허피스바이러스 : 양식동물의 표피에 작은 사마귀를 일으키는 바이러스 2) 이리도바이러스 : 감염된 양식동물이 무기력하게 유영하며 채색흑화·회색, 출혈, 안구돌출 등의 증상이 있는 바이러스 3) 랍도바이러스 : 바이러스의 모양이 총알 모양의 막대기형인 바이러스 이들 바이러스는 살아있는 세포에 기생 증식하여 항생제 등의 약제에 의한 치료가 불가능하므로 예방을 철저히 하여야 한다.
진균	물곰팡이(수생균병): 물고기에 기생하면 실같이 생긴 균사 때문에 마치 몸 표면에 솜뭉치가 붙어 있는 것같이 보인다. 물곰팡이는 물고기의 알에도 잘 기생하기 때문에 산란된 알을 부화시켜 종묘를 생산할 때에는 물곰팡이가 발생하지 못하도록 세심한 주의를 기울여야 한다. 진균성 육아종증, 위장진균증, 진균성위염, 항아리 곰팡이병 등
세균성 질병	비브리오병, 에드워드병, 연쇄구균병, 활주세균병, 장관백탁증, 세균성 아가미와 지느러미 부식병, 운동성 에로모나스 감염병 (솔방울병), 기적병, 절창병, 적점병, 백운병, 노키디아병 등
기생충성 질병	물이병, 백점병, 닻벌레병, 아가미흡충병, 피브흡충, 포자충병, 트리코디나병, 킬로도넬라병, 브루클리넬라병, 스투티카증, 에피스틸리스병, 익티오보도병, 아밀로오디늄병, 등
영양성 질병	아미노산의 결핍 및 과다, 필수지방산 및 인지질의 결핍, 변성된 지방에 의한 질병, 비타민 결핍, 탄수화물 과잉증 등
해조류 질병	김 - 녹반병, 닭살병, 적반병, 백반병, 황반병 등

▶ 적조(red tide)
1. 적조현상 : 해양에 서식하는 동·식물성 플랑크톤, 원생동물, 세균 등 미생물이 일시적으로 다량

증식하게 되거나 물리적으로 집적되어 바닷물의 색이 황색 또는 적색으로 변화하는 현상
2. 발생원인 : 플랑크톤 증가 따른 부영양화, 물의 정체, 일사량 증가, 수온의 상승 등의 원인으로 인해 어패류 등 해양생물의 폐사
3. 적조발생시기 : 초여름부터 가을까지 발생 (6월 중순~9월 하순, 해수 온도 섭씨 21~26℃)하며 해수 내 질소와 인 등의 영양염류 과다 유입 시 발생
4. 적조생물
 가. 무해적조 : 적조생물이 무해성을 지님(주로, 규조류)
 나. 유해적조 : 적조가 어패류를 폐사시킬 수 있는 독소 생산(와편모 조류 및 쌍편모 조류 등의 식물성 플랑크톤)
 다. 유독적조 : 적조생물이 어패류를 독화시키고, 사람이 어패류 섭취 시 식중독 등의 증상이 유발된다.
 라. 대표적 적조 유발 생물 : 코클로디니움, 차토넬라, 알렉산드리움, 디노피시스 등
5. 적조에 대한 대책
 가. 황산구리 및 황토 살포
 나. 하수 및 갯벌 정비
 다. 적조 유발 생물을 감염시키는 바이러스 이용

▶ 수산자원관리법상 관리제도
어구제한 및 환경 친화적 어구사용, 어장과 어기제한, 어선의 사용제한, 유해어법금지, 소하성어류 보호, 멸종위기동물 보호, 불법어획물 판매금지 및 방류명령, 자원조성, 수산자원의 조사 및 평가, 보호수면 지정과 관리 등

❺ 수산업 관리제도

▶ 일반해면 어업 (연안< 근해< 원양어업)

1. 연안어업 + 근해어업
2. 연안어업
   가. 정의 : 무동력 어선, 총톤수 10톤 미만의 동력어선을 사용하는 어업
   나. 종류 : 근해어업, 구획어업, 육상해수양식어업, 종묘생산어업을 제외한 어업
3. 연안복합어업
   가. 정의 : 1척의 무동력어선 또는 동력어선으로 하는 어업
   나. 종류 : 낚시어업, 패류껍질어업, 문어단지어업, 패류미끼망어업, 손꽁치어업 등
4. 구획어업
   가. 정의 : 일정한 수역을 정하여 어구를 설치하거나 무동력어선 또는 총톤수 5톤 미만의 동력어선을 사용하여 하는 어업(시·도지사가 청허용 어획량을 설정. 관리하는 경우에는 총톤수 8톤 미만의 동력어선에 대하여 허가 가능)
   나. 종류 : 들망, 선인망, 승망, 안강망, 패류형망 등
5. 근해어업
   가. 정의 : 총톤수 10톤 이상의 동력어선 또는 수산자원을 보호하고 어업조정을 하기 위하여 특히 필요하며 총톤수 10톤 미만의 동력어선을 사용하는 어업
   나. 종류 : 대형트롤어업, 근해형망어업, 근해연승어업, 기선권현망어업 등

▶ 수산업법상 어업의 법적 관리제도

	유효기간	부여	특징 및 종류
면허어업	10년	어업권	1. 어업권을 취득한 날부터 1년 이내에 어업 시작 2. 시장·군수·구청장 면허 (단, 외해양식어업은 해양수산부장관이 면허) 3. 정치망 : 대통령령으로 정하는 어구를 일정한 장소에 설치한다. 4. 해조류, 패류, 어류 등(패류 제외)양식을 2종 이상 복합양식, 외해양식어업 5. 어장의 수심한계(마을, 협동양식) 및 어업의 종류 : 대통령령 6. 나머지 어장의 수심과 그 이외의 것은 해양수산부령으로 정하는 범위에서 해당 시·군·구의 조례로 정할 수 있다.

허가어업	5년	영업권	1. '특정인에게 해제, 금지해제'
			2. 원양, 근해, 육상해수양식, 종묘생산어업, 연안, 구획어업
			(암기법 : 원근육해종연구)
			  1) 근해어업, 원양어업 : 해양수산부장관의 허가
			(단, 외국합작설립법인으로 원양어업 하고자 하는 자는 해양수산부장관에게 신고하여야 한다)
			  2) 연안어업 : 시·도지사 허가
			  3) 구획어업 : 시장·군수·구청장 허가

			해양수산부장관	시·도지사	시장·군수·구청장
			1. 총톤수 10톤 이상의 동력어선 2. 수산자원을 보호하고 어업조정을 하기 위해 특히 필요하여 대통령령으로 정하는 총톤수 10톤 미만 동력어선 '근해어업' 어선·어구마다	1. 무동력어선 2. 총톤수 10톤 미만의 동력어선 '연안어업' 어선·어구마다	1. 구획어업-5톤 미만 동력어선 (범선) 2. 육상해수양식어업 어선·어구·시설마다
신고어업	5년	신고필증	어업신고의 유효기간은 신고를 수리한 날부터 5년으로 한다. 나잠(해녀), 맨손, 투망, 통발, 외줄낚시, 육상양식어업, 육상종묘생산어업		

◎ 토막상식
1. 어업의 관리제도
수산자원의 고갈, 어장을 둘러싼 분쟁, 바다 생태계의 파괴 등을 방지하기 위하여 이러한 목적을 달성하기 위해 수산업법에 따라 아래의 어업 관리 제도를 두고 운영하고 있다.
행정 관청으로부터 어업 면허, 어업 허가를 받거나 신고를 하도록 규정되어 있다.
2. 허가어업
해양수산부장관의 허가(근해어업, 원양어업),
시·도지사의 허가(연안어업, 해상종묘 생산어업)
시장·군수·구청장의 허가(구획 어업)
허가어업의 유효기간 : 5년

참고) 면허어업의 유효기간은 10년, 신고어업의 유효기간은 5년이다.

◎ 수산가공업
1. 등록 : 어유가공업, 냉장·냉동업, 선상 수산물가공업
2. 신고 : 수산피혁가공업, 해조류가공업

▶ UN 해양법 협상에 따른 해역 분류

내수 (Internal waters)	1. 영해를 구분 짓는 기선의 안쪽 수역 가. 통상기선 : 연안국의 연안을 따라 표기한 저조선 나. 직선기선 : 연안에 섬이 많거나 해안선의 굴곡이 심한 경우의 영해기준선
영해 (Territorial sea)	1. 독점적 상공이용권, 연안경찰권, 연안무역권, 연안어업 및 자원개발권, 해양과학조사권을 지님 2. 한 나라의 주권이 미치는 바다로 기점이 되는 기선으로부터 12해리의 범위까지 설정(1982년 UN 해양법 회의에서 정의)
접속수역 (Contiguous Zone)	1. 공해와 영해의 중간에 위치하여 영해에 접속해 있는 수역으로, 영해기준선으로부터 24해리를 넘지 않는 범위에서 그 영토 및 영해 상의 관세, 재정, 출입국관리, 보건 위생관계, 규칙위반을 예방하거나 처벌하기 위해 필요한 국제 통제권을 행사하는 수역이다. ⇓

배타적 경제수역 (EEZ, Exclusive Economic Zone)	1. '국가영역도 아니며 완전한 공해로서의 성격도 아니다.' 해양법에 관한 국제연합 협약(UNCLOS)에 따라 설정되는 경제적 주권이 미치는 수역이다. 2. 1982년 UN 해양법 협약에 규정 – 1994년 발효 3. 연안국은 UN 해양법 조약에 근거한 국내법을 재정하는 것으로 자국의 연안으로부터 200해리 범위이다. 4. EEZ는 영해 12해리를 제외하면 188해리를 초과할 수 없다.
⇓	
공해	1. '공공의 바다'의 의미로 기선으로부터 200해리 밖의 위치로 영유권과 배타권이 특정 국가에 귀속되지 않는 해역을 의미한다. 2. 공해상에서 인정되는 사항 : 항행, 상공비행, 해저전선 및 관선부분, 인공섬과 기타 구조물 설치, 어업, 과학조사 등의 자유

▶ 국제어업관리

경계왕래 어족	EEZ에 서식하는 동일어족 또는 관련 어족이 2개국 이상의 EEZ에 걸쳐 서식할 경우 당해 연안국들의 협의에 의해 조정	오징어, 명태, 돔
고도 회유성 어족	고도회유성 어종을 어획하는 연안국은 EEZ와 인접 공해에서 어족의 자원을 보호하고 국제기구와 협력	참치
소하성 어족	모천국이 1차적 이익과 책임을 지님. 자국의 EEZ에 있어 어업규제 권한과 보존의 의무를 함께 지님. EEZ 밖의 수역인 공해나 다른 인접국가의 EEZ에서는 모천국이라도 어획금지 됨	연어
강하성 어족	강하성 어족이 생장기 대부분 보내는 수역을 가진 연안국이 관리 책임을 지고 회유하는 어종이 출입할 수 있도록 해야 함.	뱀장어

▶ 국제어업협정

1. 국가어업협정

 가. 한·일 어업협정 : 1998년 체결, 1999년 발효
 나. 한·중 어업협정 : 1999년 체결, 2001년 발효
 다. 한·러 어업협정 : 1991년 체결, 1991년 발효

2. 과도수역

배타적 경제수역(EEZ)과 잠정조치 수역의 완충수역 성격을 띤다.
현재는 배타적 경제수역에 포함되었다.

구분	수역의 위치와 명칭	관할권 행사의 주체		성격
		규칙제정	범칙어선 단속	
한·일 어업협정	동해 중간수역	선적국	선적국	공해
	제주도 남부 중간수역	공동	선적국	공동관리
한·중 어업협정	서해 잠정조치수역	공동	선적국	공동관리
	동중국해 조업질서유지수역	선적국	선적국	공해

3. 선적국주의

중간수역에서는 기존의 어업질서를 유지하되, 동해 중간수역은 공해적 성격의 수역으로 하고, 제주도 남부 중간수역은 공동관리 수역으로 정하였다.
4. 연안국주의
양 체약국의 배타적 경제수역에서는 당해 연안국이 어업자원의 보존, 관리상 주권적 권리를 행사하며, 양 측의 전통적 어업실적을 인정하여 상호 입어를 허용하였다.

▶ 책임 있는 수산업(FAO)
1. 수산자원이 고갈됨에 따라 FAO(UN식량농업기구, Food and Agriculture Organization of the United Nations)에서 '책임 있는 수산업'이라는 새로운 개념을 도입하였다(1995년 채택).
2. 책임 있는 수산업의 정의 : 현재와 미래에 있어 수산업을 하는 모든 국가, 기업, 개인이 국제적 규범 하의 책임을 의무적으로 이행하여 수산생물의 다양성 및 생태계 보전·관리를 해야 하는 것이다.
  가. 수산자원의 합리적 이용과 관리
  나. 환경 및 자원관리형 어구·어법 채택
  다. 국가의 책임이행과 국제적 협력
3. 책임 있는 수산업 규범이 도입되면서 편의국적 어선제도는 금지되었다.

▶ 세계 수산업의 전망
1. 1960년대까지 공해 이용 자유 시대
2. 최근 연안국의 200해리 배타적 경제수역 설정으로 해양 분할 시대
    : 연안국 부근에서의 어업 불가 및 입어료 지불로 부분적 조업 가능
3. 수산물의 중요성 증가로 수산자원 확보를 위한 경쟁 심화
4. 식량문제의 평화적 해결을 위해 세계 각국은 공동의 노력이 필요

▶ 수산관련 국제기구

참치관리기구	비참치관리기구	우리나라가 가입한 수산기구
전미열대참치위원회 (IATTC)	북서대서양수산위원회 (NAFO)	FAO 수산위원회 (1965, COFI)
대서양다랑어보존위원회 (ICCAT)	남극해양생물보존위원회 (CCAMLR)	대서양다랑어보존위원회 (1970, ICCAT)
남빙참다랑어보존위원회 (CCSBT)	북태평양소하성어족위원회 (NPAFC)	북태평양해양과학기구 (1995, PICES)
인도양참치보존위원회 (WCPFC)	중부베링공해 명태자원보존관리협약 (CCBSP)	OECD 수산위원회 (1996)
중서부태평양수산위원회	국제 태평양 큰넙치 위원회	

(WCPFC)	(IPHC)	
	태평양 연어 위원회 (PSC)	
	북대서양 연어 보존기구 (NASCO)	

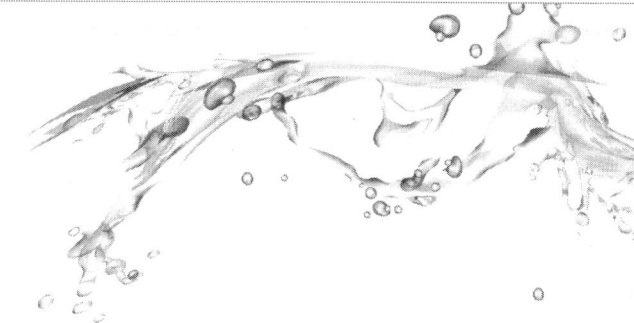

MEMO

제1회 기출 문제

1. 수산업법에서 정의하고 있는 수산업은?

① 어업, 양식어업, 조선업
② 어업, 어획물운반업, 수산물가공업
③ 양식어업, 해운업, 원양어업
④ 수산물가공업, 연안여객산업, 내수면어업

정답 및 해설 ②

"수산업"이란 어업·어획물운반업 및 수산물가공업을 말한다.

2. 우리나라 수산업의 지속적인 발전을 위한 내용으로 옳지 않은 것은?

① 수산물의 안정적 공급
② 외국과의 어업협력 강화
③ 연근해의 어선 세력 확대
④ 수산자원의 조성

정답 및 해설 ③

연근해 어선세력의 확대는 수산자원의 남획으로 수산업발달을 저해하게 된다.

3. 우리나라 최근 3년(2012~2014)간 정부 수산통계에서 국내 총 수산물 생산량이 가장 많은 어업으로 옳은 것은?

① 양식어업
② 원양어업
③ 연근해어업
④ 내수면어업

정답 및 해설 ①

2012년 해양수산부 통계연보 어업별 생산량(단위 M/T)

천해양식어업	내수면어업	일반해면어업	원양어업
1,488,950	28,131	1,091,034	575,309

4. 다량어류의 자원관리를 위한 지역수산관리기구로 옳은 것은?

① 국제해사기구(IMO)
② 국제포경위원회(IWC)
③ 남극해양생물자원보존위원회(CCAMLR)

④ 중서부태평양수산위원회(WCPFC)

> **정답 및 해설** ④
>
> 중서부태평양수산위원회(WCPFC : Western and Central Pacific Fisheries Commission)는 중서부태평양 참치자원의 장기적 보존과 지속적 이용을 목적으로 설립된 지역수산관리기구 중의 하나이다. 사무국은 미크로네시아 폰페이에 위치하고 있다. "중서부태평양 고도회유성어족의 보존과 관리에 관한 협약" 제9조에 따라 2004년 6월 19일 설립되었다. 대한민국은 2004년 11월 25일 가입하였다.

5. 우리나라에서 어선의 크기를 표시하는 단위로 옳은 것은?

① 마력　　　　　　　　　　② 해리
③ 톤　　　　　　　　　　　④ 마일

> **정답 및 해설** ③
>
> 어선의 등기 및 등록[어선법, 선박법]에 관한 법에서 등기 또는 등록의 기준으로 '톤' 단위를 사용하고 있다.
>
> [어선법 제13조] 시장·군수·구청장은 제1항에 따른 등록을 한 어선에 대하여 다음 각 호의 구분에 따른 증서 등을 발급하여야 한다.
>
> 1. 총톤수 20톤 이상인 어선 : 선박국적증서
> 2. 총톤수 20톤 미만인 어선(총톤수 5톤 미만의 무동력어선은 제외한다) : 선적증서
> 3. 총톤수 5톤 미만인 무동력어선 : 등록필증

6. 수산업법상 수산업 관리제도와 유효기간의 설명으로 옳은 것을 모두 고른 것은?

| ㄱ. 면허어업은 10년이다. | ㄴ. 허가어업은 10년이다. |
| ㄷ. 신고어업은 5년이다. | ㄹ. 등록어업은 5년이다. |

① ㄱ, ㄴ　　　　　　　　② ㄱ, ㄷ
③ ㄴ, ㄹ　　　　　　　　④ ㄷ, ㄹ

> **정답 및 해설** ② 1. 어업면허의 유효기간은 10년
>
> 2. 어업허가의 유효기간은 5년
> 3. 신고어업의 유효기간은 5년
> 4. 등록어업은 개별적 법률마다 다르다.(예, 어업인 등록 유효기간 : 3개월)

7. 우리나라에서 멸치를 가장 많이 어획하는 어업의 명칭은?
① 대형선망어업 ② 기선권현망어업
③ 잠수기어업 ④ 근해채낚기어업

> **정답 및 해설** ②
> 멸치를 어획하는 대표적인 어업으로 멸치는 기선권현망, 유자망, 정치망, 낭장망, 연안들망, 죽방렴등 30여개의 다양한 어업에서 어획되고 있지만, 주로 기선권현망어업에서 50~60%이상을 어획하고 있다.

8. 총허용어획량(Total allowable catch)제도에 관한 내용으로 옳지 않은 것은?
① 수산자원관리의 운영체계
② 과학적인 수산자원 평가
③ 어업이 개시되기 전에 어획 가능량 설정
④ 어선어업의 경쟁적 조업 유도

> **정답 및 해설** ④
> 수산 자원을 합리적으로 관리하기 위하여 어종별로 연간 잡을 수 있는 상한선을 정하고, 그 범위 내에서 어획할 수 있도록 하는 제도.
> 주로, 고등어·정어리·전갱이(대형 선망 어업), 붉은 대게(근해 통발 어업), 대게(근해 자망·통발 어업), 개조개·키조개(잠수기 어업), 꽃게(연근해 자망·통발 어업) 등에 사용된다.

9. 해조류의 양식방법이 아닌 것은?
① 말목식 ② 부류식
③ 밧줄식 ④ 순환여과식

> **정답 및 해설** ④
> 순환여과식
> 양식생물의 대사와 성장과정에서 일어나는 노폐물에 의해 오염된 물을 정화 처리하면서 한 번 사용한 물을 계속 사용하는 양식 방법이다. 이 방법은 물이 적은 곳에서도 양식할 수 있고, 단위면적당 생산량을 증가시킬 수 있다는 장점이 있으나, 설비비용이 많이 들고, 전력 등 경비가 많이 든다. 여과재로는 모래, 자갈, 활성탄 및 글라스울(glass wool) 등을 사용한다.

10. 수산업법상 면허어업이 아닌 것은?
① 어류 등 양식어업 ② 해조류 양식어업
③ 패류 양식어업 ④ 육상해수 양식어업

정답 및 해설 ④

수산업법 제8조(면허어업) ① 다음 각 호의 어느 하나에 해당하는 어업을 하려는 자는 시장·군수·구청장의 면허를 받아야 한다. 다만, 외해양식어업을 하려는 자는 해양수산부장관의 면허를 받아야 한다.

1. 정치망어업(定置網漁業): 일정한 수면을 구획하여 대통령령으로 정하는 어구(漁具)를 일정한 장소에 설치하여 수산동물을 포획하는 어업

2. 해조류양식어업(海藻類養殖漁業): 일정한 수면을 구획하여 그 수면의 바닥을 이용하거나 수중에 필요한 시설을 설치하여 해조류를 양식하는 어업

3. 패류양식어업(貝類養殖漁業): 일정한 수면을 구획하여 그 수면의 바닥을 이용하거나 수중에 필요한 시설을 설치하여 패류를 양식하는 어업

4. 어류등양식어업(魚類等養殖漁業): 일정한 수면을 구획하여 그 수면의 바닥을 이용하거나 수중에 필요한 시설을 설치하거나 그 밖의 방법으로 패류 외의 수산동물을 양식하는 어업

5. 복합양식어업(複合養殖漁業): 제2호부터 제4호까지 및 제6호에 따른 양식어업 외의 어업으로서 양식어장의 특성 등을 고려하여 제2호부터 제4호까지의 규정에 따른 서로 다른 양식어업 대상품종을 2종 이상 복합적으로 양식하는 어업

6. 마을어업: 일정한 지역에 거주하는 어업인이 해안에 연접한 일정한 수심(水深) 이내의 수면을 구획하여 패류·해조류 또는 정착성(定着性) 수산동물을 관리·조성하여 포획·채취하는 어업

7. 협동양식어업(協同養殖漁業): 마을어업의 어장 수심의 한계를 초과한 일정한 수심 범위의 수면을 구획하여 제2호부터 제5호까지의 규정에 따른 방법으로 일정한 지역에 거주하는 어업인이 협동하여 양식하는 어업

8. 외해양식어업: 외해의 일정한 수면을 구획하여 수중 또는 표층에 필요한 시설을 설치하거나 그 밖의 방법으로 수산동식물을 양식하는 어업

수산업법 제41조(허가어업) ① 총톤수 10톤 이상의 동력어선(動力漁船) 또는 수산자원을 보호하고 어업조정(漁業調整)을 하기 위하여 특히 필요하여 대통령령으로 정하는 총톤수 10톤 미만의 동력어선을 사용하는 어업(이하 "근해어업"이라 한다)을 하려는 자는 어선 또는 어구마다 해양수산부장관의 허가를 받아야 한다.

② 무동력어선, 총톤수 10톤 미만의 동력어선을 사용하는 어업으로서 근해어업 및 제3항에 따른 어업 외의 어업(이하 "연안어업"이라 한다)에 해당하는 어업을 하려는 자는 어선 또는 어구마다 시·도지사의 허가를 받아야 한다.

③ 다음 각 호의 어느 하나에 해당하는 어업을 하려는 자는 어선·어구 또는 시설마다 시장·군수·구청장의 허가를 받아야 한다.

1. 구획어업: 일정한 수역을 정하여 어구를 설치하거나 무동력어선 또는 총톤수 5톤 미만의 동력어선을 사용하여 하는 어업. 다만, 해양수산부령으로 정하는 어업으로 시·도지사가 「수산자원관리법」 제36조 및 제38조에 따라 총허용어획량을 설정·관리하는 경우에는 총톤수 8톤 미만의 동력어선에 대하여 허가할 수 있다.

2. 육상해수양식어업: 인공적으로 조성한 육상의 해수면에서 수산동식물을 양식하는 어업

11. 다음의 해조류 중 갈조류가 아닌 것은?

① 김 ② 모자반
③ 미역 ④ 다시마

정답 및 해설 ①

갈조류(톳, 미역, 다시마, 대황, 모자반 등)
홍조류(우뭇가사리, 김, 카라니긴 등)
녹조류(파래, 청각, 청태 등)

12. 올챙이모양(尾蟲形)의 유생으로 부화하여 유영생활 후 부착하는 품종으로 옳은 것은?

① 전복 ② 가리비
③ 우렁쉥이(멍게) ④ 굴

정답 및 해설 ③

우렁쉥이(멍게)

수정 후 이틀이 지나면 올챙이 모양의 작은 유생이 깨어나 물 속을 떠다니다가 3일째가 되면 머리 부분으로 다른 물체에 달라 붙어 변태하여 성체가 된다.

13. 어류양식에서 발병하는 세균성 질병이 아닌 것은?

① 림포시스티스(Lymphocystis)병 ② 아에로모나스(Aeromonas)병
③ 에드워드(Edward)병 ④ 비브리오(Vibrio)병

정답 및 해설 ① 림포시스티스(Lymphocystis)병 : 바이러스가 원인

14. 활어 운반과정에서 고려해야 할 기본적인 사항으로 옳지 않은 것은?

① 운반용수의 저온유지 및 조절 ② 사료의 충분한 공급
③ 산소의 적정한 보충 ④ 오물의 적기 제거

정답 및 해설 ② 활어운반시 수산물의 운동량을 최소화시켜야 한다.

15. 미역양식에서 가이식(假移植)을 하는 주된 목적으로 옳은 것은?

① 유엽체의 성장촉진 ② 유주자의 방출촉진
③ 아포체의 성장촉진 ④ 배우체의 발아성장촉진

> **정답 및 해설** ③ 미역의 수정란은 우선 발아하여 1층의 세포로 된 현미경적 크기를 한 아포체(芽胞體)라는 엽상체를 만든 다음, 여기서 포자체인 미역의 유엽(幼葉)이 생기는 과정을 거친다.

16. 다음 조건에서의 사료계수는?

> · 한 마리 평균 10g인 뱀장어 치어 5,000마리를 길러서 성어 550kg을 생산하였다.
> · 사용된 총 사료의 공급량은 1,000kg이다.

① 1 ② 2
③ 3 ④ 5

> **정답 및 해설** ②
> 사료계수 = 먹인총사료량 ÷ 체중순증가량 = 1,000 ÷ (550-50) = 2

17. 우리나라에서 현재 완전양식으로 생산되는 어종이 아닌 것은?

> 완전양식이란 양식한 어미로부터 종묘(종자)를 생산하고, 이 종묘(종자)를 길러서 어미로 키우는 것을 말한다.

① 넙치(광어) ② 조피볼락(우럭)
③ 무지개송어 ④ 뱀장어

> **정답 및 해설** ④ 뱀장어는 2016년 완전양식 기술을 성공시켰으나, 아직 상용화단계에는 이르지 못한 상태임

18. 어구를 고정하고 조류의 힘에 의해 해저 가까이에 있는 어군을 어획하는 어업은?

① 근해안강망어업 ② 기선선망어업
③ 근해트롤어업 ④ 근해채낚기어업

정답 및 해설 ① 안강망어업 : 조류가 빠른 곳에서 어구(漁具)를 조류에 밀려가지 않게 고정해 놓고, 어군(魚群)이 조류의 힘에 의해 강제로 자루에 밀려 들어가게 하여 잡는 어구 · 어법. 강제함정의 어법을 실행하므로 강제함정어구라고도 한다.

19. 어로과정에서 밝은 불빛(집어등)을 이용하여 어획하는 어종으로 옳은 것은?
① 명태
② 오징어
③ 대게
④ 대구

정답 및 해설 ②

집어등

주광성(走光性)이 있는 어족을 밀집시키기 위하여 사용되는 등불이다. 오징어, 전갱이, 정어리, 고등어 등의 어획에 사용된다.

20. 우리나라의 연안에서 서식하는 전복류 중 난류종(계)이 아닌 것은?
① 참전복
② 오분자기
③ 말전복
④ 시볼트전복

정답 및 해설 ①

전복

우리나라에는 한류성인 참전복(Haliotis discus hannai)과 난류성인 까막전복(Haliotis discus) · 말전복(H. gigantea) · 시볼트전복(H. Sieboldii) · 오분자기(H. diversicolor diversicolor) · 마대오분자기(H. diversicolor supertexta) 등의 6종이 알려져 있다.

21. 수산자원의 계군을 식별하는 방법 중 회유경로를 추적할 수 있는 조사방법으로 옳은 것은?
① 형태학적 방법
② 생리학적 방법
③ 표지방류 방법
④ 조직학적 방법

정답 및 해설 ③

표지방류법

수족(水族)을 산 채로 잡아서 그 몸의 적당한 부위에 각종 표지를 한 다음 원래의 수역으로 방류하는 일로서, 수산자원의 조사 · 연구에 유용한 방법이다. 방류한 수족의 크기 · 연령 · 연월일 · 수량 · 위치나 재포획된 지점 · 연월일이나 재포획수량 등으로부터 자원의 계군(系群) · 회유경로 · 회유속도 · 분포범위 · 성장도 · 포획률 · 사망률 · 잔존율 또는 방류효과 · 방류시기 · 산란횟수 등을 해석하여 추정하려는 것이다.

22. 수산생물의 서식에 영향을 미치는 환경요인 중 물리적인 요인이 아닌 것은?

① 수온　　　　　　　　② 해수유동
③ 광선　　　　　　　　④ 먹이생물

정답 및 해설 ④ 먹이생물은 생물학적 요인이다.

23. 고등어의 연령을 파악하기 위해 이용되는 것으로 옳은 것은?

① 이석(耳石)　　　　　② 부레
③ 측선(側線)　　　　　④ 아가미

정답 및 해설 ①

이석(耳石)
어류의 내이 속에 들어있는 석회질 돌을 통칭하는 것으로 연령 사정할 때 사용한다.

24. 연골어류가 아닌 것은?

① 두툽상어　　　　　　② 쥐가오리
③ 참다랑어　　　　　　④ 홍어

정답 및 해설 ③ 참다랑어는 고등어과의 경골어류이다.

25. 수산자원 관리방법 중 환경관리에 해당되지 않는 것은?

① 수질개선　　　　　　② 성육장소 개선
③ 바다숲 조성　　　　　④ 어획량 규제

정답 및 해설 ④

환경관리 : 어류에 안식처를 제공하거나 수질의 오염방지

수산자원의 관리
1. 가입관리
2. 성장관리
3. 자연사망관리
4. 어획관리
5. 환경관리

제2회 기출 문제

1. 염분농도(salinity) 변화에 관하여 가장. 민감한 협염성 양식 대상 종은?
   ① 참돔   ② 송어
   ③ 바지락   ④ 굴

   정답 및 해설 ① 수심 100m 내외에서 서식하는 외양성 어류에 협염성 어류가 많다.

2. 우리나라에서 무지개송어(Oncorhynchus mykiss)의 양식에 관한 설명으로 옳은 것은?
   ① 현재 완전 양식이 가능한 어종이다.
   ② 암수 구별이 형태적으로 불가능하다.
   ③ 산란기는 일반적으로 5 ~ 7월이다.
   ④ 양식 최적 수온은 2 ~ 6℃이다.

   정답 및 해설 ① 냉수를 좋아하여 24℃ 정도에서 서식하며 산란은 10~12월이다.

3. 다음에서 바이러스 감염에 의한 발생하는 어류의 질병으로 옳은 것만을 고른 것은?

   | ㄱ. 비브리오병 | ㄴ. 림포시스티병 |
   | ㄷ. 전염성 조혈기 괴사병 | ㄹ. 미포자충병 |

   ① ㄱ, ㄴ   ② ㄱ, ㄹ
   ③ ㄴ, ㄷ   ④ ㄷ, ㄹ

   정답 및 해설 ③ 비브리오병(세균성), 미포자충병(기생충병) 바이러스성으로 이리도바이러스병, 버나바이러스병, 패혈증 등이다.

4. 어류의 장기 중에서 면역 기관이 아닌 것은?
   ① 간   ② 비장
   ③ 생식소   ④ 식장

   정답 및 해설 ③ 생식소는 난소나 정소 같은 생식세포를 만드는 기관이다.

5. 우리나라 양식 대상 해조류 중 1년생인 것은?
① 톳 ② 다시마
③ 우뭇가사리 ④ 미역

정답 및 해설 ④ 톳(녹미채) 갈조식물 모자반과의 바닷말의 일종으로 다년생 해조류이다. 다시마는 2년생 엽체부터 채취할 수 있다. 한천의 원료인 우뭇가사리는 다년생 식물로 배우체에 의한 유성세대와 사분포자체에 의한 무성세대가 규칙적으로 반복된다.

6. 우리나라에서 양식되는 전복에 관한 설명으로 옳지 않은 것은?
① 양식산 전복의 주생산지는 전라남도이다.
② 참전복은 난류계이고, 말전복은 한류계이다.
③ 1~2cm 전후의 치패를 채롱이나 바구니 등에 넣어 중간육성을 시작한다.
④ 양식방법에는 해상 가두리식, 육상 수조식 등이 있다.

정답 및 해설 ② 한국에는 한류성인 참전복(Haliotis discus hannai)과 난류성인 까막전복(Haliotis discus)·말전복(H. gigantea)·시볼트전복(H. Sieboldii)·오분자기(H. diversicolor diversicolor)·마대오분자기(H. diversicolor supertexta) 등의 6종이 알려져 있다.

7. 2010년 이후 우리나라 정부 수산통계에서 연간 생산량이 많은 어업을 순서대로 나열한 것은?
① 천해양식어업 > 연근해어업 > 원양어업 > 내수면어업
② 연근해어업 > 천해양식어업 > 원양어업 > 내수면어업
③ 천해양식어업 > 원양어업 > 연근해어업 > 내수면어업
④ 연근해어업 > 원양어업 > 천해양식어업 > 내수면어업

정답 및 해설 ①
2012년 해양수산부 통계연보 어업별 생산량(단위 M/T)

천해양식어업	내수면어업	일반해면어업	원양어업
1,488,950	28,131	1,091,034	575,309

8. 다음에서 양식장의 화학적 환경 요인을 모두 고른 것은?

| ㄱ. 용존 산소 | ㄴ. 투명도 | ㄷ. 수온 | ㄹ. 영양 염류 |

① ㄱ, ㄴ ② ㄱ, ㄹ
③ ㄴ, ㄷ ④ ㄴ, ㄹ

> **정답 및 해설** ② 양식장의 환경요인을 물리적 환경요인과 화학적 환경요인으로 나눌 때 물리적 환경요인으로는 물의 유통, 수온, 물의 색깔, 투명도 등이며 화학적 환경요인으로는 염분, 용존산소량, pH, 영양염류 등을 든다.

9. 어미의 몸 속에서 알을 부화시킨 새끼를 출산하는 양식 대상 어류는?

① 넙치(광어) ② 참돔
③ 농어 ④ 조피볼락(우럭)

> **정답 및 해설** ④ 원구류나 대부분의 경골어류는 난생(卵生)이지만, 상어, 가오리류 등 연골어류의 대부분은 태생이다. 하지만 경골어류 중에서도 새끼를 낳는 볼락, 조피볼락, 쏨뱅이 등은 교미를 거쳐 체내수정에 의한 난태생(卵胎生)으로, 망상어, 인상어는 태생(胎生)이란 특수한 방법으로 번식한다. 최근 연구에 의하면 볼락, 쏨뱅이류의 새끼도 어미의 뱃속에서 어떤 식으로의 영양 공급을 받고 있다는 이유로 원시적인 형태의 태생으로 구분하기도 한다.

10. 최근 3년(2013~2015)간 금액 기준으로 우리나라 최대의 수산물 수입·수출 상대국은?(단, 순서는 수입 – 수출이다.)

① 중국 – 러시아 ② 중국 – 일본
③ 일본 – 중국 ④ 미국 – 일본

> **정답 및 해설** ②
> 해양수산부 연보(수출입기준) 2015년 수입, 수출 3대국가
> 수입 : 호주 〉 인도 〉 중국
> 수출 : 일본 〉 중국 〉 태국

11. 양식에 있어서 인공 종묘의 먹이생물에 관한 설명으로 옳지 않은 것은?

① 클로렐라(Chlorella)는 동물성 먹이생물 배양에 이용 된다.
② 로티퍼(rotifer)는 어류 자어 성장을 위한 먹이생물로 이용된다.
③ 알테미아(Artermia)는 어류 자어 및 패류 유생 모두의 먹이생물로 이용된다.

④ 케토세로스(Chaetoceros)는 패류 유생의 먹이생물로 이용된다.

> **정답 및 해설** ③ 아르테미아는 새우나 은어, 돔 등 여러 양식 어류의 미세한 자어기 사육을 위해서 널리 이용되는 중요한 먹이 생물이다.

12. 1990년대 이후 우리나라 수산업의 대내외 환경과 특징에 관한 설명으로 옳지 않은 것은?
① 수산정책을 전담하는 수산청의 창설로 수산업에 대한 투자 효율이 높아졌다.
② 세계무역기구(WTO) 체제의 출범 이후 수산물 시장 개방이 확대 되었다.
③ 주변국과의 어업협정에 따라 근해어업의 조업지가 줄어들었다.
④ 유엔해양법 발효와 이에 따른 배타적 경제수역(EEZ) 체제의 강화로 원양어장을 확보하는데 어려움이 가중되었다.

> **정답 및 해설** ① 1948년 상공부 수산국에서 1961년 농림부 산하 수산국으로 변경되었다가 1966년 수산청이 되었다. 1996년 8월 해양수산부가 신설되면서 해운항만청과 함께 산하기관이 되었다.

13. 양식에 관한 설명으로 옳지 않은 것은?
① 양식에서는 대상 생물이 요구하는 영양을 갖춘 적정한 먹이 공급이 중요하다.
② 수산동물을 양식하는 방법은 지주식, 유수식, 순환여과식 등이 있다.
③ 산란기의 어미 보호나 바다에 수정란을 방류하는 것도 양식의 범주에 포함된다.
④ 양식은 이용 가치가 높은 수산생물을 일정한 구역이나 시설에서 기르고 번식시킨다는 의미이다.

> **정답 및 해설** ③ 어업자원관리에 대한 설명이다.

14. 수산생물 중 고래류의 연령형질로 타당한 것은?
① 비늘
② 이석
③ 지느러미 연조
④ 이빨 및 수염

> **정답 및 해설** ④ 이빨고래는 명칭처럼 이빨에 나이테가 나타난다. 바닷물 속에서 생활하므로 계절에 따른 수온 변화에 따라 한 해에 한 개씩 성장륜이 생겨서 이것으로 나이를 판단한다. 수염고래는 수염자리표면에 있는 구체부를 통해 나이를 파악할 수 있다고 하지만 어느 정도 성장하면 없어지기 때문에 명확한 방법은 아니다.

15. 다음 문장에서 ( )에 들어갈 단어를 순서대로 나열한 것은?

> 선체가 물에 떠 있을 때, 물속에 잠긴 선체의 깊이를 ( ), 물에 잠기지 않은 선체 부분의 높이를 ( )(이)라 한다.

① 흘수 - 건현 ② 건현 - 트림
③ 트림 - 용골 ④ 흘수 - 용골

정답 및 해설 ①
흘수 : 수중에 떠 있는 물체가 수면에 의해 구분되는 면에서 그 물체의 가장 깊은 점까지의 수심
건현 : 선체 중앙부 상갑판의 선측 상면에서 만재흘수선까지의 수직거리

16. 우리나라에서 사용하는 그물코의 크기를 표시하는 방법이 아닌 것은?
① 일정한 길이 안의 매듭의 수나 발의 수
② 일정한 길이 안의 매듭의 평균 길이
③ 일정한 폭 안의 씨줄의 수
④ 그물코의 뻗친 길이

정답 및 해설 ② 그물코 : 그물실을 서로 조합시킨 네 개의 매듭과 네 가닥의 그물실, 즉 발로 구성된 것.

17. 일반적으로 어로활동을 진행하는 순서로 옳은 것은?
① 집어 → 어군탐색 → 어획   ② 어군탐색 → 집어 → 어획
③ 어군탐색 → 어획 → 집어   ④ 어획 → 집어 → 어군탐색

정답 및 해설 ② 집어(어군유집) : 물고기를 능률적으로 잡기 위하여 음파를 발생시키거나 불빛을 내어 한 곳에 모이게 하는 어획 활동.

18. 지속가능한 연근해 수산자원의 이용을 위한 수단이 아닌 것은?
① 연근해 어업구조 조정   ② 자율관리어업 확대
③ 총허용어획량(TAC) 제도 확대 ④ 생 사료 공급 확대

정답 및 해설 ④ 생 사료 공급확대는 수산자원 관리방법 중 성장관리이다.

Point 기출문제

19. 수산업법에서 어업을 관리하기 위한 어업의 분류가 아닌 것은?

① 허가어업 ② 면허어업
③ 원양어업 ④ 신고어업

> **정답 및 해설** ③ 수산자원의 관리를 위하여 허가, 면허, 신고제도를 두어 행정청의 허가 등이 없으면 조업을 할 수 없는 제도이다. 원양어업은 조업구역이 어디냐에 다른 분류이다.

20. 2016년 기준으로 우리나라 총허용어획량(TAC) 제도의 대상 종이 아닌 것은?

① 갈치 ② 전갱이
③ 개조개 ④ 고등어

> **정답 및 해설** ① 총허용어획량(TAC) 제도의 대상어종은 고등어, 전갱이, 오징어, 참홍어와 붉은대게, 대게, 꽃게, 키조개, 개조개, 도루묵, 제주소라 총 11개이다.

21. 수산업법상 수산업에 포함되는 활동이 아닌 것은?

① 수산동식물을 인공적으로 길러서 생산하는 활동
② 소비자에게 원활한 수산물을 공급하기 위한 유통 활동
③ 자연에 있는 수산동식물을 포획·채취하는 생산 활동
④ 생산된 수산물을 원료로 활용하여 다른 제품을 제조하거나 가공하는 활동

> **정답 및 해설** ② 수산업법상 "수산업"이란 어업·어획물운반업 및 수산물가공업을 말한다.

22. 수산업과 어촌이 나아갈 방향과 수산업과 어촌의 지속가능 발전을 도모하는 것을 목적으로 제정된 법은?

① 수산업법 ② 수산자원관리법
③ 어촌어항법 ④ 수산업·어촌 발전 기본법

> **정답 및 해설** ④ 이 법은 수산업과 어촌이 나아갈 방향과 국가의 정책 방향에 관한 기본적인 사항을 규정하여 수산업과 어촌의 지속가능한 발전을 도모하고 국민의 삶의 질 향상과 국가 경제 발전에 이바지하는 것을 목적으로 한다.

23. 우리나라 수산업의 중요성에 관한 설명으로 옳지 않은 것은?
① 동물성 단백질의 중요한 공급원이다.
② 해외 수산자원 확보에 중요한 역할을 한다.
③ 국가의 기간사업으로 국민에게 식량을 공급한다.
④ 에너지 산업에서 중요한 위치를 차지하고 있다.

> **정답 및 해설** ④

24. 수산자원 및 수산물의 특성에 관한 내용으로 옳은 것은?
① 재생성 자원이 아니다.
② 부패와 변질이 어렵다
③ 표준화와 등급화가 쉽다.
④ 수요와 공급이 비탄력적이다.

> **정답 및 해설** ④ 재생성 자원 : 인류가 사용하고 있는 자원 중 인간의 작용에 따라 수나 질적으로 보전되고 증가되는 자원.
> 부패와 변질이 쉽고, 표준화와 등급화가 어렵다. 수산물의 가격변화에 대하여 수요량(공급량)의 변화가 적어(수요측면에서 수산물은 인간의 필수재이고, 공급측면에서 수산물 생산량의인위적 조절이 어렵기 때문), 비탄력적이다.

25. 면허어업에 관한 설명으로 옳지 않은 것은?
① 어업면허의 유효기간은 10년이며, 연장이 가능하다.
② 면허어업은 반드시 면허를 받아야 영위할 수 있는 어업이다.
③ 해조류양식어업의 면허처분권자는 해양수산부장관이다.
④ 면허어업은 일정기간 동안 그 수면을 독점하여 배타적으로 이용하도록 권한을 부여한다.

> **정답 및 해설** ③ 해조류양식어업(海藻類養殖漁業) : 일정한 수면을 구획하여 그 수면의 바닥을 이용하거나 수중에 필요한 시설을 설치하여 해조류를 양식하는 어업
> 외해양식어업의 면허처분권자는 해양수산부장관이나 그 외 면허사업은 시장·군수·구청장의 면허를 받아야 한다.

제3회 기출 문제

1. 다음에서 수산업법상 정의하는 수산업을 모두 고른 것은?

| ㄱ. 수산물유통업 | ㄴ. 어촌관광업 | ㄷ. 수산물가공업 |
| ㄹ. 어업 | ㅁ. 수산기자재업 | ㅂ. 어획물운반업 |

① ㄱ, ㄴ
② ㄷ, ㄹ, ㅂ
③ ㄱ, ㄷ, ㄹ, ㅁ
④ ㄴ, ㄹ, ㅁ, ㅂ

정답 및 해설 ② "수산업"이란 어업·어획물운반업 및 수산물가공업을 말한다.

2. 다음에서 설명하는 내용으로 옳은 것은?

특정 어장에서 특정 어종의 자원상태를 조사·연구하여 분포하고 있는 자원의 범위 내에서 연간 어획할 수 있는 총량을 정하고, 그 이상의 어획을 금지함으로써 수산자원의 관리를 도모하고자 하는 제도

① ABC
② MSY
③ MEY
④ TAC

정답 및 해설 ④
총허용어획량제도[Total Allowable Catch]
하나의 단위자원(종)에 대한 어획량 허용치를 설정하여 생산자에게 배분하고, 어획량이 목표치에 이르면 어업을 종료시키는 제도이다.

3. 국제수산기구 중 다랑어류(참치) 관리기구로 옳은 것은?

① 북서대서양수산위원회(NAFO)
② 남극해양생물보존위원회(CCAMLR)
③ 중서부태평양수산위원회(WCPFC)
④ 북태평양소하성어류위원회(NPAFC)

정답 및 해설 ③ 중서부태평양수산위원회 (WCPFC : Western and Central Pacific Fisheries Commission)는 중서부태평양 참치자원의 장기적 보존과 지속적 이용을 목적으로 설립된 지역수산관리기구 중의 하나이다.

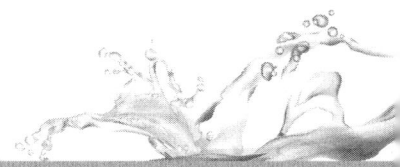

4. 수산물의 일반적 특징에 관한 설명으로 옳지 않은 것은?

① 수산물은 부패가 느리고 상품 규격화가 쉽다.
② 수산물 기호는 부모들의 섭취 경험에 영향을 받는다.
③ 육상에서 생산되는 먹거리로부터 보충받기 어려운 각종 특수 영양소를 제공한다.
④ 쌀을 주식으로 하는 나라일수록 식품소비 중 수산물이 차지하는 비율이 높은 편이다.

> **정답 및 해설** ① 수산물은 부패가 쉽고, 상품의 표준화와 등급화가 어렵다.

5. 다음에서 ( )에 들어갈 용어를 순서대로 나열한 것은?

> 면허어업은 행정관청이 일정한 수면을 구획 또는 전용하여 어업을 할 수 있는 자를 지정하고, 일정 기간 동안 그 수면을 ( )하여 ( )으로 이용 하도록 권한을 부여하는 것이다.

① 독점, 배타적
② 공유, 배타적
③ 관점, 비배타적
④ 협동, 비배타적

> **정답 및 해설** ①
> 면허어업
> 일정한 종류에 해당하는 어업에 대한 어업권의 설정행위에 바탕을 두고 배타적·독점적으로 행하는 어업. 어업은 법제상 면허어업·허가어업·신고어업으로 대별된다. 면허란 일정한 수면을 구획 또는 점용(占用)하는 것으로서 국가가 권리를 가진 연안지선(沿岸地先) 어장에 있어서의 어업행위를 특정한 자에게 특허하는 것이다.

6. 수산자원조성의 적극적 활동에 해당하지 않는 것은?

① 인공어초 투하
② 바다목장 조성
③ 어획량 제한
④ 인공종자(종묘)방류

> **정답 및 해설** ③ 어획량 제한은 소극적 자원조성 방법이다.

7. 다음에서 설명하는 법으로 옳은 것은?

Point 기출문제

> 수산자원의 보호·회복 및 조성 등에 필요한 사항을 규정하여 수산자원을 효율적으로 관리함으로써 어업의 지속적 발전과 어업인의 소득증대에 기여할 목적으로 제정된 법

① 수산업법　　　　　　　　　　② 어촌·어항 법
③ 수산자원관리법　　　　　　　④ 수산업·어촌 발전 기본법

정답 및 해설 ③ 수산자원관리법제1조(목적) 이 법은 수산자원관리를 위한 계획을 수립하고, 수산자원의 보호·회복 및 조성 등에 필요한 사항을 규정하여 수산자원을 효율적으로 관리함으로써 어업의 지속적 발전과 어업인의 소득증대에 기여함을 목적으로 한다.

8. 다음에서 설명하는 양식어류 종은?

> ○ 버들잎 모양의 렙토세팔루스(leptocephalus) 유생기를 거치며, 성장하면서 해류를 따라 연안으로 이동한다.
> ○ 주로 2 ~ 5월에 우리나라 서해와 남해 연안에 인접한 강 하구에서 종자(종묘)의 용도로 채용(포획)된다.

① 연어　　　　　　　　　　② 뱀장어
③ 가물치　　　　　　　　　④ 메기

정답 및 해설 ②
렙토세팔루스(leptocephalus)
어린 시기에 몸이 투명하고 버드나무 잎사귀 모양의 독특한 유생기를 거치는 장어류의 유생 이름

9. 다음에서 어류의 양식방법을 모두 고른 것은?

> ㄱ. 지수식 양식　　ㄴ. 가두리 양식　　ㄷ. 수하식 양식
> ㄹ. 바닥식 양식　　ㅁ. 유수식 양식

① ㄱ, ㄴ, ㄹ　　　　　　　　② ㄱ, ㄴ, ㅁ
③ ㄴ, ㄷ, ㄹ　　　　　　　　④ ㄷ, ㄹ, ㅁ

정답 및 해설 ②
어류의 양식법

① 일정한 크기의 못에서 양식하는 못 양식법,
② 물을 연못에 흘러들어가게 하여 양식하는 유수식(流水式) 양식법,
③ 강이나 바다에 그물로 만든 틀 안에서 양식하는 가두리 양식법,
④ 연못이나 수조의 물을 계속 여과시켜 순환시키는 순환 여과식 양식법,
⑤ 어린 치어를 방류하고 성어가 돌아오면 잡는 방류 재포식 양식법

일반 저서(底棲) 생물의 양식법
① 조개껍데기, 말목, 뗏목, 밧줄 등에 부착성 조개류를 부착하여 양식하는 수하식 양식, 미역이나 다시마를 양식하는 밧줄 부착 양식, 김을 양식하는 발양식 등의 부착 양식법,
② 대합이나 조개 등을 양식하는 바닥 양식법

10. 양식생물의 종자(종묘)생산에 관한 설명으로 옳지 않은 것은?
① 계획적으로 인공 종자를 생산할 수 있다.
② 자연산 어미를 이용하여 인공 종자를 생산할 수 있다.
③ 양식생물의 생태적인 습성에 맞추어 관리해야 한다.
④ 로티퍼 (rotifer)나 알테미아(Artemia)는 패류 종자의 초기 먹이로 주로 이용된다.

정답 및 해설 ④ 로티퍼 (rotifer)나 알테미아(*Artermia*)는 어류의 먹이이다.

11. 양식 대상 어종을 선택할 때 고려해야 할 조건으로 옳지 않은 것은?
① 사료의 확보가 용이해야 한다.
② 질병의 내성이 약해야 한다.
③ 대상 어종의 성장이 빨라야 한다.
④ 종자(종묘) 수급이 원활해야 한다.

정답 및 해설 ② 질병의 내성이 강해야 한다.

12. 다음 중 순환여과식 양식의 어류의 배설물 및 먹이 찌꺼기에서 가장 많이 발생되는 독성물질 은?
① 이산화탄소
② 중탄산나트륨
③ 암모니아
④ 철

> **정답 및 해설** ③
>
> 순환여과식 양식
>
> 양식생물의 대사와 성장과정에서 일어나는 노폐물에 의해 오염된 물을 정화 처리하면서 한 번 사용한 물을 계속 사용하는 양식 방법이다. 순환여과식 양식은 우리나라의 양식업의 형태중 환경적으로 가장 문제시 되고 있는 양식장으로, 양식에 의해 발생되는 각종 퇴적물 및 암모니아가 많은 문제를 유발시키고 있다.

13. 해조류 중 김의 생활사 단계가 아닌 것은?

① 구상체   ② 사상체
③ 중성포자   ④ 각포자

> **정답 및 해설** ①
>
> 김의 생활사
>
> 과포자(중성포자) → 사상체 → 각포자(김)

14. 일정시간 동안 어구를 수중에 고정 설치하여 물고기를 체포(포획)하는 어구분류와 어업이 옳게 연결된 것은?

① 끌어 구류 - 통발어업   ② 끌어 구류 - 잠수기어업
③ 걸어 구류 - 자망어업   ④ 걸어 구류 - 쌍끌이 기선저인망어업

> **정답 및 해설** ③
>
> 자망어업(刺網漁業)
>
> 걸그물 어업. 네트 모양으로, 어군(漁群) 통로에 띠 모양의 긴 그물을 쳐놓고 고기를 그물코에 꽂히게 하거나 얽어매서 잡는 방법

15. 일반적으로 집어등을 사용하지 않은 어업은?

① 채낚기어업   ② 봉수망어업
③ 근해선망어업   ④ 자망어업

정답 및 해설 ④

채낚기어업 : 긴 줄에 낚시를 1개 또는 여러 개 달아 대상물을 채어 낚는 어업이다. 주요 대상 어종은 오징어이다.

봉수망어업 : 그물 어구. 부망(敷網:들그물)의 일종으로서, 사각형 그물의 한 모서리에 뜸과 테의 역할을 겸하는 뜸대를 붙여 수면에 지지하고, 반대쪽 모서리에는 발돌[沈子]을 달아 가라앉혔다가 어군(魚群)이 그물 위에 모이면 발돌 부분에 연결된 돋움줄을 당김으로써 발돌부분을 들어 올려서 잡는다. 어군을 유인하기 위해 집어등을 사용한다.

선망어업 : 기다란 사각형의 그물로 어군(fish shoal)을 둘러싼 후 그물의 아랫자락을 죄어서 대상물을 잡는 어업이다. 주요 대상어종은 고등어, 전갱이, 정어리, 삼치, 쥐치 등이다.

16. 우리나라 해역별 대표 어종 및 어업이 옳게 연결된 것은?

① 동해안 - 대게 - 자망어업
② 동해안 - 붉은대게 - 기선권현망어업
③ 서해안 - 멸치 - 채낚기어업
④ 서해안 - 도루묵 - 통발어업

정답 및 해설 ① 대게는 동해안 울진, 영덕에서 주로 잡히는데 미끼를 사용한 통발이나 은신처를 제공하기 위한 단지를 사용하여 대상물을 유인한 후, 함정에 빠뜨려 잡는다. 통발어업의 주요 대상어종은 문어, 정어, 게, 고동 등이다.

멸치 : 기선권현망어업으로 남해안에서 주로 잡힌다.
도루묵 : 중형기선저인망, 울진지역에서 많이 잡힌다.

17. 다음에서 설명하는 어업은?

> 바다의 표층이나 중층에 서식하는 고등어, 전갱이 등의 어군을 길다란 수건 모양의 그물로 둘러싸서 포위범위를 좁혀 어획하는 어업

① 통발어업
② 정치망어업
③ 자망어업
④ 선망어업

정답 및 해설 ④

선망어업
기다란 사각형의 그물로 어군(fish shoal)을 둘러싼 후 그물의 아랫자락을 죄어서 대상물을 잡는 어업이다. 주요 대상어종은 고등어, 전갱이, 정어리, 삼치, 쥐치 등이다.

18. 다음 중 고도 회유성 어종(Highly Migratory Species)은?
① 참다랑어
② 쥐노래미
③ 짱뚱어
④ 조피볼락

정답 및 해설 ①

정착성 어종
볼락류, 노래미류와 같이 서식지에서 거의 이동을 하지 않으면서 일생을 보내는 어종.
짱뚱어는 갯벌에서 서식한다.

19. 수산자원량을 추정하는 방법 중 직접자원조사 방법이 아닌 것은?
① 트롤조사법
② 어업통계조사법
③ 수중음향조사법
④ 목시조사법

정답 및 해설 ②

목시조사법 : 직접 육안으로 조사하는 방법
직접자원조사와 간접자원조사의 차이는 수사자원이 존재하는 곳에서 그 자원량을 확인하는가, 수산자원 존재장소와 무관하개 조사하는가이다.

20. 경골어류의 종류와 어종이 옳게 연결된 것은?
① 갑각류 – 붉은대게
② 농어류 – 농어
③ 상어류 – 백상아리
④ 두족류 – 갑오징어

정답 및 해설 ②

경골과 연골 : 뼈의 유연성 차이로 구분, 뼈의 일부 또는 전체가 딱딱한 뼈로 되어 있으면 경골어류로 분류된다. 살 부분에 뼈가 없으면 연골어류이고, 상어류는 연골어류에 속한다. 농어는 경골어류이다. 갑오징어는 두족류이고 무척추 연체동물로 분류된다.

21. 어류의 계군을 구분하기 위한 조사방법으로 옳지 않은 것은?
① 표지방류법
② 형태학적 방법
③ 연령사정법
④ 생태학적 방법

정답 및 해설 ③ 계군분리 : 일정한 지리적인 분포구역 내에서 동일한 유전자 조성과 생태학적 특성을 가지며, 독자적인 수량 변동의 양상을 보이는 집단을 다른 집단과 분리하는 것.
표지방류법은 수산동물에 표지를 하여 방류하고 일정 기간이 지난 후 다시 잡아 이동 경로, 서식장소, 성장률, 회귀율, 자원량 등의 생태적 습성을 과학적으로 알기 위한 방법이다.

22. 수산생물의 종류와 연령형질의 연결이 옳지 않은 것은?

① 명태 - 이석
② 키조개 - 패각
③ 돌고래 - 이빨
④ 꽃새우 - 수염길이

정답 및 해설 ④ 연령사정 : 생물의 연령을 어떤 수단에 의해서 판정하는 것을 말한다. 어류의 이석(otolith)이나 비늘(scale), 연체류의 껍질(molluskan shell), 고래의 이빨 등에서 정확한 연령사정을 할 수 있는 성장선(growth line)을 찾을 수 있다.

23. 수산업법령상 수산업 관리제도와 대표 어업의 연결이 옳지 않은 것은?

① 면허어업 - 해조류양식어업
② 허가어업 - 연안어업
③ 신고어업 - 나잠어업
④ 등록어업 - 구획어업

정답 및 해설 ④ 어업은 법제상 면허어업·허가어업·신고어업으로 대별된다. 면허란 일정한 수면을 구획 또는 점용(占用)하는 것으로서 국가가 권리를 가진 연안지선(沿岸地先) 어장에있어서의 어업행위를 특정한 자에게 특허하는 것이다.

24. 어류양식에서 발생하는 진균성 질병은?

① 수생균병
② 구멍갯병
③ 쪼그랑병
④ 물렁증

정답 및 해설 ① 수생균병 : 물 곰팡이류인 Saprolegnia속에 의해 발생되는 병으로, 몸체가 긁힌다거나, 외상이 생겼을 때 포자가 착생하여 균사를 번식시켜 발생됨.
어류의 질병 : 어류에 일어나는 여러 가지의 장애. 주로 바이러스, 세균, 기생충 등에 의한 생물학적 질병을 말하지만, 과포화된 가스, 과다한 소음, 햇빛 등에 의한 물리적인 장애 및 나쁜 수질, 농약, 화학약품 등에 의한 화학적 장애도 질병으로 간주.

25. 다음에서 A의 값과 B에 들어갈 내용으로 옳게 연결된 것은?

○ 1,350 kg의 사료를 공급해 50kg의 조피볼락 치어를 500 kg으로 성장시킨 경우 사료계수 값은 (A)이다
○. 사료계수 값이 작을수록 (B)이다.

① A: 3, B; 경제적
② A: 3, B: 비경제적
③ A: 10, B; 경제적
④ A: 10, B: 비경제적

정답 및 해설 ① 사료계수 : 어류 또는 양식 동물이 한 단위 성장하는데 필요한 사료의 단위로 다음 식과 같이 구함. 사료 계수=먹인 총사료량(건조중량)÷체중순증가량(습중량).

사료계수 = $\dfrac{1,350 kg}{(500-50)kg} \times 100 = 3$

사료계수가 경제적이다는 것은 체중의 증가에 비하여 먹인 사료량이 상대적으로 적다는 의미이다. 분자 값이 사료량이니까 분자 값이 작을수록 즉 먹인 사료량이 작을수록 사료계수값은 작다.

Point! 기출문제 — 제4회 기출 문제

1. 우리나라 수산업의 자연적 입지조건에 관한 설명으로 옳지 않은 것은?
   ① 동해의 하층에는 동해 고유수가 있다.
   ② 남해는 난류성 어족의 월동장이 된다.
   ③ 서해(황해) 연안에는 강한 조류로 상·하층의 혼합이 잘 일어난다.
   ④ 서해(황해), 동해, 남해 중 가장 넓은 해역은 서해이다.

   > 정답 및 해설 ④
   > 가장 넓은 해역은 남해이다.

2. 우리나라 수산업법에서 규정하고 있는 수산업에 해당하는 것을 모두 고른 것은?

   > ㄱ. 연안 낚시터를 조성하여 유어·수상레저를 제공하는 사업
   > ㄴ. 동해 연안에서 자망으로 대게를 잡는 활동
   > ㄷ. 어획물을 어업현장에서 양륙지까지 운반하는 사업
   > ㄹ. 노르웨이 연어를 수입하여 대형마트에 공급
   > ㅁ. 실뱀장어를 양식하여 판매

   ① ㄱ, ㄷ ② ㄴ, ㄹ
   ③ ㄴ, ㄷ, ㅁ ④ ㄷ, ㄹ, ㅁ

   > 정답 및 해설 ③
   > "수산업"이란 어업·어획물운반업 및 수산물가공업을 말한다

3. 2010년 이후 우리나라 정부 수산통계에서 연간 양식 생산량이 가장 많은 것은?
   ① 해조류 ② 패류
   ③ 어류 ④ 갑각류

   > 정답 및 해설 ①
   > 다시마, 미역순으로 양식량이 많은 것으로 조사됨

4. 수산업의 특성에 관한 설명으로 옳은 것을 모두 고른 것은?

> ㄱ. 수산 생물자원은 주인이 명확하지 않다.
> ㄴ. 수산 생물자원은 관리만 잘하면 재생성이 가능한 자원이다.
> ㄷ. 생산은 수역의 위치 및 해양 기상 등의 영향을 많이 받는다.
> ㄹ. 수산물의 생산량은 매년 일정하다.

① ㄱ
② ㄴ, ㄷ
③ ㄱ, ㄴ, ㄷ
④ ㄴ, ㄷ, ㄹ

> **정답 및 해설** ③
>
> 수산물의 생산량은 기후, 해역, 환경 및 남획 등의 영향으로 생산량의 기복이 있다.

5. 식물플랑크톤에 관한 설명으로 옳지 않은 것은?
① 부영부(pelagic zone)에서 시작한다.
② 다세포식물도 포함된다.
③ 광합성작용을 한다.
④ 규조류(돌말류)는 주요 식물플랑크톤이다.

> **정답 및 해설** ②
>
> 식물성 플랑크톤은 미세한 단일 세포 조류의 수중 먹이 사슬의 기초이다.

6. 미역에 관한 설명으로 옳지 않은 것은?
① 통로조직이 없다.
② 다세포식물도 포함된다.
③ 광합성작용을 한다.
④ 규조류(돌말류)는 주요 식물플랑크톤이다.

> **정답 및 해설** ②
>
> 식물성 플랑크톤은 미세한 단일 세포 조류의 수중 먹이 사슬의 기초이다.

7. 몸은 좌우대칭이고 팔, 머리, 몸통으로 구분되며, 10개의 팔과 2개의 눈을 가진 두족류는?
① 문어
② 낙지
③ 주꾸미
④ 갑오징어

정답 및 해설 ④

팔완목 : 문어, 낙지, 쭈꾸미

십완목 : 오징어, 갑오징어, 한치

8. 수산자원생물의 계군을 식별하기 위한 방법으로 옳은 것을 모두 고른 것은?

| ㄱ. 산란기의 조사 | ㄴ. 체장 조성 조사 |
| ㄷ. 회유 경로 조사 | ㄹ. 기생충의 종류 조사 |

① ㄴ
② ㄴ, ㄹ
③ ㄱ, ㄷ, ㄹ
④ ㄱ, ㄴ, ㄷ, ㄹ

정답 및 해설 ④

계군을 식별하기 위한 방법 : 지표방류법, 생태학적방법, 생물학적방법, 해부학적방법 등

9. 자원량의 변동을 나타내는 러셀(Russell)의 방정식에서 '자연증가량'을 결정하는 요소가 아닌 것은?
① 가입량
② 성장량
③ 어획 사망량
④ 자연 사망량

정답 및 해설 ③

러셀의 가설 : (1년동안의 가입량 + 1년동안의 성장량 − 1년동안의 자연사망량) − 1년동안의 어획사망량
-> 밑줄친 부분이 자연증가요소이다.

10. 다음 중 그물코 한 발의 길이가 가장 짧은 것은?
① 90경 여자 그물감
② 42절 라셀 그물감
③ 그물코 뻗친 길이가 35mm인 결절 그물감
④ 그물코 발의 길이가 15mm인 무 결절 그물감

> **정답 및 해설** ②
>
> 여러가지 그물코의 표시방법 중 대표적인 방법을 소개하면
>
> 1) 그물코의 뻗친 길이로 표시하는 방법 :
>
> 그물감을 펼쳐 놓았을 때 1개의 그물코의 양쪽 끝 매듭의 중심 사이를 잰 길이로 단위는 mm로 나타낸다.
>
> 2) 1개의 발의 길이로 표시하는 방법 :
>
> 그물감을 펼쳐 놓았을 때 그물코 1개의 발의 양쪽 끝 매듭의 중심사이를 잰 길이이며, 1)번의 그물코의 뻗친 길이의 1/2이 되며, 주로 150mm 이상 되는 그물코를 표시할 때 사용한다.
>
> 3) 일정한 길이 안의 매듭의 수로 표시하는 방법 :
>
> 그물감을 펼쳐 놓았을 때 길이 15.15cm(5치)안의 매듭의 열의 수로 '몇 절'이라고 하며, 이 보다 한 단계 작은 단위는 '몇 모'라고 한다.(42절 라셀그물감 한 발은 3.69mm)
>
> 4) 일정한 폭 안의 씨줄의 수로 표시하는 방법 :
>
> 여자 그물감의 경우에는 50cm 폭 안에든 씨줄의 수로 '몇 경'이라 한다.(90경 여자그물감 한 발은 5.55mm)

11. 서해의 주요 어업으로 옳은 것은?

① 오징어 채낚기어업
② 대게 자망어업
③ 붉은 대게 통발어업
④ 꽃게 자망어업

> **정답 및 해설** ④
>
> ①②③은 동해의 주요 어업이다.

12. 과도한 어획 회피, 치어 및 산란 성어의 보호를 위한 어업 자원의 합리적 관리 수단은?

① 조업 자동화
② 어장 및 어기의 제한
③ 해외 어장 개척
④ 어구 사용량의 증대

> **정답 및 해설** ②
>
> 어업자원을 관리하기 위해서는 남획을 막는 것이 가장 중요하다. 어장과 어기를 제한하는 것은 남획을 막는 수단이 된다.

13. 양식장 적지 선정을 위한 산업적 조건이 아닌 것은?

① 교통
② 인력

③ 관광산업 ④ 해저의 지형

정답 및 해설 ④

해저의 지형은 환경적 조건이다.

14. 활어차를 이용한 양식 어류의 활어 수송에 관한 설명으로 옳지 않은 것은?
① 운반 전에 굶겨서 운반하는 것이 바람직하다.
② 운반 중 산소 부족을 방지하기 위하여 산소 공급 장치를 이용하기도 한다.
③ 활어 수송차량으로 신속하게 운반하며, 외상이 생기지 않도록 한다.
④ 운반수온은 사육수온보다 높게 유지하여 수온 스트레스를 줄인다.

정답 및 해설 ④

운반수온은 사육수온보다 낮게 유지한다.

15. 다음 중 지수식 양어지에서 하루 중 용존산소량이 가장 낮은 시간대는?
① 오전 4~5시 ② 오전 10~11시
③ 오후 2~3시 ④ 오후 5~6시

정답 및 해설 ①

지수식 양어시 용존산소 결핍이 일어나는 중요한 시간은 식물성 부유물이 산소를 소비하는 밤 시간대이다.

16. 양어사료에 관한 설명으로 옳지 않은 것은?
① 양어사료는 가축 사료보다 단백질 함량이 더 높다.
② 어류의 필수아미노산은 24가지이다.
③ 잉어사료는 뱀장어사료보다 탄수화물 함량이 더 높다.
④ 어유(fish oil)는 필수지방산의 중요한 공급원이다.

정답 및 해설 ②

동물이 자신의 체내에서 합성할 수 없거나 합성하기 매우 힘들기 때문에 외부에서 영양원으로 섭취해야 하는 아미노산. 발린, 류신, 이소류신, 트레오닌, 페닐알라닌, 트립토판, 메티오닌, 리신, 히스티딘, 아르기닌 10종이 있음

17. 양식생물과 채묘시설이 옳게 연결된 것은?

① 굴: 말목 식 채묘시설
② 피조개: 완류 식 채묘시설
③ 바지락: 뗏목 식 채묘시설
④ 대합: 침설 수하 식 채묘시설

> **정답 및 해설** ①
> ② 수하식　③ 바닥식　④ 완류식

18. 어류양식장에서 질병을 치료하는 방법 중 집단치료법이 아닌 것은?

① 주사법
② 약욕법
③ 침지법
④ 경구 투여법

> **정답 및 해설** ①
> 주사법은 개체마다 주사를 하여야 하므로 집단치료에 해당하지 않음

19. (　　) 안에 들어갈 유생의 명칭은?

> 보리새우의 유생은 노우플리우스, 조에아, (　　) 및 후기 유생의 4단계를 거쳐 성장한다.

① 메칼로파
② 담륜자
③ 미시스
④ 피면자

> **정답 및 해설** ③
> 새우류는 기본적으로는 노플리우스→프로토조에아→미시스의 유생기를 거친다. 보리새우류는 노플리우스기에 부화하고 다른 것들은 거의 모두 조에아기에 부화하여 오랫동안 부유성 유생시기를 보낸다.

20. 부화 후 아우리쿨라리아(auricularia)와 돌리올라리아(doliolaria)로 변태과정을 거쳐 저서생활로 들어가는 양식생물은?

① 소라
② 해삼
③ 꽃게
④ 우렁쉥이(멍게)

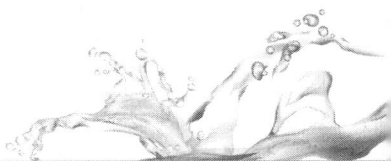

> **정답 및 해설** ② 해삼은 암수 딴몸으로 정자와 난자가 만나 둥근 모양의 수정란이 되고, 36시간이 지나면(아우리쿨라리아 유생) 입·식도·위·항문이 만들어져 먹이를 먹기 시작하면서 모양도 변하고, 8일이 지나면 5쌍의 투명한 유구가 형성돼 별모양에 가깝게 된다.
> 수정 후 9일이 경과하면(돌리올라리아 유생) 입 주변에 촉수가 모여 타원형의 공모양이 되고, 10일이 되면(펜탁튤라 유생) 물속에서 떠돌아다니던 시기를 마치고 본격적으로 바닥생활을 하면서 표면에 돌기가 돋아나기 시작한다.

21. 녹조류가 아닌 것은

① 파래 ② 청각
③ 모자반 ④ 매생이

> **정답 및 해설** ③
> 갈조류 : 톳, 모자반, 다시마, 미역

22. 관상 어류의 조건으로 옳지 않은 것은?

① 희귀한 어류 ② 특이한 어류
③ 아름다운 어류 ④ 성장이 빠른 어류

> **정답 및 해설** ④
> 성장이 빠르면 그만큼 생육기간이 짧고, 형태의 변형이 심하다.

23. 수산업법에 따른 어업관리제도 중 면허어업에 속하는 것은?

① 정치망어업 ② 근해선망어업
③ 근해통발어업 ④ 연안복합어업

> **정답 및 해설** ①
> 연근해어업은 허가어업이다.
> 면허어업의 종류
> ① 양식어업 ② 정치어업(定置漁業) ③ 제1종 공동어업 ④ 제2종 공동어업 ⑤ 제3종 공동어업

24. 2017년 기준 우리나라 총 허용어획량(TAC)이 적용되는 대상수역과 관리어종이 아닌 것은?

① 동해연안에서 통발로 잡은 문어　② 연평도연안에서 통발로 잡은 꽃게
③ 남해근해에서 대형선망으로 잡은 고등어　④ 동해근해에서 근해자망으로 잡은 대게

> **정답 및 해설** ①
>
> 2018년에 시행된 TAC 어종
>
> 대형선망(고등어, 전갱이)
>
> 근해통발(붉은대게), 마을어업(제주소라)
>
> 잠수기(개조개, 키조개), 근해자망·근해통발(대게)
>
> 근해자망·연안자망·연안통발(꽃게)
>
> 근해채낚기·동해구중형트롤·대형트롤·대형선망·
>
> 쌍끌이대형저인망(오징어)
>
> 동해구중형트롤·동해구외끌이중형저인망(도루묵)
>
> 근해연승·연안복합(참홍어)

25. ( ) 안에 들어갈 숫자를 순서대로 옳게 나열한 것은?

> 국제해양법에서 영해의 폭은 영해기선에서 ( )해리수역 이내가 되어야 한다. 영해의 한계를 넘어서 관할권을 행사할 수 있는 접속수역은 영해 밖의 12해리 폭으로 정할 수 있으며, 배타적 경제수역은 영해 기선에서 ( )해리까지의 구역에 설정할 수 있다.

① 12, 176　　　　　　　　② 12, 200
③ 24, 176　　　　　　　　④ 24, 200

> **정답 및 해설** ②
>
> 영해 12해리, 배타적경제수역 200해리이다.

제5회 기출 문제

Point! 기출문제

1. 다음 중 수산업·어촌발전기본법에서 정의하는 수산업을 모두 고른 것은?

| ㄱ. 어업 | ㄴ. 어획물운반업 | ㄷ. 수산기자재업 |
| ㄹ. 수산물유통업 | ㅁ. 연안여객선업 | ㅂ. 수산물가공업 |

① ㄱ, ㄹ
② ㄴ, ㄷ, ㅁ
③ ㄱ, ㄴ, ㄹ, ㅂ
④ ㄱ, ㄷ, ㅁ, ㅂ

정답 및 해설 ③

수산업의 정의
"수산업"이란 다음 각 목의 산업 및 이들과 관련된 산업으로서 대통령령으로 정한 것을 말한다.
가. 어업: 수산동식물을 포획(捕獲)·채취(採取)하거나 양식하는 산업, 염전에서 바닷물을 자연 증발시켜 소금을 생산하는 산업
나. 어획물운반업: 어업현장에서 양륙지(揚陸地)까지 어획물이나 그 제품을 운반하는 산업
다. 수산물가공업: 수산동식물 및 소금을 원료 또는 재료로 하여 식료품, 사료나 비료, 호료(糊料)·유지(油脂) 등을 포함한 다른 산업의 원료·재료나 소비재를 제조하거나 가공하는 산업
라. 수산물유통업: 수산물의 도매·소매 및 이를 경영하기 위한 보관·배송·포장과 이와 관련된 정보·용역의 제공 등을 목적으로 하는 산업

2. 다음 어촌·어항법에서 정의하는 어항은?

| 이용범위가 전국적인 어항 또는 섬, 외딴 곳에 있어 어장의 개발 및 어선의 대피에 필요한 어항 |

① 지방어항
② 어촌정주어항
③ 국가어항
④ 마을공동어항

정답 및 해설 ③

"어항"이란 천연 또는 인공의 어항시설을 갖춘 수산업 근거지로서 어항법 제17조에 따라 지정·고시된 것을 말하며 그 종류는 다음과 같다.
가. 국가어항: 이용 범위가 전국적인 어항 또는 섬, 외딴 곳에 있어 어장(「어장관리법」 제2조제1호에 따른 어장을 말한다. 이하 같다)의 개발 및 어선의 대피에 필요한 어항
나. 지방어항: 이용 범위가 지역적이고 연안어업에 대한 지원의 근거지가 되는 어항
다. 어촌정주어항(漁村定住漁港): 어촌의 생활 근거지가 되는 소규모 어항
라. 마을공동어항: 어촌정주어항에 속하지 아니한 소규모 어항으로서 어업인들이 공동으로 이용하는 항

포구

3. 국내 수산물 중 최근 2년간(2017~2018) 수출액이 가장 많은 것은?
① 김
② 굴
③ 오징어
④ 갈치

> **정답 및 해설** ①

4. 수산업법에서 연안어업에 관한 설명으로 옳은 것은?
① 면허어업이며, 유효기간은 10년이다.
② 허가어업이며, 유효기간은 5년이다.
③ 신고어업이며, 유효기간은 5년이다.
④ 등록어업이며, 유효기간은 10년이다.

> **정답 및 해설** ②
> 무동력어선, 총톤수 10톤 미만의 동력어선을 사용하는 어업으로서 근해어업 및 제3항에 따른 어업 외의 어업(이하 "연안어업"이라 한다)에 해당하는 어업을 하려는 자는 어선 또는 어구마다 시·도지사의 허가를 받아야 한다. 어업허가의 유효기간은 5년으로 한다.

5. 다음에서 A와 B에 들어갈 내용으로 옳게 연결된 것은?

> 수산업법의 목적은 수산업에 관한 기본제도를 정하여 (A) 및 수면을 종합적으로 이용하여 수산업의 (B)을 높임으로써 수산업의 발전과 어업의 민주화를 도모하는 것이다.

① A : 수산자원, B : 생산성
② A : 어업자원, B : 경제성
③ A : 수산자원, B : 효율성
④ A : 어업자원, B : 생산성

> **정답 및 해설** ①
> 수산업법은 수산업에 관한 기본제도를 정하여 수산자원 및 수면을 종합적으로 이용하여 수산업의 생산성을 높임으로써 수산업의 발전과 어업의 민주화를 도모하는 것을 목적으로 한다.

6. 다음 (   )에 들어갈 내용으로 옳은 것은?

강원도 남대천에는 가을이 되면, 많은 연어들이 자기가 태어난 강에 산란하기 위하여 바다에서 남대천 상류 쪽으로 이동한다. 이와 같이 색이와 성장을 위하여 바다로 이동하였다가 산란을 위하여 바다에서 강으로 거슬러 올라가는 것을 (   )라고 한다.

① 강하성 회유
② 소하성회유
③ 색이 회유
④ 월동 회유

정답 및 해설 ②

연어, 송어, 황복 등은 소하성(溯河性)

뱀장어, 참게 등은 강하성(江河性-또는 강해성)

* 색이회유 : 물고기가 먹이를 찾아서 떼를 지어 헤엄쳐 다니는 일

7. 어류 계군의 식별방법 중 생태학적 방법으로 사용할 수 있는 것을 모두 고른 것은?

| ㄱ. 산란장 | ㄴ. 척추골수 | ㄷ. 새파 형태 |
| ㄹ. 비늘 휴지대 | ㅁ. 기생충 | ㅂ. 표지방류 |

① ㄱ, ㄹ
② ㄱ, ㅁ
③ ㄴ, ㄷ
④ ㅁ, ㅂ

정답 및 해설 ②

계군분석법 : 형태학적 방법, 생태학적 방법, 어황학적 방법

생태학적 방법 : 각 계군의 생활사, 산란기나 산란장의 차이, 체장조성, 비늘의 형태, 포란수, 분포 및 회유상태, 기생충의 종류와 기생률 등의 차이를 비교·분석하는 방법

* 새파 : 아가미뚜껑을 떼어 내면 새궁 앞쪽에 고드름 모양의 골질 돌기가 있는데, 이것을 새파라고 한다. 새파의 모양이나 수는 물고기의 식성과 관계가 있는 것으로 생각되며, 육식성 어류보다는 초식성 어류의 새파가 조밀하고 그 수도 많다. 또, 새파의 수는 물고기를 분류하는 형질로 이용되기도 한다.

8. 어류 발달 과정을 순서대로 옳게 나열한 것은?

① 난기 → 자어기 → 치어기 → 미성어기 → 성어기
② 난기 → 치어기 → 자어기 → 미성어기 → 성어기
③ 난기 → 자어기 → 미성어기 → 치어기 → 성어기
④ 난기 → 치어기 → 미성어기 → 자어기 → 성어기

> **정답 및 해설** ①
>
> 자어과정을 지난 어린 새끼를 치어(稚魚)라고 한다
>
> 자어(larva = 유생, 유충, 자치어) : 후생동물의 개체 발생에 있어 배(胚)와 성체의 중간에서 성체와 모습이 매우 다르고, 게다가 성체와 다른 독립생활을 하는 시기가 있을 때 그 시기의 것을 말함.
>
> 치어(juvenile fish = 유어) : 후기 자어 이후의 발육단계로 종의 특징을 가지나 색체, 반문은 아직 성어와 다르고 물의 흐름에 정지 혹은 출입하는 힘을 가지는 크기의 어류
>
> 성어(adult fish = 친어) : 성적으로 성숙하여 생식능력을 가진 어류. (자료출처, 해양과학용어사전 – 한국해양학회 편)

9. 울산광역시 소재 고래연구센터에서는 우리나라에 서식하고 있는 해양포유동물의 생물학적·생태학적 조사 등에 관한 업무를 수행하고 있다. 동 센터에서 고래류의 자원량을 추정하기 위하여 사용하는 방법으로 옳은 것은?

① 트롤조사법
② 목시조사법
③ 난생산량법
④ 자망조사법

> **정답 및 해설** ②
>
> 목시조사법 : 고래는 물고기가 아니라, 수면으로 나와 공기로 호흡하는 포유동물이기 때문에 호흡기간(25분~30분)을 맞추어 배의 속도를 조절하여 망원경으로 시야에 확보된 분기(물뿜기)를 조사하고 더불어 움직임을 포착하는 것

10. 어업자원의 남획 징후로 옳지 않은 것은?

① 어획량이 감소한다.
② 단위노력당어획량(CPUE)이 감소한다.
③ 어획물 중에서 미성어 비율이 감소한다.
④ 어획물의 각 연령군 평균체장이 증가한다.

> **정답 및 해설** ③
>
> 어획령으로 볼 때 고령어가 줄고 저령어가 늘어나면 남획징후로 본다.

11. 조류의 흐름이 빠른 곳에서 조업하기에 적합한 강제함정 어구를 모두 고른 것은?

| ㄱ. 채낚기 | ㄴ. 죽방렴 | ㄷ. 안강망 |
| ㄹ. 낭장망 | ㅁ. 통발 | ㅂ. 자망 |

① ㄱ, ㄴ, ㄷ
② ㄴ, ㄷ, ㄹ
③ ㄷ, ㄹ, ㅂ
④ ㄹ, ㅁ, ㅂ

정답 및 해설 ②

강제함정어구 : 물의 흐름이 빠른 곳에 어구를 고정하여 설치한 후 조류에 밀려 어군이 그물에 들어가게 하는 방법이다.
*(고정어구)죽방렴, 낭장망 (이동어구)주목망, 안강망
* 통발은 유도함정이다.

12. 다음에서 설명하는 어업의 종류로 옳은 것은?

고등어를 주 어획대상으로 총톤수 50톤 이상인 1척의 동력선(본선)과 불배 2척, 운반선 2~3척, 총 5~6척으로 구성된 선단조업을 하며, 어획물은 운반선을 이용하여 대부분 부산공동어시장에 위판하는 근해어업의 한 종류이다.

① 대형트롤어업
② 대형선망어업
③ 근해통발어업
④ 근해자망어업

정답 및 해설 ②

대형선망어업 : 그물을 둘러서 어류를 포획하는 어업으로 연근해 어업중 가장 규모가 큼
선망은 어군의 존재를 확인하고 이를 포위하여 그 퇴로를 차단하면서 포위망을 축소하여어획하는어망의 총칭으로 선망어업은 밀집성이 있는 어종인 고등어,전갱이,삼치,오징어,참다랑어등을 어획한다.

13. 우리나라 해역별 대표 어종과 어업 종류가 올바르게 연결된 것은?

① 동해안 - 대게 - 근해안강망
② 서해안 - 조기 - 근해채낚기
③ 서해안 - 도루묵 - 근해자망
④ 남해안 - 멸치 - 기선권현망

정답 및 해설 ④

대게 : 통발 도는 자망어업. 조기 : 선망, 도루묵 : 저인망

기선권현망 : 어선 두척이 끄는 끌그물 형태이나 표층이나 중층에 있는 멸치를 잡는 끌그물어업. 권현(權現)은 멸치가 많이 나는 일본 어촌에서 모시는 지역 신의 이름임

14. 대상어족을 미끼로 유인하여 잡는 함정어구는?
   ① 통발
   ② 자망
   ③ 형망
   ④ 문어단지

   정답 및 해설 ①

   통발어업 : 통발은 미끼로 대상 생물을 유인하여 함점에 빠뜨려 잡는 어구이다. 통발 어구는 어구 분류 상으로 함정 어구에 속하고, 미끼를 사용하여 물고기를 유인하기 때문에 유인 함점 어구라고도 한다.
   우리나라에서 사용하는 통발 어구는 대상 종에 따라 새우 통발, 게 통발, 장어 통발, 골뱅이 통발, 갑오징어 통발, 붉은 대게 통발, 꽃게 통발, 낙지 통발, 도다리 통발, 물메기 통발, 잡어 통발 등으로 구분하고 있다.

15. 해삼의 유생 발달 과정에 속하지 않는 것은?
   ① 아우리쿨라리아(Auricularia)
   ② 태드포울(Tadpole)
   ③ 돌리올라리아(Doliolaria)
   ④ 포배기(Blastula)

   정답 및 해설 ②

   해삼의 유생발달과정
   다새포기-포배기-아우리쿨라리아(Auricularia) 유생-돌리올라리아(Doliolaria) 유생-펜탁튤라유생
   * 태드포울(Tadpole) : 개구리와 두꺼비의 수서유생 시기 올챙이

16. 봄철 담수어류의 양식장에서 물곰팡이 병이 많이 발생하는 수온 범위는?
   ① 0 ~ 5℃
   ② 10 ~ 15℃
   ③ 20 ~ 25℃
   ④ 30 ~ 35℃

   정답 및 해설 ②

17. 해상가두리 양식장의 환경 특성 중에서 물리적 요인을 모두 고른 것은?

   | ㄱ. 해수 유동 | ㄴ. 수온 | ㄷ. 수소이온농도 |
   | ㄹ. 영양염류 | ㅁ. 투명도 | ㅂ. 황화수소 |

   ① ㄱ, ㄴ, ㄹ
   ② ㄱ, ㄴ, ㅁ
   ③ ㄴ, ㄷ, ㅂ
   ④ ㄷ, ㄹ, ㅂ

> **정답 및 해설** ②
> 양식장 환경요인
> 물리적 요인 : 해수의 유동, 간석의 정도, 수온, 색깔, 투명도, 지형, 위치, 지질 등
> 화학적 요인 : 염분, 용존산소, 수소이온농도, 영양염류, 황화수소, 암모니아 등
> 생물학적 요인 : 플랑크톤, 유영동물, 저서동식물, 세균 등

18. 대부분의 해조류는 무성세대인 포자체와 유성세대인 배우체가 세대교번을 한다. 다음 중 세대교번을 하지 않는 품종은?

① 김　　　　　　　　　　　　② 다시마
③ 미역　　　　　　　　　　　④ 청각

> **정답 및 해설** ④
> 녹조류, 홍조류, 갈조류는 포자체는 무성세대이고 배우체는 유성세대이다.

19. 양식 어류의 인공종자(종묘) 생산 시 동물성 먹이생물로 옳지 않은 것은?

① 물벼룩(Daphnia)　　　　　② 아르테미아(Artermia)
③ 클로렐라(Chlorella)　　　　④ 로티퍼(Rotifer)

> **정답 및 해설** ③
> 클로렐라(Chlorella) : 녹조류(綠藻類)의 일종으로 하나의 세포로 하나의 개체를 이룬다.

20. 참돔 50kg을 해상가두리에 입식한 후, 500kg의 사료를 공급하여 참돔 총 중량 300kg을 수확하였을 경우 사료계수는?

① 0.5　　　　　　　　　　　② 1.0
③ 1.5　　　　　　　　　　　④ 2.0

> **정답 및 해설** ④ 사료계수 = 먹인총사료량 ÷ 체중순증가량 =500/250=2

21. 강 하구에서 포획한 치어를 이용하여 양식하는 어종으로 옳은 것은?

① 잉어　　　　　　　　　　　② 뱀장어

③ 미꾸라지 ④ 무지개송이

정답 및 해설 ②

22. 양식 패류 중 굴의 양식 방법으로 적합하지 않은 것은?
① 수하식 ② 나뭇가지식
③ 귀매달기식 ④ 바닥식(투석식)

정답 및 해설 ③

한국의 굴양식은 파도가 잔잔한 내면에서 옛날부터 내려오는 투석식(投石式)과 뗏목식·간이수하식(말목식)·연승(로프)식 등에 의한 수하연(垂下延) 부착양식을 하지만, 외국에서는 바닥양식이나 채롱에 수용하여 수하양식을 하는 경우도 있다.

* 구매달기식 : 진주조개나 참가리비 양식방법이다.

23. 2018년 기준, 우리나라 총허용어획량(TAC)이 적용되는 어업종류와 어종을 바르게 연결한 것은?
① 근해안강망 - 오징어 ② 근해자망 - 갈치
③ 기선권현망 - 꽃게 ④ 근해통발 - 붉은대게

정답 및 해설 ④

○ (해수부 관리대상 8개) 고등어, 전갱이, 오징어, 도루묵, 대게, 붉은대게, 꽃게, 키조개
○ (지방자치단체장 관리대상 3개) 개조개, 참홍어, 제주소라
* 오징어 : 쌍끌이대형저인망
* 꽃게 : 근해통발

24. 고래류의 자원관리를 하는 국제수산관리기구의 명칭은?
① 북서대서양수산위원회(NAFO)
② 중서부태평양수산위원회(WCPFC)
③ 남극해양생물자원보존위원회(CCAMLR)
④ 국제포경위원회(IWC)

정답 및 해설 ④

국제포경위원회(IWC)는 고래를 보호하고 멸종을 사전에 방지함으로써 포경 산업의 질서 있는 발전을 도모하는 국제회의체다.

25. 다음에서 설명하는 것은?

> O 주어진 환경 하에서 하나의 수산자원으로부터 지속적으로 취할 수 있는 최대 어획량을 뜻한다.
> O 일반적이고 전통적인 수산자원관리의 기준치가 되고 있다.

① MSY   ② MEY
③ ABC   ④ TAC

정답 및 해설 ①

MSY : Maximum sustainable yield (자원의 재생력 범위 내에서의) (연간) 최대 산출량

Point! 기출문제 — 제6회 기출 문제

1. 수산자원관리법상 용어에 관한 정의로 옳지 않은 것은?

① "수산자원"이란 수중에 서식하는 수산동식물로서 국민경제 및 국민생활에 유용한 자원을 말한다.
② "수산자원관리"란 수산자원의 보호·회복 및 조성 등의 행위를 말한다.
③ "총허용어획량"이란 포획·채취할 수 있는 수산동물의 종별 연간 어획량의 최고한도를 말한다.
④ "바다숲"이란 수산자원을 조성한 후 체계적으로 관리하여 이를 포획·채취하는 장소를 말한다.

정답 및 해설 ④

▶ 수산자원관리법

용어의 정의

1) 수산자원 이란 수중에 서식하는 수산동식물로서 국민경제 및 국민 생활에 유용한 자원을 말한다.
2) 수산자원관라 란 수산자원의 보호, 회복 및 조성 등의 행위를 말한다.
3) 총허용어획량 이란 포획, 채취할 수 있는 수산동물의 종별 연간어획량의 최고한도를 말한다.
4) 수산자원조성 이란 일정한 수역에 어초, 해조장 등 수산생물의 번식에 유리한 시설을 설치하거나 수산종자를 풀어놓은 행위 등 인공적으로 수산자원을 풍부하게 만드는 행위를 말한다.
5) 바다목장 이란 일정한 해역에 수산자원조성을 위한 시설을 종합적으로 설치하고 수산 종자를 방류하는 등 수산자원을 조성한 후 체계적으로 관리하여 이를 포획, 채취하는 장소를 말한다.
6) 바다숲 이란 갯녹음(백화현상)등으로 해조류가 사라졌거나 사라질 우려가 있는 해역에 연안 생태계 복원 및 어업생산성 향상을 위하여 해조류 등 수산종자를 이식하여 복원 및 관리하는 장소를 말한다 (해중림을 포함한다).

* 이 법에서 따로 정의되지 아니한 용어는「수산업법」또는「양식산업발전법」에서 정하는 바에 따른다.

2. 다음에서 설명하는 어업은?

- 끌그물 어법에 속하며 한 척의 어선으로 조업한다.
- 어구의 입구를 수평방향으로 벌리게 하는 전개판(otter board)을 사용한다.

① 선망 ② 자망
③ 봉수망 ④ 트롤

정답 및 해설 ④

▶ 끌그물어법(예망, 범선저인망)

발전단계 : 범선저인망 ⇒ 기선저인망 ⇒ 범트롤 ⇒ 오터트롤
한 척 또는 두 척의 어선으로 어구를 수평방향으로 임의시간 동안 끌어 어획하는 방법
  가. 기선권현망 : 연안 표중층 부근의 멸치
  나. 기선저인망 : 쌍끌이 기선저인망, 외끌이 기선저인망
  다. 트롤어법 : 그물어구를 입구를 수평방향으로 전개판을 사용하여 한 척의 선박으로 조업하며 가장 발달된 형태의 끌그물어법이다.
    공선식 트롤선 : 어장이 멀어짐에 따라 채산성을 높이기 위해 어장에 장기간 머물며 어획물을 선내에서 완전히 처리 및 가공할 수 있는 설비가 갖추어진 어선이다. 급속냉동, 통조림, 필렛, 어분 등의 제조 및 가공시설을 선내에 갖추고 있다.

3. 자원 관리형 어업과 관련된 내용으로 옳지 않은 것은?

① 대상 생물의 생태를 파악한다.
② 지속가능한 어업을 영위한다.
③ 어선 및 어구의 규모와 수를 증가시킨다.
④ 자원을 합리적으로 이용한다.

정답 및 해설 ③

▶ 어업자원의 합리적 관리수단
  1. 어획량의 제한
  2. 어선이나 어구의 수와 규모의 제한
  3. 어장 및 어기의 제한
  4. 어획물의 크기 또는 그물코 크기의 제한

▶ 자원관리형 어업의 형태

자원 관리형	직접적으로 자원보호를 목적으로 하는 것 예) 어구의 그물코 크기를 확대하여 치어의 혼획을 감소시키는 선택적 어업이 포함된다.
어장 관리형	간접적 자원관리 형태 어장이용 방식을 개선하는 것 예) 어업자들의 합의에 의한 윤번제 어장 활용 등이 있다.
어가 유지형	간접적인 자원관리 형태로 어선별 어획량의 조절 등으로 어가를 유지하는 것 예) 어선별 어획량 할당제 등이 포함된다.

4. 2019년도 우리나라 수산물 생산량이 많은 것부터 적은 순으로 옳게 나열된 것은?

① 원양어업 > 천해양식어업 > 내수면어업 > 일반해면어업
② 원양어업 > 내수면어업 > 천해양식어업 > 일반해면어업
③ 천해양식어업 > 원양어업 > 일반해면어업 > 내수면어업
④ 천해양식어업 > 일반해면어업 > 원양어업 > 내수면어업

정답 및 해설 ④

1. 국내 총수산물 생산량(2019년 기준)

   천해양식어업 > 일반해면어업 > 원양어업 > 내수면어업

2. 국내 어류별 양식량(2019년 기준)

   넙치류 > 조피볼락 > 숭어 > 참돔 > 가자미류 > 농어류

3. 연근해 어업 주요 품종별 생산량(2019 기준)

   멸치 > 고등어 > 갈치 > 삼치류 > 청어 > 전갱이류 > 참조기

4. 국내 수산물(가공품) 품목별 생산량(2019년 기준)

   냉동품 > 해조제품 > 기타 > 연제품 > 통조림

5. 국내 유통 비용이 차지하는 비중(2019년 기준)

   명태 > 고등어 > 갈치 > 오징어

---

5. 수산업의 발달에 관한 내용으로 옳은 것은?

① 수산물을 가공한 가장 원시적인 형태는 훈제품이다.
② 유엔해양법 협약에 따라 연안국들은 경제수역 200해리 내에서 자원의 주권적인 권리를 행사할 수 있게 되었다.
③ 1960년대 우리나라는 연안국 어업규제 등으로 수산업의 성장이 둔화되기 시작하였다.
④ 우리나라 양식업이 대규모로 발전한 시기는 가두리식 김양식이 시작된 후부터이다.

정답 및 해설 ②

① 수산물을 가공한 가장 원시적인 형태는 건제품이다.
③ 1980년대 우리나라는 연안국 어업규제 등으로 수산업의 성장이 둔화되기 시작하였다.
④ 우리나라 양식업이 대규모의 형태로 발전한 시기는 1960년대 수하식 굴양식이 시작된 후부터이다.

▶ 수산업의 시대적 과정

1) 1960년까지: 무동력 소형어선, 재래식 어로장비, 전통적인 어로방법

2) 1960년 이후: 1차산업에 대한 집중적인 투자로 일본 등에서의 기술도입과 함께 어업구조의 개선을 가져 왔다. 수산물 수출을 하여 외화 획득으로서 중요한 역할 양식업은 주로 해조류 양식이었다.

3) 1970년대: 수산물에 대한 수요의 증가로 양식 및 근해어장의 개발과 원양어업의 오대양 진출로 수산업 발전의 단계를 맞음

   양식업: 패류(조개류) 양식 기술 도입

4) 1980년대: 인접국가의 어업활동 규제로 수산업의 성장이 일시 멈춤. 따라서 어선의 대형화 양식어장 개발에 주력한 시기였다.

   양식업: 어류양식 기술도입

5) 1990년대: 수산자원의 남획 및 환경오염 등으로 생산이 줄어들고, 세계 연안국의 조업규제 강화로

수산업 경영에 어려움을 겪었다. 특히, 한일, 한중 어업협정 등으로 인하여 조업규제 및 어획량 규제로 인하여 수산업이 심각한 위기에 몰림

▶ 우리나라 원양어업

1) 1957년 인도양 시험조업, 다랑어 주낙어업 시작
2) 1966년 대서양 트롤어업 시작
3) 1970년대 두차례 석유파동 겪음
4) 최근엔 연안국의 200해리 경제수역설정과 연안국 간의 어업협정으로 생산량 감소

6. 현재 국내 새우류 중 양식생산량이 가장 많은 것은?

① 대하
② 젓새우
③ 보리새우
④ 흰다리새우

> **정답 및 해설** ④
>
> ▶ 새우류 : 흰다리 새우의 경우: 질병에 내성이 강하며 배양이 쉽고, 수송에 잘 견뎌서 전 세계적으로 가장 유용한 양식대상종 이다. 현재 국내 새우류종 양식 생산량이 가장 많다.

7. 경골 어류에 해당하지 않는 것은?

① 고등어
② 참돔
③ 전어
④ 홍어

> **정답 및 해설** ④
>
> ▶ 경골어류와 연골어류
>
> | 경골어류 | 뼈가 단단하고, 주로 부레와 비늘이 있음
[고등어, 방어, 전갱이(방추형), 전어, 돔(측편형), 복어 (구형), 뱀장어(장어형)] |
> |---|---|
> | 연골어류 | 뼈가 물렁물렁하고, 주로 부레와 비늘이 없음
[홍어, 가오리(편평형), 상어] |

8. 어류의 체형과 종류의 연결이 옳지 않은 것은?

① 방추형 - 방어
② 측편형 - 감성돔
③ 구형 - 개복치
④ 편평형 - 아귀

> **정답 및 해설** ③
>
> ▶ 어류의 체형과 종류
>
> 각 종의 서식, 생태적 특징에 따라 현재 지구상에 존재하는 종마다 고유의 형태로 진화해 왔다.
>
> | 방추형 (Fusiform) | 가다랑어, 고등어, 방어와 같은 외양성 어종들이 갖고 있는 체형으로 빠른 유영속도를 내기 위하여 물과의 마찰을 최소화한 체형이다. |
> |---|---|
> | 측편형 (Compressed form) | 참돔, 돌돔, 감성돔 등의 돔류, 쥐치, 독가시치, 전어 등 옆으로 납작한 체형이다 |
> | 편평형 (Depressed form) | 바닥에 배를 붙이고 살아가는 어종인 가오리류, 양태, 아귀류가 갖고 있는 체형으로 아래위로 납작한 체형이다. |
> | 장어형 (Anguilliform) | 긴 원통형의 체형으로 먹장어, 칠성장어, 드렁허리, 뱀장어, 갯장어, 붕장어 등의 체형을 말한다. |
> | 구형 (Globiform) | 복어류와 같이 몸이 둥근 체형을 말한다 |

9. 연체동물(문)이 아닌 것은

① 전복　　　　　　　　　　　② 피조개
③ 해삼　　　　　　　　　　　④ 굴

> **정답 및 해설** ③
>
> ▶ 수서동물(무척추동물)
>
> | 절지동물 | 가재, 새우, 게, 따개비, 물벼룩 등 |
> |---|---|
> | 환형동물 | 지렁이, 갯지렁이 등 |
> | 연체동물 | 모시조개, 전복, 조개, 굴, 오징어, 문어 등 그중 99% 이상이 고동류와 조개류이다. |
> | 극피동물 | 성게, 불가사리, 해삼 등 세계적으로 6,000 여종 이상 피낭류 등 기타 무리별로 구분 (멍게, 미더덕, 오만둥이 등 - 척색동물) |
> | 강장동물 | 해파리, 말미잘, 산호 등 |
> | 편형동물 | 플라나리아, 간디스토마, 촌충 등 |

10. 수산자원의 계군을 식별하는데 형태학적 방법으로 이용되는 것을 모두 고른 것은?

ㄱ. 체장	ㄴ. 두장	ㄷ. 체고
ㄹ. 비만도	ㅁ. 포란수	

① ㄱ, ㄴ, ㄷ　　　　　　　　② ㄱ, ㄷ, ㅁ
③ ㄴ, ㄹ, ㅁ　　　　　　　　④ ㄷ, ㄹ, ㅁ

정답 및 해설 ①

▶ 계군분석법

개체들의 형태, 생활사 등을 조사하는 방법이다.

같은 종 중에서도 각기 다른 환경에서 서식하는 계군들 간에는 개체의 형태 차이 또는 생태적 차이, 유전적 차이가 있으므로 계군 분석이 필요하다. 여러 방법을 종합적으로 결론 내리는 것이 바람직하다.

형태학적 방법	계군의 특정형질에 관해서 통계적으로 비교·분석하는 방법은 생물 특정학적 방법과 비늘, 가시 등의 위치와 형태 등을 비교·분석하는 해부학적 방법이 있다.
생태학적 방법	각 계군의 생활사를 비롯하여 생활사를 비롯하여 산란기나 산란장의 차이, 체장조성 비늘의 형태, 포란 수, 분포 및 회유 상태, 기생충의 종류와 기생률 등의 차이를 비교·분석한다.
표지 방류법	계군의 이동상태를 직접 파악할 수 있으므로 매우 좋은 계군식별 방법 중 하나이다. 표지방류법의 표지법의 종류에는 염색법, 절단법, 부착법, 몸 부분 표지법 등이 있다.
어황 분석법	어획 통계자료를 통해 어황의 공통성, 변동성, 주기성 등을 비교 검토하여 어군의 이동이나 회유로를 추정하는 방법이다.

11. 함정 어구·어법에 해당하지 않는 것은?

① 쌍끌이기선저인망 ② 통발
③ 정치망 ④ 안강망

정답 및 해설 ①

1. 함정어법

   가. 유인함정어법 : 문어단지(문어, 주꾸미), 통발류(장어, 게, 새우)

   1) 대상어족을 미끼로 유인하는 어획법 : 통발
   2) 대상어족을 미끼없이 유인하는 어획법 : 문어단지

   나. 유도함정어법 : 어로의 통로를 차단하고 어획이 쉬운 곳으로 유도해서 잡는 방법으로 정치망(길그물, 통그물로 구성)이 대표적인 어구이다.

   다. 강제함정어법: 물의 흐름이 빠른 곳에 어구를 고정하여 설치해두고 조류에 밀려 강제적으로 그물이 들어가게 하는 어법

   1) 고정어구 : 죽방렴, 안강망
   2) 이동어구 : 안강망(주목망에서 발달한 형태), 그 밖에 미로함정어법, 기계함정어법, 공중함정어법 등이 있다.

12. 우리나라 동해안의 주요 어업을 모두 고른 것은?

ㄱ. 붉은대게 통발어업	ㄴ. 조기 안강망 어업

| ㄷ. 대게 자망 어업 | ㄹ. 꽃게 자망 어업 |

① ㄱ, ㄴ ② ㄱ, ㄷ
③ ㄴ, ㄷ ④ ㄴ, ㄹ

정답 및 해설 ②

▶ 우리나라 3면 해역의 특징 및 대표적 어법

동해	1. 조경(해안전선)형성, 영양염류 및 플랑크톤 풍부, 수직순환 왕성
	  가. 한류세력 우세 : 대구, 명태의 남하회유
	  나. 난류세력 우세 : 오징어, 꽁치, 방어, 멸치의 북상회유
	2. 오징어 채낚기 : 1년생 연체동물, 집어등을 이용해 어군유집
	  (주어기 : 8-10월, 어획적수온 : 10-18℃)
	3. 꽁치 자망(걸그물) : 봄에 산란. 난류가 강하면 남하한다.
	  (주어기 : 봄, 어획적수온 10-20℃)
	4. 명태연승(주낙), 대게 자망 : 대표적인 한류성 어족으로 난류층 바로 아래의 수온약층 부근에서 어군의 밀도가 높다.
	  (주어기 : 겨울철이나 연중 어획가능, 어획적수온 : 4~6℃)
	5. 도루묵 근해자망
	6. 붉은 대게 통발 : 수심 800~2,000m 해저에서 주로 서식한다.
	7. 방어 정치망 : 연안 근처에서 서식하는 회유성 어종으로 계절에 따라 광범위하게 남북으로 회유 이동한다.
	  (봄~여름 : 북상회유, 가을~겨울 : 남하회유)
	  (주어기 : 가을~이른 겨울, 어획적수온 : 14~16℃)

서해	1. 수심이 100m 이내로 얕으며, 해안선 굴곡이 많아 산란장으로 뛰어난 지형이다(저서어족이 풍부). 2. 조수간만의 차가 심하다(조석전선 형성). 3. 대표어종 조기, 민어, 고등어, 전갱이, 삼치, 갈치, 넙치, 가오리, 새우 등 4. 안강망 : 연안 인접지역에서 강한 조류를 이용하는 방법으로 우리나라에서 발달한 고유의 어법이다(조기, 멸치, 민어, 갈치 등. 5. 쌍끌이 기선저인망 : 저서어족이 풍부하여 해저에서 서식하는 어류를 어획하는 기선저인망 발달하였다. 6. 트롤 어법 : 저서어족이 풍부하여 해저에 서식하는 어류를 어획하는 트롤어업이 발달하였다. 7. 꽃게 자망(걸그물) : 자원보호를 위해 포획금지 기간과 체장이 정해져 있다. 여름철 수심이 얕은 연안에서 산란 후에 가을철 수심이 깊은 곳에서 월동하기 위해 이동 시 걸그물을 사용하여 어획한다. 8. 두릿그물(선망) : 주 어획 대상종은 고등어와 전갱이다.

남해	1. 동해안과 서해안의 중간에 위치하여 여러 어업이 연중 지속적으로 이루어진다. 남해안은 해류, 조류, 수심, 해저지형 등의 해양환경이 어류서식에 적합하다.
	2. 멸치, 갈치, 고등어, 전갱이, 삼치, 조기, 돔류, 장어류, 방어, 가자미, 말쥐치, 꽁치, 대구 등 어종이 다양하다(다양한 어업 발달).
	3. 멸치 기선권현망 : 연안성 및 난류성 어종으로 표·중층 사이에 무리지어 생활하는 어족이다.
	  (주어기 : 연중 어획가능, 어획적수온 : 13~23℃, 주산란기 : 봄)
	4. 고등어, 전갱이 근해선망(두릿그물) : 고등어, 전갱이는 표·중층에서 군집하여 회유하는 난류성 및 연안성, 야간성, 주광성 어종이다(집어등을 사용하여 어획).
	  (주 어장 : 동중국해 및 남해안, 어획적수온 : 14~22℃)
	  가. 선망어업은 어법이 매우 정교하고 조업방법이 복잡하여 각종 계측장비 등이 활용된다.
	5. 장어통발 : 렙토세팔루스(장어의 유생형태)로 남해안 연안에 내유하여 성장한다(11~28℃).
	6. 정치망 : 멸치, 삼치, 갈치 등 난류성 회유 어종에 많이 사용된다(주어기 : 난류의 영향이 강한 늦은 봄~초가을, 어획적수온 : 멸치의 경우 13~23℃, 삼치의 경우 13~17℃).
	7. 원양어업 : 다랑어 연승어업, 다랑어 선망 사용
	8. 트롤어업 : 주로 저서어족을 대량 어획할 수 있는 가장 효율적이고 적극적인 방법으로, 우리나라는 1960년대 후반부터 선미식 트롤선을 도입하고 북태평양의 명태트롤어업에 진출함으로써 본격적인 원양트롤어업의 시대를 열었다.

13. 다음은 멸치에 관한 설명이다. (   )에 들어갈 내용을 순서대로 옳게 나열한 것은?

> 우리나라에서 멸치는 건제품이나 젓갈 등으로 가공되며, 주 산란기는 (   )이고, 주 산란장은 (   ) 일대이며, (   ) 으로 가장 많이 어획된다.

① 봄, 동해안, 정치망
② 봄, 남해안, 기선권현망
③ 여름, 남해안, 죽방렴
④ 여름, 동해안, 안강망

정답 및 해설 ②

▶ 멸치
① 우리나라에서는 건제품이나 젓갈 등으로 가공된다
② 마른멸치의 형태
  ⓐ 대멸 : 77mm 이상
  ⓑ 중멸 : 51mm 이상
  ⓒ 소멸 : 31mm 이상
  ⓓ 자멸 : 16mm 이상
  ⓔ 세멸 : 16mm 미만
③ 주 산란기는 봄이고, 주 산란장은 남해안 일대이며,
④ 끌그물어법(예망, 범선저인망)
  한 척 또는 두 척의 어선으로 어구를 수평방향으로 임의시간 동안 끌어 어획하는 방법
  가. 기선권현망 : 연안 표중층 부근의 멸치
  나. 기선저인망 : 쌍끌이 기선저인망, 외끌이 기선저인망
  다. 트롤어법 : 그물어구를 입구를 수평방향으로 전개판을 사용하여 한 척의 선박으로 조업하며 가장 발달된 형태의 끌그물어법이다.

14. 다음에서 설명하는 어장의 물리적 환경요인은?

> - 해양의 기초 생산력을 높이는데 일익을 담당한다.
> - 수산 생물의 성적이 성숙을 촉진시킨다.
> - 어군의 연직운동에 영향을 미친다.

① 빛
② 영양염류
③ 용존산소
④ 수소이온농도

> **정답 및 해설** ①

▶ 어장의 환경요인

1. 물리적 요인

   가. 수온

   1) 수산생물의 생활(성장 및 성숙도)과 가장 밀접한 관계가 있으며, 생물의 서식가능성을 판단하는 가장 기초적인 자료로서 측정이 비교적 쉬워 어장탐색에 널리 활용된다.

   2) 수산생물과 수온과의 관계

   가) 서식수온 : 어떤 어종이 살아갈 수 있는 수온의 최대범위

   나) 어획적수온 : 어떤 어종을 대상으로 어획이 이루어졌던 때의 수온

   다) 어획최적수온 : 가장 많이 어획되었던 수온

   나. 광선(빛)

   해양식물의 광합성, 생산력 증가에 영향을 준다. 해양생물의 성적인 성숙, 연직운동에 영향을 미친다. 태양의 고도와 해양생물의 연직운동은 반비례한다. 파장이 짧은 파란색이 심층을 투과한다.

   (연직운동 : 낮에는 깊은 심층에서 생활하다가 밤에는 표층으로 상승)

   다. 지형

   해저지형이나 저질도 어장형성과 깊게 연관된다.

   대륙붕 지역이 광합성과 해류 및 조류의 작용으로 영양염이 풍부하여 생산력이 가장 높다(좋은 어장형성). 저서어족은 저질에 따라 서식어종이 다르며 그 이유는 저질에 따라 먹이가 되는 소형생물이 다르고, 그에 따라 포식어가 달라지기 때문이다. 참돔 및 가자미는 어두운 색의 저질을 좋아하며 꽃게는 사니질, 닭새우 및 소라 등은 주로 암반이 있는 곳에 서식한다.

   라. 바닷물의 유동

   1) 수평운동 중 해류 – 회유성 어류의 회유 및 유영력이 없는 어류의 알 및 자치어를 수송함으로써 해양생물의 재생산과 산란회유에 영향을 준다.

   2) 수평운동 중 조류 – 상하층수 혼합을 촉진함으로써 생산력에 영향을 준다.

   3) 수직운동 중 연직운동(용승류와 침강류) – 영양염류가 풍부한 하층수가 표면으로 올라오게 되어 생산력이 증가한다(좋은 어장 형성).

   가) 용승류 : 깊은 수심의 물이 표층으로 올라오는 현상

   나) 침강류 : 표층수가 아래로 내려가는 현상

   마. 투명도

   바닷물의 맑고 흐림을 나타내는 것으로 지름이 30cm인 흰색 원판을 바닷물에 투입하여 원판이 보이지 않을 때까지의 깊이를 미터(m)단위로 나타낸 것이다. 수산생물의 이동분포에 영향을 준다.(예 : 정어리, 방어– 물이 흐릴 때/ 고등어, 다랑어류– 투명할 때 잘 잡힌다)

15. 양식장의 환경 특성에 관한 설명으로 옳지 않은 것은?

① 개방적 양식장은 인위적으로 환경요인을 조절하기 쉽다.

② 개방적 양식장은 외부 수질환경과 자유로이 소통한다.
③ 폐쇄적 양식장은 지리적 위치에 상관없이 특정 수산생물 양식이 가능하다.
④ 폐쇄적 양식장은 외부환경과 분리된 공간에서 인위적으로 환경요인의 조절이 가능하다.

> **정답 및 해설** ①
>
> ▶ 양식장의 환경조건에 따른 분류
>
> 1) 개방식 양식
>   ① 양식장의 환경이 주위의 자연환경에 크게 지배를 받는다
>   ② 환경의 인공적인 관리가 불가능하다
>   ③ 환경에 알맞은 생물을 선택하여 기른다
>   ④ 조개류와 같이 바닥에서 기르는 생물일 경우는 바닥의 지질, 수심, 간만의 차, 물의 흐름, 수질, 수온 등을 잘 파악하여 거기에 알맞은 생물을 선택해야 한다.
>
> 2) 폐쇄식 양식
>   ① 탱크나 비교적 작은 연못을 만들어 외부환경과는 완전히 분리시켜 환경을 인위적으로 조절하면서 양식 하는 것
>   ② 양식장의 수질환경은 그 속에 사는 양식생물의 배설물과 같은 오물의 양이 지배한다.
>   ③ 생물의 밀도가 높고 먹이를 많이 줄때에는 배설물과 먹이 찌꺼기의 양이 많아져서 수질을 빨리 오염시킨다.
>   ④ 순환여과식 양식장은 폐쇄적 양식장 중 고도로 발달한 양식방법의 한 예이다.

16. 전복을 증식 또는 양식하는 방법으로 옳지 않은 것은?
① 바닥식
② 밧줄식
③ 해상가두리식
④ 육상수조식

> **정답 및 해설** ②
>
> | 밧줄식 | 수면 아래에 밧줄을 설치하여 해조류들이 밧줄(어미줄과 씨줄)에 붙어 양식할 수 있도록 하는 방식이다.
(예 : 미역, 다시마, 모자반, 톳 등) |
> |---|---|
>
> ▶ 양식어업의 종류 – 수산업법 시행령 제8조
>   1. 해조류 양식 – 수하식, 바닥식
>   2. 패류 양식 – 가두리식, 수하식, 바닥식
>   3. 어류 등 양식 – 가두리식, 축제식, 수하식, 바닥식
>   4. 복합 양식 – 축제식, 수하식, 바닥식, 혼합식
>   5. 외해 양식 – 가두리식

17. 양식과정에서 각포자와 과포자를 관찰할 수 있는 해조류는?
① 김　　　　　　　　　　② 미역
③ 파래　　　　　　　　　④ 다시마

정답 및 해설 ①

김	1. 1년생으로 온대에서 한 대까지 조간대 지역에서 폭넓게 서식한다. 2. 염분 및 노출에 대한 적응력이 강하다. 3. 중성포자에 의한 영양번식이 특징이다. (여러 번에 걸쳐 채취가능) 4. 15℃ 이하로 내려가면 김이 급속히 성장한다. 5. 생활사 중성포자 - 수정 - 과포자낭 - 과포자 방출 - 각포자체 - 각포자낭 형성 - 각포자 방출 - 각포자 발아 - 엽체
미역	1. 우리나라 전 해역에 분포하며 1년생이다. 2. 미역양식에서 가이식의 이유 : 아포체의 성장촉진 3. 생활사 포자체 - 유주자낭 - 유주자 - 암수배우체 - 아포체 - 유엽
다시마	1. 다년생이며, 미역과 달리 여름에도 낮은 수온에서만 배양 가능하다. 2. 생활사 포자체 - 유주자낭 - 유주자 - 암수배우체 - 아포체 - 유엽

18. 우리나라에서 가장 오래된 양식 역사를 가지며 사료를 하루에 여러 번 나누어 주는 어류는?
① 잉어　　　　　　　　　② 넙치
③ 참돔　　　　　　　　　④ 방어

정답 및 해설 ①

잉어류	우리나라에서 가장 오래된 내수면 양식종이다. * 가장 많이 양식되고 있는 종류: 이스라엘 잉어(향어)

19. 양식생물이 다음과 같은 상황과 증상일 때 올바른 진단은?

> 주로 수온 20℃ 이하일 때 어류의 두부와 꼬리 부분에 솜 모양의 균사체가 붙어 있는 것이 특징이며, 세심한 주의가 부족할 때 산란된 알에도 자주 발생한다.

① 물이(Argulus)　　　　② 바이러스 질병 감염
③ 백점충 기생　　　　　④ 물곰팡이 감염

정답 및 해설 ④	
진균	물곰팡이(수생균병): 물고기에 기생하면 실같이 생긴 균사 때문에 마치 몸 표면에 솜뭉치가 붙어 있는 것같이 보인다. 물곰팡이는 물고기의 알에도 잘 기생하기 때문에 산란된 알을 부화시켜 종묘를 생산할 때에는 물곰팡이가 발생하지 못하도록 세심한 주의를 기울여야 한다. 진균성 육아종증, 위장진균증, 진균성위염, 항아리 곰팡이병 등

20. 양식생물에 기생하여 피해를 주는 기생충이 아닌 것은?

① 점액포자충 ② 아가미흡충
③ 케토세로스 ④ 닻벌레

정답 및 해설 ③	
인공종묘 생산	1. 환경에 영향을 받지 않고 종묘시기를 조절하는 등 계획적인 양식이 가능하다. 2. 먹이생물배양 ⇒ 어미확보 및 관리 ⇒ 채란부화 ⇒ 자어(유생)사육 3. 동물성 먹이생물(로티퍼)의 배양에 이용 : 클로렐라(식물성 플랑크톤) 4. 어류 초기먹이 : 물벼룩, 로티퍼, 아르테미아(동물성) 5. 패류 초기먹이 : 케토세로스, 이소크리시스 6. 어류종묘생산 : 클로렐라 ⇒ 로티퍼 ⇒ 알테미아 ⇒ 배합사료

▶ 수산질병의 분류

바이러스성 질병	양식어류에 감염되는 바이러스는 허피스바이러스, 이리도바이러스, 랍도바이러스 등이 대표적이다. 1) 허피스바이러스 : 양식동물의 표피에 작은 사마귀를 일으키는 바이러스 2) 이리도바이러스 : 감염된 양식동물이 무기력하게 유영하며 채색흑화·회색, 출혈, 안구돌출 등의 증상이 있는 바이러스 3) 랍도바이러스 : 바이러스의 모양이 총알 모양의 막대기형인 바이러스 이들 바이러스는 살아있는 세포에 기생 증식하여 항생제 등의 약제에 의한 치료가 불가능하므로 예방을 철저히 하여야 한다.
진균	물곰팡이(수생균병): 물고기에 기생하면 실같이 생긴 균사 때문에 마치 몸 표면에 솜뭉치가 붙어 있는 것같이 보인다. 물곰팡이는 물고기의 알에도 잘 기생하기 때문에 산란된 알을 부화시켜 종묘를 생산할 때에는 물곰팡이가 발생하지 못하도록 세심한 주의를 기울여야 한다. 진균성 육아종증, 위장진균증, 진균성위염, 항아리 곰팡이병 등
세균성 질병	비브리오병, 에드워드병, 연쇄구균병, 활주세균병, 장관백탁증, 세균성 아가미와 지느러미 부식병, 운동성 에로모나스 감염병 (솔방울병), 기적병, 절창병, 적점병, 백운병, 노카디아병 등
기생충성 질병	물이병, 백점병, 닻벌레병, 아가미흡충병, 피브흡충, 포자충병, 트리코디나병, 킬로도넬라병, 브루클리넬라병, 스쿠티카증, 에피스틸리스병, 익티오보도병, 아밀로오디늄병, 등
영양성 질병	아미노산의 결핍 및 과다, 필수지방산 및 인지질의 결핍, 변성된 지방에 의한 질병, 비타민 결핍, 탄수화물 과잉증 등
해조류 질병	김- 녹반병, 닭살병, 적반병, 백반병, 황반병 등

21. 다음 설명에서 공통으로 해당하는 양식 방법은?

> - 사육수를 정화하여 다시 사용한다.
> - 고밀도로 사육할 수 있다.
> - 물이 귀한 곳에서도 양식할 수 있다.

① 지수식 양식 ② 유수식 양식
③ 가두리식 양식 ④ 순환여과식 양식

정답 및 해설 ④

순환 여과식	1. 수조 내 물을 계속 순환 여과시켜 유해물질을 제거하고 산소량을 증가시켜 수산동물을 양식하는 방법 2. 양식용수의 가온, 재사용으로 빠른 성장 유도 가능 3. 초기 시설 및 가온시설의 고비용 4. 고밀도 양식이 가능하여 단위면적 당 생산량 증가 5. 폐쇄적 양식장 수질관리 : 물리적 여과 ⇒ 생물학적 여과 ⇒ 소독

22. 패류 인공종자를 생산할 때 유생에 많이 공급하는 먹이생물은?

① 아이소크리시스(Isochrysis)
② 아르테미아 (Artemia)
③ 니트로박터(Nitrobacter)
④ 로티퍼(Rotifer)

정답 및 해설 ①

▶ 종묘생산 방식

자연종묘 생산	1. 자연에서 얻은 치어나 치패 등을 양식용 종묘로 활용하는 방식 2. 방어, 뱀장어, 숭어, 참굴, 피조개, 바지락, 대합 등
인공 종묘 생산	1. 환경에 영향을 받지 않고 종묘시기를 조절하는 등 계획적인 양식이 가능하다. 2. 먹이생물배양 ⇒ 어미확보 및 관리 ⇒ 채란부화 ⇒ 자어(유생)사육 3. 동물성 먹이생물(로티퍼)의 배양에 이용 : 클로렐라(식물성 플랑크톤) 4. 어류 초기먹이 : 물벼룩, 로티퍼, 아르테미아(동물성) 5. 패류 초기먹이 : 케토세로스, 이소크리시스 6. 어류종묘생산 : 클로렐라 ⇒ 로티퍼 ⇒ 알테미아 ⇒ 배합사료

23. 면허어업에 해당하는 것은?

① 나잠어업 ② 정치망어업
③ 연안자망어업 ④ 대형저인망어업

정답 및 해설 ②

▶ 수산업법상 어업의 법적 관리제도

	유효기간	부여	특징 및 종류
면허어업	10년	어업권	1. 어업권을 취득한 날부터 1년 이내에 어업 시작 2. 시장·군수·구청장 면허(단, 외해양식어업은 해양수산부장관이 면허) 3. 정치망 : 대통령령으로 정하는 어구를 일정한 장소에 설치한다. 4. 해조류, 패류, 어류 등(패류 제외)양식을 2종 이상 복합양식, 외해양식어 5. 어장의 수심한계(마을, 협동양식) 및 어업의 종류 : 대통령령 6. 나머지 어장의 수심과 그 이외의 것은 해양수산부령으로 정하는 범위에서 해당 시·군·구의 조례로 정할 수 있다.

허가어업	5년	영업권	1. '특정인에게 해제, 금지해제'
			2. 원양, 근해, 육상해수양식, 종묘생산어업, 연안, 구획어업
			  1) 근해어업, 원양어업 : 해양수산부장관의 허가(단, 외국합작설립법인으로 원양어업 하고자 하는 자는 해양수산부장관에게 신고하여야 한다)
			  2) 연안어업 : 시·도지사 허가
			  3) 구획어업 : 시장·군수·구청장 허가

해양수산부장관	시·도지사	시장·군수·구청장
1. 총톤수 10톤 이상의 동력어선 2. 수산자원을 보호하고 어업조정을 하기 위해 특히 필요하여 대통령령으로 정하는 총톤수 10톤 미만 동력어선 '근해어업' 어선·어구마다	1. 무동력어선 2. 총톤수 10톤 미만의 동력어선 '연안어업' 어선·어구마다	1. 구획어업-5톤 미만 동력어선 (범선) 2. 육상해수양식어업 어선·어구·시설마다

| 신고어업 | 5년 | 신고필증 | 어업신고의 유효기간은 신고를 수리한 날부터 5년으로 한다.
나잠(해녀), 맨손, 투망, 통발, 외줄낚시, 육상양식어업, 육상종묘생산어업 |

24. 수산업법령상 어업과 관리제도가 옳게 연결된 것은?

① 맨손어업 - 허가어업
② 마을어업 - 신고어업
③ 구획어업 - 허가어업
④ 연안어업 - 신고어업

정답 및 해설 ③

25. 어류의 생활사 중 해수와 담수를 왕래하는 어종의 관리를 위하여 설립된 국제수산관리 기구는?

① 전미 열대 다랑어 위원회(IATTC)
② 태평양 연어 어업 위원회(PSC)

③ 국제 포경 위원회(IWC)
④ 태평양 넙치 위원회(IPHC)

> **정답 및 해설** ③
>
> ▶ 국제어업관리
>
> | | | |
> |---|---|---|
> | 경계왕래 어족 | EEZ에 서식하는 동일어족 또는 관련 어족이 2개국 이상의 EEZ에 걸쳐서 식할 경우 당해 연안국들의 협의에 의해 조정 | 오징어, 명태, 돔 |
> | 고도 회유성 어족 | 고도회유성 어종을 어획하는 연안국은 EEZ와 인접 공해에서 어족의 자원을 보호하고 국제기구와 협력 | 참치 |
> | 소하성 어족 | 모천국이 1차적 이익과 책임을 지님. 자국의 EEZ에 있어 어업규제 권한과 보존의 의무를 함께 지님.
EEZ 밖의 수역인 공해나 다른 인접국가의 EEZ에서는 모천국이라도 어획 금지 됨 | 연어 |
> | 강하성 어족 | 강하성 어족이 생장기 대부분 보내는 수역을 가진 연안국이 관리 책임을 지고 회유하는 어종이 출입할 수 있도록 해야 함. | 뱀장어 |

제7회 기출 문제

1. 수산업의 산업적 특성으로 옳지 않은 것은?

① 생산의 확실성
② 생산물의 강부패성
③ 노동 및 자본의 비유동성
④ 수산자원 및 어장의 공유재산적 성격

> **정답 및 해설** ①
>
> 수산업의 특성
> 1. 대부분 정착하지 않고 이동하는 특성이 있기 때문에 소유하는 주인이 정해져 있지 않다.
> 2. 수산생물 자원은 관리를 효율적으로 하면 지속적으로 생산할 수 있는 특징이 있다.
> 3. 수산 동식물은 이동하기 때문에 관리가 쉽지 않을 뿐 아니라 생산하는 수역의 해황 변화, 어장의 조건과 해양환경은 물론이고 수산 동식물의 생활사 및 생산시기가 다르다. 또 수산물의 생산량이 일정하지 않기 때문에 생산된 수산물 관리를 위한 기술도 함께 발전되고 있다.
> 4. 생산물이 부패, 변질하기 쉽고 자연 채취물이 그대로 상품화되므로 계획적인 생산이 용이하지 않으며 모든 생산품을 일정한 규격을 갖춘 제품으로 만들 수 없는 특징이 있다.
> 5. 넓은 의미에서 수산업은 국가의 기간산업이다.

2. 다음에서 설명하는 수산업 정보 시스템은?

> 지리 공간 데이터를 분석·가공하여 교통·통신 등과 같은 지형 관련 분야에 활용할 수 있는 시스템이다.

① USN
② SMS
③ GIS
④ RFID

> **정답 및 해설** ③

3. 수산 자원 관리에서 가입관리에 해당되는 요소는?

① 시비
② 수초 제거
③ 망목 제한
④ 먹이 증강

> **정답 및 해설** ③

Point 기출문제

4. 우리나라의 종자 배양장에서 인공 종자를 생산하여 방류하고 있는 품종을 모두 고른 것은?

| ㄱ. 넙치 | ㄴ. 전복 | ㄷ. 연어 | ㄹ. 보리새우 |

① ㄱ, ㄴ
② ㄱ, ㄷ
③ ㄴ, ㄷ, ㄹ
④ ㄱ, ㄴ, ㄷ, ㄹ

정답 및 해설 ④

인공종묘 방류 : 종묘배양장을 설치하여 인공부화된 새끼를 일정기간 보호한 후 적정 크기까지 성장하면 새끼를 방류한다.

5. 수산 생물의 생태적 분류가 아닌 것은?

① 저서 생물
② 편형 생물
③ 유영 생물
④ 부유 생물

정답 및 해설 ②

6. 다음에서 설명하는 계군 분석 방법은?

○ 계군의 이동 상태를 직접 파악할 수 있어 매우 좋은 계군 식별 방법이다.
○ 두 해역 사이에 어군이 교류하고 있다는 것을 추정할 수 있다.

① 표지 방류법
② 생태학적 방법
③ 형태학적 방법
④ 어황의 분석에 의한 방법

정답 및 해설 ①

표지방류법

어류에 표지를 달아서 방류하여 어류의 이동범위·경로·회유속도·성장속도·재포율(再捕率) 등을 알기 위한 방법

7. 수산 자원량을 추정하는 방법 중 총량추정법이 아닌 것은?

① 어탐법
② 간접조사법
③ 상대지수 표시법
④ 잠재적 생산량 추정법

정답 및 해설 ③

8. 어선 설비 중 항해 설비가 아닌 것은?
① 컴퍼스　　　　　　　　② 양묘기
③ 레이더　　　　　　　　④ 측심의

정답 및 해설 ②

▶ 어선의 설비

항해설비(캠퍼스, 선속계, 측심기 등), 통신설비(GPS, 레이더, 로란 등), 기관설비(디젤기관, 냉동장치, 발전기 등), 하역설비(데릭장치), 정박설비(닻, 양묘기, 계선줄, 체인로커 등), 조타설비(키, 조타장치, 자이로캠퍼스), 구명설비(구명정, 구명뗏목, 구명부환, 구명동의, 조난신호장비) 등이 있다.

9. 끌그물 어법이 아닌 것은?
① 트롤　　　　　　　　　② 봉수망
③ 기선저인망　　　　　　④ 기선권현망

정답 및 해설 ②

▶ 끌그물어법(예망, 범선저인망)

발전단계 : 범선저인망 ⇒ 기선저인망 ⇒ 범트롤 ⇒ 오터트롤

한 척 또는 두 척의 어선으로 어구를 수평방향으로 임의시간 동안 끌어 어획하는 방법

가. 기선권현망 : 연안 표중층 부근의 멸치

나. 기선저인망 : 쌍끌이 기선저인망, 외끌이 기선저인망

다. 트롤어법 : 그물어구를 입구를 수평방향으로 전개판을 사용하여 한 척의 선박으로 조업하며 가장 발달된 형태의 끌그물어법이다.

 1) 공선식 트롤선 : 어장이 멀어짐에 따라 채산성을 높이기 위해 어장에 장기간 머물며 어획물을 선내에서 완전히 처리 및 가공할 있는 설비가 갖추어진 어선이다. 급속냉동, 통조림, 필렛, 어분 등의 제조 및 가공시설을 선내에 갖추고 있다.

10. 가장 먼 거리를 나타내는 도량형 단위는?
① 1미터　　　　　　　　② 1야드
③ 1해리　　　　　　　　④ 1마일

정답 및 해설 ③

11. 유기물을 박테리아에 의해 산화시키는데 필요한 산소량을 측정하여 오염의 정도를 나타내는 수질오염 지표는?

① COD ② BOD
③ DO   ④ SS

정답 및 해설 ②

용존산소(BOD)

용존산소는 호흡과 대사 작용에 필수요소이며, 표층수일수록 많고, 하층수일수록 적다. 용존산소가 결핍되면 생물의 성장이 늦어지고 심한 경우에는 죽게 된다.

용존산소량의 증가 요인 : 수온↓, 염분↓, 기압↑, 유기물↓

유기물을 박테리아에 의해 산화시키는데 필요한 산소량을 측정하여 오염의 정도를 나타내는 수질 오염 지표

12. 다음에서 설명하는 양식 생물은?

○ 주로 동해와 남해에 서식한다.
○ 알에서 부화한 유생은 척삭 또는 척색을 지닌다.
○ 신티올(cynthiol)로 인해 특유의 맛을 낸다.

① 참굴   ② 해삼
③ 참전복 ④ 우렁쉥이

정답 및 해설 ④

우렁쉥이	1. 암·수 한 몸으로 알과 정자를 체외로 방출하여 수정한다. 2. 남해안, 동해안의 외양의 바위나 돌에 서식하는 척색동물 3. 생활사 [수정란- 2세포기- 올챙이형 유생(척색 발생)- 척색소실- 부착기 유생- 입·출수공 생성] 4. 타우린, 신티올, 바나듐, 글리코겐, EPA 및 DHA 등의 성분 포함

13. 양식 어류의 세균성 질병이 아닌 것은?

① 비브리오병   ② 에드워드병

③ 에로모나스병 ④ 림포시스티스병

정답 및 해설 ④

어류의 질병

1. 림포시스티스병 : 바이러스성 질병이다.
2. 에어로모나스병 : 어류양식에서 발병하는 세균성 질병(외부에서 세균의 침입에 의해 나타나는 질병)
3. 에드워드병 : 넙치, 돔류, 조피볼락 등의 해산어류에 감염되어 항문이 붉어지고 복부가 팽창되며 탈장을 특징으로 하는 세균성 질병
4. 비브리오병 : 많은 종류의 해산어류에 감염되어 몸 표면이나 근육조직에 출혈이 일어나 몸 표면이 붉은색을 띠게 할 뿐만 아니라 만성의 경우 궤양을 형성하는 세균성 질병으로 주로 수온이 상승한 여름철에 현저히 발생률이 높다.

14. 인공 종자 생산을 위한 먹이 생물이 아닌 것은?
① 로티퍼　　　　　　　　　　② 아르테미아
③ 케토세로스　　　　　　　　④ 렙토세파르스

정답 및 해설 ④

뱀장어

1. 바다에서 부화하여 해류를 따라 부유생활을 하면서 유생기를 보내다가 이른 봄에 담수로 올라오는 것을 잡아 종묘로 이용한다.
2. 부화유생은 버들잎 모양으로 렙토세팔루스(Leptocephalus)라 하는데, 자라면서 해류를 따라 연안으로 이동한다.

15. 양식 대상종 중 새끼를 낳는 난태생인 것은?
① 넙치　　　　　　　　　　　② 참돔
③ 조피볼락　　　　　　　　　④ 참다랑어

정답 및 해설 ③

난생	잉어, 연어, 송어, 미꾸라지, 틸라피아, 감성돔, 넙치, 자주복, 대구, 명태 등의 대부분의 어류
난태생	볼락류, 망상어류, 학공치류, 가오리, 청상아리, 은상어, 별상어, 곱상어과, 신락상어과 등
태생	흉상어, 개상어, 귀상어(보통 큰 상어들은 태생에 해당된다) 및 바다 포유류

16. 수온이 연중 20℃ 이상 유지되는 중남미의 태평양 연안이 원산지인 광염성 새우는?

① 대하② 보리새우
③ 징거미새우④ 흰다리새우

> **정답 및 해설** ④

17. 양식 어류 중 육식성이 아닌 것은?

① 방어② 초어
③ 뱀장어④ 무지개송어

> **정답 및 해설** ②

18. 해조류 양식 방법이 아닌 것은?

① 말목식② 밧줄식
③ 흘림발식④ 순환여과식

> **정답 및 해설** ④순환여과식 양식
> 수조 속의 같은 물을 계속 순환·여과시켜서 많은 수산동물을 양식하는 방법. 수중의 유해물질을 제거하면서 한편으로는 용존산소(溶存酸素)를 늘려 적은 수량으로 많은 수산동물을 양식하는 것을 목적으로 한다. 원래는 수족관이나 가정에서 관상용 어류를 기르는 데 많이 쓰였으나, 최근에는 이 방법으로 여러 종류의 수산동물을 양식하게 되었다.

19. 수산양식에서 담수의 일반적인 염분 농도 기준은?

① 0.5 psu 이하② 1.0 psu 이하
③ 1.5 psu 이하④ 2.0 psu 이하

> **정답 및 해설** ①
> 내륙의 호수나 하천수는 일반적으로 염분 함량이 대단히 적은데, 이것을 담수라 한다.
> 대개 0.5‰이하의 염분을 함유하는 것을 담수라고 하지만 일정한 것은 아니며, 사막지대의 오아시스에서 나오는 담수는 1‰를 넘는 일도 있다.

20. 서로 다른 2개의 해류가 접하고 있는 경계에서 주로 형성되는 어장은?

① 조경 어장② 용승 어장

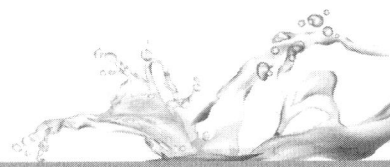

③ 와류 어장 ④ 대륙붕 어장

정답 및 해설 ①

조경어장 (해양 전선어장)	1. 조경 : 특성이 서로 다른 2개의 해수덩어리 또는 해류 (한류와 난류)가 서로 인접하고 있는 경계 2. 원리 : 고밀도의 한류는 한랭하고 무거워서 난류 밑으로 들어가는 형태가 되어 조경수역이 형성된다. 3. 조경수역은 두 해류가 서로 불연속선을 이루고 이로 인해 부분적 소용돌이가 생겨 상하층수의 수렴, 발산 현상이 일어나 먹이생물이 다양하여 어족이 풍부하다. 4. 서해에는 난류가 약하고 고위도에서 형성되어 남하하는 한류가 없으므로, 조경수역이 나타나지 않는다. 예) 세계적 조경어장- 북태평양어장, 뉴펀들랜드어장, 북해어장, 남극해어장, 대한해협 일대, 동해안

21. 다음은 수산업법상 허가어업에 관한 설명이다. ( ) 에 들어갈 내용으로 옳은 것은?

총톤수 (ㄱ) 이상의 동력어선 또는 수산자원을 보호하고 어업조정을 하기 위하여 특히 필요하여 (ㄴ)으로 정하는 총톤수 (ㄱ) 미만의 동력어선을 사용하는 어업을 하려는 자의 어선 또는 어구가 대상이다.

① ㄱ: 8톤, ㄴ: 대통령령
② ㄱ: 8톤, ㄴ: 해양수산부령
③ ㄱ: 10톤, ㄴ: 대통령령
④ ㄱ: 10톤, ㄴ: 해양수산부령

정답 및 해설 ③

허가
어업
	5년	영업권	1. '특정인에게 해제, 금지해제'
			2. 원양, 근해, 육상해수양식, 종묘생산어업, 연안, 구획어업
			(암기법 : 원근육해종연구)
			  1) 근해어업, 원양어업 : 해양수산부장관의 허가
			(단, 외국합작설립법인으로 원양어업 하고자 하는 자는 해양수산부장관에게 신고하여야 한다)
			  2) 연안어업 : 시·도지사 허가
			  3) 구획어업 : 시장·군수·구청장 허가		

			해양수산부장관	시·도지사	시장·군수·구청장
			1. 총톤수 10톤 이상의 동력어선 2. 수산자원을 보호하고 어업조정을 하기 위해 특히 필요하여 대통령령으로 정하는 총톤수 10톤 미만 동력어선 '근해어업' 어선·어구마다	1. 무동력어선 2. 총톤수 10톤 미만의 동력어선 '연안어업' 어선·어구마다	1. 구획어업-5톤 미만 동력어선 (범선) 2. 육상해수양식어업 어선·어구·시설마다

22. 다음에서 설명하는 어업은?

> 조류가 빠른 곳에서 어구를 고정하여 설치해 두고, 강한 조류에 의하여 물고기가 강제로 어구 속으로 들어가도록 하는 강제 함정 어법이다.

① 안강망 어업
② 근해선망 어업
③ 기선권현망 어업
④ 꽁치걸그물 어업

정답 및 해설 ①

강제함정어법: 물의 흐름이 빠른 곳에 어구를 고정하여 설치해두고 조류에 밀려 강제적으로 그물이 들어가게 하는 어법

1) 고정어구 : 죽방렴, 안강망
2) 이동어구 : 안강망(주목망에서 발달한 형태), 그 밖에 미로함정어법, 기계함정어법, 공중함정어법 등이 있다.

23. 수산 자원 관리와 관련된 용어와 명칭의 연결이 옳은 것은?

① MSY – 최대순경제생산량
② MEY – 최대지속적생산량
③ OY – 최대생산량
④ ABC – 생물학적허용어획량

정답 및 해설 ④

ABC : Acceptable Biological

생물학적 최대생산량 : 현재의 조건 하에서 과학적인 예측에 기반을 두고 계절마다 정해지는 생산량 또는 생산범위를 의미한다.

24. 수산업법령상 신고어업인 것은?

① 잠수기 어업
② 나잠 어업
③ 연안선망 어업
④ 근해자망 어업

정답 및 해설 ②

| 신고어업 | 5년 | 신고필증 | 어업신고의 유효기간은 신고를 수리한 날부터 5년으로 한다. 나잠(해녀), 맨손, 투망, 통발, 외줄낚시, 육상양식어업, 육상종묘생산어업 |

25. 국제해양법상 배타적 경제수역(EEZ)의 어족 관리를 위한 어족과 어종의 연결이 옳지 않은

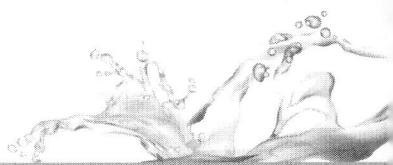

것은?
① 정착성 - 조피볼락
② 강하성 - 뱀장어
③ 소하성 - 연어
④ 고도 회유성 - 가다랑어

정답 및 해설 ①

경계왕래 어족	EEZ에 서식하는 동일어족 또는 관련 어족이 2개국 이상의 EEZ에 걸쳐 서식할 경우 당해 연안국들의 협의에 의해 조정	오징어, 명태, 돔
고도 회유성 어족	고도회유성 어종을 어획하는 연안국은 EEZ와 인접 공해에서 어족의 자원을 보호하고 국제기구와 협력	참치
소하성 어족	모천국이 1차적 이익과 책임을 지님. 자국의 EEZ에 있어 어업규제 권한과 보존의 의무를 함께 지님. EEZ 밖의 수역인 공해나 다른 인접국가의 EEZ에서는 모천국이라도 어획금지 됨	연어
강하성 어족	강하성 어족이 생장기 대부분 보내는 수역을 가진 연안국이 관리 책임을 지고 회유하는 어종이 출입할 수 있도록 해야 함.	뱀장어

제8회 기출 문제

1. 수산업·어촌 발전 기본법상 소금생산업이 해당하는 수산업의 종류는?
  ① 양식업
  ② 어업
  ③ 수산물 가공업
  ④ 수산업 유통업

  정답 및 해설 ②
  어업: 수산 동식물을 포획·채취하거나 양식하는 사업과 염전에서 바닷물을 증발시켜 소금을 생산하는 사업을 말한다.

2. 수산업·어촌의 공익적 기능을 모두 고른 것은?

| ㄱ. 해양영토 수호 | ㄴ. 수산물 생산 |
| ㄷ. 해양환경 보전 | ㄹ. 어촌사회 유지 |

  ① ㄱ, ㄴ, ㄷ
  ② ㄱ, ㄴ, ㄹ
  ③ ㄱ, ㄷ, ㄹ
  ④ ㄴ, ㄷ, ㄹ

  정답 및 해설 ③

3. 다음 중 3년간(2017 ~ 2019) 우리나라 수산물 수급에 관한 설명으로 옳은 것은?
  ① 수입량이 수출량보다 많다.
  ② 수요량(국내소비 + 수출)보다 국내 생산량이 많다.
  ③ 국민 1인당 소비량이 대폭 감소하고 있다.
  ④ 수산물 자급율이 높아지고 있다.

  정답 및 해설 ①

4. 수산물에 관한 설명으로 옳지 않은 것은?
  ① 수산물은 건강기능 성분을 대부분 포함하고 있다.
  ② 수산물은 부패하기 쉽다.
  ③ 우리나라 어선어업 생산량은 계속 증가하고 있다.
  ④ 수산물은 단백질 공급원이다.

> **정답 및 해설** ③

5. 수산관계법령상 수산자원관리 수단이 아닌 것은?

① 그물코 규격 제한
② 항해 안전 장비 제한
③ 포획·채취 금지 체장
④ 포획·채취 금지 기간

> **정답 및 해설** ②
> ○ 수산자원의 포획·채취 금지 기간·구역·수심·체장·체중 등과 특정 어종의 암컷의 포획·채취금지의 세부내용은 대통령령으로 정한다. (제14조 포획, 채취금지조항)
> ○ 그물코 규격제한: 해양수산부장관 또는 시·도지사로부터 제3항 단서에 따라 2중 이상 자망 이상의 사용승인을 받은 자가 사용 해역·사용기간 및 시기, 사용어구의 규모와 그물코의 규격 사항을 위반한 때에는 그 승인을 취소할 수 있다. 이 경우 승인이 취소된 자에 대하여는 취소한 날부터 1년 이내에 2중 이상 자망의 사용 승인을 하여서는 아니 된다.

6. 우리나라 수산업에 관한 설명으로 옳지 않은 것은?

① 우리나라 경제개발에 기여하였다.
② 한·중·일 어업협정으로 어장이 축소되었다.
③ 최근 양식산업에 IT 등 첨단기술이 융합되고 있다.
④ 수산업 인구가 점점 늘어날 전망이다.

> **정답 및 해설** ④

7. 다음 ( )에 들어갈 단어를 순서대로 옳게 나열한 것은?

> 수산 생물 자원은 (ㄱ)으로 (ㄴ)을 하고 있기 때문에 적절히 관리를 하면 영구히 이용할 수 있는 특징을 갖고 있다.

① ㄱ: 타율적, ㄴ: 재생산
② ㄱ: 타율적, ㄴ: 일회성생산
③ ㄱ: 자율성, ㄴ: 재생산
④ ㄱ: 자율적, ㄴ: 이회성생산

> **정답 및 해설** ③

Point 기출문제

8. 다음에서 설명하고 있는 수산생물의 종류는?

> ○ 대표적인 어종으로 새우, 게 가재 등이 있다.
> ○ 대부분 암수 딴 몸이고, 알을 직접 물속에 방출하는 종류와 배 쪽에 부착시키는 종류 등이 있다.

① 연체류　　　　　　　　　　② 해조류
③ 어류　　　　　　　　　　　④ 갑각류

정답 및 해설 ④

① 연체류: 모시조개, 전복, 조개, 굴, 오징어, 문어 등 몸이 연하다.
② 해조류: 연안의 깊이가 얕은 곳에서 나는 조류
③ 어류: 바다 척추동물 중 가장 많은 종류의 개체가 있다. 어류에는 경골어류, 연골어류가 있다. 경골 어류(고등어 꽁치, 전갱이, 전어, 뱀장어, 복어 등) 연골어류(홍어, 가오리 상어 등)
④ 갑각류: 수산생물 종 중가장 많은 수를 차지한다(새우, 게, 가재 등이 있다.)

9. 다음에서 설명하는 것은?

> ○ 어획 대상종의 풍도를 나타내는 추정치
> ○ 어업에 투입된 어획노력량에 대한 어획량

① 단위 노력당 어획량(CPUE)　　　② 최대 지속적 생산량(MSY)
③ 최대 경제적 생산량(MEY)　　　④ 생물학적 허용 어획량(ABC)

정답 및 해설 ①

② 최대 지속적 생산량(MSY): 일정한 환경조건 하에 어류의 지속적인 최대생산량
③ 최대 경제적 생산량(MEY) : 경제적으로 가장 큰 이익을 가져다주는 생산량, 가장 높은 경제적 이익을 얻기 위한 이론이다.
④ 생물학적 허용 어획량(ABC): 현재의 조건 하에서 과학적인 예측에 기반을 두고 계절마다. 정해지는 생산량 또는 생산범위를 의미한다.

10. 우리나라의 해역별 주요 어종 및 어업 종류가 옳게 연결된 것은?

① 서해 - 도루묵 - 채낚기어업　　　② 남해 - 멸치 - 죽방렴어업
③ 동해 - 낙지 - 쌍끌이저인망어업　④ 서남해 - 대게 - 잠수기어업

정답 및 해설 ②

11. 얕은 수심과 빠른 조류를 이용하는 안강망 어업과 꽃게 자망 어업 등이 주로 행해지고 있는 해역은?
① 동해
② 남해
③ 서해
④ 제주

정답 및 해설 ③
서해는 조수간만의 차가 심하다.(수심이 100m 이내로) 안강망, 쌍끌이 기선저인망, 트롤어법, 꽃게 자망(걸그물, 두릿그물(선망))

12. 초음파가 가지는 직진성, 등속성, 반사성 등을 이용하여 어군의 존재와 위치 등을 탐색하는 기기는?
① 양망기
② 어구 조작용 기계 장치
③ 어구 관측 장치
④ 어군 탐지기

정답 및 해설 ④
① 양망기: 그물을 올리는 장치로 자망용양망기, 건착망용 양망기, 정치망용양망기 등
② 어구 조작용 기계 장치: 어구를 직접 다루는 기계류로서 양승기, 양망기, 트롤윈치(trawl winch)데릭 등이 있다.
③ 어구 관측 장치: 물 등 어구의 동작상태를 파악하기 위하여 사용하는 장치로서 어구의 전개상태, 해저와 어구의 상대적 위치, 어군의 양, 전개판 사이의 간격 등을 알려 준다.

13. 우리나라 동해안 수심 800 ~ 2,000m에서 대형 통발 어구로 어획하는 어종은?
① 대하
② 꽃게
③ 붉은 대게
④ 오징어

정답 및 해설 ③
③ 붉은 대게: 붉은 대게통발 동해에서 수심 800~2,000m 해저에서 주로 서식한다.

14. 수산자원관리에서 어획노력량 규제에 해당되지 않은 것은?

① 어구 제한   ② 어선의 크기 제한
③ 출어 횟수 제한   ④ 어획량 제한

> **정답 및 해설** ④
>
> 어획노력량 규제: 어업면허, 허가정수, 어선선복량, 어구실명제, 어구규모제한, 그물코규격제한, 포획금지기간, 어구사용금지기간

15. 양식생물과 양식방법의 연결이 옳지 않은 것은?

① 굴 – 수하식   ② 멍게 – 흘림발식
③ 바지락 – 바닥식   ④ 조피볼락 – 가두리식

> **정답 및 해설** ②
>
> 수하식(굴, 담치, 우렁쉥이, 멍게 등 부착성 동물을 조가비 등의 부착기에 착생시킨 다음 이 부착기를 다시 줄에 꿰어 뗏목이나 뜸에 매달아 수하하는 방식)
>
> 바닥식(백합, 바지락, 피조개, 고막, 해삼, 소라 등 저서동물 양식에 적합하다)
>
> 가두리식(조피볼락, 감성돔, 참돔, 송어, 농어, 광어, 방어 등 양식)
>
> 흘림발식(배와 함께 바람·물 흐름에 따라 이리저리 떠다니면서 물고기가 그물코에 걸리거나 감싸이게 하는 그물)

16. 알과 정액을 인공적으로 수정시켜 종자를 생산하는 양식 어류가 아닌 것은?

① 조피볼락   ② 감성돔
③ 넙치   ④ 무지개송어

> **정답 및 해설** ①
>
> 조피볼락은 정착성 어류이며, 난태생(새끼를 낳는)이다. 대량 인공종묘생산이 가능하고 가두리 양식을 주로 한다.

17. 폐쇄식 양식장에서 인위적으로 온도를 조절하기 위한 장치를 모두 고른 것은?

| ㄱ. 순환펌프 | ㄴ. 보일러 | ㄷ. 냉각기 | ㄹ. 공기주입장치 |

① ㄱ, ㄴ   ② ㄱ, ㄹ
③ ㄴ, ㄷ   ④ ㄷ, ㄹ

> **정답 및 해설** ③

ㄱ) 탱크나 비교적 작은 연못을 만들어 외부환경과는 완전히 분리시켜 환경을 인위적으로 조절하면서 양식 하는 것
ㄴ) 순환 여과식 양식장은 폐쇄적 양식장 중 고도로 발달한 양식방법의 한 예이다.

18. 양식사료 비용이 가장 적게 들어가는 양식장은?

① 사료계수 1.5를 유지하는 양식장
② 사료효율 55%를 유지하는 양식장
③ 사료계수 2.0을 유지하는 양식장
④ 사료효율 60%를 유지하는 양식장

정답 및 해설 ①

사료 계수가 낮을수록 비용이 적게 들어간다. 사료계수는 보통 1.5를 유지 한다.

19. 양식생물의 질병 중 병원체 감염이 아닌 것은?

① 넙치 백점병
② 잉어 등여윔병
③ 조피볼락 연쇄구균증
④ 참돔 이리도 바이러스

정답 및 해설 ②

20. 다음에서 설명하는 양식 어류의 먹이생물은?

> o 녹조류의 미세 단세포 생물 (3 ~ 8 μm)
> o 종자를 생산할 때 로티퍼의 먹이로 이용

① 니트로소모나스(Nitrosomonas)
② 코페포다(Copepoda)
③ 클로렐라(Chlorella)
④ 알테미아(Artemia)

정답 및 해설 ③

① 니트로소모나스(Nitrosomonas): 폐수에 들어 있는 질소를 생물학적으로 없애는 데 쓴다.
② 코페포다(Copepoda): 동물성 플랑크톤으로 바다, 호수, 강물이 있는 곳에 볼 수 있다.
③ 클로렐라(Chlorella): 민물에 자라는 녹조류에 속하는 단세포 생물로서 플랑크톤의 일종으로 단백질, 엽록소, 비타민, 무기질, 아미노산 등 각종 영양소가 풍부하다.
④ 알테미아(Artemia): 갑각류 유생의 먹이로 사용한다.

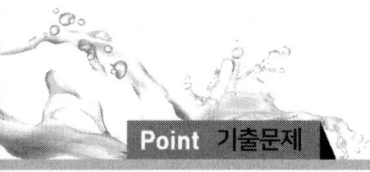

21. 양식 활어를 수송할 때 주의할 점이 아닌 것은?
① 산소의 공급
② 오물의 제거
③ 적당한 습도 유지
④ 적정 수온보다 높게 유지

정답 및 해설 ④

양식활어를 수송 고려사항: 저온유지, 산소보충, 오물제거, 상처예방, 위생관리

22. 우리나라 동해안 영일만 이북에서 생산되는 냉수성 양식 패류는?
① 참굴
② 피조개
③ 바지락
④ 참가리비

정답 및 해설 ④

참가리비는 해저경사가 완만하고 저질은 사력질(모래와 자갈, 패각 부스러기)로 개펄의 함유가 30%이하인 곳 수심이 30m 이하로 오염의 우려가 없는 곳에 서식한다.

23. 유엔 식량농업기구의 IUU(불법·비보고·비규제)어업 국제 행동계획에 관한 설명으로 옳지 않은 것은?
① 모든 국가는 의무적으로 따라야 한다.
② 불법어업 근절을 위한 국제기구 활동이다.
③ IUU어업 대한 시민사회 관심이 늘어나고 있다.
④ 지속 가능한 어업을 위해 필요한 조치이다.

정답 및 해설 ①

24. 총호용어획량(TAC) 제도에 관한 설명으로 옳은 것은?
① 양식수산물 생산량 조절에 활용되고 있다.
② 어종별로 연간 어획량을 제한한다.
③ 수산자원의 자연사망을 관리한다.
④ 우리나라 전통적인 수산자원관리 제도이다.

정답 및 해설 ②

② Total Allowable Catch 수산자원을 합리적으로 관리하기 위해 어종별로 연간 어획할 수 있는 상한선을 정하고 어획량이 목표치에 이르면 어업을 종료시키는 제도

25. 수산업법상 어업 관리제도가 아닌 것은?

① 자유어업
② 면허어업
③ 신고어업
④ 허가어업

정답 및 해설 ①

② 면허어업: 어업을 하려는자는 시장·군수·구청자의 면허를 받아야 한다. 다만, 외해양식어업을 하려는 자는 해양수산부장관의 면허를 받아야 한다.(정치망어업, 해조류양식어업, 패류양식어업 등)

③ 신고어업: 어업으로서 대통령령으로 정하는 어업을 하려면 어선·어구 또는 시설마다. 시장·군수·구청자에게 해양수산부령으로 정하는 바에 따라 신고하여야 한다. 어업신고 유효기간은 신고를 수리한 날부터 5년으로 한다.
나잠(해녀), 맨손, 투망, 통발, 외줄낚시. 육상양식업, 육상종묘생산어업

④ 허가어업: ㄱ)해양수산부장관의 허가(근해어업, 원양어업) ㄴ)시·도지사의 허가(연안어업, 해상종묘생산어업) ㄷ)시장·군수·구청장(구획어업) ㄹ)허가어업의 유효기간: 5년

제9회 기출 문제

1. 해양의 조간대에 관한 설명으로 옳지 않은 것은?
   ① 일차 생산력이 높다.
   ② 환경 변화가 크지 않아 안전적이다.
   ③ 최고조선과 최저조선 사이에 해당한다.
   ④ 연직 범위는 조석의 크기에 따라 지역적으로 크게 변한다.

   정답 및 해설 ②

2. 다음 중 5년간(2016 ~ 2020년) 우리나라 어선어업에서 가장 많이 어획된 어종은?
   ① 갈치　　　② 멸치　　　③ 참조기　　　④ 청어

   정답 및 해설 ②

3. 다음 중 수산업법에서 정의하는 수산업을 모두 고른 것은?

ㄱ. 어업	ㄴ. 양식업	ㄷ. 어획물운반업
ㄹ. 수산물가공업	ㅁ. 수산물유통업	

   ① ㄱ, ㄴ, ㅁ　② ㄷ, ㄹ, ㅁ　③ ㄱ, ㄴ, ㄷ, ㄹ　④ ㄱ, ㄴ, ㄷ, ㄹ, ㅁ

   정답 및 해설 (수산업법 제2조)
   ㄱ. 어업: 수산 동식물을 포획·채취하거나 양식하는 사업과 염전에서 바닷물을 증발시켜 소금을 생산하는 사업
   ㄴ. 양식업: 김, 미역, 다시마, 톳, 굴, 바지락, 꼬막, 피조개, 전복, 뱀장어, 향어, 방어, 돔, 넙치, 조기, 참치 등 다양한 양식업
   ㄷ. 어획물운반업: 어업현장에서 양육지까지 어획물이나 그 제품을 운반하는 사업
   ㄹ. 수산물가공업: 수산동식물을 직접원료 또는 재료로 하여 식료, 비료, 호료, 유지 또는 가죽을 제조하거나 가공하는 사업
   ㅁ. 수산물유통업: 수산물의 도매·소매 및 이를 경영하기 위한 보관·배송·포장과 이와 관련된 정보·용역의 제공 등을 목적으로 하는 사업

4. 수산 생물 자원 중 어선어업의 어획 대상종인 어류에 관한 설명으로 옳지 않은 것은?
   ① 갱신 가능 자원이다.
   ② 효율적으로 이용하기 위한 공동 노력이 필요 없다.

③ 대부분 이동성을 가지고 있다.
④ 대부분 주인이 정해져 있지 않다.

> **정답 및 해설** ②
> 재생자원으로서 스스로 성장·번식함으로서 자원의 연구적 보존이 가능하다.

5. 수산업에 관한 설명으로 옳지 않은 것은?
① 경제적 이익을 목적으로 수산 동식물을 대상으로 이루어지는 생산 활동이다.
② 여러 분야의 산업과 밀접한 관련이 있다.
③ 각 연안국의 배타적경제수역(EEZ) 선포로 어장이 확대되었다.
④ 회유어종인 경우 인접국과 협조 체제가 필요하다.

> **정답 및 해설** ③
> 수산업에 관한 기본제도를 정하여 수산자원 및 수면을 종합적으로 이용하여 생산성을 향상시키고 수산업 발전과 어업의 민주화를 도모하는 것을 목적으로 한다.

6. 수산자원의 단위인 계군을 구별하는 방법 중 생태학적 방법이 아닌 것은?
① 산란생태　　② 분포　　③ 회유로　　④ 유전적 조성

> **정답 및 해설** ④
> 생태학적 방법: 각 계군의 생활사를 비롯하여 산란기나 산란장의 차이 체장조성 비늘의 형태, 포란 수 분포 및 회유 상태 기생충의 종류와 기생률 등의 차이를 비교 분석한다.

7. 자원량 추정방법 중 간접추정법에 해당하는 것은?
① 트롤조사법　　　　　　② 어류플랑크톤조사법
③ 목시조사법　　　　　　④ 코호트분석법

> **정답 및 해설** ④
> 자원량 추정 시, 개체수가 정확히 추정 불가능하므로, 총량 추정법에는 직접법과 간접법이 있다.
> 가) 직접법: 전수조사 및 표본부분조사법
> 나) 간접법: 표지방류 및 총 산란량을 측정하여 친어 자원량 추정법, 어구탐지기 이용하는 법이다.

Point 기출문제

8. 수산관리의 방법중 가입관리에 해당하는 것은?
① 성육환경 개선
② 포식자 배제
③ 인공부화 자치어 방류
④ 어획량 및 어획강도 규제

정답 및 해설 ③

9. 어류의 연령형질로 이용할 수 있는 것을 모두 고른 것은?

| ㄱ. 이석 | ㄴ. 비늘 | ㄷ. 척추골 | ㄹ. 아가미 |

① ㄱ, ㄴ, ㄷ   ② ㄱ, ㄴ, ㄹ   ③ ㄱ, ㄷ, ㄹ   ④ ㄱ, ㄷ, ㄹ

정답 및 해설 ①

연령형질법은(비늘이 가장 많이 사용되고 있으며 다음은 이석, 척추골 순이다)

가장 널리 사용하며, 어류의 비늘, 이석, 등뼈, 지느러미, 연조, 패각, 고래수염, 이빨 등을 이용하는 방법이다.

이석을 통한 연령사정은 경골어류에 효과적이고, 연골어류인 홍어, 가오리, 상어는 이석을 통한 연령사정에 부적합하다.

연안정착성 어종인 노래미와 쥐노래미는 등뼈(척추골)를 이용하여 연령사정하며, 비늘은 뒤쪽보다 앞쪽 가장자리의 성장이 더 빠르다.

10. 그물을 구성할 때 그물감을 뻗친 길이보다 짧은 줄에 달아 그물코가 벌어지도록 한다. 이 때, 줄 길이를 그물감의 뻗친 길이로 나눈 값은?
① 주름   ② 종횡비   ③ 주름률   ④ 성형률

정답 및 해설 ④

그물코: 그물실을 서로 조합시킨 네 개의 매듭과 네가닥의 그물실, 즉 발로 구성된 것

그물코의 크기: 길이(끝 매듭의 중심사이 길이) 절(5치 안의 매듭 수), 경(50cm 폭 안의 씨줄 수)

11. 권현망은 자루, 오비기, 수비 등으로 구성되어 있다. 그물코 크기가 큰 것에서 작은 순서대로 옳게 나열한 것은?
① 오비기 – 수비 – 자루
② 오비기 – 자루 – 수비
③ 수비 – 오비기 – 자루
④ 수비 – 자루 – 오비기

정답 및 해설 ①

12. 오징어 채낚기 어선에서 사용하는 물돛에 관한 설명으로 옳지 않은 것은?
① 바람에 의해 배가 떠밀려 가는 것을 방지한다.
② 크기는 배의 크기에 따라 달리한다.
③ 어선의 선미에 설치하여 사용한다
④ 일반적으로 낙하산 모양으로 만든다.

정답 및 해설 ③
오징어는 채낚기 어업이다.

13. 유형 수산 동물 양식 방법에 해당하지 않는 것은?
① 가두리 양식   ② 유수식 양식   ③ 수하식 양식   ④ 순환여과식 양식

정답 및 해설 ③
① 가두리 양식: 인공호, 자연호소, 외해 등에 그물로 만든 가두리를 수중에 띄어놓고 그 속에 잉어, 송어 등의 어류를 양식하는 방법(용존산소 공급, 노폐물 교환 활발) 풍파의 영향으로 시설 장소 제한 등의 문제점
② 유수식 양식: 긴 수로형 또는 호수에서 기르는 방식
③ 수하식 양식: 가. 성장균일, 해적피해 방지, 저질매몰이 적다.
　　　　　　　나. 굴, 담치, 우렁쉥이 등 부착성 동물을 조가비 등의 부착기에 착생시킨 다음 이 부착기를 다시 줄에 꿰어 뗏목이나 뜸에 매달아 수하하는 방식
④ 순환여과식 양식: 수조 내 물을 계속 순환 여과시켜 유해물질을 제거하고 산소량을 증가시켜 수산 동물을 양식하는 방법

14. 다음 양식 사례에서 사료 계수와 사료 효율을 순서대로 옳게 나열한 것은?

잉어 치어 50kg에 건조 배합 사료 1,000kg을 공급하여 550kg으로 성장시켰다.

① 0.5, 50%   ② 0.5, 200%   ③ 2.0, 50%   ④ 2.0%, 200%

정답 및 해설 ③

15. 폐쇄적 양식장의 수질 관리 장치가 아닌 것은?
① 회전 드럼 필터를 이용한 물리적 여과 장치
② 미생물을 이용한 생물학적 여과조

③ 자외선 램프를 이용한 살균 장치
④ DO 및 pH 측정 장치

> **정답 및 해설** ④
> ① 물리적 여과: 모래 또는 자갈을 이용하여 고형물질을 제거함으로 침수모래, 자갈여과, 고압모래여과장치, 회전드럼필터가 사용된다
> ② 생물학적 여과: 물속에 부유하고 있는 세균이나 생물의 배설물 등을 세균 등을 이용하여 분해하여 제거하는 방법
> ③ 살균장치(소독): 양식장의 용수 속의 병원성 미생물을 죽이기 위해 사용된다. 소득방법은 자외선 조사법이나 오존처리를 한다.

16. 양식 어류를 활어 상태로 장시간 수송하기 위하여 활어차를 이용할 경우, 이에 관한 설명으로 옳지 않은 것은?

① 운반 전 충분한 먹이를 공급한다.
② 수질 관리를 위하여 오물 여과장치를 가동시켜 운반한다.
③ 운반 수온을 사육 수온보다 낮게 하여 대사량을 줄인다.
④ 산소 공급 장치를 이용해 일정한 비율로 산소를 공급한다.

> **정답 및 해설** ①
> 활어 수송: 고려사항은 저온유지, 산소보충, 오물제거, 상처예방, 위생관리
> 수송방법은 활아차 수송, 마취수송, 침술수면수송, 인공동면 수송

17. 다음에서 설명하는 김 양식 방법은?

> ○ 김발을 항상 뜨도록 하여, 광합성 조건을 최대로 만들어 엽상체의 성장을 촉진 시키는 양식 방법이다.
> ○ 생육과 품질 향상을 위해 생육기에 일정 시간 김발을 뒤집어 공기 중에 노출 시킨다.

① 말목식 양식   ② 뜬발 양식   ③ 밧줄기 양식   ④ 가두리 양식

정답 및 해설 ②

① 말목식 양식: 수심 10m보다 얕은 바다에 줄을 달아 해조류 양식(구형, 갯벌에서)
② 뜬발 양식: 김발을 설치할 때는 말목 대신에 뜸과 닻줄을 이용하여 설치 또한 대쪽으로 발을 엮어 수중에서 수평으로 매달아 두는 방법
③ 밧줄기 양식: 바위에만 붙어살던 것을 밧줄(어미줄)에 붙어 살 수 있도록 일정한 깊이에 밧줄을 설치하는 방법(미역, 다시마, 모자반, 톳 등)
④ 가두리 양식: 인공호, 자연호소, 외해 등에 그물로 만든 가두리를 수중에 띄워놓고 어류를 양식하는 방법(잉어, 송어, 조피볼락, 감성돔, 참돔, 농어 광어, 방어 등)

18. 다음은 먹이생물에 관한 설명이다. (　)에 들어갈 내용으로 옳은 것은?

> ○ (ㄱ) 먹이생물인 로티퍼는 어류 자어기 시기에 먹이생물로 사용한다.
> ○ 로티퍼의 먹이생물로 사용되는 클로렐라는 (ㄴ)의 미세 단세포 생물로 크기는 약 3~8 μm이다.

① ㄱ: 식물성, ㄴ: 녹조류　　② ㄱ: 식물성, ㄴ: 규조류
③ ㄱ: 동물성, ㄴ: 녹조류　　④ ㄱ: 동물성, ㄴ: 규조류

정답 및 해설 ③

19. 양식 생물의 비감염성 질병 원인 사례를 모두 고른 것은?

> ㄱ. 수조가 좁고 수용 밀도가 높아 유영 중 지느러미에 상처를 입었다.
> ㄴ. 사료 공급 시간을 늘리기 위해 조명을 24시간 켜두었다.
> ㄷ. 사료에 동물성 단백질 양을 줄여 영양 요소가 불균형하게 되었다.
> ㄹ. 스쿠티카충에 의해 몸 표면에 궤양이 발생하였다.

① ㄱ, ㄴ　　② ㄱ, ㄴ, ㄷ　　③ ㄱ, ㄷ, ㄹ　　④ ㄴ, ㄷ, ㄹ

정답 및 해설 ②

20. 넙치 양식 중 다음과 같은 증상이 나타나 치료하였다. 올바른 진단은?

> ○ 몸 표면과 아가미에 흰색 반점들이 나타났으며 일부는 안구 백탁이 나타났다.
> ○ 현미경으로 검경한 결과 크립토카리온 이리탄스 (Cryptocaryon irritans) 감염을 확인하였다.

○ 수산용 포르말린을 사육수 1 리터당 30mg을 투여하여 구제하였다.

① 바이러스성 질병 ② 백점충 감염 ③ 물곰팡이 감염 ④ 세균성 질병

정답 및 해설 ②

기생충성 질병으로서 물이병, 백점병, 닻벌레병, 아가미흡충병, 피브흡충, 포자충병 등이 있다.
백점충과 트리코디나충의 경우에는 포르말린을 물 1 리터당 300mg의 비율로 녹여 살포함으로써 퇴치할 수 있다. 닻벌레병, 아가미흡충병, 트리클로로폰을 0.3ppm 농도로 2주일 간격으로 3회 살포시 퇴치가 가능하다.

21. 다음은 뱀장어에 관한 설명이다. ( )에 들어갈 것으로 옳은 것은?

○ (ㄱ)에서 성장한 후 산란을 위하여 (ㄴ)로 회유한다.
○ 알에서 부화한 버들잎 모양의 (ㄷ) 유생기를 그친다.

① ㄱ: 바다, ㄴ: 담수, ㄷ: 렙토세팔루스
② ㄱ: 바다, ㄴ: 담수, ㄷ: 메갈로파
③ ㄱ: 담수, ㄴ: 바다, ㄷ: 렙토세팔루스
④ ㄱ: 담수, ㄴ: 바다, ㄷ: 메갈로파

정답 및 해설 ③

우리나라에서 양식되는 뱀장어의 종묘는 전량 자연에서 종묘한 실뱀장어를 채포하여 양식한다. 그 이유는 담수에서 성장하여 성숙하게 되면 바다에 내려가서 산란 부화하는 강하성 어류로서 렙토세팔루스는 산란장인 서부 태평양의 깊은 바다를 떠나서 쿠로시오 해류를 따라 6개월~1년 정도 부유 생활을 하면서 우리나라 연안의 육지 가까이 에 와서 어미 형태와 같은 둥근꼴의 실뱀장어로 변태하기 때문이다.

22. 우리나라 수산자원 관리방법 중 기술적 관리수단에 해당하는 것은?

① 허가어업 및 면허어업
② 총허용노력량(TAE)
③ 총허용어획량(TAC)
④ 체장 및 어기의 제한

정답 및 해설 ④

④ 체장 및 어기의 제한은(수산관리법) 자연보호의 목적으로 어떤 종에 대해 일정한 체장보다 작은 것을 잡지 못하게 하는 것으로서, 어획관리제한 산란기 동안에 어로행위를 제한하여 산란치어를 보호한다.

23. 우라나라 총허용어획량(TAC)제도의 참여 업종에 해당하지 않은 것은?

① 대형선망어업 ② 정치망어업 ③ 근해통발어업 ④ 근해연승어업

정답 및 해설 ②

총허용어획량(Total Allowable Catch)제도: 개별어종에 대해 연간 잡을 수 있는 어획량을 미리 지정하여 그 한도 내에 내에서만 어획 할 수 있는 제도를 말한다. 총허용어획량제도의 대상은 오징어, 제주소라, 개조개, 키조개, 고등어, 전갱이 도루묵, 참홍어, 꽃게, 대게, 붉은 대게가 지정되어 있다.

24. 수산자원 변동의 기본개념인 러셀(Russell)의 방정식에서 자원을 감소시키는 변동요인을 모두 고른 것은?

| ㄱ. 가입량　　ㄴ. 성장에 따른 증중량　　ㄷ. 어획량　　ㄹ. 자연사망량 |

① ㄱ, ㄴ　　　② ㄱ, ㄷ　　　③ ㄴ, ㄹ　　　④ ㄷ, ㄹ

정답 및 해설 ④

러셀(Russell)의 가설에 가입, 성장, 자연사망은 자연현상으로 파악할 수 있기 때문에 자연증가 요소라 한다. 어획사망량은 유일하게 인위적인 요소로서 어획량이라 한다.

※러셀방정식 $P_t = P_{t+1} - P_t = (R_t + G_t - D_t) - Y_t$

ㄱ. P_t: 특정 해의 초기 수산자원량　　ㄴ. P_{t+1}: 이듬해의 초기 수산자원량
ㄷ. R_t: 1년 동안 가입량　　ㄹ. G_t: 1년 동안 성장량
ㅁ. D_t: 1년 동안 자연 사망량　　ㅂ. Y_t: 1년 동안 어획 사망량

25. 우리나라 연근해에 출현하는 연어를 관리하는 국제수산기구는?

① 북태평양소하성어류위원회(NPAFC)　　② 북태평양수산위원회(NPFC)
③ 중서부태평양수산위원회(WCPFC)　　④ 국제포경위원회(IWC)

정답 및 해설 ①

① 북태평양소하성어류위원회(NPAFC): 1993년 2월16일 발효된 제8조에 따라 협약수역내 소하성 자원의 포획금지 및 자원보존을 목적으로 설립된 국제기구이다. 사무국은 캐나다 밴쿠버에 있다. 대한민국은 모천국 지의 확보 및 방류연어에 대한 회유경로파악 등자원조사와 선진기술 습득을 위해 2003년 5월 가입하였다.
② 북태평양수산위원회(NPFC): 수산자원의 장기적 보존과 지속가능한 이용 및 해양생태계 보호를 위하여 15년 7월에 한국 ,일본, 중국. 러시아, 캐나다, 대만(미국은 가입예정) 등 6개국이 회원국으로 참여하여 출범함 사무국은 일본 동경에 소재하고 있음
③ 중서부태평양수산위원회(WCPFC); 중서부태평양 참치자원의 장기적 보존과 지속적 이용을 목적으로 설립된 지역수산관리기구 중 하나로 중서부태평양 고도회유성어족의 보존관리조치, 어업감시에 관한 협약에 따라 2004년 설립되었다.
④ 국제포경위원회(IWC); 무분별한 고래 남획을 규제하기 위하여 1946년 만들어진 국제기구이다

Point! 기출문제

제10회 기출 문제

1. 수산업의 기능이 아닌 것은?
   ① 어촌 지역 사회 유지
   ② 외화 획득
   ③ 첨단 제조품 생산
   ④ 취업 기회 제공

   정답 및 해설 ③

2. 우리나라 수산물 수출입에 관한 설명으로 옳은 것은?
   ① 2022년 우리나라 수출액이 가장 많은 수산물은 참치이다.
   ② 최근 5년간(2018년 ~ 2022년) 우리나라 수산물 수출액은 수입액을 초과하고 있다.
   ③ 2012년 대비 2022년 우리나라 수산물 수출액과 수입액은 모두 감소하고 있다.
   ④ 우리나라는 1997년부터 수산물 수입을 전면 개방하였다.

   정답 및 해설 ④

3. 우리나라 연근해 어업 생산량이 감소하는 이유가 아닌 것은?
   ① 인구 증가
   ② 자원 남획
   ③ 해양 오염
   ④ 기후 변화

   정답 및 해설 ①

4. 연골 어류에 해당하지 않는 것은?
   ① 전어
   ② 백상아리
   ③ 참홍어
   ④ 노랑가오리

   정답 및 해설 ①

경골어류	뼈가 단단하고, 주로 부레와 비늘이 있음 (고등어, 방어, 전갱이(방추형), 전어, 돔(측편형. 복어(구형), 뱀장어(장어형))
연골어류	뼈가 물렁물렁하고, 주로 부레와 비늘이 없음 (홍어, 가오리, 상어)

5. 붕장어의 특성에 관한 설명으로 옳지 않은 것은?
   ① 버들잎 모양의 렙토세팔루스 유생 기간을 거친다.
   ② 전 생애를 바다에서만 서식한다.
   ③ 우리나라 전 연안에 분포한다.
   ④ 양 턱이 길고 날카로운 이빨이 줄지어 있다.

   정답 및 해설 ④
   붕장어은 버들잎 모양의 렙토세팔루스(Leptocephalus) 유생 기간을 거치며, 성장하면서 해류를 따라 연안으로 이동하며 분포한다.

6. 수산 자원의 관리 방법 중 가입관리에 해당하지 않은 것은?
   ① 인공수정란 방류   ② 인공부화자치어 방류
   ③ 금어기, 금어구 설정   ④ 성육환경 개선

   정답 및 해설 ④
   그물코의 크기를 제한해 어린 고기가 잡히지 않도록 하여 자원의 번식 보호 및 번식 촉진 등의 증식행위를 유도한다.

7. 수산 자원의 관리 수단 중 어획노력량 관리에 해당하는 것은?
   ① 체장 제한   ② 어선 척수 제한
   ③ 어기 제한   ④ 개별양도성할당(ITQ)

   정답 및 해설 ②

8. 다음 (   )에 들어갈 용어로 적합한 것은?

   > (   )은 지속가능한 어업생산 기반의 구축과 어가소득 증대를 위하여 어업인들이 공동체를 결성하고, 지역특성에 맞는 자체규약을 제정하여 수산자원을 보존·관리·이용하는 어업

   ① 원양어업   ② 자율관리어업
   ③ 양식어업   ④ 해면어업

   정답 및 해설 ②

9. 수산자원의 계군을 식별하는 방법 중 자원량 및 성장률을 추정하고, 회유경로를 추적할 수 있는 방법은?
   ① 표지 방류법
   ② 형태학적 방법
   ③ 생태학적 방법
   ④ 해부학적 방법

   정답 및 해설 ①
   ① 표지 방류법: 계군의 이동상태를 직접 파악할 수 있기 때문에 가장 좋은 계군 시별 방법이다. 회유경로를 추적할 수 있다. 이동속도, 분포범위, 인공부화 방류효과, 귀소성, 성장률, 사망률 등을 정할 수 있다.
   ② 형태학적 방법: 계군의 특정 형질에 관한 통계자료를 비교 분석하는 생물 측정학적 방법과 비늘 유지대의 위치 가시 형태 등을 측정하는 해부학적 방법이 있음
   ③ 생태학적 방법: 각 계군의 생활사, 산란기, 분포 및 회유상태, 기생충의 종류와 기생물 등을 비교 분석
   ④ 해부학적 방법: 생물체를 해부하여 개체를 식별하는 방법

10. 고래류의 연령 형질로 사용할 수 있는 것은?
    ① 비늘
    ② 이빨 또는 수염
    ③ 등뼈(척추골)
    ④ 이석

    정답 및 해설 ②
    연령형질은 물고기의 나이를 추정할 수 있는 비늘, 척추골, 이석, 상후두골, 새개골, 쇄골, 지느러미 줄기 등의 형질을 말하며 고래류는 이빨 또는 수염으로 나이를 추정한다.

11. 함정 어구 · 어법에 해당하지 않는 것은?
    ① 죽방렴
    ② 안강망
    ③ 유자망
    ④ 낭장망

    정답 및 해설 ③
    안간망은 긴 주머니 모양의 통그물로 조류가 빠른 곳에 큰 닻으로 고정하여 놓고 조류가 밀리는 물고기를 잡는 어구다. 고정어구로 죽방렴, 안강망
    유자망: 기다란 사각형 그물을 물 흐름에 따라 흘러가도록 하면서 대상물이 그물코에 걸리거나 꽂히도록 하여 잡는 어업

12. 어로(어업) 활동 중 어구의 전개 및 동작 상태를 관측하는 장치가 아닌 것은?
    ① 어군 탐지기
    ② 전개판 감시 장치
    ③ 네트 존데
    ④ 네트 리코더

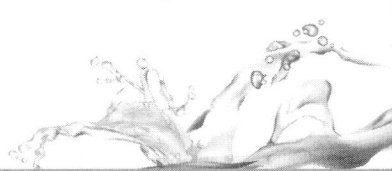

정답 및 해설 ①

① 어군 탐지기: 해저의 형태, 수심, 어군, 등에 관한 정보를 얻을 수 있는 수직 어군탐지기
② 전개판 감시 장치 : 전개판 사이의 간격 측정장치
③ 네트 존데: 선망(두릿그물)어선에서 그물이 가라앉는 상태를 감시한다.
④ 네트 리코더: 트롤어구 입구의 전개상태, 해저와 어구와의 상대적 위치, 어군의 양 등을 알수 있다.

13. 어군을 모이게 하는 방법에 해당하지 않는 것은?
    ① 차단 유도
    ② 유집
    ③ 어장 찾기
    ④ 구집

정답 및 해설 ③

① 차단 유도: 회유통로를 인위적으로 막아 한 곳으로 모이게 하는 방법
② 유집: 어군을 자극을 주어 자극원 쪽으로 모이게하는 방법
③ 어장 찾기: 간접적이며 1차적 어군탐색방법으로 어로가 가능한 바다를 찾는 과정이다.
④ 구집: 어군에 자극을 주어 자극원으로부터 멀어지게 하여 모이게 하는 방법

14. 어장의 환경요인 중 물리적 요인에 해당하지 않는 것은?
    ① 수온
    ② 태양 광선
    ③ 투명도
    ④ 용존산소

정답 및 해설 ④

어장 환경의 요인
물리적 요인: 수온, 태양광선, 지형, 바닷물의 유동, 투명도
화학적 요인: 영양염류, 염분, 용존산소, 이산화탄소, 수소이온농도, 암모니아, 황화수소 등
생물학적 요인: 경쟁생물, 먹이생물, 해적생물

15. 우리나라 어업이 나아가야 할 방향으로 옳지 않은 것은?
    ① 자원관리원
    ② 연료절감형
    ③ 조업자동화
    ④ 노동집약형

정답 및 해설 ④

16. 순환여과식 양식의 특징으로 옳지 않은 것은?
    ① 물이 귀한 환경에는 적합하지 않다.
    ② 배출수 처리가 간단하다.
    ③ 해적생물과 질병 대책에 용이하다.
    ④ 고밀도 육상 어류 양식에 적합하다.

    정답 및 해설 ①

    수조 내 물을 계속 순환 여과시켜 유해물질을 제거하고 산소량을 증가시켜 수산동물을 양식하는 방법

17. 어류 종자를 생산할 때 먹이생물이 갖추어야 할 조건이 아닌 것은?
    ① 대량배양이 가능해야 한다.
    ② 독성이 없는 영양성분이 함유되어야 한다.
    ③ 유생 입의 크기에 적당해야 한다.
    ④ 빠른 운동성을 갖추어야 한다.

    정답 및 해설 ④

18. 일반적인 어류의 인공종자를 생산할 때 먹이공급체계 과정을 순서대로 옳게 나열한 것은?
    ① 로티퍼 → 배합사료 → 알테미아 유생
    ② 로티퍼 → 알테미아 유생 → 배합사료
    ③ 알테미아 유생 → 배합사료 → 로티퍼
    ④ 알테미아 유생 → 로티퍼 → 배합사료

    정답 및 해설 ②

    로티퍼(Rotifer): 어류 자어 성장을 위한 먹이생물로 이용
    알테미아 유생(Artemia): 갑각류 유생의 먹이로 사용한다.

19. 양식어류의 세균성 질병에 해당하는 것을 모두 고른 것은?

    | ㄱ. 비브리오병 | ㄴ. 에로모나스병 |
    | ㄷ. 연쇄구균병 | ㄹ. 편모충병 |

    ① ㄱ, ㄷ
    ② ㄴ, ㄹ
    ③ ㄱ, ㄴ, ㄷ
    ④ ㄴ, ㄷ, ㄹ

정답 및 해설 ③
 양식어류의 세균성 질병에는 비브리오병, 에로모나스병(솔방울병), 콜룸나리스병(아가미부식병), 연쇄상구균병, 노카르디아병, 활주세균병 등

20. 새우류의 유생발달 단계를 순서대로 나열할 때 (   )에 들어갈 명칭은?

> (   ) → 조에아 → 미시스 → 후기 유생

① 담륜자
② 노우플리우스
③ 메갈로파
④ 펄로조마

정답 및 해설 ②
 새우는 알 → 노우플리우스(Nauplius)유생 → 조에아(Zoea)유생 → 미시스(Mysis)후기유생 → 아성체 → 성체와 변태과정을 거친다.

21. 다음에서 설명하는 해조류는?

> o 1년생 갈조류이다.
> o 해수 중의 무기 영양염을 몸의 표면으로 흡수하여 성장한다.
> o 조류가 빠르고 파랑의 영향이 있는 곳에 서식한다.

① 우뭇가사리
② 김
③ 미역
④ 매생이

정답 및 해설 ③
 톳, 다시마, 우뭇가사리는 다년생

22. 총허용어획량(TAC) 제도에 관한 설명으로 옳은 것을 모두 고른 것은?

> ㄱ. TAC는 생물학적으로 최대 지속가능한 생산량을 기초로 정한다.
> ㄴ. TAC 제도는 어획노력량 규제수단의 하나이다.
> ㄷ. 원칙적으로 TAC는 어종별로 매년 정하여 규제한다.
> ㄹ. 우리나라는 TAC 제도를 실시하기 위하여 1995년에 「수산업법」을 개정하였다.

① ㄱ, ㄴ
② ㄴ, ㄹ

③ ㄴ, ㄷ, ㄹ   ④ ㄱ, ㄷ, ㄹ

> **정답 및 해설** ④
> 특정 어장에서 특정어종의 자원상태를 조사 연구하여 분포하고 있는 자원범위 내에서 년간 어획할 수 있는 총량을 정하고, 그 이상 어획을 금지함으로써 수산자원의 관리를 도모하고자하는 제도

23. 우리나라에서 적용하고 있는 수산자원관리 규제수단은?
    ① 그물코의 크기   ② 수산종자 방류
    ③ 인공어초 시설   ④ 바다 목장

> **정답 및 해설** ①
> 1개의 그물코는 4개의 발과 4개의 매듭으로 되어 있다. 그물코 1개의 발의 길이로 크기를 표시하는 방법은 150mm이상 되는 그물코를 표시할 때 사용하는데 그물감을 펼쳐 놓을 때 그물코 1개의 발의 양쪽 끝 매듭의 중심사이를 잰 길이를 말한다. 이 길이는 그물코의 뻗친 길이 $\frac{1}{2}$이 된다.

24. 수산업법령상 근해어업에 해당하는 것은?
    ① 낚시어선업   ② 어류양식업
    ③ 대형선망어업   ④ 재첩잡이어업

> **정답 및 해설** ③
> ③ 대형선망어업: 총톤수 50톤이상인 1척의 동력어선으로 선망을 사용하여 수상동물을 포획하는 어업

25. 배타적 경제수역(Exclusive Economic Zone)에 관한 설명으로 옳은 것은?
    ① 배타적 경제수역은 영해 기선에서 12해리까지이다.
    ② 배타적 경제수역은 유엔해양법 협약에서 규정하였다.
    ③ 한국·중국·일본은 배타적 경제수역의 경계를 확정하였다.
    ④ 배타적 경제수역의 연안국은 동 수역에서 군사적 권리도 가진다.

> **정답 및 해설** ②
> 1982년 해양법에 관한 국제연합협약의 규정에 근거하여, 영해기선으로부터 최대 200해리(370.4km)까지의 해역으로 영해를 제외한 해역을 말한다. 협약 제55조, 제57조)

수 산 일 반

초판 인쇄 / 2016년 5월 5일
9판 발행 / 2025년 1월 25일
편저 / 사마자격증수험서연구원
발행인 / 이지오
발행처 / 사마출판
주소 / 서울시 중구 퇴계로45길 19, 402호
등록 / 제301-2011-049호
전화 / 02)3789-0909, 070-8817-8883
팩스 / 02)3789-0989

저자와의 협의에 의해 인지 첨부를 생략합니다.

ISBN / 979-11-92118-37-6   13520
정가 25,000원

· 이 책의 모든 출판권은 사마출판에 있습니다.
· 본서의 독특한 내용과 해설의 모방을 금합니다.
· 잘못된 책은 판매처에서 바꿔 드립니다.